Androidアプリ開発の教科書

第3版

Java対応

WINGSプロジェクト 齊藤新三 著
山田祥寛 監修

はじめに

本書の初版が刊行されたのが2018年2月です。初版は、開発者のためのWebマガジン「CodeZine」で2016年3月〜2017年3月の約1年間連載していた『Android Studio 2で始めるアプリ開発入門』をベースとしつつ、連載では書ききれなかった内容や省略した説明、手順を大幅に加筆、再構成して書籍化したものでした。

このおおもとの連載記事から考えると、約7年の歳月が流れたことになります。連載開始当時はAndroid Studioのバージョンも2.0ベータ版だったものが、初版刊行時には3.0にアップデートされ、第2版刊行時には4.1.2です。そして、現在は、バージョン番号の付け方も変わり、Dolphin | 2021.3.1になっています。Android OSのバージョンも、6.0だったものが現在は13です。そのような今、第3版が刊行される運びとなり、望外の喜びです。

さて、第2版にひきづつき、第3版を刊行するにあたり、もちろん、アプリ作成方法の現状に合わせて、ソースコードや解説を書き直した部分も多々あります。特に、フラグメントに関する第9章はかなり手を加えました。フラグメントそのものの扱いが、本書初版が刊行された時よりかなり違ったものへと変化したのが理由です。また、画面の作り方もConstraintLayoutを利用したものが基本となったため、第7章以降の画面作成手順をConstraintLayoutを利用したものへと変更しています。他には、非推奨APIを新しいものへと書き換えたりなど、行っています。このように、現状に合わせて書き換えた部分もありますが、第2版への変更時同様に、アプリの作り方の根幹部分と、それに伴うソースコードについては、ほぼ初版の内容が現在も通用しています。初版を執筆するにあたり、**Android OS、および、Android Studioのバージョンアップに左右されない、基礎的な考え方、アプリの作成手法**を伝えることを主眼としていたからです。

ネットなどで調べたソースコードパターンを、その本質を理解せずにコピー&ペーストし、その一部を書き換えてアプリを作成する——そのようなアプリ開発者を私は「なんちゃって開発者」と呼んでいます。そのような**「なんちゃって開発者」にならないように、本質を理解できるような書籍を作る**というのが初版の主旨であり、それは今も変わりません。むしろ、そのようにして執筆した書籍の第3版を、しかも、第2版からそれほど間をおかずに刊行できるということは、読者諸兄姉がその主旨に賛同いただいている証左であり、感謝の気持ちでいっぱいであると同時に、自信にもなります。

Android Studio同様に、アップデートされた本書が、これまで以上に「なんちゃって開発者」にならないために学ぶ——本気の開発者を目指す読者諸兄姉のお役に立てるのならば、これほどうれしいことはありません。

齊藤新三

本書の使い方

本書の特徴は、各章1〜2本のアプリを実際に手を動かして学んでもらえるようにしていることです。ほぼすべてのソースコードを掲載していますので、それらを入力し、実際にアプリを実行させて確認してみてください。

学習の進め方

各章に手順と書かれた項がいくつかあります。

第 4 章　イベントとリスナ

前章でAndroidでの画面の作り方を一通り理解できたと思います。

しかし、前章で作成したサンプルの画面では、たとえばボタンを押しても何も反応がありませんでした。他の画面部品に関しても同じです。これは、画面に対する処理が何も記述されていないからです。本章から、いよいよこの処理を記述していきます。

4.1 アプリ起動時に実行されるメソッド

では、本章で使用するサンプルアプリである「イベントとリスナサンプル」アプリを作成していきましょう。このアプリは図4.1のような画面です。

図4.1　本章で作成するアプリ

入力欄に名前を入力し、［表示］ボタンをタップすると、ボタンの下のTextViewに「○○さん、こんにちは!」と表示されるようにしていきます。

90

4.1　アプリ起動時に実行されるメソッド

4.1.1 手順 画面を作成する

では、アプリ作成手順に従って作成していきましょう。

① イベントとリスナサンプルのプロジェクトを作成する

以下がプロジェクト情報です。この情報をもとにプロジェクトを作成してください。

Name	HelloSample
Package name	com.websarva.wings.android.hellosample

② strings.xmlに文字列情報を追加する

次に、res/values/strings.xmlをリスト4.1の内容に書き換えましょう。

リスト4.1　res/values/strings.xml

```
<resources>
    <string name="app_name">イベントとリスナサンプル</string>
    <string name="tv_name">お名前を入力してください。</string>
    <string name="bt_click">表示</string>
</resources>
```

③ レイアウトファイルを編集する

次に、activity_main.xmlを書き換えていきます。

前章では1つずつ部品を追加していきました。すべて学習済みの部品なので、本章では一挙にXMLを記述します（リスト4.2）。リスト内の説明を参考にしながら入力してください。

リスト4.2　res/layout/activity_main.xml

```
<?xml version="1.0" encoding="utf-8"?>
<LinearLayout
    xmlns:android="http://schemas.android.com/apk/res/android"
    android:layout_width="match_parent"
    android:layout_height="match_parent"
    android:padding="8dp" ―――― 全体的にパディングを8dpに設定
    android:orientation="vertical">

    <TextView ―――― 「お名前を入力してください。」というラベルを表示するTextView
        android:layout_width="wrap_content"
        android:layout_height="wrap_content"
        android:text="@string/tv_name"/>
```

91

これが実際に手を動かしていただく項です。この順番通りに作業すると、実際にアプリを作成でき、実行できるようになります。この手順は読み飛ばすのではなく、パソコンの前に座って実際に作業を行ってください。

その後の項では手順項で作業した内容の解説が続きます。

第 4 章　イベントとリスナ

```
    <EditText ――――――――――――――――――――――――― 名前を入力するEditText
        android:id="@+id/etName"
        android:layout_width="match_parent"
        android:layout_height="wrap_content"
        android:layout_marginTop="8dp" ―――――――――― 上部マージンを8dpに設定
        android:inputType="textPersonName"/> ――― 名前の入力欄なのでinputTypeはtextPersonName

    <Button ―――――――――――――――――――――――――――― 「表示」ボタン
        android:id="@+id/btClick"
        android:layout_width="match_parent"
        android:layout_height="wrap_content"
        android:layout_marginTop="8dp" ―――――――――― 上部マージンを8dpに設定
        android:text="@string/bt_click"/>

    <TextView ――――――――――――― 表示ボタンタップ後の結果を表示するTextView
        android:id="@+id/tvOutput"
        android:layout_width="match_parent"
        android:layout_height="wrap_content"
        android:layout_marginTop="24dp" ――――――――― 上部マージンを24dpに設定
        android:text="" ―――――――――― 最初は何も表示しないので空文字を設定
        android:textSize="25sp"/> ――――――――――― 文字サイズを25spに設定
</LinearLayout>
```

④ アプリを起動する

入力を終え、特に問題がなければ、この時点で一度アプリを実行してみてください。図4.2のような画面が表示されるはずです。

図4.2　起動直後の画面

92

4.1　アプリ起動時に実行されるメソッド

4.1.2 アクティビティのソースコードを確認する

それでは、Javaのソースコードを見ていきましょう。MainActivityクラスを見てください。あらかじめリスト4.3のように記述されています。なお、コード中のimport文は、Android Studioのエディタ機能によって折りたたまれた状態（非表示）であることが多いです。その場合は、左側の［+］をクリックするとimport文が展開されます。

リスト4.3　java/com.websarva.wings.android.hellosample/MainActivity.java

```
package com.websarva.wings.android.hellosample;

import androidx.appcompat.app.AppCompatActivity;
import android.os.Bundle;

public class MainActivity extends AppCompatActivity {
    @Override
    protected void onCreate(Bundle savedInstanceState) {
        super.onCreate(savedInstanceState); ――――――――――― ❶
        setContentView(R.layout.activity_main); ――――――――― ❷
    }
}
```

onCreate()メソッドは、Androidアプリが起動すると、まず実行されるメソッドです。そのため、画面作成やデータの用意など、初期処理として必要なものはこのメソッドに書く必要があります。

ここで、このメソッド内にあらかじめ記述されている2行について説明しておきます。

❶は、親クラスのonCreate()メソッドを呼び出しています。アクティビティクラスは、Activityクラス（またはその子クラス）を継承（extends）して作る必要があります。onCreate()メソッドはActivityクラスで定義されているメソッドで、それをオーバーライドする形で記述します。ところが、親クラスであるActivityクラスのonCreate()も処理しておく必要があるため、この記述が必要なのです。

Note　オーバーライド

あるクラスを継承したとき、その親クラスのメソッドを子クラスで定義し直すことをオーバーライドと呼びます。簡単にいうと親クラスのメソッドの上書きです。その際、コンパイラに「このメソッドは上書きです」ということを伝えるために@Overrideアノテーションを付けます。上書きなので、メソッド名、引数の型、戻り値の型すべてが親クラスと同じでないといけません。もし、ミスで違うメソッド名、たとえば、onCreate()をomCreate()とした場合は、オーバーライドになりません。これを防止するのが@Overrideアノテーションであり、コンパイラがコンパイルエラーの形でオーバーライドになっていないことを教えてくれます。

❷は、このアプリで表示する画面を設定しています。今回は、activity_main.xmlに記述したものを画面として使うので、引数を「R.layout.activity_main」としています。この「R.…」という記述については、次項で解説します。

93

また、本書では章を読み進めるごとに順に新しい技術が身につくようにしています。もちろんどこかの章だけを読むことも可能ですが、できるならはじめから順に読み進めるようにしてください。

サンプルプログラムについて

本書では、ほぼすべてのソースコードを紙面に掲載しているので、基本的にはサンプルプログラムを別途ダウンロードして確認する必要はありません。とはいえ、一部省略しているソースコードや正常に動作するかなどの確認のために、サンプルプログラムを入手したい場合は、以下のページからダウンロードできます。

https://wings.msn.to/index.php/-/A-03/978-4-7981-7631-4

サンプルプログラムのファイルはzip圧縮されており、解凍すると、中にさまざまなフォルダが含まれています。Android Studioプロジェクトは1プロジェクトが1フォルダとなっていますので、各フォルダが1つのアプリを作成するプロジェクトです。

これを開くには、Android Studioを起動し、Welcome画面から［Open］を選択します。もし、すでに他のプロジェクトが開いている状態ならば、［File］メニューから［Open］を選択してください。表示されたウィンドウから、解凍したフォルダ内の該当するプロジェクトを選択し、［OK］をクリックすると、そのプロジェクトが開きます。

以降は、本文中での解説を参考に、ソースコードをコピーしたり改変したりできます。また、アプリの実行も可能です。

Java言語について

本書はAndroidアプリ開発の入門書であり、Java言語の入門書ではありません。そのため、Java言語そのものについては本書では解説しません。ある程度Java言語が扱えることを前提として解説しています。もし、Java言語が未習、あるいは、あやふやな場合は、以下の書籍などでJava言語を習得してから本書に取り組むようにしてください。

『独習Java 新版』山田祥寛（翔泳社）

動作確認環境

本書内の記述／サンプルプログラムは、以下の環境で動作確認しています。

- Windows 11および10
- macOS Monterey（12.6）
- Android Studio Dolphin | 2021.3.1

本書の表記

- 紙面の都合でコードを折り返す場合、行末に↵を付けています。
- Noteの囲みでは、注意事項や関連する項目など、本文を補足する内容を解説しています。
- Columnの囲みでは、本文とは直接関係はないですが、参考になる追加情報を記載しています。

目次

第3章 ビューとアクティビティ

第4章 イベントとリスナ

第5章 リストビューとダイアログ

第6章 ConstraintLayout

第7章 画面遷移とIntentクラス

第15章 カメラアプリとの連携

第16章 マテリアルデザイン

Note目次

コラム目次

第 1 章

Androidアプリ開発環境の作成

Androidアプリを作成するにはAndroid Studioを使います。ということは、とにもかくにもPC上にAndroid Studioがインストールされていなければなりません。本章では、まず、Androidの概要と、Androidアプリを開発するためのAndroid Studioのインストール方法について解説します。

1.1 Androidのキソ知識

Androidは、いわずと知れたスマートフォンやタブレットなどいわゆるモバイル端末向けのOSです。StatCounterの発表によると、モバイルOSのシェアでは70.99%（2022年7月段階）と圧倒的なシェアを誇っています（図1.1）。

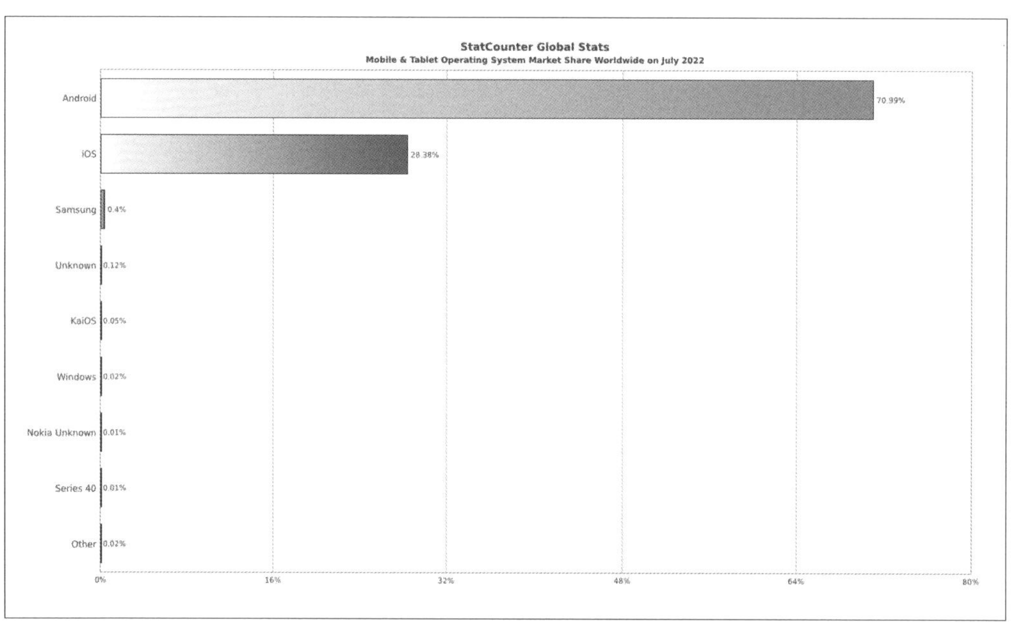

図1.1　Androidシェアは圧倒的　出典 http://gs.statcounter.com/

Androidは、もともと2003年に設立されたAndroid社が開発をスタートしたOSでした。2005年にAndroid社をGoogleが買収し、その後の開発が進められます。このAndroid OSの最初のバージョンである1.0が世に出たのが2008年9月でした。それ以降、様々な機能が追加され、より使い勝手のよいOSへと進化しつつ現在に至っています。

本書執筆時点での最新バージョンはAndroid 13です。表1.1に簡単にバージョンごとの特徴をまとめました。Android1.5〜9.0にはコードネームが付けられています。バージョン1.5のコードネームはアルファベットのCから始まるお菓子の名前であるCupcakeになっています。これは、初代の1.0をA、

2代目の1.1をBとしたら、1.5がCにあたるからだといわれています。それ以降、大きな変更が行われるメジャーバージョンアップごとにアルファベットを1つ進めるようにし、そのアルファベットから始まるお菓子の名前を付けています（表1.1にはコードネームもあわせて記載しています）。

表1.1　Androidの各バージョンごとの特徴

バージョン	APIレベル	コードネーム	特徴
1.0	1		Androidの最初のバージョン
1.1	2		多数の不具合の修正など
1.5	3	Cupcake	オートコンプリート機能を搭載した新しいソフトウェアキーボードなど
1.6	4	Donut	画面サイズの多様化、アンドロイドマーケットの改善など
2.0	5	Eclair	ホーム画面のカスタマイズ、音声入力など
2.0.1	6		
2.1.X	7		
2.2.X	8	Froyo	テザリングのサポート、パフォーマンスの改善など
2.3、2.3.1、2.3.2	9	Gingerbread	ゲームAPI、NFCのサポートなど
2.3.3、2.3.4	10		
3.0.X	11	Honeycomb	タブレット専用Android
3.1.X	12		
3.2	13		
4.0、4.0.1、4.0.2	14	Ice Cream Sandwich	スマートフォン向けのバージョン2系列とタブレット向けのバージョン3系列を統合
4.0.3、4.0.4	15		
4.1、4.1.1	16	Jelly Bean	UIの改善、マルチアカウントのサポートなど
4.2、4.2.2	17		
4.3	18		
4.4	19	KitKat	すべてのシステムUIを非表示にできるフルスクリーン没入モードの採用など。4.4WではAndroid Wearをサポート
4.4W	20		
5.0	21	Lollipop	マテリアルデザインの採用、マルチスクリーンの採用、通知機能の改善など
5.1	22		
6.0	23	Marshmallow	Now on Tap、指紋認証の対応、アプリの権限の強化など
7.0	24	Nougat	マルチウィンドウ機能のサポートなど
7.1	25		
8.0	26	Oreo	バックグラウンド実行の本格的制限、通知機能の改善など
8.1	27		
9.0	28	Pie	通知機能のさらなる改善、マルチカメラのサポートなど
10.0	29		ダークテーマの採用、ジェスチャーナビゲーションのサポートなど
11.0	30		新しいメディアコントロール、デバイスコントロール、バブル通知機能など
12	31		Material Youによる大幅なUIデザインの刷新、背面タップで操作可能なクイックタップの導入など
12L	32		12をタブレットや折りたたみスマホに対応させたもの
13	33	Tiramisu	通知の許可が必須に変更、テーマアイコンの拡充、プライバシー保護が強化されたフォトピッカーなど

なお、1.0と1.1はこうした公式コードネームが発表されていませんので、表1.1では空欄にしています。ただし、Android SDK内部では、1.0と1.1を表すBASEという定数が用意されています。これらのコードネームは、Android 10で廃止され、以降は、バージョン番号で呼ばれるようになっています。そのため、バージョン1.0と1.1同様に表1.1では空欄にしています。ただし、最新のAndroid13でTiramisuという名称が復活しています。また、コードネームとは別に、通し番号が振られており、この番号を**APIレベル**と呼びます。Androidアプリ開発では、このAPIレベルでの区別のほうが重要視されています。

このようなAndroidですが、現在では、モバイル端末にとどまらず、腕時計やテレビ、ウェアラブルデバイス向けOSへと幅を広げています。

1.1.1 Androidの構造

Android OSの一番大きな特徴とは、なんといっても、オープンソースであり、誰でも無償で利用できることです。さらに、アプリの開発言語として、世界で最も利用されているプログラミング言語であるJavaを採用したことも注目に値します。

Android OSの基本構造を図式化したものが図1.2です。この図はAndroidの公式サイトに掲載されているものです。

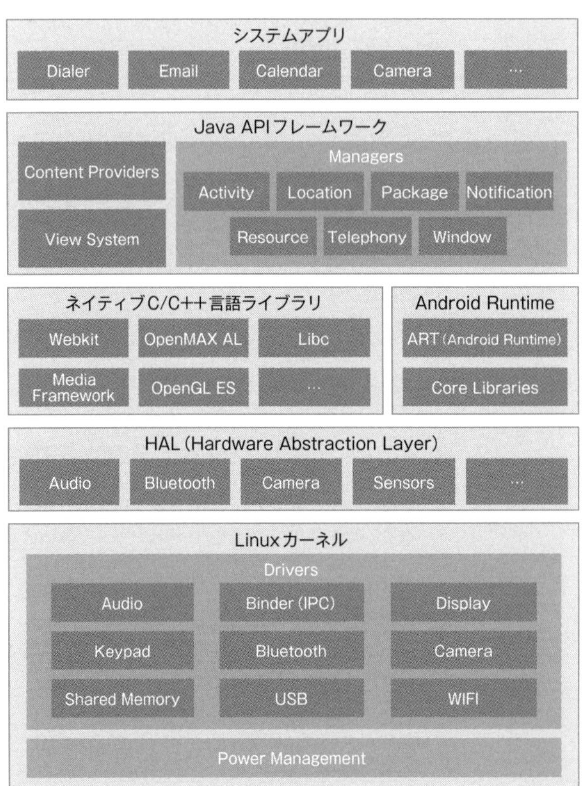

図1.2　Android OSの構造　出典 https://developer.android.com/guide/platform/index.html

下層から順に説明します。

Linuxカーネル

最下層にLinuxカーネルが配置されています。カーネルとは、OSの一番核となる部分のことです。Androidカーネルとして、サーバーOSとしても有名なLinuxのカーネルを採用しています。なお、LinuxはオープンソースなOSです。つまり、Androidはその中核部分からオープンソースなのです。

HAL（Hardware Abstraction Layer）

カーネルの上にあるHALは、カメラなどAndroid端末のハードウェアを扱うためのライブラリです。

ネイティブC/C++言語ライブラリ

Androidは、C言語やC++言語でプログラムを作成することが可能です。そのためのライブラリです。なお、プラットフォームに合わせてマシン語にコンパイルされたライブラリのことを、ネイティブライブラリと呼びます。

ART（Android Runtime）

Javaプログラムを実行するための実行環境です。C/C++でプログラミングを行う場合、ネイティブライブラリを使うため、端末のメモリやCPUなどハードウェアを意識する必要があります。一方、Androidアプリの開発言語として採用されているJavaは、そういったことを意識する必要がありません。これを可能にしているのがARTです。

Java APIフレームワーク

Javaのライブラリです。JDKに含まれているライブラリだけでなく、Android開発に必要なライブラリも含まれています。

システムアプリ

Android OSにもともと備わっているアプリのことです。メーラやブラウザ、メッセージソフトや地図アプリなどです。

1.1.2 Android Studio

最近のプログラミング、特にコンパイルが必要な言語では、ほとんどの場合、IDE（Integrated Development Environment：統合開発環境）を使います。IDEとは、単なるエディタとは違い、プログラミングに必要なライブラリやコンポーネントをあらかじめ備えており、入力したプログラムの実行や実行結果の確認などを同じ操作画面から利用できるようにしたツールです。

Androidアプリ開発でもIDEを使います。当初はJava開発でデファクトスタンダードなIDEであるEclipseに、Androidプラグインを追加して利用していました。これと並行して、GoogleはJetBrains社が開発したIntelliJ IDEAをベースに、Android開発に特化したIDEであるAndroid Studioの開発を進めていました。このAndroid Studioのバージョン1.0が発表されたのが2014年12月です。さらに、2015年末でEclipseのAndroidプラグインのサポート打ち切りを発表します。それ以降、Android StudioがAndroidアプリ開発環境の標準となっています。そのAndroid Studioのバージョン4.2がリリースされたのが2021年4月です。そして、Android Studioのバージョンをこのように数値で表現するのは、同年7月にリリースされた4.2.2が最後となりました。2021年8月にリリースされた次のバージョンは、4.3としてはリリースされず、「Arctic Fox | 2020.3.1」としてリリースされました。このバージョン以降、新しいバージョン表現が採用されました。それは、A、B、Cとアルファベット順にその頭文字から始まる動物の名前と、Android Studioのベースとなった IntelliJ IDEAのバージョンを併記する形を取っています。Arctic Fox（北極狐）、Bumblebee（マルハナバチ）、Chipmunk（シマリス）と続き、原稿執筆時点での最新バージョンはDolphin（イルカ）であり、ますます使い勝手のよいものへと進化しています。

また、作成したアプリの実行確認も、ある程度のことはPC上にAndroid端末を模したソフトウェア、つまりエミュレータ上でできるようにしています。

Note　Android Studioの動作環境

本書執筆時点でのAndroid Studioの動作環境を簡単に以下にまとめます。詳細はAndroid StudioのWebページ※1のシステム要件を参照してください。なお、ここに記載した動作環境はあくまでカタログ的に記載されたスペックです。ストレスなく実際の開発を行おうとすると、それなりに高性能なマシンが必要なのには留意してください。特に、CPUがIntel製やAMD製のマシンでは、RAMはできるならば16GB以上は用意しておいたほうがいいでしょう。

Windows

Microsoft Windows 8/10（64 ビット）

Mac

macOS X 10.14（Mojave）以降

両OS共通

- 8GB以上のRAM
- 8GB以上の空きディスクスペース

※1　https://developer.android.com/studio/

1.2 Android Studioのインストール

ではAndroid Studioをインストールする手順を見ていきましょう。

なお、本章と次章で紹介する環境構築手順は、あくまで原稿執筆時点での最新内容となっています。Android Studioのアップデートサイクルは早く、環境構築手順や、それに伴う本書掲載の画面も変更される可能性が多々あります。最新の環境構築手順は、CodeZineにて公開していますので、以下のURLを参考にするようにしてください。

https://codezine.jp/article/detail/15981

1.2.1 Windowsの場合

まずはWindows版のインストールからです。Mac版については1.2.2項で説明します。

① Android Studioをダウンロードする

ブラウザでAndroid Studioのダウンロードページにアクセスしてください。図1.3のページが表示されます。

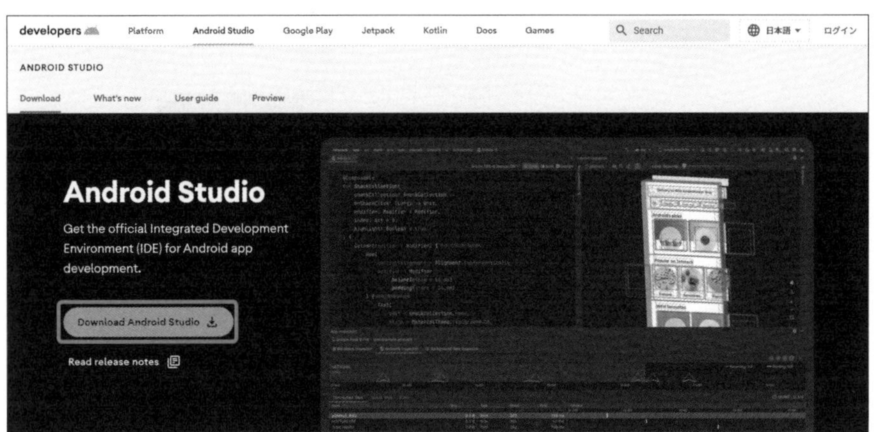

図1.3　Android Studioのダウンロードページ

https://developer.android.com/studio/

［Download Android Studio］ボタンをクリックし、ダウンロードしてください。ライセンス条項の確認モーダル（図1.4）が表示されるので、スクロールして最下部まで移動します。ライセンスへの同意チェックボックスにチェックを入れ、ダウンロードボタンをクリックします。

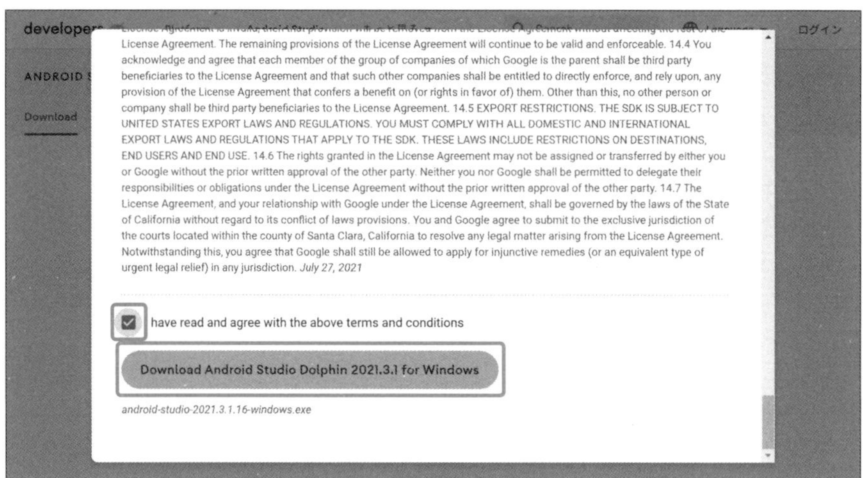

図1.4　チェックボックスにチェックを入れ、ダウンロードボタンをクリック

② Android Studioをインストールする

ダウンロードした「android-studio-####.##.##.##-windows.exe」(####.##.##.##はバージョン番号)をダブルクリックしてください。起動時に図1.5のようなユーザーアカウント制御が出る場合は［はい］をクリックします。

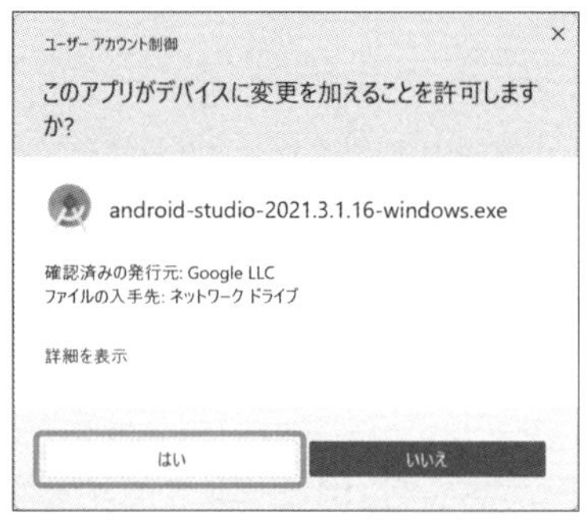

図1.5　ユーザーアカウント制御確認ダイアログ

図1.6のAndroid Studio Setup画面が表示されるので、［Next］をクリックします。

図1.6　Android Studio Setup画面

図1.7のコンポーネントの選択画面が表示されるので、すべてにチェックが入っていることを確認し、[Next] をクリックします。

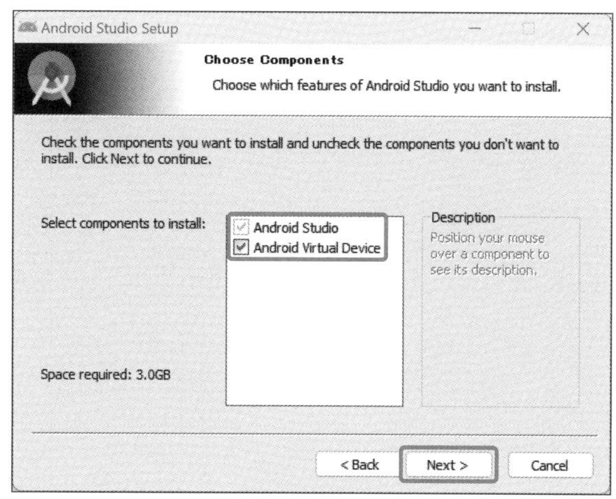

図1.7 コンポーネントの選択画面

図1.8のインストール先フォルダの確認画面が表示されます。デフォルトのままで問題ないので、そのまま [Next] をクリックします。

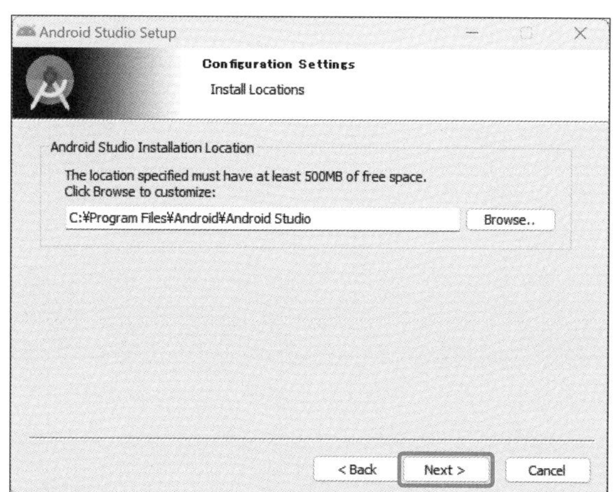

図1.8 インストール先フォルダの確認画面

図1.9のスタートメニューの設定画面が表示されます。こちらも、特に問題がなければデフォルトのまま [Install] をクリックします。

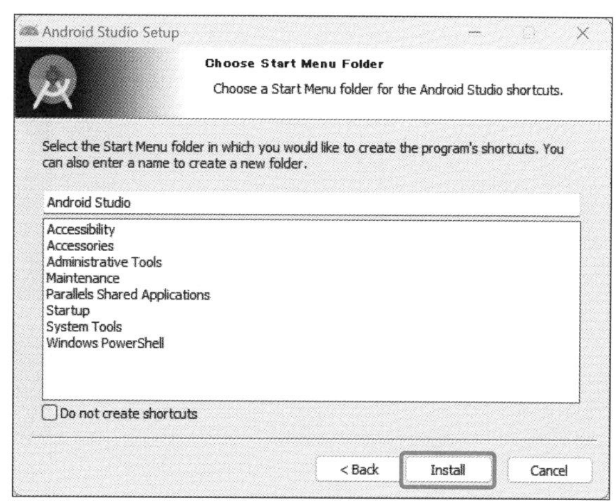

図1.9 スタートメニューの設定画面

図1.10の画面が表示され、インストールが開始されます。

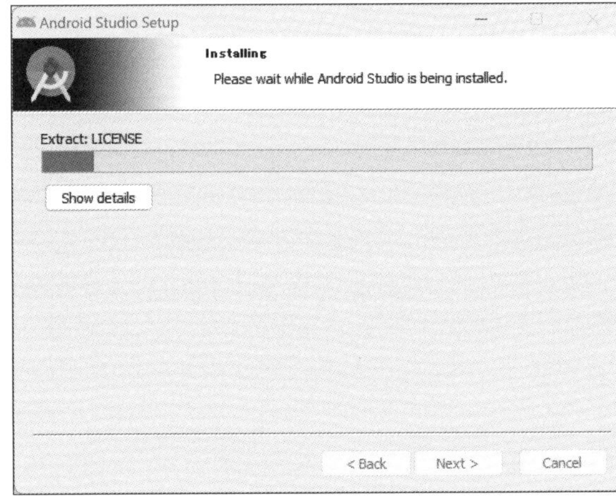

図1.10　インストール中の画面

インストールが完了したら、図1.11のComplete画面が表示されるので、[Next] をクリックします。

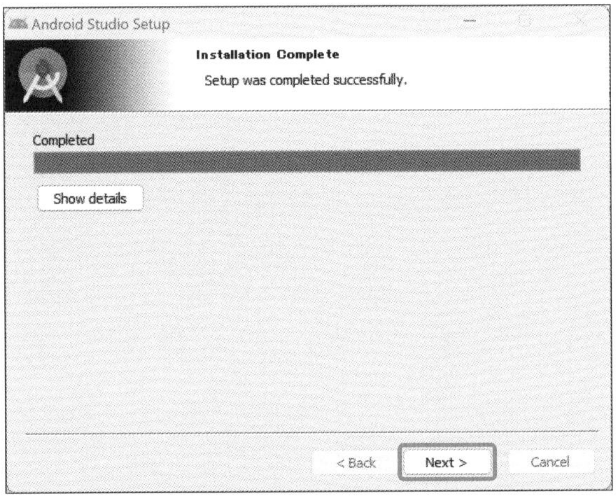

図1.11　インストールが完了した画面

図1.12の終了画面が表示されます。「Start Android Studio」にチェックが入っていることを確認して、[Finish] をクリックします。Android Studioが起動します。

図1.12　インストーラ終了画面

1.2.2 macOSの場合

次に、macOSへのインストール手順を解説していきます。

① Android Studioをダウンロードする

Windows版と同じく、Android Studioのダウンロードページ（図1.3）※2からダウンロードできます。[Download Android Studio] ボタンをクリックし、ダウンロードしてください。

ライセンス条項の確認モーダルが表示されるので、スクロールして最下部まで移動します。ライセンスへの同意チェックボックスにチェックを入れ、ダウンロードボタンをクリックします（図1.13）。

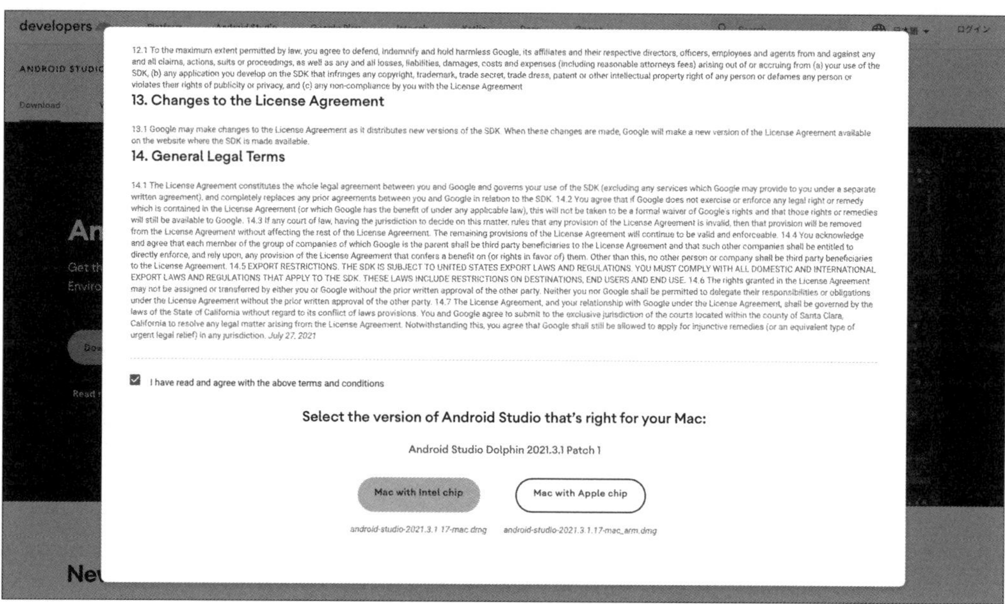

図1.13　Intel版MacかARM版Macか該当する方のダウンロードボタンをクリック

その際、CPUがIntelか、M1やM2などのARM版かが自動判定され、該当する方がダウンロードできるようになっています。自身のマシンに合ったものが正しくダウンロードできるようになっているかを確認してください。もし自身のマシンに合ったダウンロードパッケージが表示されない場合は、ダウンロードページの［Download options］リンクをクリックして表示される図1.14のページから、該当するリンクをクリックしてください。

※2　ダウンロードページのURLはWindows版と共通です。
https://developer.android.com/studio/

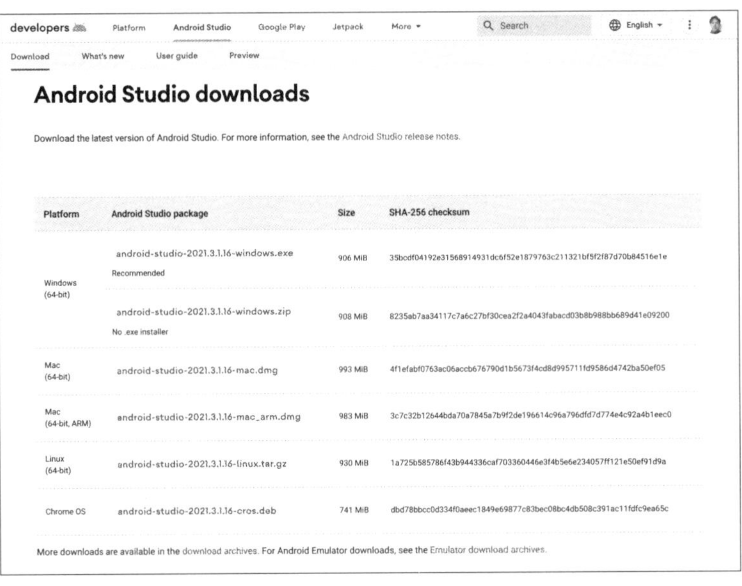

図1.14　ダウンロードオプションのリスト画面

② Android Studioをアプリケーションフォルダにコピーする

ダウンロードされたファイルは「android-studio-####.##.##.##-mac.dmg」(Intel版)、あるいは、「android-studio-####.##.##.##-mac_arm.dmg」(ARM版) というファイル名 (####.##.##.##はバージョン番号) の通り、.dmgファイルとなっています。このファイルをダブルクリックして展開すると、図1.15のウィンドウが表示されます。

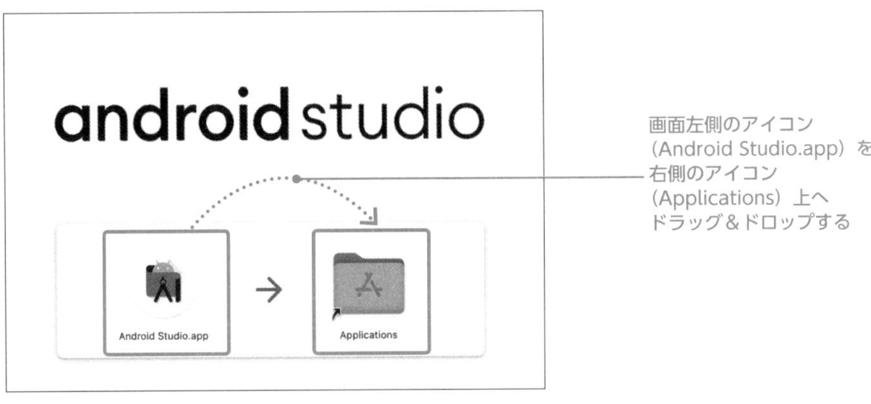

図1.15　展開されたAndroid Studioの.dmgファイル

ウィンドウ内に表示されている通り、「Android Studio.app」を「Applications」フォルダにドラッグ&ドロップします。

③ Android Studioを起動する

アプリケーションフォルダにコピーされたAndroid Studio.appをダブルクリックして起動します。その際、初回は図1.16の警告ダイアログが表示されます。［開く］をクリックして起動を続行してください。

図1.16　ダウンロードされたアプリを起動するかどうかの警告ダイアログ

1.2.3 Android Studioの初期設定を行う

ここからは、Android Studioの初期設定を行っていきます。なお、これ以降、Windows版もMac版も同一の手順となります。

Android Studioをはじめて起動したときには、図1.17のような画面が表示されます。これは、Android Studioの設定をインポートするかどうかの確認画面です。

もし以前にAndroid Studioをインストールしたことがなければ図1.17のようにラジオボタンが2つ表示されますが、インストールしたことがある場合はさらに、以前の設定をインポートするためのラジオボタンが表示されます。

今回は、「Do not import settings」を選択し、［OK］をクリックします。すると、図1.18のスプラッシュスクリーンが表示され、Android Studioが起動します。

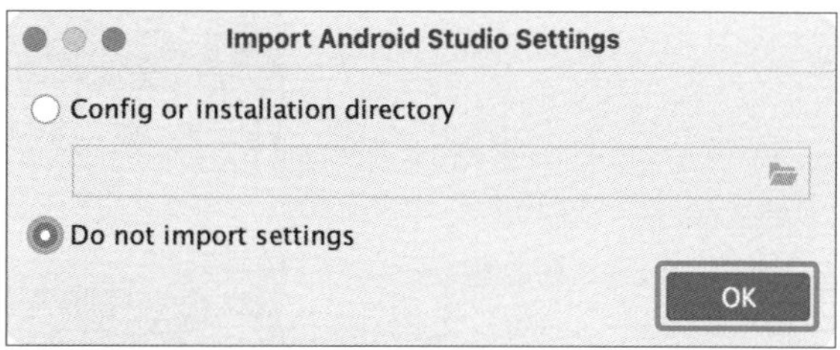

図1.17　設定のインポート確認画面

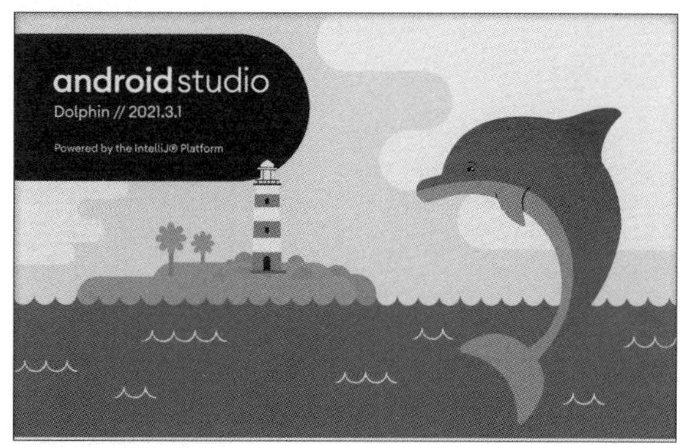

図1.18　Android Studioのスプラッシュスクリーン

Android Studioが起動したら図1.19のSetup Wizard画面が表示されます。真ん中に表示されているメッセージは、Android Studioの使用状況の統計情報を匿名でAndroid Studioの開発チームに送信するかどうかをたずねるメッセージです。送信してよい場合は［Send usage statistics to Google］を、送信したくない場合は［Don't send］を選択してください。特に問題なければ、［Send usage statistics to Google］を選択した方が、よりAndroid Studioの性能改善につながります。その後、［Next］をクリックします。

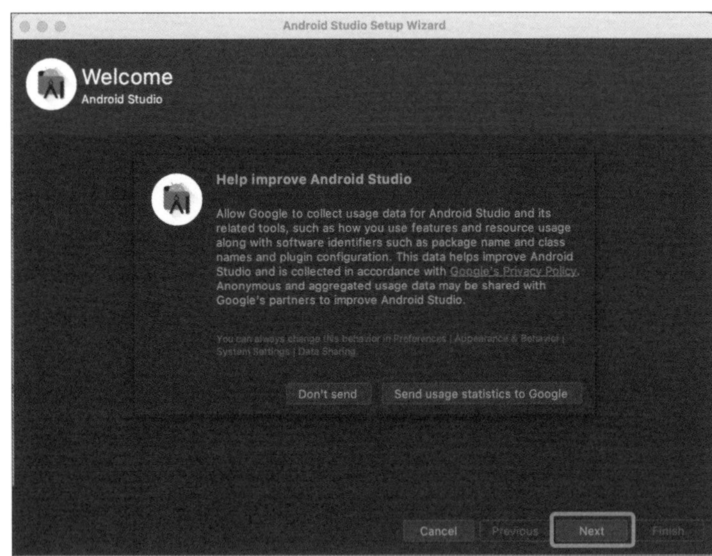

図1.19　Setup Wizard画面

すると、図1.20のインストールタイプ選択画面が表示されるので、「Standard」を選択し、［Next］をクリックします。

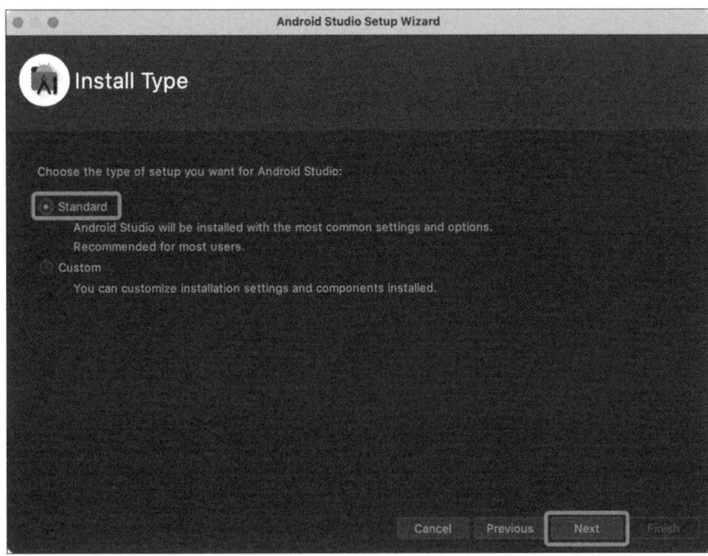

図1.20　インストールタイプ選択画面

次に、図1.21のUIテーマ選択画面が表示されます。ダークテーマかライトテーマか、どちらかを選択します。これは使用者の好みで選択すればよいでしょう。本書ではライトテーマを利用して解説していきますので、ここでは「Light」を選択し、[Next] をクリックします。

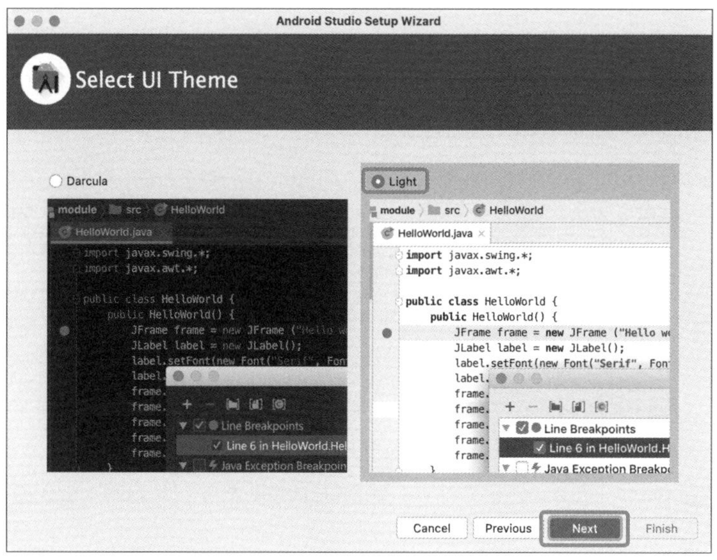

図1.21　UIテーマ選択画面

次に、図1.22の初期設定確認画面が表示されるので、表示内容を一通り確認し、[Next] をクリックします。

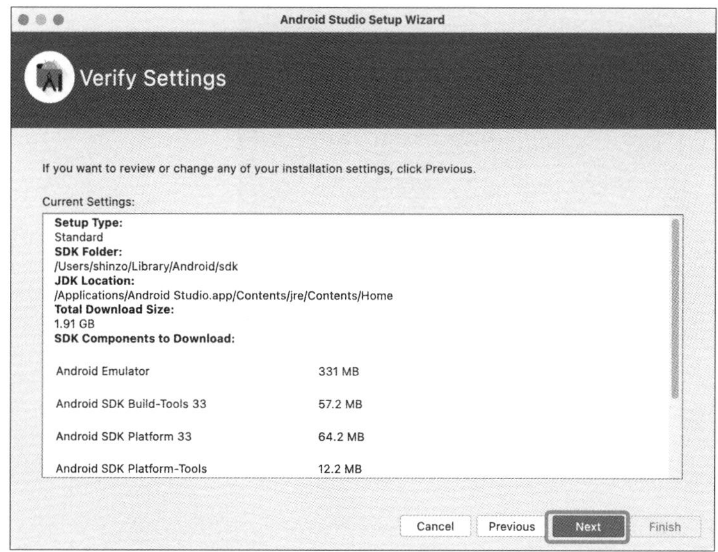

図1.22　初期設定確認画面

Note 漢字表記のユーザー名に注意

図1.22の初期設定確認画面にSDK Folderという項目があります。これは、Androidアプリ開発に必要なSDK※3の格納先です。Windows版ではデフォルトで、

```
<ユーザーのホームフォルダ>¥AppData¥Local¥Android¥sdk
```

になります。ここで注意すべきはホームフォルダです。Windowsではユーザー名に漢字が使えますが、その漢字表記がそのままホームフォルダ名として使われます。その場合、SDK Folderは、たとえば、

```
C:¥User¥齊藤新三¥AppData¥Local¥Android¥sdk
```

となりますが、これではエラーとなりインストールできません。同様に、ユーザー名に半角スペースを含むもの、たとえば「Shinzo Saito」のようなものもエラーとなります。この場合は、「Shinzo」のように半角スペースを含まないアルファベット表記のユーザー名でローカルアカウントを作成し、そのアカウントでインストールを行ってください。

次に、図1.23のライセンスへの同意画面が表示されるので、左側の［Licenses］欄に表示されているリスト項目をひとつずつ確認し、それぞれ［Accept］のラジオボタンを選択して同意してください。［Accept］の選択漏れがあると、［Licenses］欄のリストが太字のままで［Finish］がクリックできないので、漏れがないように注意してください。全てのライセンスに同意したら、［Finish］をクリックしてください。

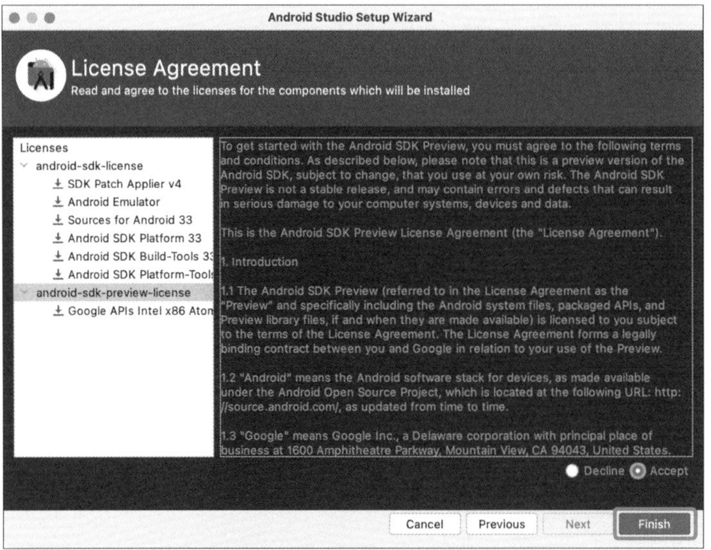

図1.23　ライセンスへの同意画面

※3　Software Development Kitの略。ソフトウェアの開発に必要なツールやライブラリなどのこと。

すると、図1.24のダウンロード進行画面が表示され、コンポーネント（ファイル）のダウンロードが開始されます。

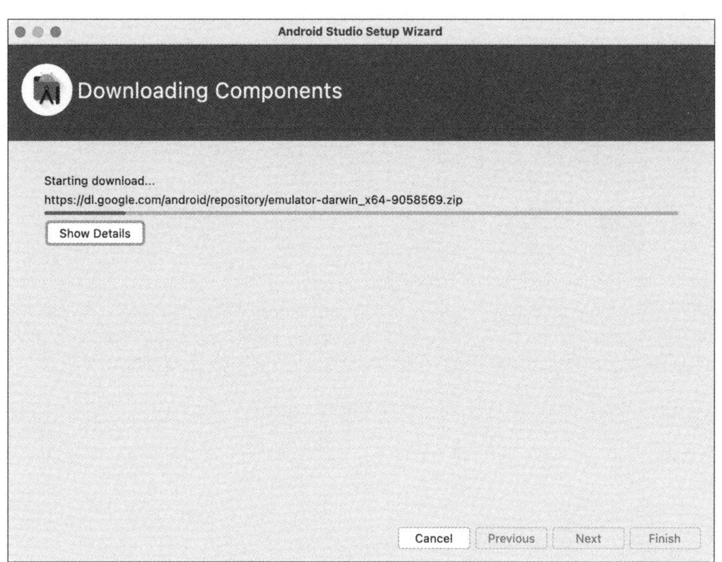

図1.24　ダウンロード進行画面

ダウンロードが完了すると、図1.25の完了画面になるので、［Finish］をクリックします。

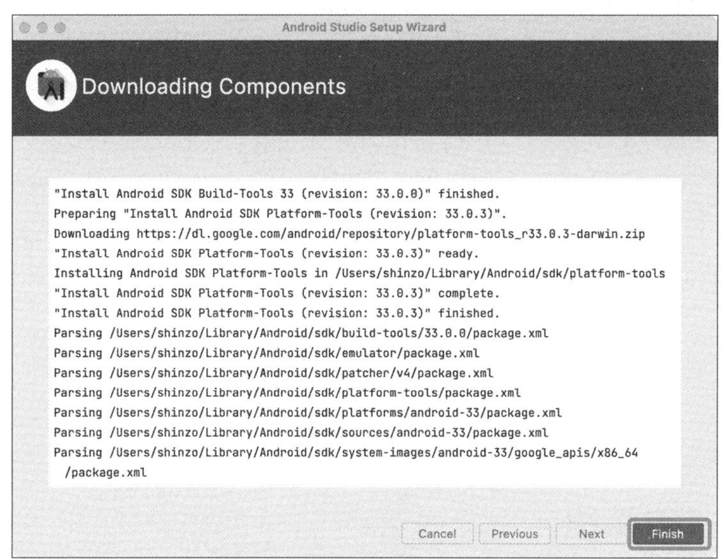

図1.25　ダウンロード完了画面

すると、図1.26のAndroid StudioのWelcome画面が表示されます。

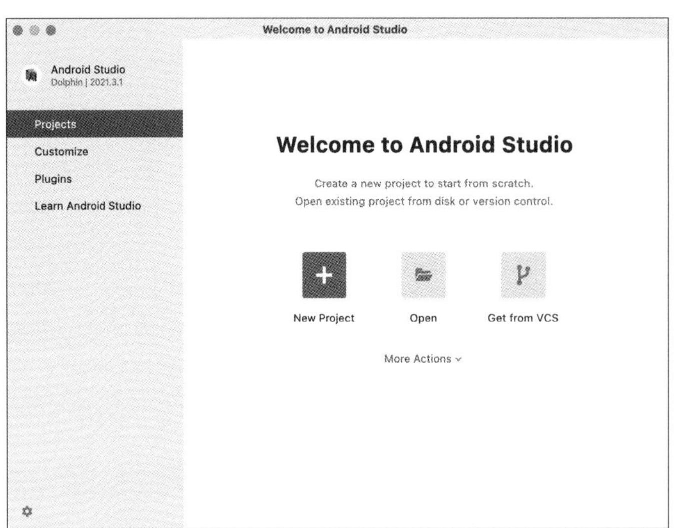

図1.26　Android StudioのWelcome画面

これでインストール、および初期設定は終了です。なお、このWelcome画面は、Android Studioを起動すると出てくる画面です。

Note　HAXMのインストール

Androidアプリ開発では、実機の代わりにエミュレータを使って動作検証を行うことができます。このエミュレータのことをAVD（Android Virtual Device）と呼び、作成方法については次章で扱います。仮想化環境を使うことでAVDの動作を高速化する、HAXM（Hardware Accelerated Execution Manager）というツールがIntelから提供されています。以前のAndroid Studioでは、HAXMは手動でインストールする必要がありましたが、今では自動化されており、Intel CPU搭載のWindowsマシンでは、コンポーネントのダウンロード時に自動でインストールされるようになっています。

その際、HAXMのインストール中にVT-xに関するエラーが表示され、インストールに失敗する場合があります。これは、PC上で仮想化技術そのものが無効になっていることが原因です。[BIOSの設定］で[Virtualization Technology］が［Disable］になっている場合、これを「Enable」に変更して、再度インストールすることで、HAXMを利用できるようになります。なお、古いPCなどで仮想化技術そのものに対応していない場合は、AVDの利用を諦め、検証はすべて実機で行ったほうがよいでしょう。

1.2.4 アップデートを確認

ここまでで、インストールおよび初期設定は完了しました。Android Studioは頻繁にアップデートされるので、この段階でアップデートを確認しておきましょう。

Welcome画面左下の設定マークをクリックすると図1.27のメニューが表示されるので、このメニューの［Check for Updates］を選択します。

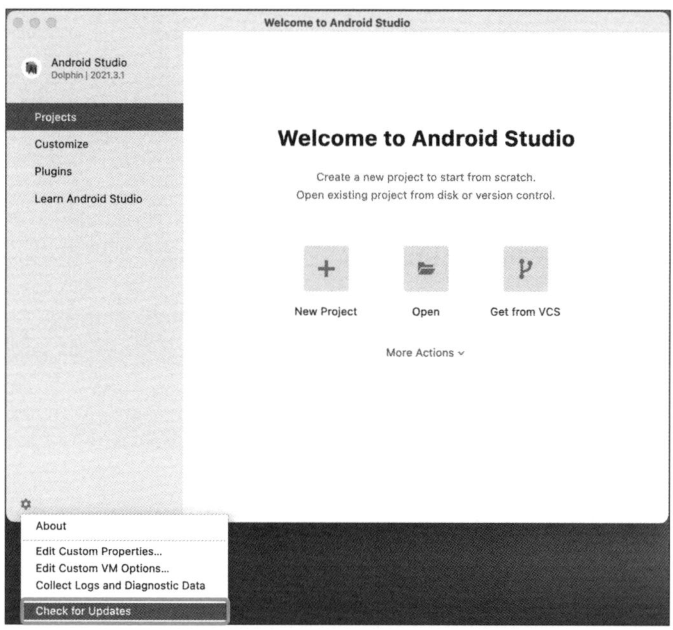

図1.27 Welcome画面のメニュー

すると、Welcome画面右下に図1.28の数値のバッジが表示されます。

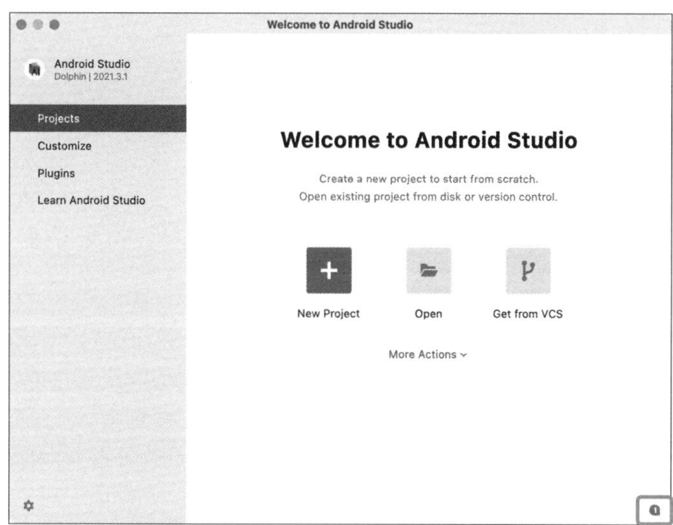

図1.28 Welcome画面に表示された数値のバッジ

そのバッジをクリックすると、何もアップデートがない場合は、「You already have the latest version of Android Studio and plugins installed.」と表示されます。現段階では、最新版をダウンロードしており、この時点ではアップデートは何もないはずなので、このように表示されるはずです。

一方、アップデートがある場合は、図1.29のように、アップデートを知らせるメッセージが表示されます。

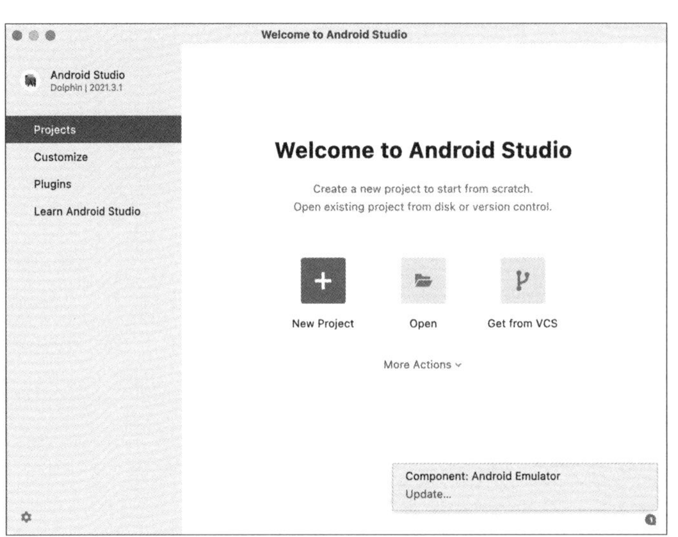

図1.29　アップデートがある場合に表示されたメッセージ

そのメッセージ中の［Update］のリンクをクリックすると、図1.30のようなダイアログが表示されるので、［Update Now］をクリックして指示に従ってアップデートしてください。

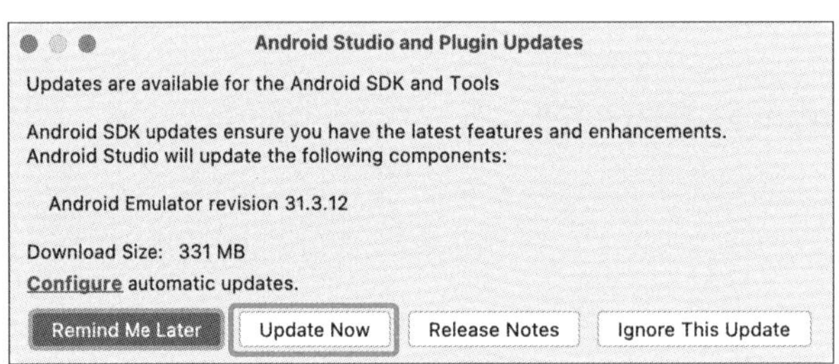

図1.30　アップデートの確認ダイアログ

1.2.5 追加のSDKをダウンロード

Android Studioのインストールと初期設定を行った時点で、最低限のSDKがダウンロードされています。しかし、本書で作成するアプリには足りないものもあるため、ここで追加しておきます。

① SDK Platformの不足分を追加する

Welcome画面真ん中の［More Actions］をクリックし、表示されたメニューの［SDK Manager］を選択します（図1.31）。

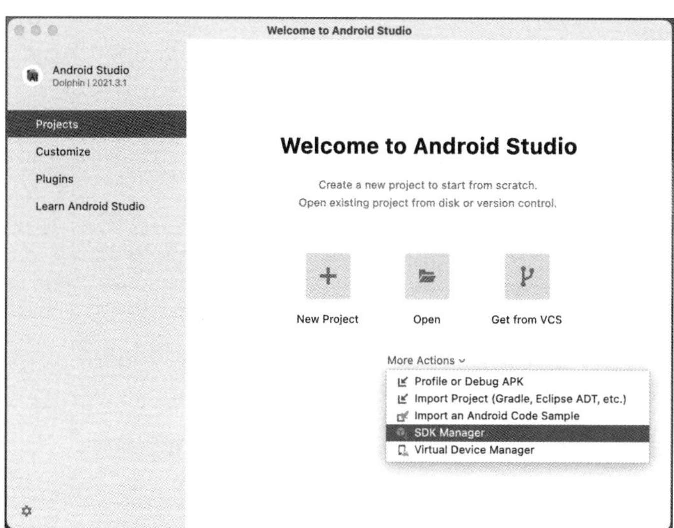

図1.31　Welcome画面のMore Actionsメニュー

すると、図1.32の設定画面が起動します。

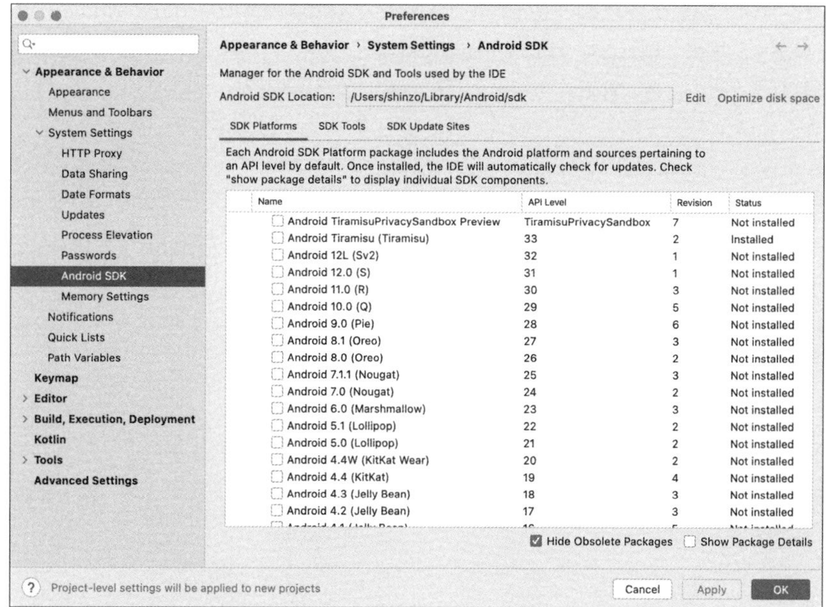

図1.32　SDK Manager画面

［SDK Platforms］タブが選択されていることを確認し、右下にある［Show Package Details］にチェックを入れます。すると、図1.33のようにパッケージが展開表示されます。

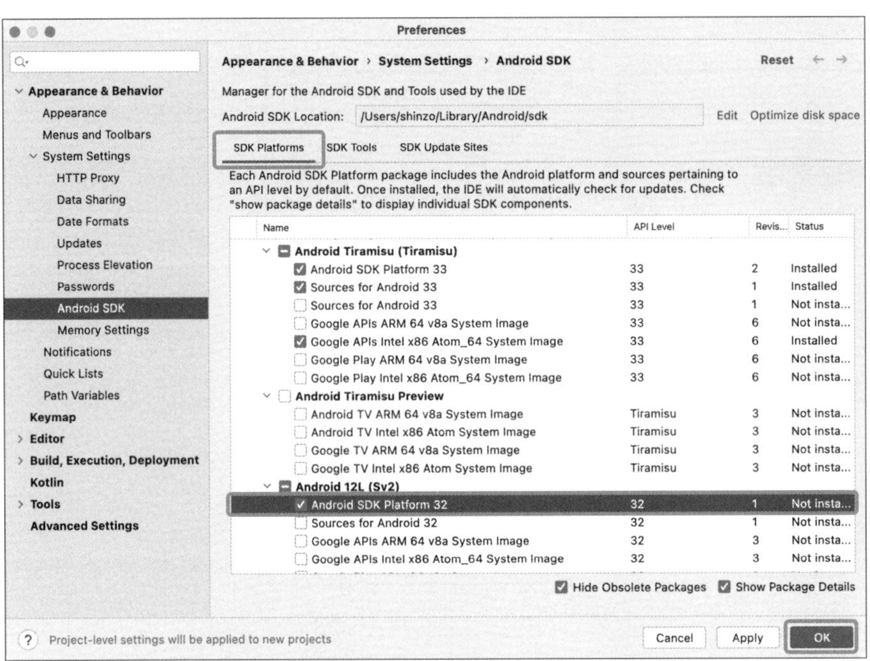

図1.33　パッケージが展開表示されたSDK Manager画面

本書執筆時点では、安定版で最新のAndroid OSであるAPI33の［Android Tiramisu］がインストールされています。本書では、このAPI33を使って解説していきますが、アプリ作成にはAPI32のライブラリも必要です。そのため、以下のチェックボックスにチェックを入れてください。

- Android SDK Platform 33
- Source for Android 33
- Google APIs Intel x86 Atom_64 System Image（Windows/Intel版Mac）またはGoogle APIs ARM 64 v8a System Image（ARM版Mac）
- Android SDK Platform 32

② SDK Toolsの不足分を追加する

次に、［SDK Tools］タブを選択してください。図1.34の画面に切り替わります。

同様に、右下にある［Show Package Details］にチェックを入れます。すると、図1.35のようにパッケージが展開表示されます。

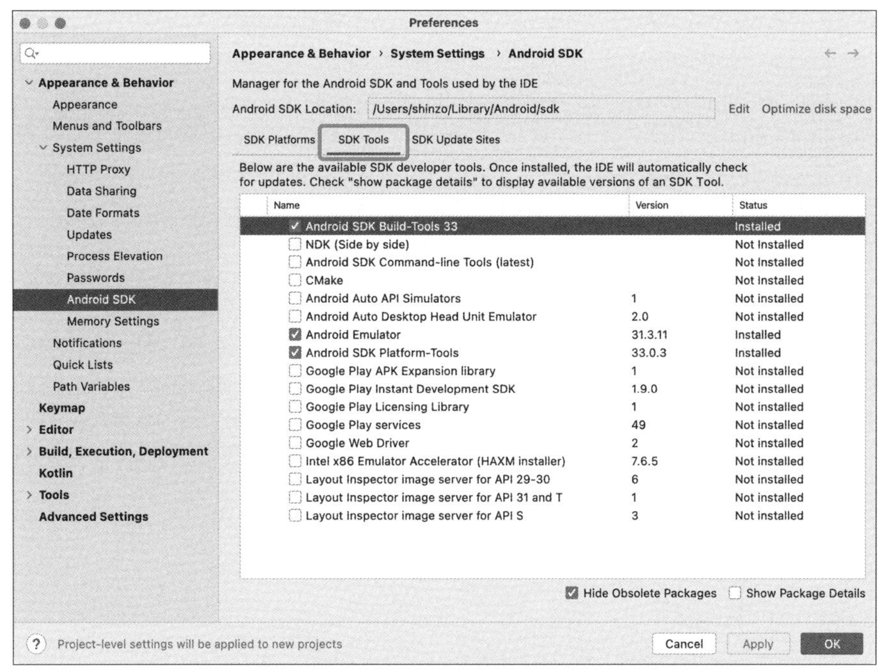

図1.34 [SDK Tools] タブを選択したSDK Manager画面

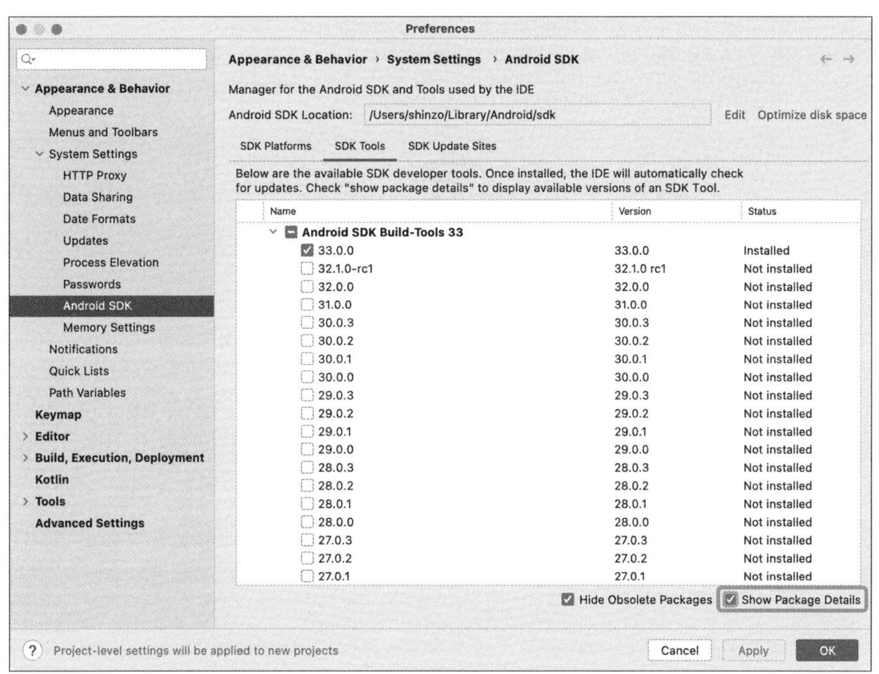

図1.35 パッケージが展開表示された [SDK Tools] タブ画面

以下のチェックボックスにチェックが入っているかどうかを確認してください。

- Android SDK Build-Toolsの33の最新版（33.0.0※4）
- Android Emulator
- Android SDK Platform-Tools
- Intel x86 Emulator Accelerator(HAXM installer)（Intel CPU搭載Windowsのみ）

チェックが入っていないものには、チェックを入れます。

③ 選択したパッケージをインストールする

一通りチェックを入れたら、SDK Managerの［OK］をクリックします。もし追加パッケージがある場合は、図1.36の確認ダイアログが表示されます。追加パッケージがリスト表示されているので、内容を確認して問題がなければ［OK］をクリックします。

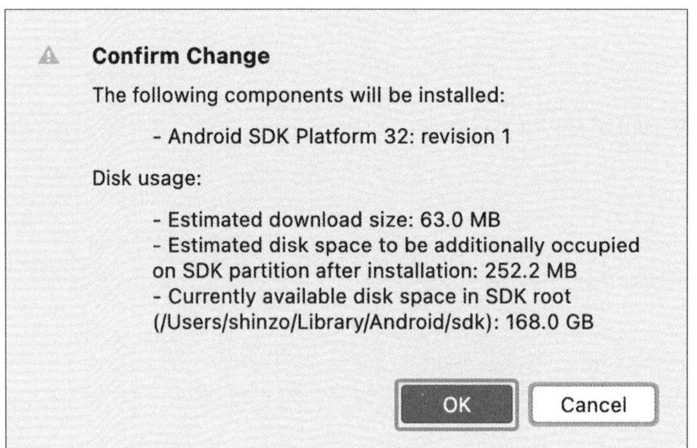

図1.36 追加パッケージインストールの確認ダイアログ

すると、図1.37の画面が表示され、ダウンロード、インストールが開始されます。

※4 本書執筆時点のバージョン。

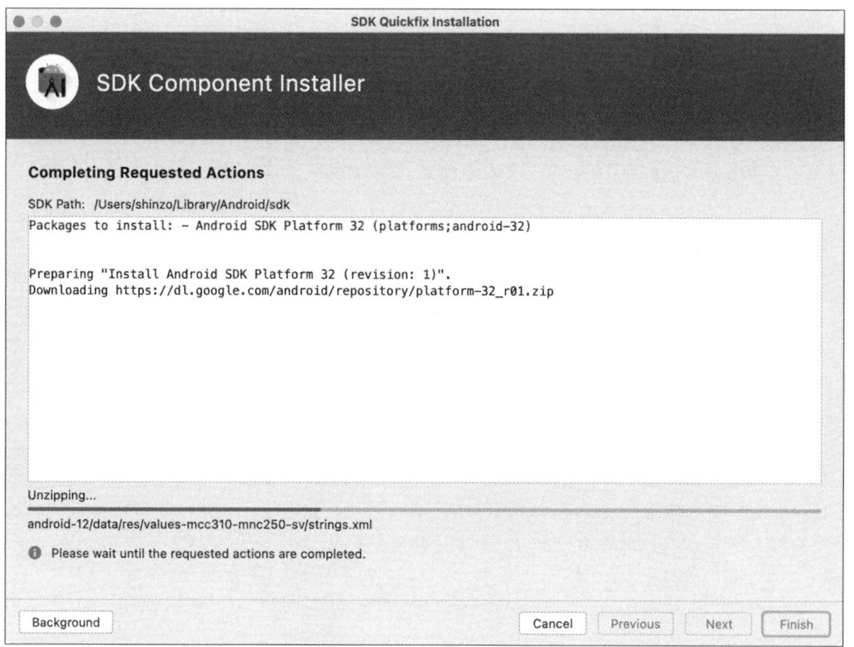

図1.37　追加パッケージをインストール中

インストールが完了すると、左下に「Done」と表示され［Finish］がクリックできるようになるので、［Finish］をクリックします。すると、Android StudioのWelcome画面に戻ってきます。

これで、一通り、本書で必要なAndroidアプリの開発環境が整いました。次章からは具体的なアプリの開発を進めていきましょう。

Note　Android Studioの日本語化

Android Studioのメニューなどは英語表示であり、日本語化には対応していません。非公式で日本語化するライブラリやツールが検索すると出てきますが、それらをインストールした結果、不具合が起こることが多々あります。場合によっては、Android Studioがアップデートできなかったり、無理やりアップデートした結果、WindowsなどのOSそのものを再インストールしないと対処できないなどの事案が確認されています。英語表示のまま使うようにしてください。

Column

Android Studioの設定ファイルの格納先

Android Studioでは、その設定情報が格納されたフォルダは、Android Studioのバージョンが上がるたびに新規に作られるようになっています。その位置は、Windowsでは、以下の両フォルダ内です。

C:¥Users¥ユーザーフォルダ名¥AppData¥Roaming¥Google
C:¥Users¥ユーザーフォルダ名¥AppData¥Local¥Google

一方、Macでは、以下のフォルダ内です。

/Users/ユーザーフォルダ名/Library/Application Support/Google

これらのフォルダ内に、例えば、AndroidStudio2021.2のように、バージョン番号を付与したフォルダが作成され、その中に各種設定ファイルが格納されています。そして、これらのフォルダは、Android Studioのバージョンが上がるたびにそのまま残されてしまいます。古いバージョンのフォルダは、必要に応じて、削除してもかまいません。
これらのフォルダの他に、Android Studioが利用するフォルダとして、ユーザーフォルダ直下に作成される以下のフォルダがあります。

- .android
- .gradle

前者はAndroid Studio本体ではなく、Android SDKに関する設定などの情報を格納するフォルダです。次章で作成するAVDもこのフォルダ内に作成されます。後者はAndroid Studioが利用するビルドシステムであるGradleのライブラリ類が格納されたフォルダです。

これらのフォルダは、.（ドット）から始まる隠しフォルダのため、Windowsでは［非表示のファイルとシステムファイルを表示する］設定をオンにすることで、表示されるようになります。macOSの場合は、ターミナルを利用して確認できます。

Android Studioを完全アンインストールする場合は、Android Studio本体のアンインストールだけでなく、1.2.3項のNote[p.16]で紹介したSDK Folderと上記設定フォルダに加えて、これらの.androidフォルダと.gradleフォルダも削除する必要があります。さらに、macOSの場合は、以下の設定ファイルも削除しておく必要があります。

- /Users/ユーザーフォルダ名/Library/Preferences/com.android.Emulator.plist
- /Users/ユーザーフォルダ名/Library/Preferences/com.google.android.studio.plist

第2章

はじめての Androidアプリ作成

前章でAndroid Studioのインストールが完了しました。本章では、Android Studioを使って、はじめてのAndroidアプリを作成しながら、Androidプロジェクトの作り方や、Androidアプリの動作確認をPC上で行えるAVDの作成について見ていきましょう。

2.1 はじめてのAndroidプロジェクト

これから、はじめてのAndroidアプリを作成していきます。このアプリは「HelloAndroid」というアプリ名で、起動すると図2.1のように「Hello World!」と書かれた画面が表示されます。

まずは**プロジェクト**の作成からです。Android開発では、原則として1つのアプリがAndroid Studioの1つの**プロジェクト**という形態をとっています。そこで、アプリを作成するためにまず、Android Studioのプロジェクトを作成する必要があります。

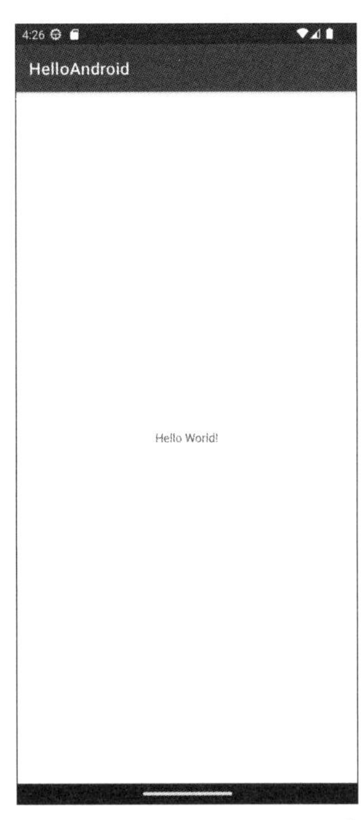

図2.1　はじめてのAndroidアプリの画面：「Hello World!」と表示される

2.1.1  Android StudioのHelloAndroidプロジェクトを作成する

さっそく、以下の手順でHelloAndroidプロジェクトを作成していきましょう。なお、Android Studioは、プロジェクト作成時に、バックグラウンドでインターネットへのアクセスを行い、必要な情報を取得したり、ライブラリ類を自動でダウンロードするようになっています。そのため、インターネットに接続されていないオフライン環境や、インターネット接続が制限されているプロキシ環境下では、ほぼ間違いなくプロジェクト作成に失敗します。プロジェクト作成時は、制限のないオンライン環境で行うようにしてください。

① プロジェクト作成ウィザードを起動する

Android StudioのWelcome画面の［New Project］をクリックします。プロジェクト作成ウィザードが起動します。

② 作成アプリのテンプレートを選択する

ウィザード第1画面として、図2.2のTemplates画面が表示されます。［Empty Activity］が選択されていることを確認して、［Next］をクリックします。

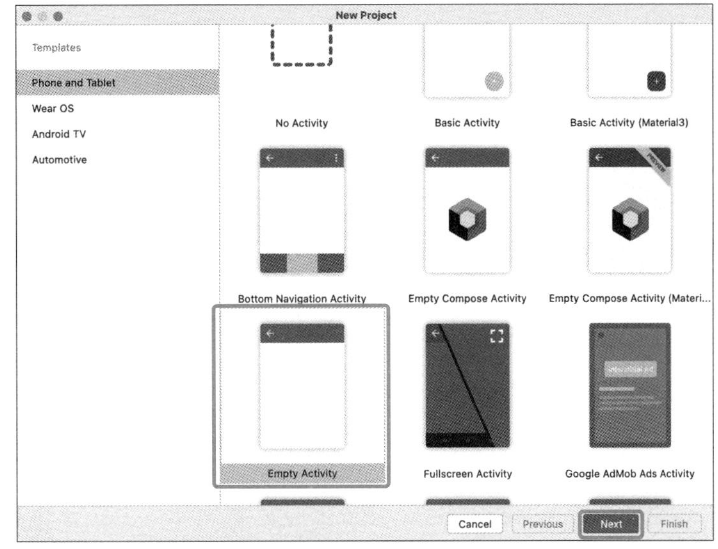

図2.2　ウィザード第1画面のTemplates画面

③ プロジェクト情報を入力する

ウィザード第2画面として、図2.3のEmpty Activity画面が表示されます。

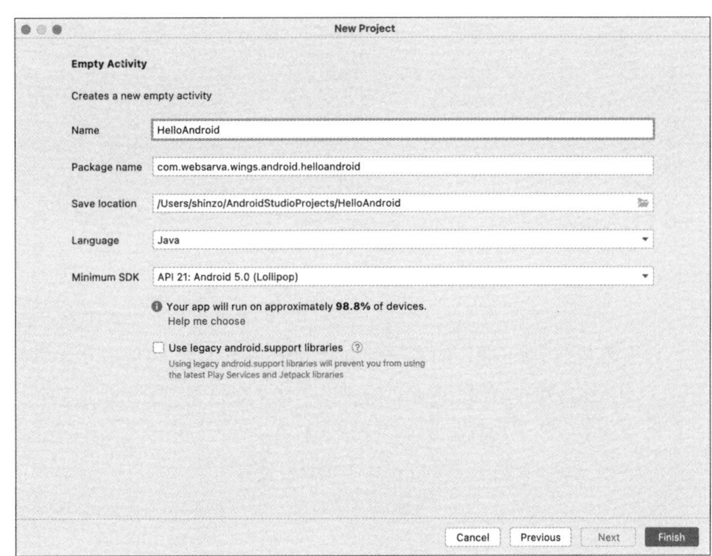

図2.3　ウィザード第2画面のEmpty Activity画面

各入力欄に以下の内容を入力してください。

Name	HelloAndroid
Package name	com.websarva.wings.android.helloandroid
Language	Java
Minimum SDK	API 21: Android 5.0 (Lollipop)

［Save location］はデフォルトのままでかまいません。ただし、パスの右端、最終フォルダがName欄と同じHelloAndroidになっていることを確認しておいてください。

また、［Use legacy android.support libraries］のチェックボックスは、チェックされていないことを確認しておいてください。

入力が終了したら、［Finish］をクリックしてください。

すると、図2.4の画面に切り替わり、プロジェクトの作成が始まります。

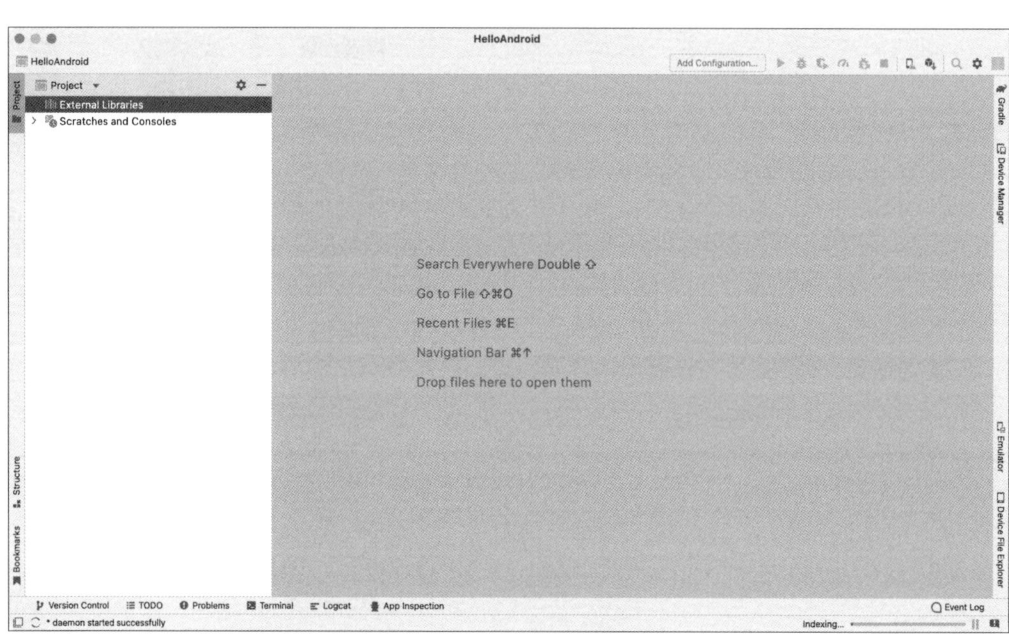

図2.4　プロジェクトの作成が開始された画面

しばらくすると、図2.5の画面が表示されます。中心に表示されている「Tip of the Day」はAndroid Studioの使い方TIPSの紹介ダイアログなので、［Close］をクリックして閉じてかまいません。これは、プロジェクト起動のたびに表示されますが、［Don't show tips］のチェックボックスを外して［Close］をクリックすると、次回から表示されません。

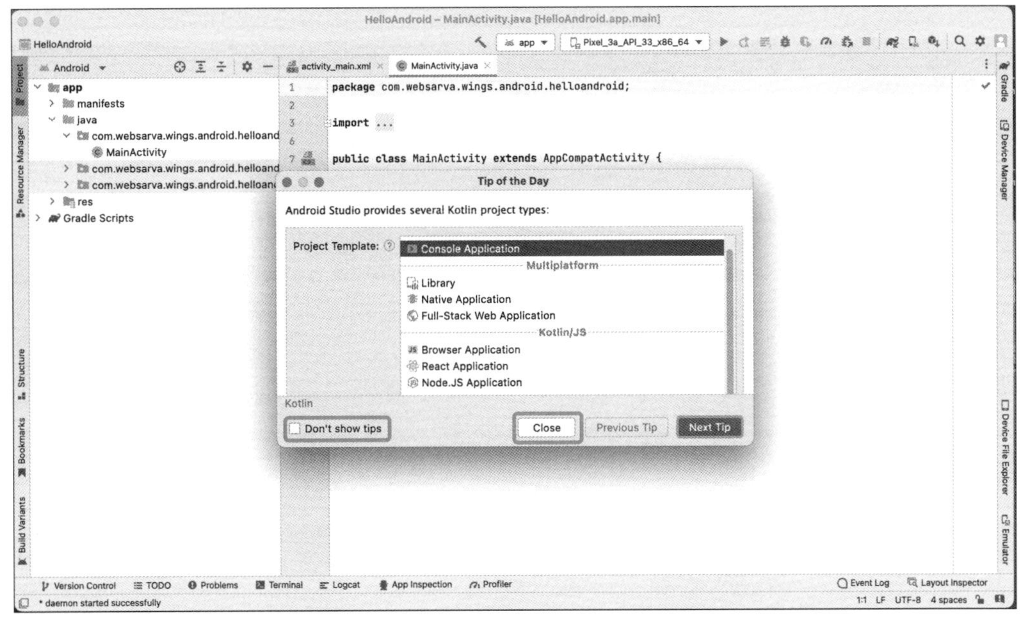

図2.5 表示されたプロジェクト画面

なお、図2.5の画面が表示されても、一番下のステータスバーに図2.6のように進行中を表すバーが表示されていたり、図2.7のようにビルドプロセスが進行中であるメッセージが表示されている場合は、各種ファイルのビルド中です。「Tip of the Day」ダイアログは閉じてもかまいませんが、プロジェクト作成自体は進行中です。完全に完了するまで待ちましょう。

図2.6 プロジェクトビルドが進行中を表すバー

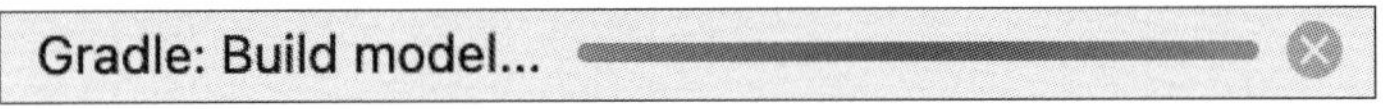

図2.7 ビルドプロセスが進行中であるメッセージ

ところで、図2.4の画面は場合によっては図2.8のように表示されることもあります。違いは右側に「What's New in …」と表示された欄があることです。これは、新しいバージョンのAndroid Studioをインストール、あるいはアップデートした際に表示される画面です。この「What's New」欄にはこのアップデートで追加された機能の解説が記載されています。コンパクトにまとまっていますので、Android開発に慣れてくると一読の価値があります。不要な場合は、[Assistant]と記述された部分をクリックすると非表示になります。

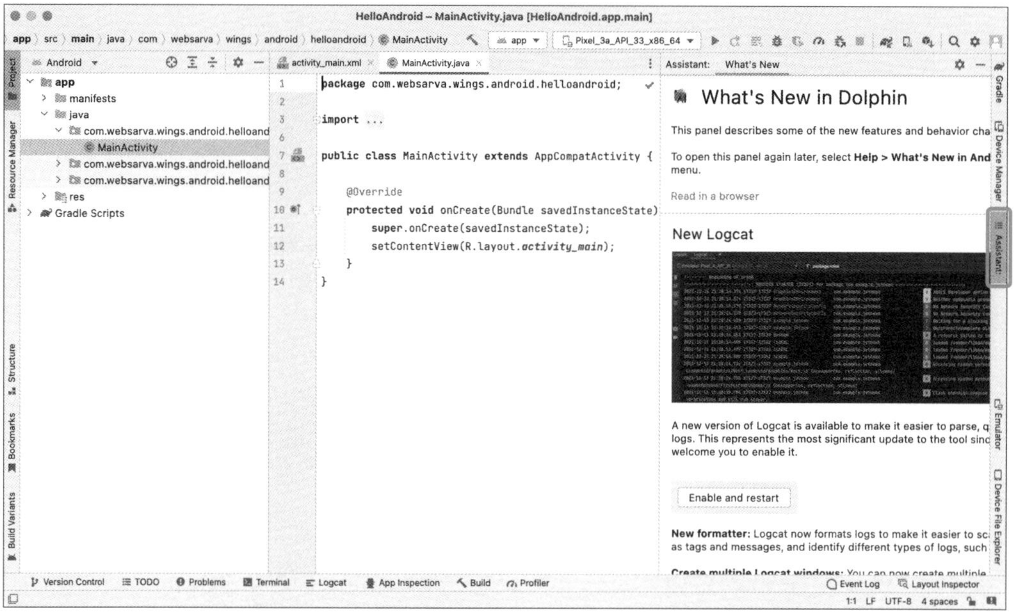

図2.8　Android Studioの新機能紹介が表示された画面

2.1.2 Android Studioプロジェクトの作成はウィザードを使う

Android Studioプロジェクトの作成には、Android Studioに用意されている**プロジェクト作成ウィザード**を使います。ウィザードを表示するには、手順①のようにWelcome画面から［New Project］をクリックします。もし、図2.5のようにすでに何らかのプロジェクトが表示されている場合は、［File］メニューから、

［New］→［New Project...］

を選択しても、同じウィザードが表示されます（図2.9）。

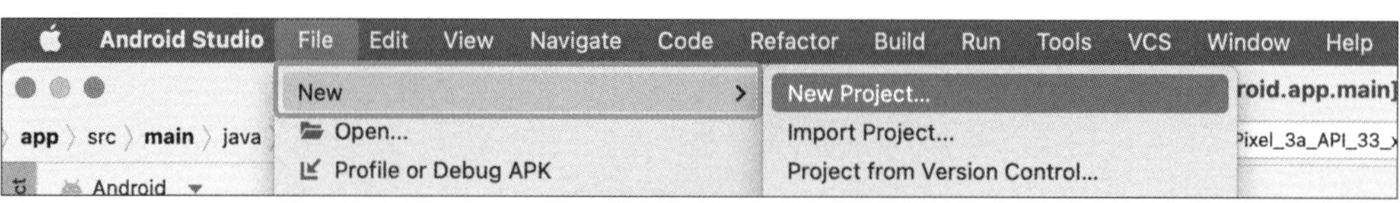

図2.9　新規プロジェクト作成メニュー

手順②～手順③で行ったように、このウィザードは2つの画面から構成されています。以下、順番に両画面について説明していきます。

(1) Templates画面(図2.2) p.29

Android Studioではプロジェクト作成時に、テンプレートに基づき、ある程度ソースコードが記述された状態を用意してくれます。その用意された21種類のテンプレートから適当なものを選択するのがこの画面です。

Empty Activityは、あらかじめ記述されたソースコードが一番少ないシンプルなプロジェクトです。本書では、Empty Activityを選択し、そこにコードを記述していく形で解説していきます。もちろん実開発では、作成するアプリに応じて他のテンプレートを選択してもかまいません。どういったテンプレートがあるか、表2.1に簡単にまとめておきます。

なお、この画面の左側はメニューのようになっており、現在は［Phone and Tablet］が選択された状態です。Android OSが動く端末は、スマートフォンやタブレットだけではなく、Android WearやAndroid TVなど、数多くの種類が存在します。Android Studioは他の端末向けのアプリも開発できるようになっており、どの端末向けのアプリを開発するかは、メニューを選択することで、切り替えることができます。

本書では、スマートフォンとタブレット向けのアプリしか作成しないため、すべてのサンプルで［Phone and Tablet］タブから選択するようにします。

表2.1 Phone and Tableのテンプレート

選択肢	内容
No Activity	画面を必要としないアプリを作成するためのもの
Basic Activity	アクションバーが表示され、フローティングアクションボタンが組み込まれたもの
Basic Activity (Material3)	Basic Activityにマテリアルデザインのバージョン3を適用したもの(原稿執筆時点ではプレビュー版)
Button Navigation Activity	画面下部にナビゲーションのようにボタンを並べたアプリを作成するためのもの
Empty Compose Activity	Jetpack Composeを利用した画面のアプリを作成するためのもの
Empty Compose Activity (Material3)	Empty Compose Activityにマテリアルデザインのバージョン3を適用したもの(原稿執筆時点ではプレビュー版)
Empty Activity	あらかじめソースコードがほとんど記述されておらず、イチからアプリを作成するためのもの
Fullscreen Activity	ステータスバーやアクションバーが表示されないフルスクリーンのもの
Google AdMob Ads Activity	広告バナーを表示するアプリを作成するためのもの
Google Maps Activity	Googleマップを表示するためのもの
Google Pay Activity	Google Payを利用したアプリを作成するためのもの
Login Activity	非同期通信でログイン処理を行うためのもの
Primary/Detail Flow	リスト表示とそのリストをタップすることでその詳細が表示されるアプリを作成するためのもの
Navigation Drawer Activity	スライド式メニューを使うためのもの
Responsive Activity	レスポンシブレイアウトに対応したアプリを作成するためのもの
Settings Activity	アプリの設定画面を作成するためのもの
Scrolling Activity	画面をスクロールすると上部ヘッダ部分が自動的に縮小するもの
Tabbed Activity	タブを使った画面を作成するもの
Fragment + ViewModel	各フラグメント間でデータを共有したいアプリを作成するためのもの
Game Activity (C++)	C++でゲームアプリ開発をする場合
Native C++	C++でアプリ開発する場合

(2) Empty Activity画面(図2.3) p.29

この画面では、Empty Activityテンプレートのプロジェクト作成に必要な最低限の情報を入力します。入力項目を順に説明していきます。

●Name

文字通り名前を入力します。この名前はアプリ名ではなく、プロジェクト名と理解してください。Android端末のホーム画面などで表示されるいわゆるアプリ名は、後述のstrings.xmlで設定が可能です。アプリ名では日本語表記も可能ですが、ここはプロジェクト名なのでアルファベットのキャメル記法で記述します。

●Package name

Androidアプリではそのアプリのルートとなるjavaパッケージを指定することになっています。アプリ内の.javaファイルはそのルートパッケージ配下に作成する必要があります。しかも、同一ルートパッケージのアプリは1つの端末には1つしかインストールできない仕組みになっています。というのも、Android OSは、アプリの識別(区別)を、プロジェクト名でもアプリ名でもなく、このルートパッケージで行うからです。そのため、アプリを作成する場合、ルートパッケージを何にするかは重要な設計情報です。通常、ルートパッケージは、そのアプリを開発する会社所有のドメインを逆順にしたものを起点として、そこにプロジェクト名を加えた形で作成します。たとえば、ドメインが「hogehoge.com」、プロジェクト名が「HelloAndroid」の場合は、

```
com.hogehoge.….helloandorid
```

とします。

> **Note Javaクラスの一意性**
>
> Javaでは、作成したクラスが世界中で一意となるように名前を付ける慣習があります。その際、単なるクラス名では一意は実現できないので、「パッケージ名+クラス名」(完全修飾名)で一意となるようにします。その一番簡単な方法が、所有ドメインを逆順にしたものを起点とし、そこにプロジェクト名やサブシステム名などを加えてパッケージ名を決めることです。
>
> 上記Androidアプリのパッケージには、この思想が色濃く反映されています。

●Save location

このプロジェクトファイルを格納するフォルダです。デフォルトでは、ユーザーのホームフォルダ直下に自動的に作成されたAndroidStudioProjectsフォルダの配下にName（プロジェクト名）と同名のフォルダが作られるようになっています。プロジェクトを格納するフォルダ名が、プロジェクト名と同一であれば、その親フォルダに関しては、適宜変更してもかまいません。

●Language

アプリの開発言語を選択します。現在、JavaかKotlinのどちらかを選択できるようになっています。本書ではJavaでの解説を行っていきますので、Javaを選択してください。

●Minimum SDK

今から作成するアプリが動作する最小のAPIレベルを選択します。ここで、たとえば「API 21」を選択した場合、API 20（Android 4.4W）以前のAndroid OSでは動作保証されません。より広範囲の端末を対象にしたい場合はこのAPIレベルを下げますが、その場合、使えない機能（API）が出てきます。逆に、レベルを上げることで動作対象を絞り込むことになりますが、最新の機能が使えるようになります。この選択肢の下に「Your app will run on approximately 98.8% of devices.」というメッセージが表示されています。原稿執筆時点では、このメッセージの通り最小APIレベルとして21を選択しておけば、ほとんどのAndroid端末で動作するアプリが作成できます。本書のサンプルも原則として最小APIレベルとして21を選択するようにしてください。もし、他の最小APIレベルを選択する必要がある場合は、その旨を記載します。

●[Use legacy android.support libraries］チェックボックス

Androidアプリ作成で利用するSDKには、その最初期から存在するクラス群とは別に、のちに機能拡張の形で追加されていった便利なクラス群があります。これらは、サポートライブラリと呼ばれ、何年にもわたって様々に拡充されてきました。ただ、散在的に拡充してきたため、ライブラリのパッケージも、android.support.v4やandroid.support.v7、android.support.designなど、収拾がつかない状態となっていました。それを、Googleは2018年に整理し、新たなパッケージとしてandroidxパッケージにまとめ、AndroidX（アンドロイドエックス）ライブラリとしてリリースしました。

それ以降、Android Studioでは、このAndroidXを利用するプロジェクトを標準で作成するようになりました。このチェックボックスは、あえてAndroidXライブラリを利用せずに、旧来のサポートライブラリを利用する場合にチェックを入れるためのものです。本書では、AndroidXを利用しますので、チェックを入れないようにしてください。

Note　Kotlin

Javaで書かれたプログラムをコンパイルしたファイルは、JVM（Java Virtual Machine：Java仮想マシン）上で動作します。ところが、世の中にはJava以外にも、コンパイルしたファイルがJVM上で動作する言語が存在します。こういった言語をJVM言語と呼び、Kotlinもその1つです。Kotlinは、Android Studioのベースとなっているintellij IDEAを開発しているJetBrains社が開発した言語で、Javaとの互換性を維持しつつもJavaより簡潔に記述することを目指して開発されています。そのKotlinをAndroid Studioでは3.0から正式サポートしました。その後、Googleは、2019年のGoogle I/Oで、AndroidにおけるKotlinファーストを強化すると発表しています。Android Studioをインストールした直後にプロジェクト作成ウィザードを実行すると、第2画面のLanguageがデフォルトでKotlinとなっているのは、その表れでしょう。

とはいえ、Android SDKの内部が基本的にJavaで記述されていることを考えれば、使用言語がKotlinに傾斜していっても、Androidアプリ作成においてJavaへの理解が欠かせないということは変わりありません。

なお、本書の内容をまるごとKotlin言語での解説に置き換えたKotlin版もあります。

- 『基礎＆応用力をしっかり育成！ Androidアプリ開発の教科書 第2版 Kotlin対応』
（ISBN：978-4-7981-6981-1）

本書を一通り終えられた後に、手に取っていただければ幸いです。

2.1.3　プロジェクト作成情報

以上、両画面に必要事項を入力することでプロジェクトは作成されます。本書では、次章以降、この手順に従っていろいろなプロジェクトを作成していきます。その際、ウィザードに入力する情報を今後はまとめて記載します。たとえば、ここで作成したHelloAndroidプロジェクトは以下のようになります。

Name	HelloAndroid
Package name	com.websarva.wings.android.helloandroid

ここに記載していない項目は、2.1.2項で解説したものと同様にしてください。

2.2 AVDの準備

作成したプロジェクト、つまり、Androidアプリを実行するためには実機、もしくはAVD（Android Virtual Device）が必要です。ここでは、AVDを作成します。

2.2.1 手順 AVDを作成する

さっそく、以下の手順でAVDを作成していきましょう。

① Device Managerを起動する

画面右端の［Device Manager］タブをクリックします。すると、初回では、図2.10のように自動的に作成されたAVDが登録された画面になっています※1。本書で利用するAVDを作成していきます。［Create device］ボタンをクリックしてください。

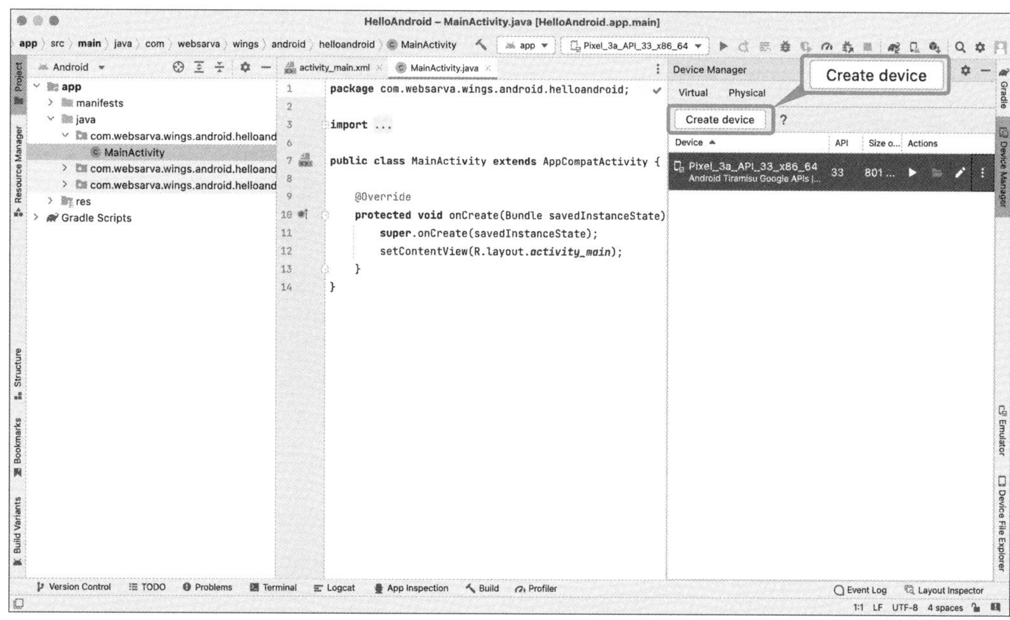

図2.10 表示されたDevice Manager画面

※1 場合によっては、全くAVDが登録されていない場合もあります。

② 端末種類を選択する

図2.11のSelect Hardware画面が表示されるので、端末種類を選択します。本書では6インチ画面のPixel 6をベースに解説していくので、

［Phone］→［Pixel 6］

を選択し、［Next］をクリックします。

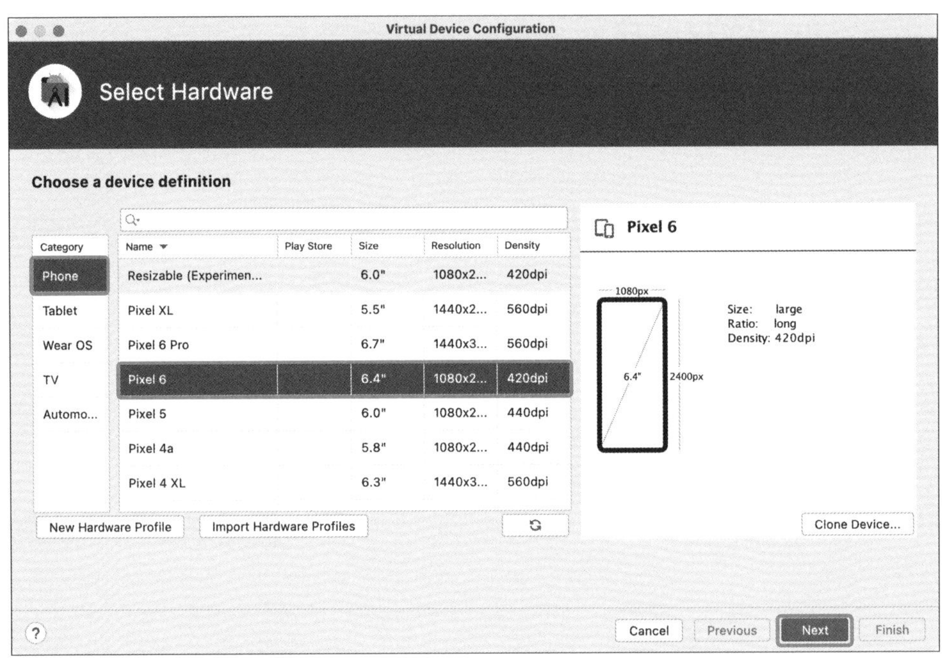

図2.11　Select Hardware画面

③ システムイメージを選択する

図2.12のSystem Image画面が表示されるので、システムイメージを選択します。

リストの中から［Tiramisu］を選び、［Next］をクリックします。もし［Recommended］タブに該当イメージが表示されていない場合は、「x86 Images」（Windows/Intel版Mac）、あるいは、「ARM Images」（ARM版Mac）タブに切り替えます。

なお、システムイメージとは、AVDの動作に必要なものをまとめたファイルのことです。これは、Androidのバージョン（APIレベル）やAVDを起動する環境に応じてファイルが違います。1.2.5項 p.22 で行ったSDKの追加の要領で、他のAPIレベルのSDKやシステムイメージをインストールしている場合は、ここにリスト表示されます。また、［Download］のリンクをクリックすると、そのシステムイメージがダウンロードできるようになっています。

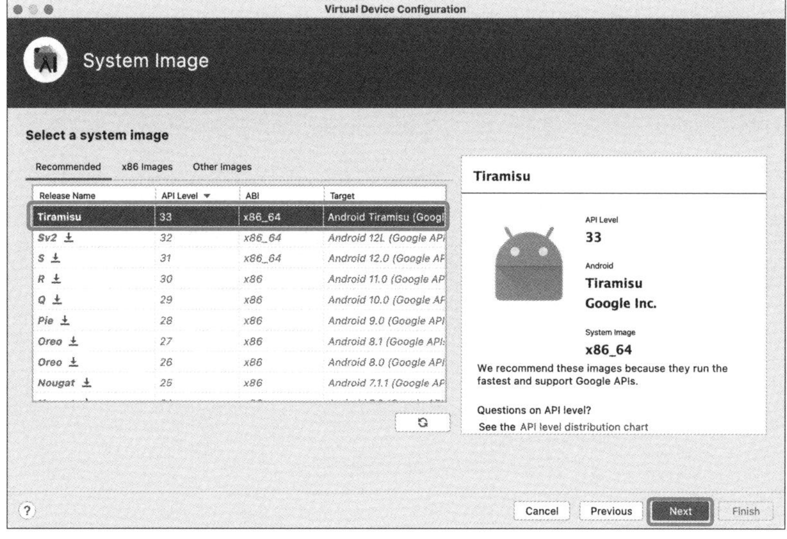

図2.12　System Image画面

④ 詳細設定を確認する

図2.13のAndroid Virtual Device画面が表示されます。ここでは作成中のAVDの設定内容が確認できます。

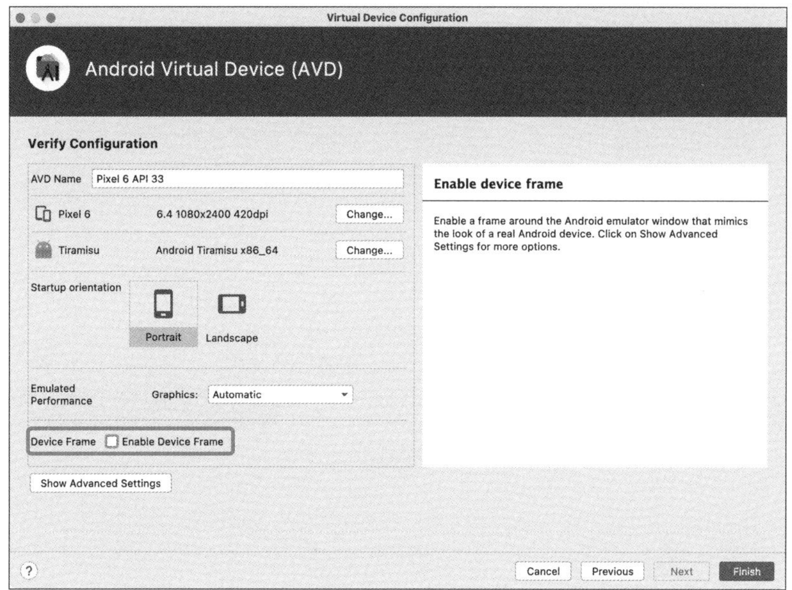

図2.13　Android Virtual Device画面

AVD名として「Pixel 6 API 33」が自動で記述されています。AVD名は変更可能ですが、自動入力された名前のままでかまいません。

さらに、[Show Advanced Settings] ボタンをクリックすると図2.14の画面が表示され、詳細設定が可能になります。

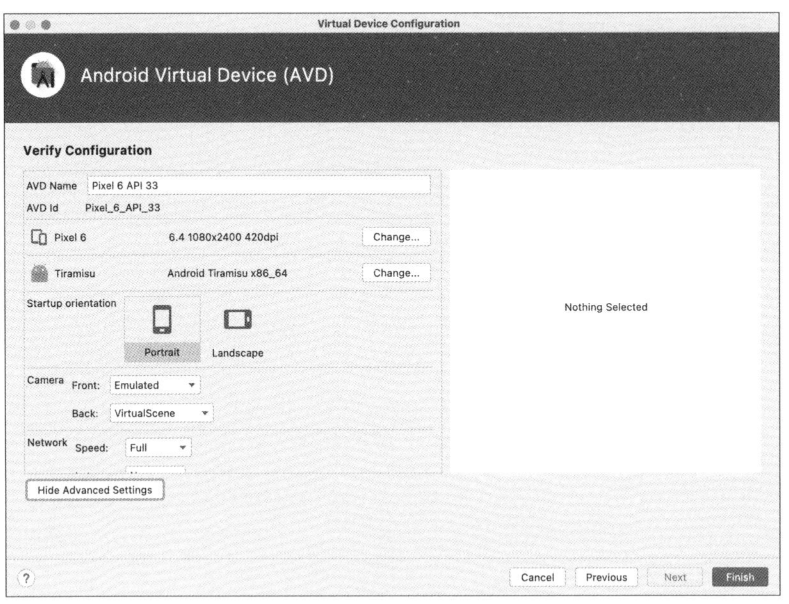

図2.14　Android Virtual Deviceで詳細設定が可能な画面

ここでは、図2.13の画面から［Enable Device Frame］チェックボックスのチェックを外した上で、［Finish］をクリックしてください。

すると、Device Manager画面が図2.15のようになり、今作成したAVD (Pixel 6 API 33) がリスト表示されています。

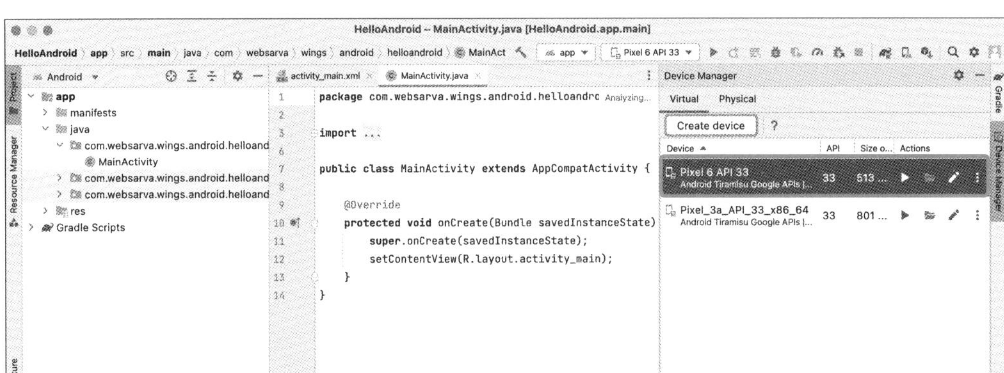

図2.15　作成したAVDがリスト表示されたDevice Manager画面

以上で、AVDの作成は終了です。他の画面サイズやAPIレベルのAVDも同様の手順で作成可能ですし、複数作成しておくこともできます。

2.2.2  AVDを起動して初期設定を行う

次に、作成したAVDを起動し、初期設定を行いましょう。

① AVDを起動する

今作成したAVD（Pixel 6 API 33）のActions列の▶アイコンをクリックしてください（図2.16）。

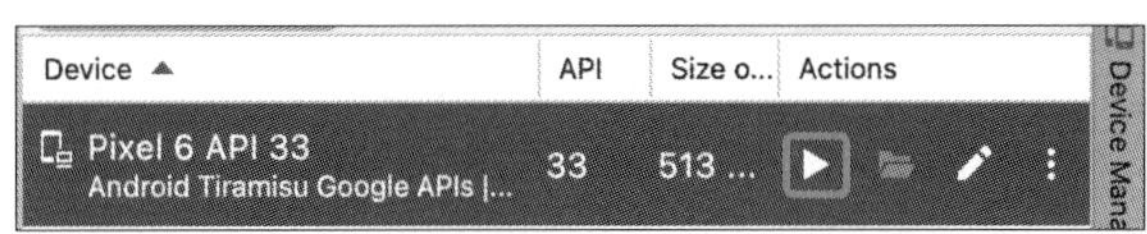

図2.16　AVDを起動するアイコン

しばらくすると、図2.17のように、Android Studio画面右下の**Emulator**ツールウィンドウが表示され、その中に起動したエミュレータが表示されます。

このように、最新のAndroid Studioでは、Android Studioのツールウィンドウのひとつとして AVDが表示されるのがデフォルト設定となっています。ノートパソコンなど、小さな画面でAndroid Studioを利用する際など、この状態が不便な場合もあると思います。その場合は、AVDを独立したウィンドウで表示させることも可能です。これは、Android Studioの設定から変更します。Windowsの場合は［File］メニューから［Settings］を、Mac版の場合は［Android Studio］メニューから［Preferences］を選択して、設定画面を表示させます。その後、左ペインから

［Tools］→［Emulator］

を選択して表示された図2.18の画面から、［Launch in a tool window］のチェックを外します。

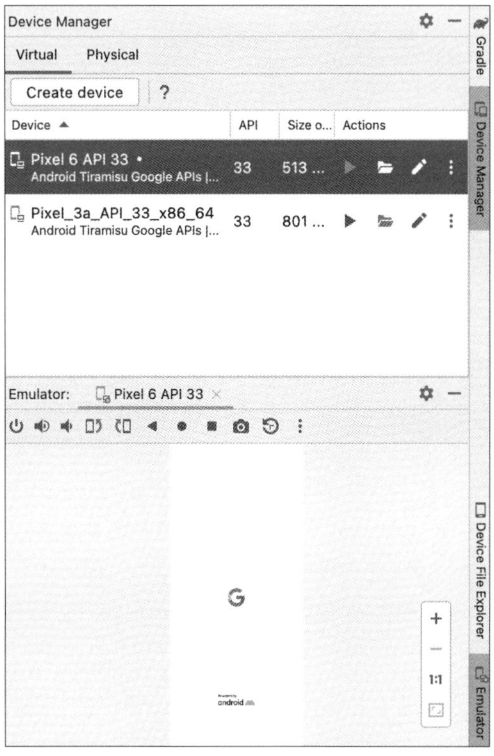

図2.17　Emulatorツールウィンドウ内で起動したAVD

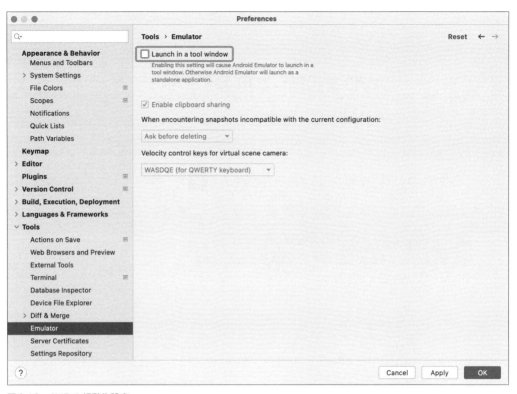

図2.18　AVDの起動先設定

これで、Android Studioとは別ウィンドウでAVDが起動するようになります。なお、Emulatorツールウィンドウ内で起動しているAVDは、そのタブを閉じることで終了します。図2.17の場合は、[Emulator:] 右横の [Pixel 6 API 33] タブの×をクリックすることで、AVDが終了します。

AVDの起動が開始されたら、Device Managerのツールウィンドウは閉じてもかまいません。AVDの起動が終了すると、図2.19のようなAndroidの待ち受け画面になります。

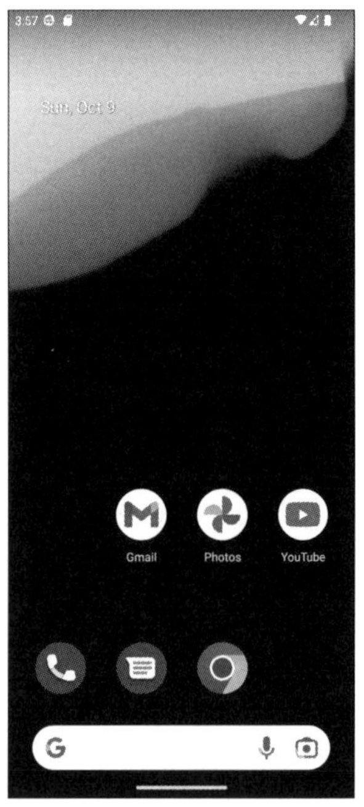

図2.19　Android OSの起動が終了したAVD画面

Note AVDのツールバーとジェスチャーナビゲーション

AVDを別ウィンドウで起動すると、図2.Aのツールバーがくっついて表示されています。図2.17のEmulatorツールウィンドウの場合は、ウィンドウ上部に同様のものが表示されています。それらの働きを表2.Aにまとめておきます。

表2.A　AVDのツールバーボタン

	電源ボタン
	音量アップボタン
	音量ダウンボタン
	画面を左に回転させるボタン
	画面を右に回転させるボタン
	スクリーンショットを撮影するボタン
	画面のズームモードのオン・オフを切り替えるボタン
◁	バックボタン
○	ホームボタン
□	オーバービュー（アプリの切り替え）ボタン
•••	その他の設定項目の画面を表示するボタン

図2.A　AVDのツールバー

なお、Android 12L（API32）からはバックボタン、ホームボタン、オーバービューボタンが画面上に表示されなくなり、代わりに、画面のスワイプで代用する**ジェスチャーナビゲーション**が標準となりました。バックボタンの代わり（**バックジェスチャー**）は、画面の両端から中央に向けてスワイプします。ホーム画面の表示は、画面下部から上へスワイプします。その上へのスワイプを途中で止めると、オーバービューの代わりとなります。

実機の場合は、このジェスチャーナビゲーションでも問題ないのですが、AVDの場合は、表2.Aのボタンを操作した方が操作しやすいです。

② 言語設定を行う

AVD作成直後は、OSが英語仕様になっているため、言語設定を行います。画面を上にスワイプします（図2.20）。

すると、アプリ一覧が表示されます（図2.21）。下のほうにあるSettings（設定）をタップして起動します。

設定アプリが起動し、設定項目一覧が表示されるので、下までスクロールしてください（図2.22）。[System] 項目が表示されたら、それをタップします。

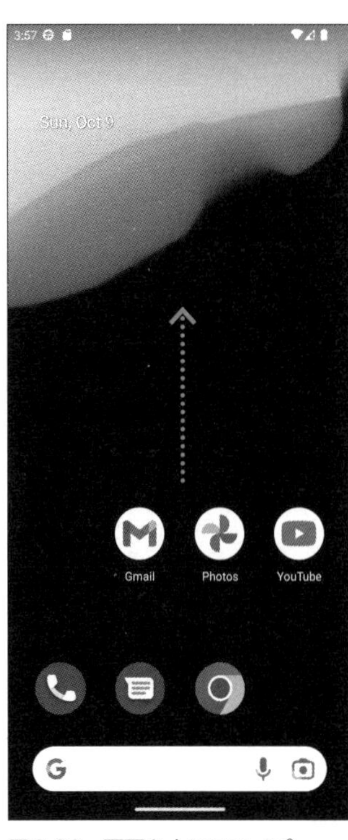

図2.20　画面を上にスワイプ

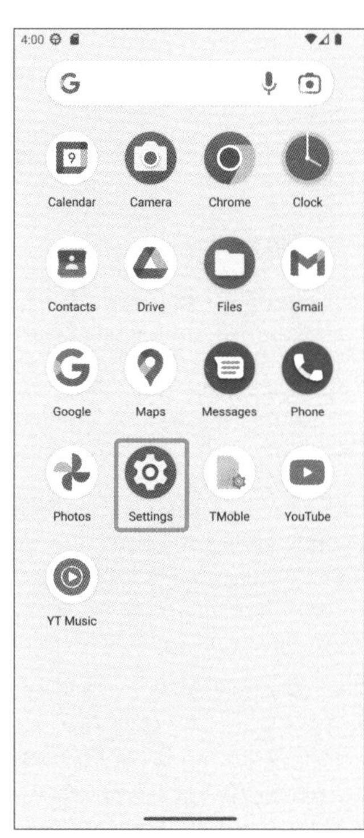

図2.21　アプリ一覧

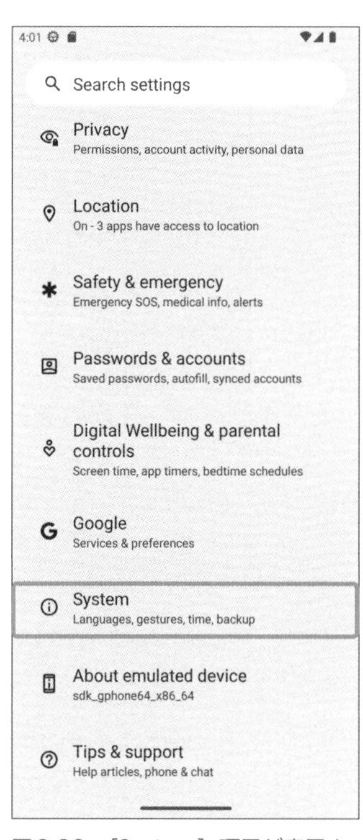

図2.22　[System] 項目が表示されるまでスクロール

次に表示された画面で、[Languages & input] をタップします（図2.23）。

さらに、表示された画面の [Languages] をタップします（図2.24）。

Language設定画面が表示されます。現在、英語しか設定されていないので、[Add a language] をタップします（図2.25）。

言語リストが表示されるので、右上の虫眼鏡をクリックして表示された検索ボックスに「ja」と入力します。すると、[日本語] が出てくるので、それをタップします（図2.26）。この [日本語] の選択肢は、リストを一番下までスクロールしても出てきます。

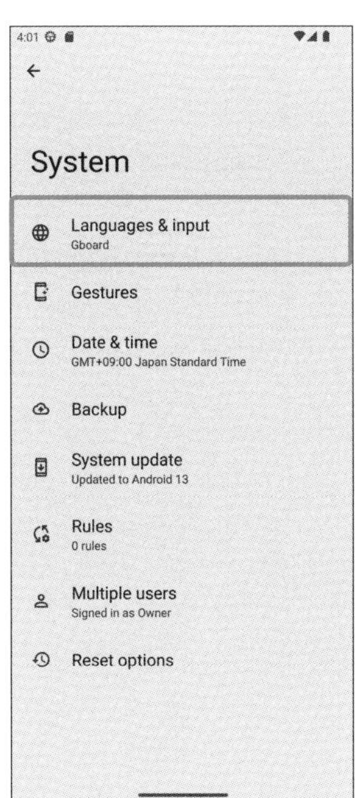

図2.23 [Languages & input] をタップ

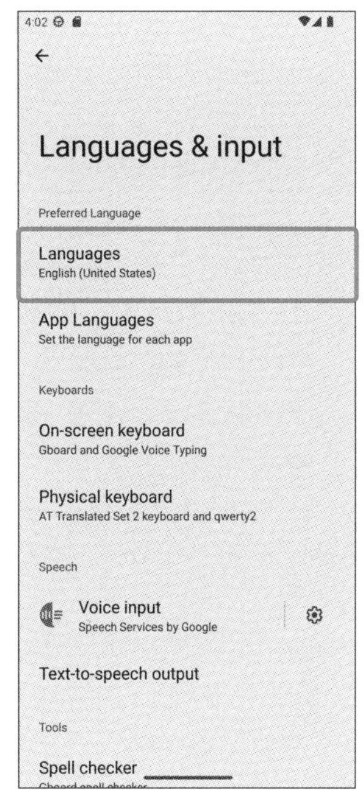

図2.24 [Languages] をタップ

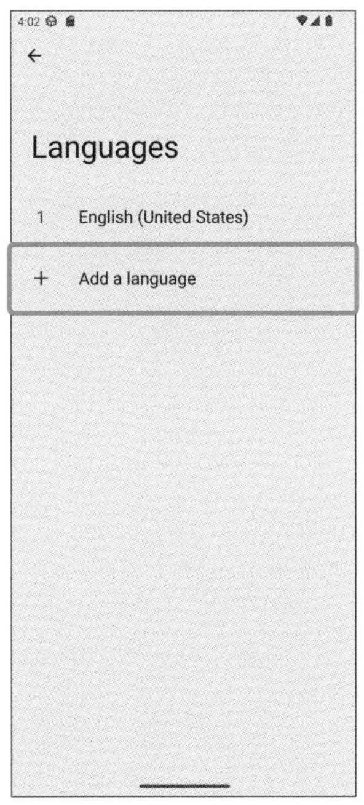

図2.25 [Add a language] をタップ

図2.26 検索された [日本語] をタップ

すると、先ほどのLanguage設定画面に戻り、日本語がリストに追加されています（図2.27）。

日本語欄右横の[＝]アイコンを上にドラッグします（図2.28）。

これで、順序が入れ替わり、日本語が1番上になると同時に表記が日本語に変わります（図2.29）。日本語になったことを確認したら、ジェスチャーナビゲーション、あるいは、AVDのツールバーのバックボタンやホームボタン（表2.A参照）で、ホーム画面まで戻ってください。ホーム画面も日本語化されています（図2.30）。

なお、ここで行った設定は、AVDを作成するたびに行う必要があります。また、システムイメージを更新したときなど、設定が初期化されていることがあるので、その場合も再度設定を行います。

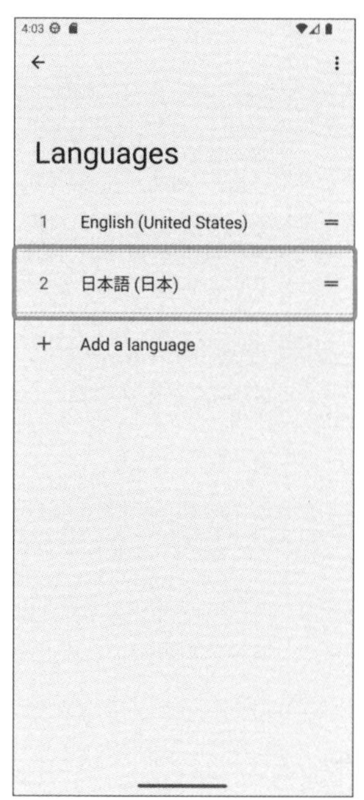

図2.27　日本語がリストに追加されたLanguage設定画面

図2.28　日本語欄を上にドラッグ

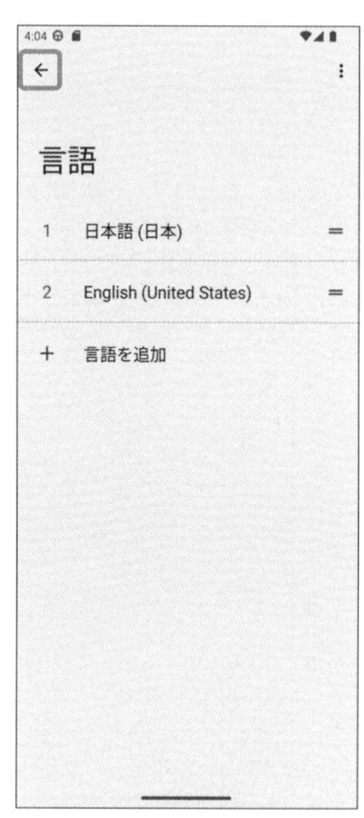

図2.29　表記が日本語になった言語の設定画面

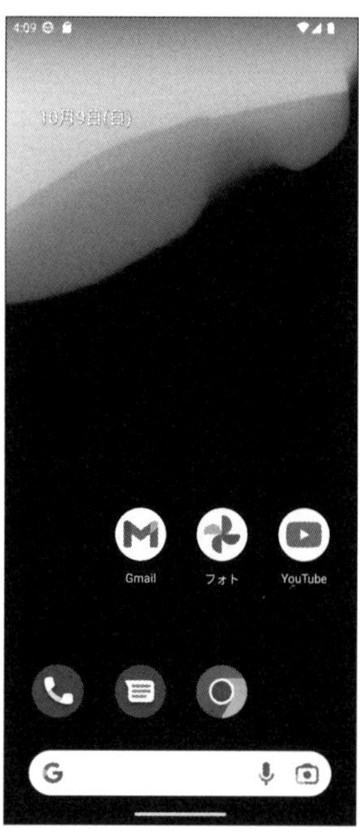

図2.30　設定が終了して日本語化されたホーム画面

2.3 アプリの起動

AVDの準備も整いましたので、いよいよHelloAndroidアプリを起動しましょう。

2.3.1 手順 アプリを起動する

① Android Studioのアプリ実行ボタンをクリックする

図2.31のように、ツールバーには2.2節で追加した「Pixel 6 API 33」と表示されています。その横の ▶ アイコンをクリックしてください。

図2.31 ツールバーのアプリ実行ボタン

これは、[Run] メニューから [Run 'app'] を選択しても同じです。

② AVDで実行を確認する

アプリを実行すると、Android Studioのステータスバーに図2.6と同様のビルドなどの進行状況を表すバーが表示され、それが表示されなくなると図2.32のようにAVD上でアプリが実行されます。

AVD画面に「Hello World!」と表示されれば、はじめてのAndroidアプリの実行に無事成功したことになります。

図2.32 AVD上に「Hello World!」と表示されたHelloAndroidアプリ

Note AVDの終了

AVDを終了させる場合は、2.2.2項手順① p.42 で説明したように、Emulatorツールウィンドウ内で起動している場合は、そのタブを閉じることで終了できます。独立したウィンドウの場合は、そのウィンドウを閉じるなどすれば終了できます。ただし、この方法の場合は、その終了時点での状態を保持したまま終了するため、次回AVD起動時はその状態を再現しながら起動することになります。これを、ホットブートといいます。

このホットブートは、一見便利なようですが、使い続けると、AVDの動作が不安定になっていくことが多々あります。それを避けるためには、Android実機の電源を切る、つまり、シャットダウンと同じ操作を、AVDにもします。このシャットダウンされた状態からAVDを起動することを、コールドブートといいます。シャットダウン+コールドブートを繰り返した方が、AVDの動作は安定しています。

Androidをシャットダウンするには、Androidのバージョンによって方法が違います。本書で利用するAVDでは、Android 13であり、Android 13のシャットダウンは、まず画面上部を下にスワイプすることで、図2.Bの画面を表示させます。

この画面の下部に表示されている⏻ボタンをクリックします。すると、図2.Cのダイアログが表示されるので、［電源を切る］をクリックします。

図2.B　画面上部を下にスワイプして表示される画面

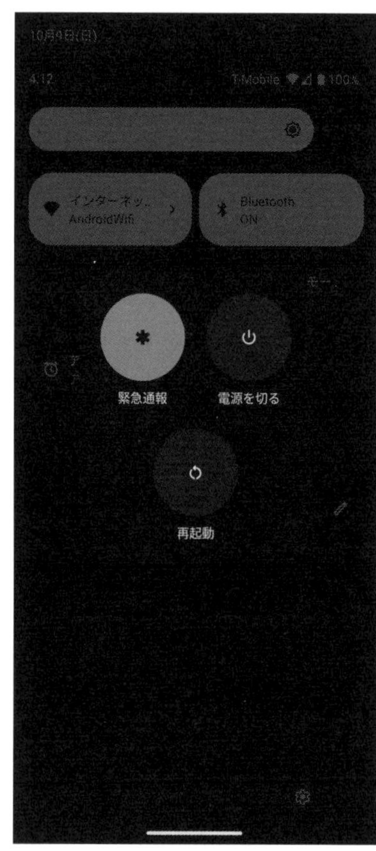

図2.C　表示された［電源を切る］をクリックする

2.4 Android Studioの画面構成とプロジェクトのファイル構成

ここで、少しAndroid Studioの画面構成、および、Androidプロジェクトのファイル構成を見ていくことにしましょう。

2.4.1 Android Studioの画面構成とProjectツールウィンドウのビュー

Android Studioで新規プロジェクトを作成すると、図2.33のように2分割されています。

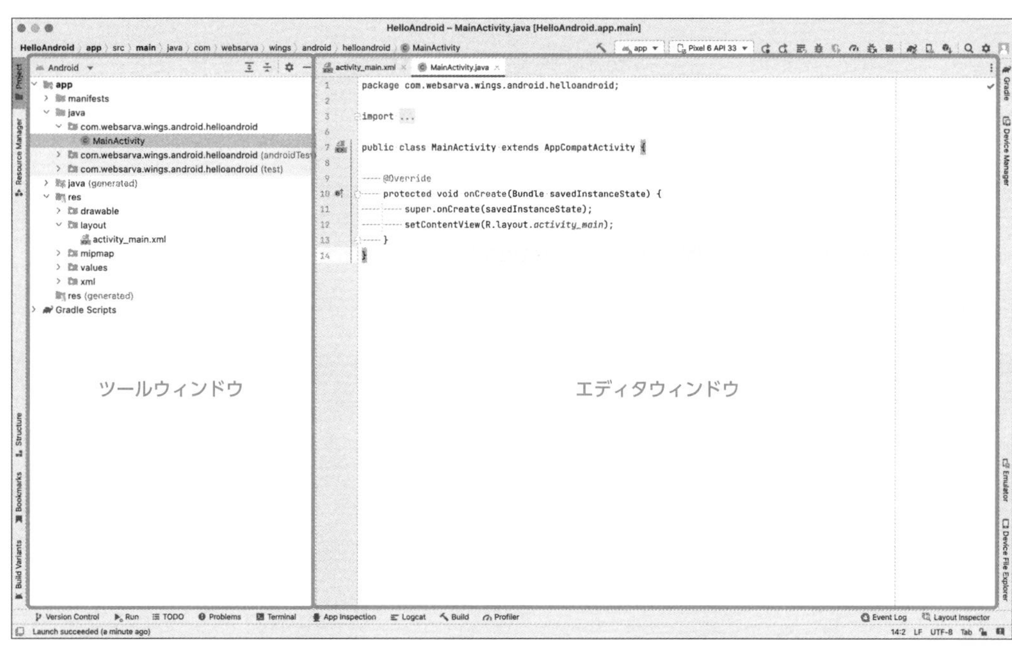

図2.33　Android Studioの画面構成

左側がツールウィンドウ、右側がエディタウィンドウです。左側のツールウィンドウには、デフォルトではProjectツールウィンドウが表示されています。Projectツールウィンドウでファイルをダブルクリックすると、エディタウィンドウ上でそのファイルが編集できるようになっています。

Projectツールウィンドウの上部タイトルバー（図2.34）は、クリックするとドロップダウンリストになっています。

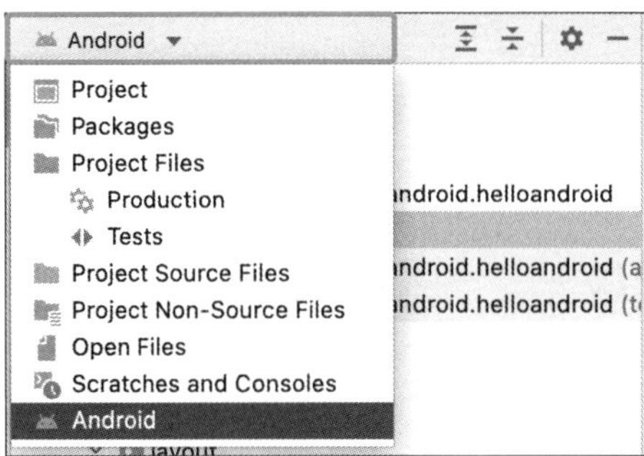

図2.34　タイトルバーをクリックしてドロップダウンリストを表示させた状態

このリストを選択することでProjectツールウィンドウのビュー（見え方）を変更できます。デフォルトでは**Androidビュー**となっています。これを展開すると、図2.35のような構成が確認できます。

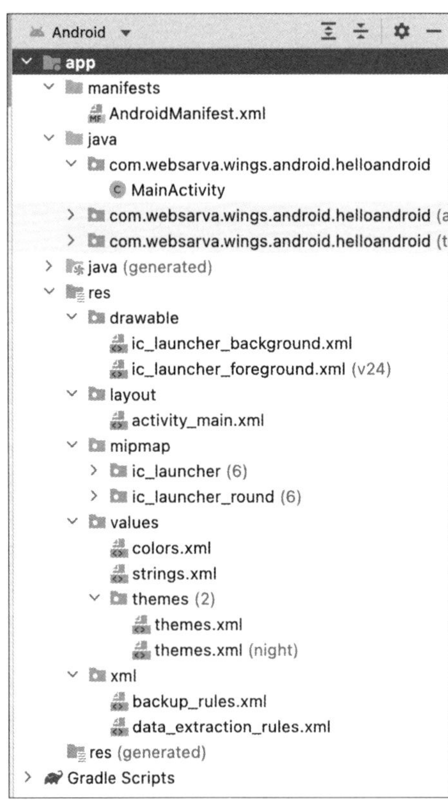

図2.35　Androidビューでのファイル構成

これをProjectビューに変更すると、図2.36のようなファイル構成となります。

表示されるファイル数がはるかに増え、ファイル構成もかなり違います。

この状態で実際のファイル構成と見比べてみます。WindowsのエクスプローラーやmacOSのFinderでプロジェクトフォルダを開いて見比べてみましょう。ProjectツールウィンドウでHelloAndroidフォルダを右クリックし、[Open In] メニューからWindowsの場合は [Explorer]、Macの場合は [Finder] を選択してください。

最初に表示されたAndroidビューよりも、このProjectビューのほうが実際のファイル構成に近いことがわかります。一方で、実際のアプリ開発で変更したり追加したりするファイルは、それほど多くありません。Androidビューはそういった開発に必要なファイルのみを表示するようになっています。そのため、実際の開発ではAndroidビューを使用し、必要に応じて他のビューに切り替えることをお勧めします。

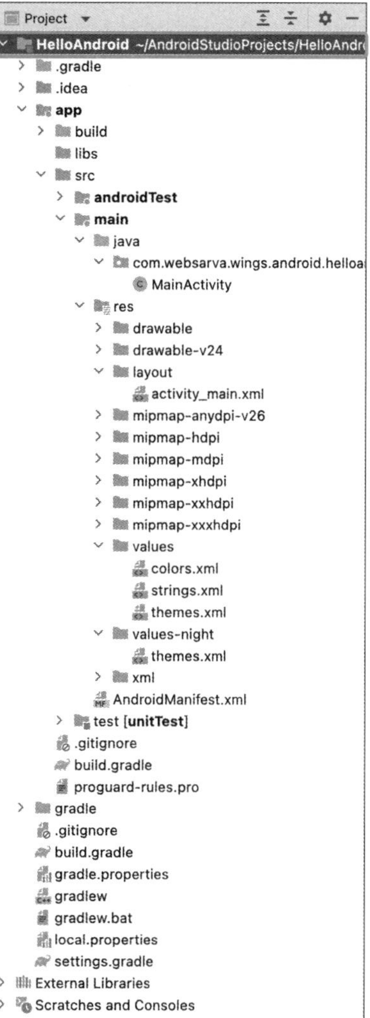

図2.36 Projectビューでのファイル構成

Note Androidビューのファイル構成にならない場合

2.1.1項で説明したように、プロジェクト作成後、ビルドプロセスが実行されます。そのビルドプロセスが無事終了したのち、Android StudioのProjectツールウィンドウは自動的にAndroidビューに切り替わります。もし、ビルドプロセスが終了しているのに、Androidビューに切り替わらない、あるいは、ビューのドロップダウンがAndroidビューになっているにもかかわらず表示されているファイル構成がProjectビューのようになっている場合、プロジェクトの作成に失敗しています。

失敗原因としては、ほとんどの場合、オフライン環境、あるいは制限されたオンライン環境でプロジェクトを作成してしまったというものです。2.1.1項の冒頭で解説したように、Android Studioのプロジェクト作成では、制限のないオンライン環境が必須です。プロジェクト作成に失敗してしまった場合は、もう一度、オンライン環境で作成し直してください。

2.4.2 Androidビューのファイル構成

再び、Androidビューに戻します。表示されているファイル構成は、大きく、manifests、java、resの3フォルダに分かれています。順に解説します。

manifests

このフォルダ中には、AndroidManifest.xmlファイルが格納されています。AndroidManifest.xmlは、このアプリの実行に必要な設定が記述されているファイルです。

java

このフォルダ中には、名前の通り.javaファイルが格納されています。なお、パッケージ右側に「(androidTest)」や「(test)」と記述されているのは、Androidアプリをテストするための.javaファイルの格納先です。

res

Androidアプリの実行に必要なファイル類で、.javaファイル以外のものを格納するフォルダです。そのようなファイル類を、リソースといいます。リソースファイルには様々なものがあり、それらをカテゴリごとにサブフォルダに分けて格納するのが、このresフォルダです※2。resフォルダ内のサブフォルダについて表2.2にまとめておきます。これら以外にも、menuやcolorなど、後から作成できるものもあります。

表2.2　resフォルダ内のサブフォルダ構成

サブフォルダ名	内容
drawable	画像を格納
layout	画面構成に関わる.xmlファイルを格納
mipmap	アプリのアイコンを格納
values	アプリで表示する固定文字列（strings.xml）、画面のテーマ（themes.xml）、色構成（colors.xml）を表す.xmlファイルなどを格納
xml	データのバックアップルールの設定ファイル（backup_rules.xml）やネットワークのセキュリティ設定ファイル（network_security_config.xml）など、任意のリソースxmlファイルを格納

なお、Gradle Scriptsノードについても補足しておきます。Android StudioではビルドシステムとしてGradleを使用していますが、そのビルドスクリプトは目的ごとにファイルが分かれ、配置ディレクトリも分散されています。それをまとめて表示してくれるのが、このGradle Scriptsノードです。

※2　resはresourceの略です。

2.4.3 異なる画面密度に自動対応するための修飾子

ここで、resフォルダ内の実際のフォルダ構成を見ておきましょう。resフォルダを右クリックし、[Open In] メニューからWindowsでは、[Explorer]、macOSでは [Finder] を選択してOSのファイルシステムで見てください。layoutとxmlは特筆すべきことはありませんが、drawableとmipmap、valuesには「-v24」や「-xxxhdpi」、「-night」のようにフォルダの後ろに修飾子がついています (図2.37)。

図2.37 resフォルダ中のフォルダに付与された修飾子

これについて説明しておきましょう。

drawableやmipmapは、表2.2にあるように、画像やアイコンを格納するフォルダです。このような画像関連ファイルでは、その解像度に注意を払う必要があります。そして、世界中のAndroid端末では、画面サイズだけでなく、画面解像度や画面密度が様々です。たとえば、解像度の低い画像ファイルを、画面密度が高い端末で見るとジャギーで汚い画像やアイコンになってしまいます。逆に、解像度の高い画像ファイルを、低解像度の端末で表示しようとすると、今度は処理に時間がかかってしまいます。

このような問題に対応するために、Androidには、各画面密度に合わせた画像ファイルを同一名で用意し、適切な修飾子のフォルダに格納しておくと、OSが自動判定し、そのファイルを表示してくれる仕組みがあります。たとえば、先の例に挙げたxxxhdpiは、超超超高密度といわれ、画面密度が〜640dpiの画面のものを指します。これに合わせたアイコンは、192px×192pxで作成することが推奨されています。一方、たとえば、xhdpiは、超高密度といわれ、画面密度が〜320dpiとなり、これに合わせたアイコンは96px×96pxとなります。

これらの画像ファイル類は、先述のように同一名なので、格納先フォルダが別とはいえ、いわば1つのファイルのように扱うことができます。その仕組みを受けて、Android StudioのAndroidビューでは、mipmapは1つのフォルダとして表示されています。しかも、そのフォルダを展開すると、ic_launcherというフォルダが見えます (図2.38)。

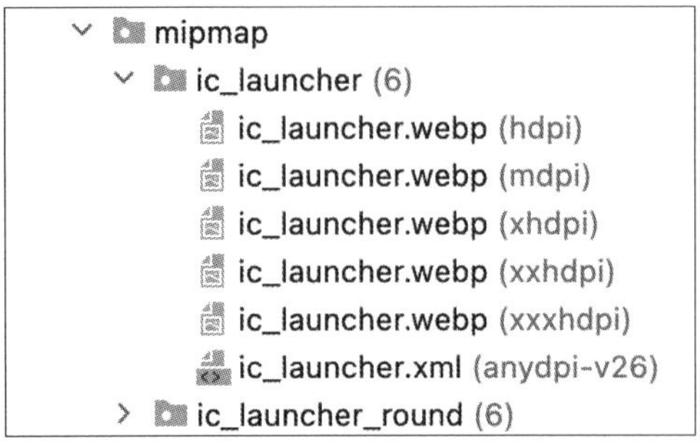

```
mipmap
  ic_launcher (6)
    ic_launcher.webp (hdpi)
    ic_launcher.webp (mdpi)
    ic_launcher.webp (xhdpi)
    ic_launcher.webp (xxhdpi)
    ic_launcher.webp (xxxhdpi)
    ic_launcher.xml (anydpi-v26)
  ic_launcher_round (6)
```

図2.38　Androidビューでのmipmapフォルダ

これはいうまでもなく、アイコンファイルのことです。ただし、各解像度に合わせて同一名称で複数ファイルが用意されているので、それらをまとめて1つのフォルダとして表示しているのです。さらに、このフォルダを展開すると、ic_launcher.png (hdpi)のように、各解像度のファイルが確認できるようになっています。

Note　プロジェクトの閉じ方

Windows版のAndroid Studioでは、プロジェクトを開いた状態で右上のウィンドウを閉じる［×］ボタンをクリックすると、プロジェクトが閉じるのではなくAndroid Studioが終了します。このまま再度Android Studioを起動すると、スタート画面ではなく、前回開いていたプロジェクトをそのまま開いた状態で起動します。プロジェクトを終了し、スタート画面を表示させたい場合は［File］メニューから［Close Project］を選択してください。

なお、Mac版の場合は、ウィンドウを閉じるだけでプロジェクトを終了し、スタート画面に戻ります。

2.5 Androidアプリ開発の基本手順

最後に、実際のAndroidアプリ開発はどのように行うかを確認しておきましょう。

2.5.1 レイアウトファイルとアクティビティ

Projectツールウィンドウのアンドロイドビューで表示されているフォルダの各種ファイルの中で、通常のアプリ開発でよく編集するファイルは限られています。具体的には、以下の3つです。

(1) res/layoutフォルダ中のレイアウトXMLファイル
(2) javaフォルダ中の.javaファイル
(3) res/valuesフォルダ中のstrings.xmlファイル

Androidアプリ開発では、画面構成をXML（.xmlファイル）に、処理をJavaクラス（.javaファイル）に記述します。つまり、.xmlファイルとJavaクラスのペアで1つの画面が作られていることになります。この画面構成用の.xmlファイルを**レイアウトファイル**と呼びます。一方、Javaクラスのことを**アクティビティ**と呼び、**Activity**クラス（またはその子クラス）を継承して作ります。(1) と (2) はこのペアを表しています。

なお、Android StudioでEmpty Activityプロジェクトを作成すると、初期画面用のレイアウトファイルとして**activity_main.xml**ファイルが、アクティビティとして**MainActivity**クラスが自動で作成されています。これらを見てもわかるように、レイアウトファイルとアクティビティのペアは、通常、関連した名前を付けます。

2.5.2 strings.xmlの働き

では (3) はどういったファイルなのでしょうか。アプリを開発していくと、当然アプリ中で画面に様々な文字列を表示させる必要が出てきます。アプリ中で使われるこれら表示文字列は、レイアウトXMLファイルやJavaソース中に直接記述するのではなく、原則的にres/valuesフォルダ中の**strings.xml**に記述します。Androidでは、アプリを多言語に対応させたい場合、別言語で記述されたstrings.xmlを作成し、所定のフォルダ（たとえば日本語ならvalues-ja）に入れておくだけで、Android OSの言語設定に従ってOS側で自動的にstrings.xmlを切り替えてくれる仕組みが整っているからです。これは、2.4.3項で解説した画像ファイルを画面密度に応じてOSが自動切り替えしてくれる仕組みと同様の考え方です。そのため、日本語向けアプリしか作成しない場合でも、strings.xmlに文字列を記述する癖をつけておきましょう。

ここで、HelloAndroidプロジェクトのstrings.xmlを見てみましょう。リスト2.1のように記述されています。

リスト2.1　res/values/strings.xml

```
<resources>
    <string name="app_name">HelloAndroid</string>
</resources>
```

stringタグが1つだけ記述されています。このstrings.xmlへの記述方法は次章以降で解説しますが、ここに記述されたname属性のapp_nameの文字列がアプリ名を表すことを覚えておいてください。

2.5.3　Androidアプリ開発手順にはパターンがある

以上のことを踏まえると、Androidアプリの開発手順はある程度パターン化でき、以下のようになります。

1. プロジェクトを作成する。
2. strings.xmlに表示文字列を記述する。
3. レイアウトXMLファイルに画面構成を記述する。
4. アクティビティなどの.javaファイルに処理を記述する。
5. アプリを起動して動作確認をする。

この手順に従い、2～5を繰り返しながらアプリを完成させていきます。

Note　プロジェクトの削除

Android Studioで一度でもプロジェクトを作成したり開いたりすると、そのプロジェクトは図2.Dのようにwelcome画面の左側にリスト表示されます。

このリストをワンクリックするだけで、再度そのプロジェクトが開きます。このリストにマウスを重ねると、右端に歯車のマークが表示され、それをクリックして表示されるドロップダウンリストを選択することで、ファイルシステム上でプロジェクトフォルダを表示させたり、Welcome画面のリストから削除したりできます。ただし、これはあくまでリストから消えるだけで、プロジェクト本体は削除されていません。

プロジェクト本体の削除はAndroid Studio上からでは行えません。プロジェクトを削除するには、ファイルシステム上からプロジェクトフォルダそのものを削除します。

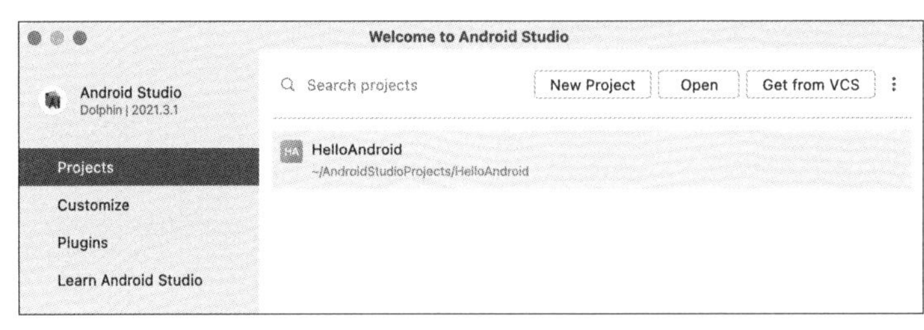

図2.D
一度開いたプロジェクトがリスト表示される

第3章

ビューとアクティビティ

前章でAndroid Studioの使い方、Androidアプリの作り方の基本手順を理解できたと思います。ここからは少しずつアプリの作成方法を解説していきましょう。

前章でも触れたように、Androidアプリではまず画面を作成します。本章でも、画面の作成方法を解説していきます。画面作成はXMLの記述です。XMLの記述に慣れつつ、画面作成の基本を習得してください。

3.1 ビューの基礎知識

では、本章で使用するサンプルアプリ「画面部品サンプル」を作成していきましょう（図3.1）。この「画面部品サンプル」では、アプリ名の通り、様々な画面部品を紹介しながら、画面の作成方法の基礎を習得していきます。

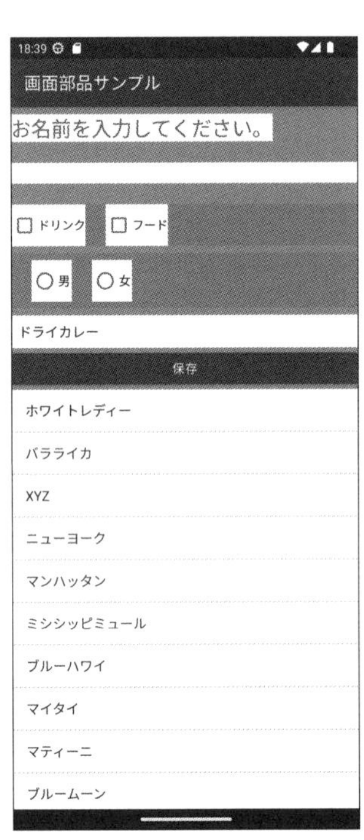

図3.1　本章で作成するアプリ

3.1.1 手順 ラベルを画面に配置する

では、2.5.3項 p.56 のアプリ作成手順に従って作成していきましょう。

① 画面部品サンプルのプロジェクトを作成する

以下がプロジェクト情報です。2.1.2項（2） p.34-35 のプロジェクト作成方法を参考にしながらプロジェクトを作成してください。

Name	ViewSample
Package name	com.websarva.wings.android.viewsample

② strings.xmlに文字列情報を追加する

まず、res/values/strings.xmlをリスト3.1の内容に書き換えましょう。

リスト3.1 res/values/strings.xml

```
<resources>
    <string name="app_name">画面部品サンプル</string>
    <string name="tv_msg">お名前を入力してください。</string> ――――❷
</resources>
```

③ レイアウトファイルを編集する

次に、activity_main.xmlを書き換えていきます。Projectツールウィンドウからres/layout/activity_main.xmlを開き、エディタウィンドウ右上にあるボタン群 Code Split Design の［Code］ボタンをクリックしてテキストエディタを開きます。

プロジェクトを作成した状態では、<androidx.constraintlayout.widget.ConstraintLayout>がルートタグとして記述されています。ConstraintLayoutは柔軟な画面を作成できる一方で、XML記述を直接行わないため、Android画面の本質であるXML記述を理解するという趣旨には向きません。したがって、本章ではXML記述を理解しやすい画面部品を利用していきます。あらかじめ記述されたタグ類はすべて削除し※1、リスト3.2の内容に書き換えます。

リスト3.2 res/layout/activity_main.xml

```
<?xml version="1.0" encoding="utf-8"?>
<LinearLayout
    xmlns:android="http://schemas.android.com/apk/res/android"
    android:layout_width="match_parent"        ┐
    android:layout_height="match_parent"       ┘―❸
    android:background="#A1A9BA" ――――背景色を設定
    android:orientation="vertical"> ――――❺

    <TextView
        android:id="@+id/tvLabelInput" ――――❶
        android:layout_width="wrap_content"    ┐
        android:layout_height="wrap_content"   ┘―❸
        android:layout_marginBottom="16dp"     ┐
        android:layout_marginTop="8dp"         ┘―❹
        android:background="#ffffff" ――――背景色を設定
```

※1 xmlns:android="…"の行については、タイプミスを避けるために、もともと記述されているものを流用したほうがよいでしょう。

```
        android:text="@string/tv_msg"    ❷
        android:textSize="24sp"/>    文字サイズを設定
</LinearLayout>
```

④ アクティビティへ処理を記述する

本章では、画面の作成方法をメインに扱うので、アクティビティへの記述はありません。アクティビティ（Javaのソースコード）は、プロジェクト作成時のままで使用します。

⑤ アプリを起動する

入力を終え、特に問題がなければ、最後の手順であるアプリ実行です。エミュレータを起動し、アプリを実行してみてください。図3.2のような画面が表示されれば成功です。

図3.2　ラベルが表示される

本章のサンプルでは、各画面部品の配置がわかるように色を付けています。全体の背景としてグレーを使用し、各部品は白にしています。この背景色は、リスト3.2のandroid:background属性の指定で行っています。ただし、Androidの画面部品は、本来android:background属性を指定しないほうが、見栄えの良い画面が作れます。ここでは、あくまで配置をわかりやすくするためだけに背景色を指定していると思ってください。

なお、本サンプルでは、Javaのソースコードをいっさい記述していません。よって、たとえばボタンをタップしても、何も起こりません。この画面操作に対応する処理に関しては、次章以降で解説していきます。

3.1.2 レイアウトファイルを編集する「レイアウトエディタ」

ここで、まず手順③でレイアウトファイルを編集した際に使用した画面について解説しておきましょう。

Android Studioでレイアウトファイルを編集しようとすると、図3.3の画面になります。このレイアウトファイルを編集するための専用のエディタを**レイアウトエディタ**と呼びます。

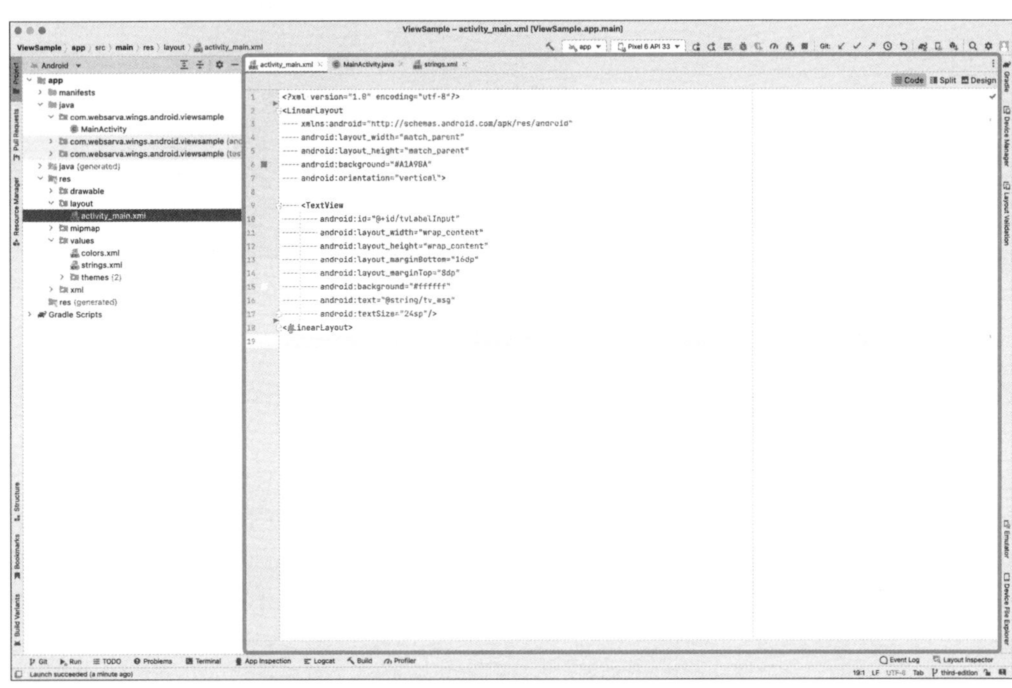

図3.3 レイアウトファイルを編集する画面

レイアウトエディタの画面の右上に Code Split Design ボタン群があります。[Code] ボタンが選択された状態を**コードモード**と呼び、通常のテキストエディタと同じです。Androidの画面はXMLで記述するので、コードモードの状態で表示されている内容が本来の姿です。このXMLコードをAndroid Studioが解析してグラフィカルに表示してくれるのが [Design] ボタンが選択された状態で、これを**デザインモード**と呼びます（図3.4）。

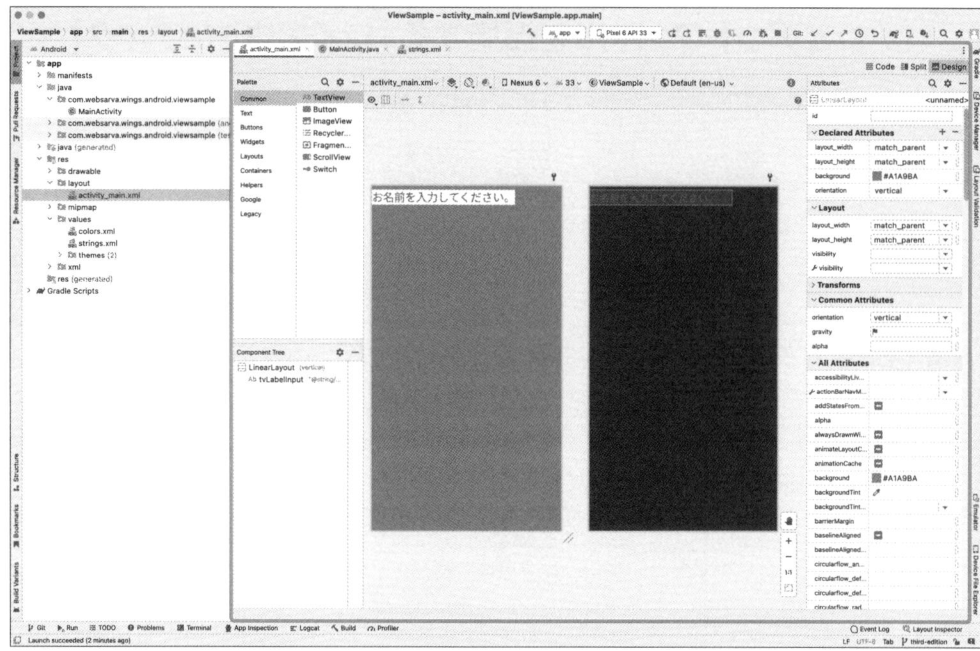

図3.4 デザインモード画面

デザインモードは便利ですが、あくまで、XMLの記述をわかりやすくしてくれるだけです。XMLコードでの画面作成が理解できていない状態でデザインモードに頼りすぎると、思わぬ画面を作成してしまうことがあります。

本書では、第5章までは基本的にはデザインモードを使わず、あくまでXMLの記述で解説していきます。ただし、記述されたXMLコードをデザインモードで随時確認するのは参考になるので、ぜひやってみてください。そのような場合に便利なのが、[Split] ボタンをクリックして表示される**スプリットモード**です。スプリットモードでは、XMLコードとグラフィカルな画面の両方が表示されます。なお、デザインモードの使い方は3.3節で扱います。

3.1.3 画面部品の配置を決めるビューグループ

Androidアプリの画面は、Android SDKで用意された画面部品を配置することで作成していきます。これは、.xmlファイルに画面部品タグを記述することです。

この画面部品について、大きく**ビュー**と**ビューグループ**の2種類があります。ビューグループは、各画面部品の配置を決めるもので、**レイアウト部品**とも呼ばれます。主に、表3.1のものがあります。

LinearLayoutは、3.5節で詳しく解説します。

RelativeLayoutは、Android Studio 2.2まで、プロジェクトを作成した際に生成されるレイアウトXMLの最初に記述されていたタグです。このレイアウトを基本レイアウトにしようというGoogleの意図がありましたが、扱いが難しいのが難点でした。

表3.1　主なレイアウト部品

タグ	内容
<LinearLayout>	一番扱いやすいレイアウトで、画面部品を縦／横方向に並べて配置
<TableLayout>	表形式で画面部品を配置
<FrameLayout>	画面部品を重ねて配置
<RelativeLayout>	画面部品を相対的に配置
<ConstraintLayout>	RelativeLayout同様に、画面部品を相対的に配置

そして、RelativeLayoutを扱いやすくしたレイアウト部品として**ConstraintLayout**が導入され、Android Studio 2.3からはこれが基本レイアウトとして採用されています。

このConstraintLayoutは、デザインモードでの画面作成を基本とします。そのため、第6章の丸々1章分を使って、このConstraintLayoutでの画面作成方法を紹介します。それまでは、コードモードによるXML記述で画面作成を行い、第7章以降は、ConstraintLayoutを利用したデザインモードによる画面作成とXML記述による画面作成を適材適所で採用していくことにします。

3.1.4　画面部品そのものであるビュー

一方、**ビュー**は画面部品そのもので、**ウィジェット**とも呼びます。リスト3.2では、文字列表示用の**TextView**を記述しました。他にもいくつかのビューがあるので、代表的なものを表3.2にまとめておきます。

表3.2　代表的なビュー

タグ	内容
<TextView>	文字列の表示
<EditText>	テキストボックス（1行や複数行、数字のみなどの入力制限も可能）
<Button>	ボタン
<RadioButton>	ラジオボタン
<CheckBox>	チェックボックス
<Spinner>	ドロップダウンリスト
<ListView>	リスト表示
<SeekBar>	スライダー
<RatingBar>	☆でレート値を表現
<Switch>	ON／OFFが表現できるスイッチ

3.1.5　画面構成はタグの組み合わせ

Android画面ではレイアウト部品とビュー部品を階層的に組み合わせて使います。リスト3.2の階層を図にすると、図3.5のようになります。

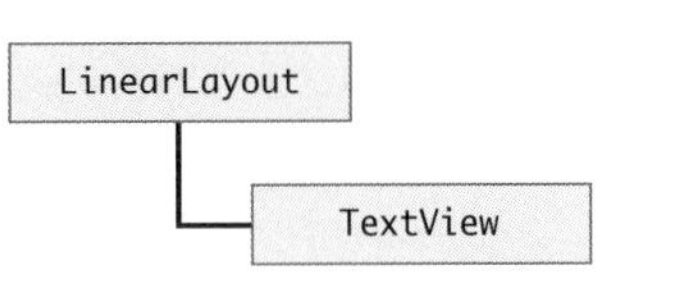

図3.5　リスト3.2での部品の組み合わせ図

特にレイアウト部品は、そもそも画面部品の配置を決めるものなので、その配下に画面部品を含んで使います。この画面部品がそのままXMLのタグとなり、この階層構造のまま、.xmlファイルへ記述されます（図3.6）。

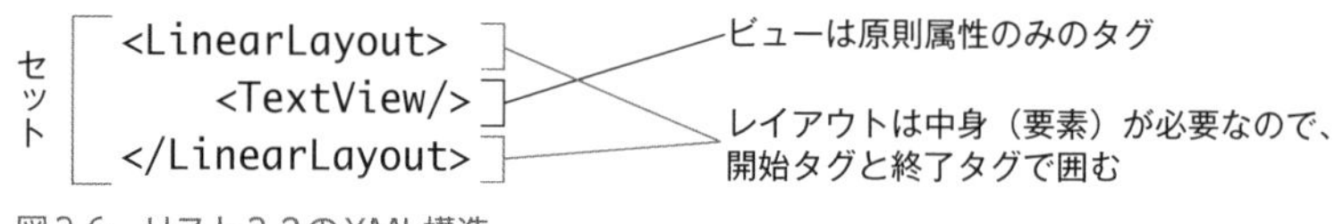

図3.6　リスト3.2のXML構造

ここで注意するのは、レイアウト部品のように子要素を持つタグは開始タグと終了タグで囲むということです。一方、ビュー部品は子要素を持たないものが多いので、属性のみのタグを基本としています。属性のみのタグの場合は、終了タグを書かず、タグの右カッコの前にスラッシュを入れ、「～/>」と記述します。

あとは、具体的にどの画面部品がどのようなタグになるかを理解し、それぞれのタグに適切な属性を記述していけば、画面作成は可能です。

3.1.6 画面部品でよく使われる属性

ここで、各画面部品に共通で使われる主な属性をいくつか紹介しておきます。

（1）android:id

画面部品のIDを設定します。すべての部品に記述する必要はありませんが、アクティビティ（Javaプログラム）内でこの画面部品を取り扱う場合にはIDを記述します。その書き方は独特で、@+id/…のように記述します。こう記述することで、アクティビティ内で「…」の名前で部品にアクセスできます。たとえば、リスト3.2❶だと「@+id/tvLabelInput」という属性値なので、「tvLabelInput」という名前でアクセスできます。これに関しては次章以降で解説していきます。

```
<TextView
    android:id="@+id/tvLabelInput"
```

（2）android:text

画面部品が表示されるときの文字列を設定します。ただし、2.5.2項 p.55-56 で解説した通り、表示文字列は直接記述せずにstrings.xmlに記述します。strings.xmlに記述された文字列と画面部品とを紐づける方法が@string/…という記述です。

たとえば、リスト3.2❷だと「@string/tv_msg」という属性値なので、strings.xmlのstringタグのname属性が「tv_msg」の文字列「お名前を入力してください。」が表示されます（図3.7）。

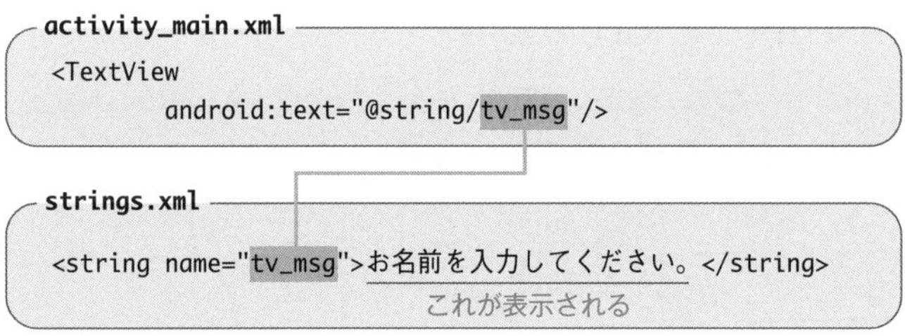

図3.7　strings.xmlとの紐づけ

(3) android:layout_width/height

リスト3.2❸が該当し、widthが部品の幅、heightが高さを表します。

```
<TextView
    ～省略～
    android:layout_width="wrap_content"
    android:layout_height="wrap_content"
```

すべての画面部品に記述する必要があります。この属性値として、たとえば、100dpのような数値を記述してもかまいませんが、よく使われるのが**wrap_content**と**match_parent**です（図3.8）。

wrap_contentは、その部品の表示に必要なサイズに自動調整します。一方、match_parentは、親部品のサイズいっぱいまで拡張します。

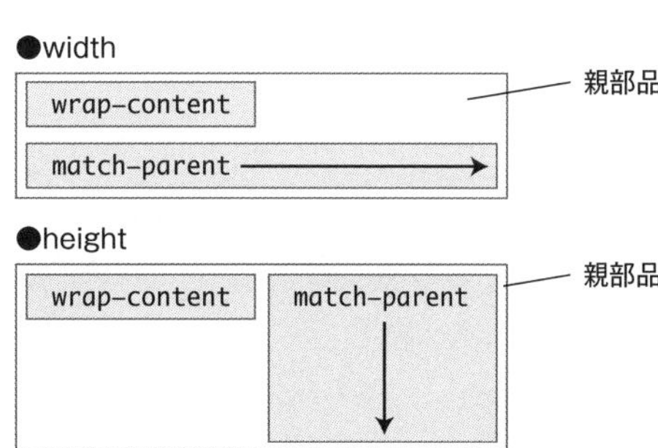

図3.8　wrap_contentとmatch_parentの違い

Note　単位

Androidアプリで数値を指定する場合、単位としてpx（ピクセル）は使用しません。pxは画面密度に依存し、端末ごとに画面密度が違うAndroidでは不向きだからです。代わりに、**dp**と**sp**を使います。dp（Density-Independent Pixel）は、密度非依存ピクセルのことで、dipとも呼びます。dp（dip）は、画面密度が異なっていても、見た目が同じように表示されるようにOSがサイズ計算してくれる単位です。一方、sp（Scale-independent Pixel）は、スケール非依存ピクセルのことです。基本的な考え方はdpと同じですが、画面密度の違いだけでなく、ユーザーが設定した文字サイズも考慮して、OSが表示サイズを計算してくれる単位です。したがって、使い分けとしては、ビューやビューグループのサイズ設定にはdpを、テキストサイズの設定にはspを使います。

(4) android:layout_marginとandroid:padding

margin／paddingともに余白を表します。marginは部品の外側の余白、paddingは部品の内側の余白です。ただ、この違いは言葉よりも、図で見たほうが理解しやすいでしょう（図3.9）。

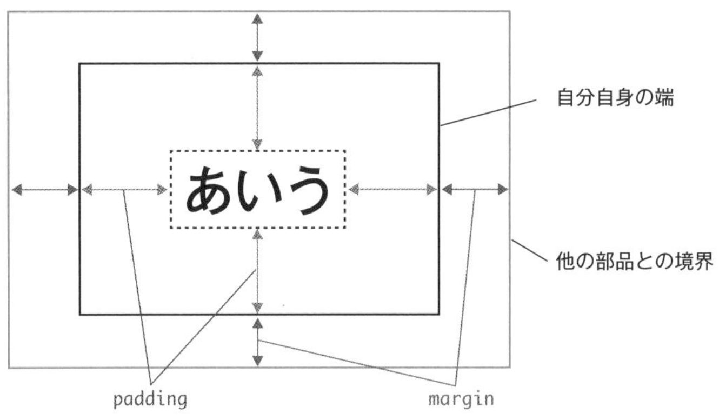

図3.9　marginとpaddingの違い

リスト3.2ではpaddingは登場していませんが、❹がそれにあたります。

```
<TextView
    ～省略～
    android:layout_marginBottom="16dp"
    android:layout_marginTop="8dp"
```

ここでmarginがどのように使われているのかを図示したのが図3.10です。

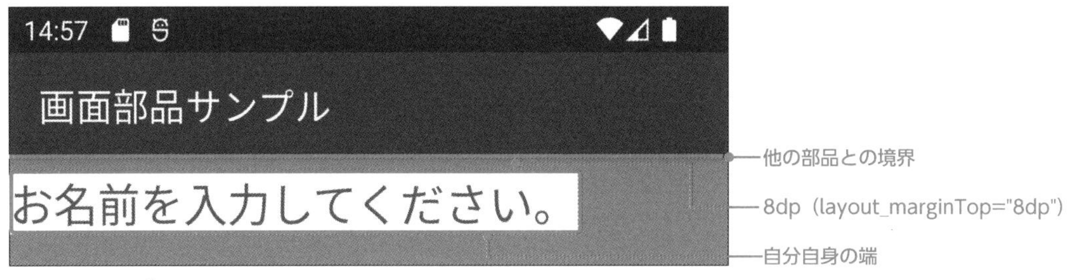

図3.10　サンプルでのmarginの使われ方

この後、このサンプルにpaddingが付与された画面部品を追加していきますが、その際、marginとpaddingがわかりやすいよう、android:background属性で各部品に色を付けています。

その他の属性に関しては、ソースコード中に簡単な説明を付記しているので、そちらを参照してください。また、今後新規に登場する属性で重要なものは別途解説します。

3.2 画面部品をもう1つ追加する

画面部品に関して一通り理解したところで、もう1つ画面部品として入力欄を配置してみましょう。入力欄を配置するには、**EditText**を追加します。

3.2.1  入力欄を画面に配置する

① レイアウトファイルを編集する

activity_main.xmlのLinearLayoutの閉じタグ（</LinearLayout>）の上に、リスト3.3の内容を追記しましょう。❶以外の属性は既出なので、どんな属性なのかを復習しながら入力してください。

リスト3.3　res/layout/activity_main.xml

```
<?xml version="1.0" encoding="utf-8"?>
<LinearLayout
    ～省略～
    <EditText
        android:id="@+id/etInput"
        android:layout_width="match_parent"
        android:layout_height="wrap_content"
        android:layout_marginBottom="24dp"
        android:layout_marginTop="8dp"
        android:background="#ffffff"
        android:inputType="text"/> ――――――――――――――――― ❶
</LinearLayout>
```

Note　警告について

リスト3.3を入力したら、EditTextタグの背景が黄色くなります。これは、Android Studioがコードを解析して、検出した警告がある場合の表示です。今回の内容は以下の2個です。

```
Missing `autofillHints` attribute
```

```
Missing accessibility label: provide either a view with an `android:labelFor` that ↵
references this view or provide an `android:hint`
```

そのメッセージの通り、この両方ともがアクセシビリティへの対応に必要な属性を追加するような警告です。android:**autofillHints**を正しく設定することで、自動入力や入力補完が利用できるようになります。

また、該当EditTextのラベルにあたるTextViewにandroid:labelFor属性を設定したり、プレースホルダ機能にあたるandroid:hintを正しく設定することで、OSによる読み上げ機能によるサポートが利用できるようになります。

このような警告に関して、その内容によっては、修正した方がよい場合もありますが、今回の警告に関しては、学習段階である現段階では、特に追加の必要はありませんので、そのままにしておきます。

② アプリを起動する

入力が終了し、特に問題がなければアプリを実行してください。図3.11のような画面が表示されれば成功です。

図3.11　入力欄が表示される

3.2.2 アプリを手軽に再実行する機能

アプリ内のソースコードを改変し、再実行する際、エミュレータをいちいち再起動する必要はありません。エミュレータを実行させたまま、単純にアプリの再実行ボタンをクリックすれば、アプリのみが再起動します。

また、少し変更してすぐに結果を確認したい場合は、再実行ボタン横のボタンをクリックすれば、アプリの再起動なしに変更が反映されます。その際、もしアプリの再起動が必要な場合はエラーが表示されます。その場合は、再実行ボタンをクリックしましょう。

3.2.3 入力欄の種類を設定する属性

ここで、リスト3.3❶の属性、android:inputTypeについて少し解説しておきます。これは入力欄の種類を指定できる属性で、主な値は表3.3の通りです。

表3.3　代表的なinputTypeの属性値

値	内容
text	通常の文字列入力
number	整数値の入力
phone	電話番号の入力
textEmailAddress	メールアドレスの入力
textMultiLine	複数行の入力
textPassword	パスワードの入力
textUri	URIの入力

これらの値を正しく指定することによって、Android端末は入力キーボードの表示を自動で変更してくれるようになります。たとえば、リスト3.3❶を"phone"に変更すると、

```
android:inputType="phone"
```

図3.12のようなテンキーのキーボードが表示され、入力内容が制限されます。

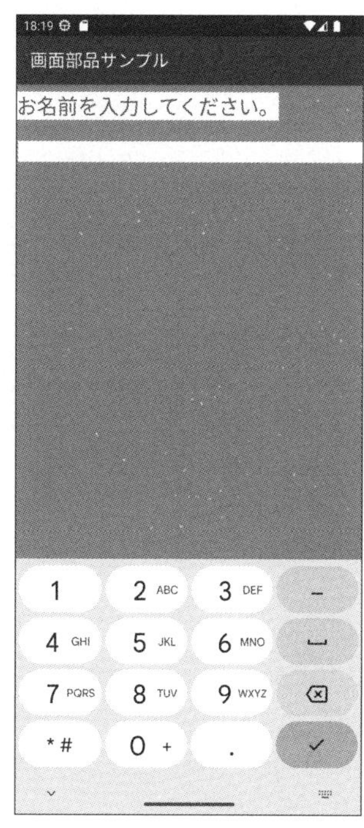

図3.12　入力しようとすると
キーボードがテンキーになる

このように、EditTextではinputTypeを正しく指定することで、入力ミスを減らせるだけでなく、ユーザビリティも向上します。

3.3 レイアウトエディタのデザインモード

ここで、ここまで作成してきた画面をレイアウトエディタのデザインモードで確認してみましょう。

3.3.1 デザインモードでの画面各領域の名称

activity_main.xmlをデザインモードにすると、図3.13のような画面になります。

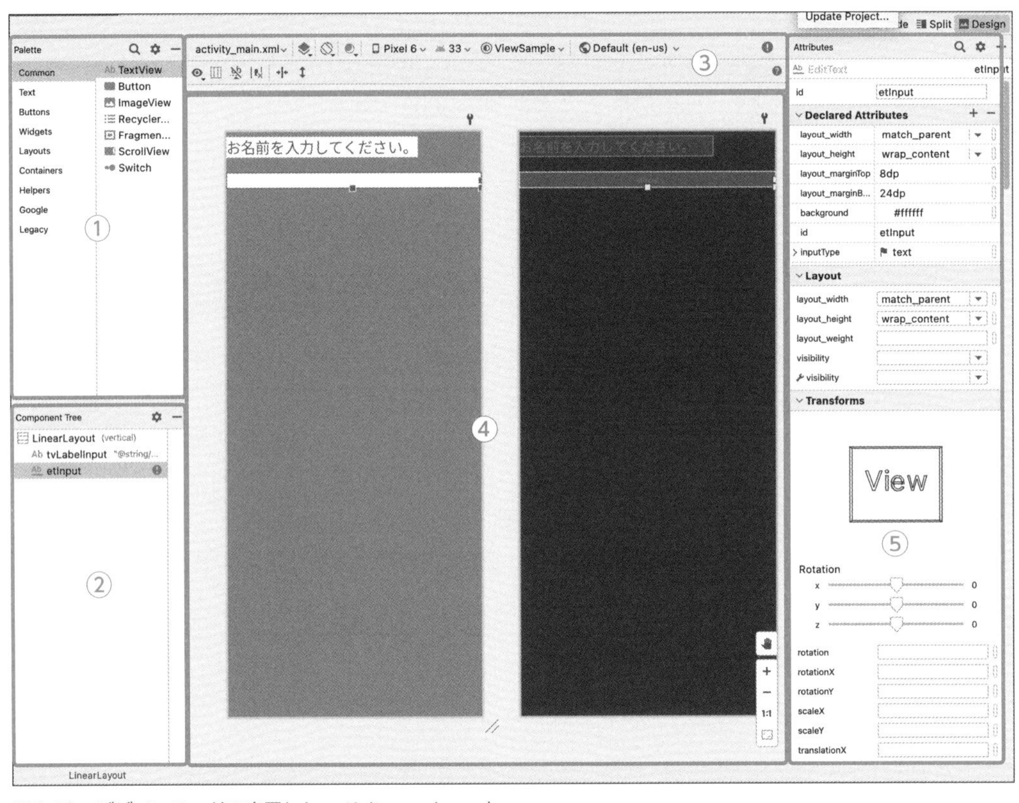

図3.13 デザインモードで表示したactivity_main.xml

それぞれの領域に名称があります。図3.13の番号順に、名称と説明を表3.4に示します。

表3.4 デザインモードの各領域

番号	名称	内容
①	Palette	画面部品のリストを表示
②	Component Tree	配置された画面部品の階層構造を表示
③	ツールバー	プレビュー表示の見え方を変更できるツール群
④	デザインエディタ	実際のレイアウト
⑤	Attributes	現在選択されている画面部品の属性

デザインエディタには、2種類の画面が表示されています。左側の画面を**デザインビュー**、右側の青い画面を**ブループリントビュー**と呼びます。デザインビューでは実際にアプリを実行した画面とほぼ同じものが表示されています。一方、ブループリントビューでは各画面部品の枠線だけが表示されています。実際の見え方を確認したい場合はデザインビューを使用しますが、画面部品の配置、特に画面部品の境界を確認するにはブループリントビューのほうがわかりやすいでしょう。

3.3.2 デザインモードのツールバー

デザインモードのツールバーについて見ておきましょう。ツールバーには、図3.14の6種類のボタンが並んでいます。それぞれのボタンの役割は、表3.5の通りです。

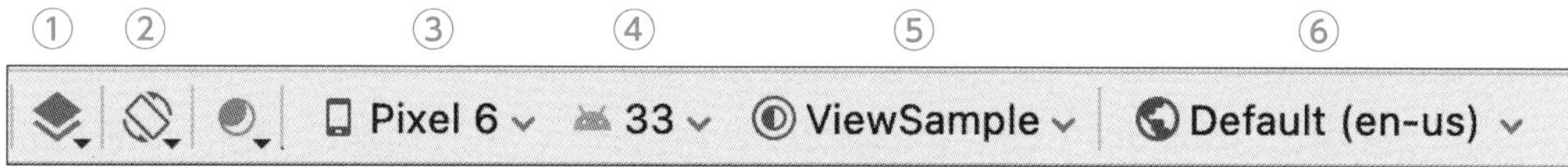

図3.14 デザインモードのツールバー

表3.5 ツールバーのボタン

番号	名称	内容
①	デザイン／ブループリント	デザインエディタでレイアウトを表示する方法をドロップダウンリストから選択できる
②	画面の向き	プレビュー表示の画面を縦向き、横向きに変更できる
③	端末のタイプとサイズ	プレビュー表示の端末タイプを選択できる
④	APIのバージョン	プレビュー表示のAPIレベルを選択できる
⑤	アプリのテーマ	プレビューに適用するUIテーマを選択できる
⑥	言語	アプリを多言語対応にしている場合、プレビューで表示する文字列の言語を選択できる

UIテーマに関しては第16章で扱います。

なお、図3.13では、[端末タイプとサイズ] をエミュレータに合わせて [Pixel 6] にしています。デザインモードを使う場合は、この設定を適切に行うことを忘れないでください。

3.4 デザインモードで部品を追加してみる

では、デザインモードを利用しての画面作成を体験してみましょう。

3.4.1 デザインモードでの画面作成手順

デザインモードでの画面作成は、以下のような手順になります。

1. Paletteから画面部品を選択する。
2. 選択した画面部品を、Component Tree、もしくは、デザインエディタ上にドラッグする。
3. ドラッグした部品に対してAttributesで属性を設定する。

3の属性はXMLの属性と一致します。実際に、現在表示されている画面部品、たとえば、リスト3.3で記述したEditTextを選択し、AttributesからXMLで記述した属性と同じものが表示されていることを確認してください。

3.4.2  デザインモードでボタンを画面に配置する

それでは、この手順通りにボタンを配置してみましょう。しかしその前に、今回はstrings.xmlへの文字列情報の追加が必要です。まずはそこから始めましょう。

1 strings.xmlに文字列情報を追加する

Buttonに表示する文字列をstrings.xmlに追加します。「tv_msg」のタグの下にリスト3.4のタグを追加してください。

リスト3.4　res/values/strings.xml

```
<resources>
    ～省略～
    <string name="bt_save">保存</string>
</resources>
```

2 レイアウトファイルを編集する

では、activity_main.xmlに戻って先ほどの1～3の手順通りにボタンを配置してみましょう。これまではレイアウトの編集をXMLの記述で行っていましたが、ここではデザインモードを使ってみましょう。

① PaletteからButtonを選択します（図3.15）。

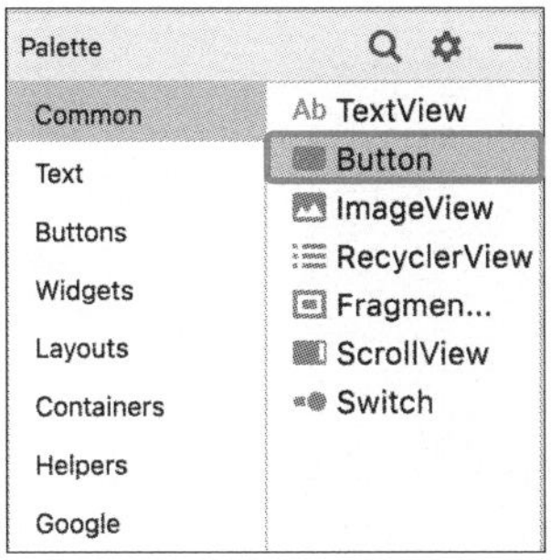

図3.15　PaletteでButtonが選択された状態

② 選択したButtonをデザインエディタのEditTextの下にドラッグします（図3.16）。

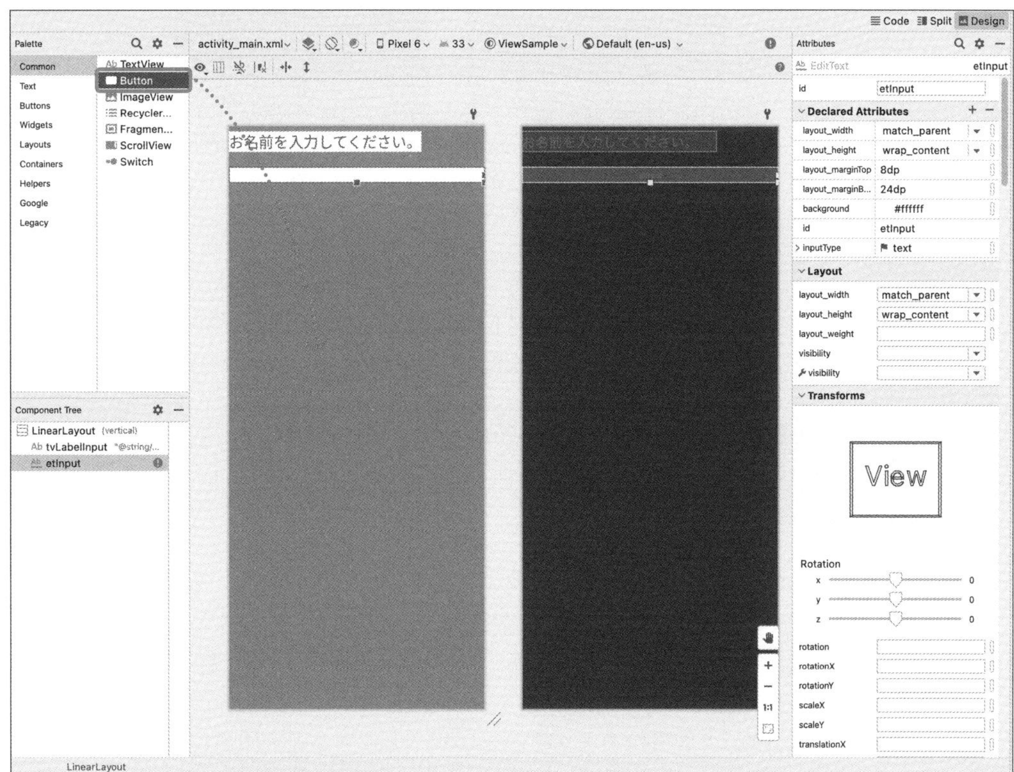

図3.16　ButtonをEditTextの下にドラッグ

すると、図3.17のような画面になります。なお、図3.17では、Attributesウィンドウの［Transforms］セクションを閉じた状態にしています。

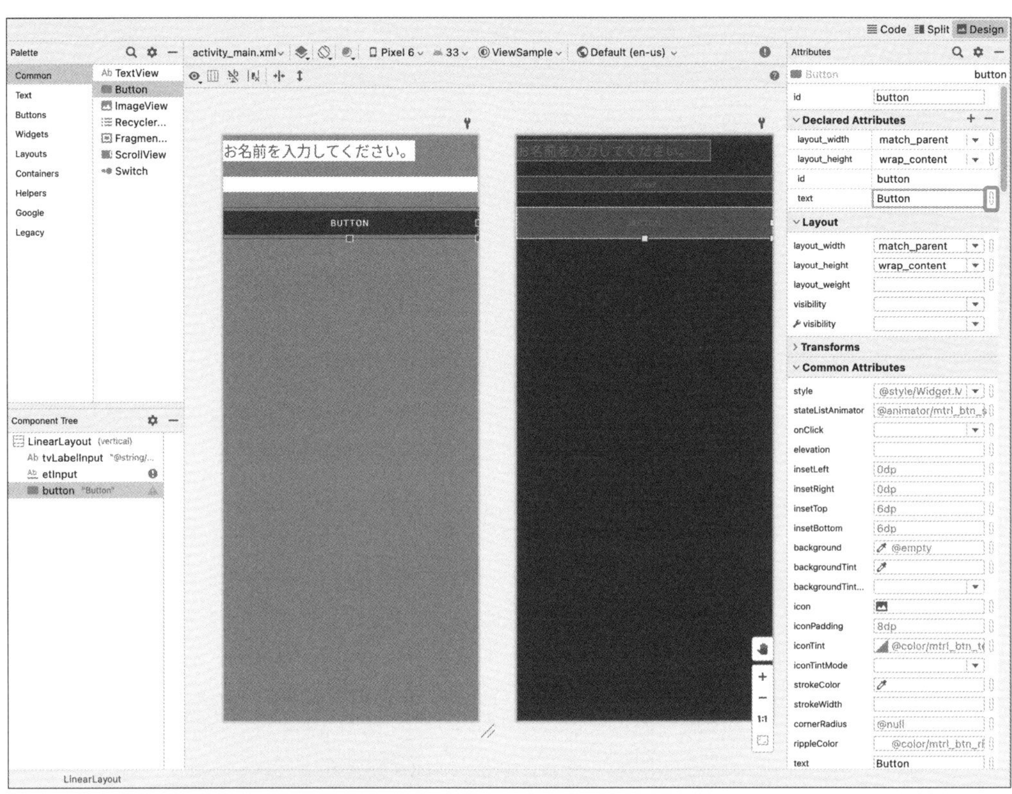

図3.17　Buttonが配置された状態

(3) 配置したButtonに対してAttributesで以下の属性を設定します。なお、idを変更する際に、Renameの確認ダイアログが表示されることがありますが、［Refactor］をクリックして先に進めてください。

id	btSave
layout_width	match_parent
layout_height	wrap_content

さらに、［Text］欄の右横の をクリックすると、図3.18のウィンドウが表示されます。

この画面では、strings.xmlで定義した文字列を選べるようになっています。ここから、先ほどstrings.xmlに追加した［bt_save］を選択して［OK］をクリックしてください。Text属性に［@string/bt_save］と記述されたはずです。

この状態で、画面は、図3.19のようになっています。なお、図3.19のAttributesウィンドウでは、設定されている属性については、［Declared Attributes］セクションにまとめて表示されています。また、［Common Attributes］セクションでは、よく使われる一部の属性のみ表示された状態になっています。ここに表示されていない属性を設定する場合は、Attributesウィンドウ下部の［All Attributes］セクションから設定します。

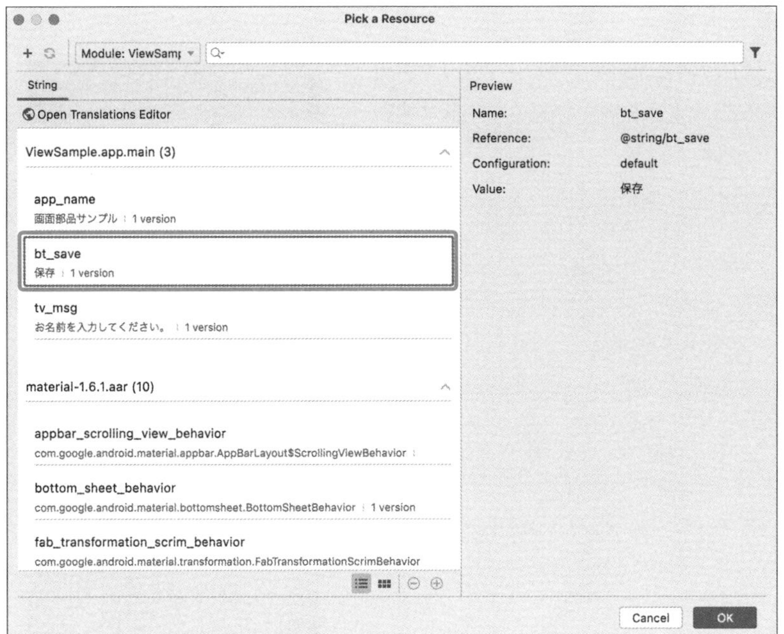

図3.18　文字列選択ウィンドウが表示される

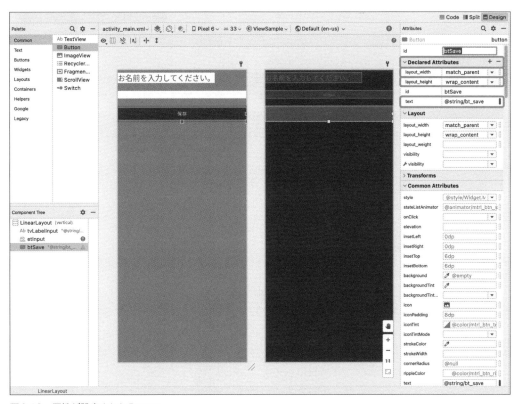

図3.19　属性が設定されたButton

③ アプリを起動する

部品の配置が終了し、特に問題がなければアプリを再実行しましょう。図3.20のような画面が表示されれば成功です。

図3.20　Buttonが表示される

3.4.3 XMLがどうなったか確認してみる

ここで、デザインモードで追加したButtonがXMLではどのようになっているのか確認してみましょう。レイアウトエディタをコードモードに切り替えてください。以下の**Button**タグが追加されているはずです。

```
<Button
    android:id="@+id/btSave"
    android:layout_width="match_parent"
    android:layout_height="wrap_content"
    android:text="@string/bt_save"/>
```

このように、デザインモードを使って画面作成は可能ですし、慣れてくればデザインモードのほうが早い場合もあります。ただ、それはあくまでXMLでの記述を知っていればこそなのです。

3.5 LinearLayoutで部品を整列する

LinearLayoutは、表3.1 p.63 の通り、ビューを並べて表示させるレイアウト部品です。ただし、この並べる方向が横方向か縦方向かのどちらかしか指定できません。この指定はandroid:orientation属性で指定します。リスト3.2❺がそれにあたります。

```
<LinearLayout
    ～省略～
    android:orientation="vertical">
```

この値には2種類あり、horizontalが横方向、verticalが縦方向です（図3.21）。

android:orientation="horizontal"

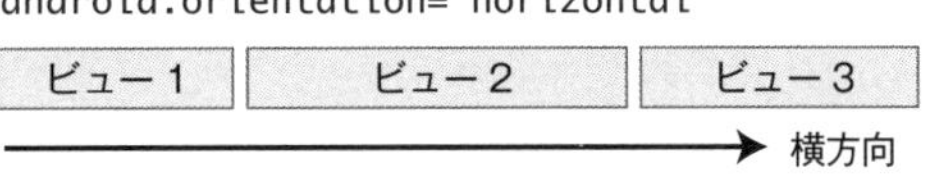

android:orientation="vertical"

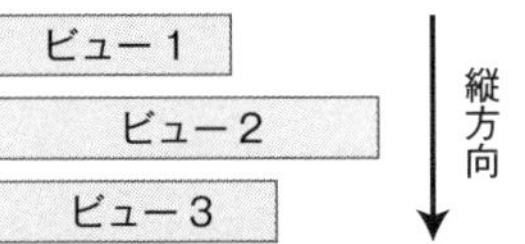

図3.21　LinearLayoutの並べ方

では、縦横を組み合わせた画面レイアウトをしたい場合はどうすればよいでしょうか。これは、LinearLayoutを入れ子にすることで実現します。そこで、ここまでのサンプルのテキストボックスとボタンの間にチェックボックスを横並びに並べるように改造し、図3.22の画面を作成してみましょう。

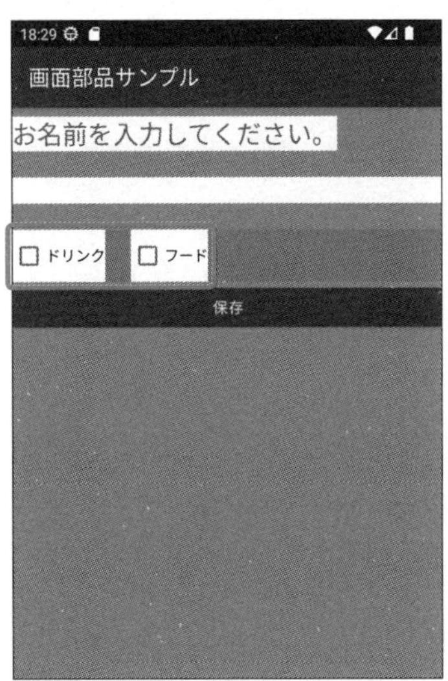

図3.22　チェックボックスが追加されたサンプル

3.5.1  LinearLayoutを入れ子に配置する

今回も、strings.xmlへの追記から始めていきます。

① strings.xmlに文字列情報を追加する

画面部品に表示する文字列をstrings.xmlに追加します。「bt_save」のタグの下にリスト3.5の2個のタグを追加してください。

リスト3.5　res/values/strings.xml

```
<resources>
    ～省略～
    <string name="cb_drink">ドリンク</string>
    <string name="cb_food">フード</string>
</resources>
```

② レイアウトファイルを編集する

次に、activity_main.xmlファイルのButtonタグの上にリスト3.6のコードを追加します。

リスト3.6　res/layout/activity_main.xml

```
<?xml version="1.0" encoding="utf-8"?>
<LinearLayout ―――――――――――――――――――――――――――――――― ❶
    ～省略～
        android:inputType="text"/>

    <LinearLayout ―――――――――――――――――――――――――――― ❷
        android:layout_width="match_parent"
        android:layout_height="wrap_content"
        android:background="#df7401"
        android:orientation="horizontal">

        <CheckBox
            android:id="@+id/cbDrink"
            android:layout_width="wrap_content"
            android:layout_height="wrap_content"
            android:layout_marginEnd="24dp" ―――――――――――― ❸
            android:background="#ffffff"
            android:text="@string/cb_drink"/>

        <CheckBox
            android:id="@+id/cbFood"
            android:layout_width="wrap_content"
            android:layout_height="wrap_content"
            android:background="#ffffff"
            android:text="@string/cb_food"/>
    </LinearLayout>
```

▼

```
<Button
～省略～
```

③ アプリの起動

入力が終了し、特に問題がなければアプリを実行してください。図3.22の画面が表示されれば成功です。

3.5.2 レイアウト部品を入れ子にした場合の画面構成

変更後の画面構成を図にすると、図3.23のようになります。

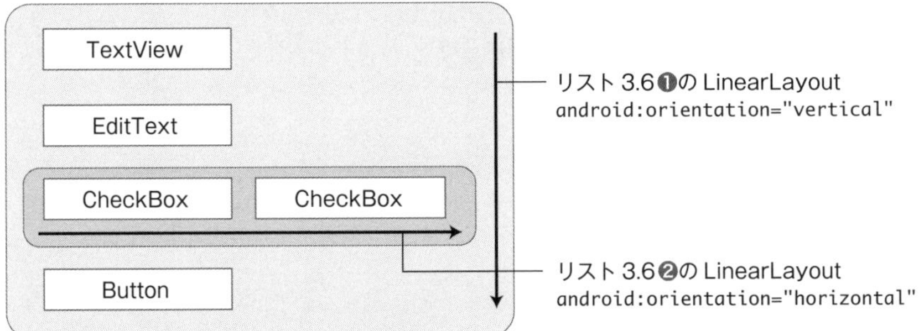

図3.23 サンプルでのLinearLayoutの使い方

リスト3.6❶のLinearLayoutのandroid:orientation属性をverticalとして、全体の配置を縦方向にします。その上で、チェックボックスを横に並べたいので、CheckBox2個をLinearLayoutで囲み、そのandroid:orientation属性をhorizontalにします。これがリスト3.6❷のLinearLayoutです。

このように、LinearLayoutを入れ子にすることで、縦横を組み合わせた複雑なレイアウトが可能となります。

Note 左右余白について

リスト3.6❸は右余白を設定する属性です。通常では、右余白としては、rightを表すlayout_marginRight属性が思い浮かぶと思います。同様に、左余白は、leftを表すlayout_marginLeft属性です。もちろん、これらの属性も利用できますが、Androidでは、layout_marginRightの代わりにlayout_marginEndを、layout_marginLeftの代わりにlayout_marginStartの利用を推奨しています。これは、英語など、左から右に記述する言語と、アラビア語など、右から左に記述する言語の両方に対応するためです。

3.6 他のビュー部品 ―― ラジオボタン／選択ボックス／リスト

これまでのサンプルで、文字列を表示するTextView、テキストボックスを表すEditText、ボタンのButton、チェックボックスのCheckBoxのビュー部品が登場しました。

ここからさらに、よく利用するRadioButton／Spinner／ListViewについて、例を交えて解説していきます。

3.6.1 手順 単一選択ボタンを設置する ―― ラジオボタン

① strings.xmlに文字列情報を追加する

ラジオボタンの表示文字列を追加します。strings.xmlにリスト3.7の2つのタグを追加してください。

リスト3.7　res/values/strings.xml

```
<resources>
    ～省略～
    <string name="rb_male">男</string>
    <string name="rb_female">女</string>
</resources>
```

② レイアウトファイルを編集する

3.5.1項 p.78-79 のactivity_main.xml（リスト3.6）に追記します。チェックボックスのLinearLayoutの閉じタグとButtonタグの間の部分に、リスト3.8のコードを追加してください。ここでは、android:padding属性が登場しています。どのようなレイアウトになるか想像しながら入力してください。

リスト3.8　res/layout/activity_main.xml

```
<?xml version="1.0" encoding="utf-8"?>
<LinearLayout
    ～省略～
    </LinearLayout>

    <RadioGroup
        android:layout_width="match_parent"
        android:layout_height="wrap_content"
        android:layout_marginBottom="8dp"
        android:layout_marginTop="8dp"
        android:background="#df7401"
```

```
    android:orientation="horizontal" ――――――――――――――――――――――――――――――――❶
    android:paddingBottom="8dp"
    android:paddingTop="8dp">

    <RadioButton
        android:id="@+id/rbMale"
        android:layout_width="wrap_content"
        android:layout_height="wrap_content"
        android:layout_marginStart="24dp"
        android:layout_marginEnd="24dp"
        android:background="#ffffff"
        android:text="@string/rb_male"/>

    <RadioButton
        android:id="@+id/rbFemale"
        android:layout_width="wrap_content"
        android:layout_height="wrap_content"
        android:background="#ffffff"
        android:text="@string/rb_female"/>
</RadioGroup>

<Button
～省略～
```

③ アプリの起動

入力が終了し、特に問題がなければアプリを実行してください。図3.24のような画面が表示されれば成功です。

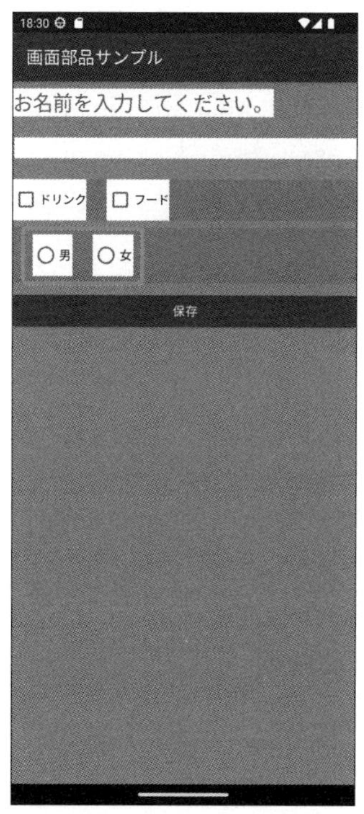

図3.24　ラジオボタンが表示された

3.6.2 複数のRadioButtonはRadioGroupで囲む

ラジオボタンを設置するには、RadioButtonタグを使用します。また、サンプルの「男」か「女」のように、通常は複数のラジオボタンをワンセットとしてそのうちのどれか1つを選択するために使います。その場合、それらワンセットとしてグループ化されるRadioButtonタグをRadioGroupタグで囲みます。

ところで、サンプルでは、ラジオボタンが横並びになっています。画面構成を図にすると、図3.25のようになります。

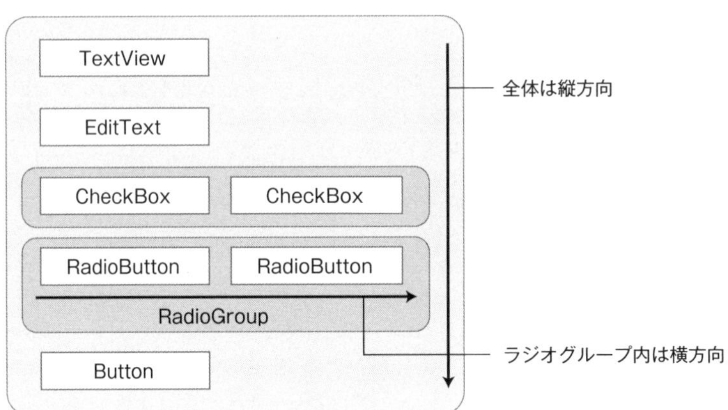

図3.25　ラジオボタンを追加した画面構成

このRadioGroupは、LinearLayoutと同様に、並べる方向をandroid:orientation属性で指定できます（リスト3.8❶）。現在、horizontalとなっているこの属性値を、verticalに変更すると、図3.26のようにラジオボタンが縦並びになります。

図3.26　ラジオボタンが縦並びの実行結果画面

3.6.3 手順 選択ボックスを設置する —— Spinner

次に紹介するのは、ドロップダウンリストです。Androidではドロップダウンリストを表すタグはSpinnerタグです。手順通りに、改造していきましょう。

① strings.xmlに文字列情報を追加する

Spinner用の表示文字列をstrings.xmlに追加します（リスト3.9）。今回は、これまでのstringタグではなく、string-arrayタグである点に注意してください。

リスト3.9 res/values/strings.xml

```
<resources>
    ～省略～
    <string-array name="sp_currylist"> ――――――――――――――――――――――― ❶
        <item>ドライカレー</item>
        <item>カツカレー</item>
        <item>ビーフカレー</item>
        <item>チキンカレー</item>
        <item>シーフードカレー</item>
        <item>キーマカレー</item>
        <item>グリーンカレー</item>
    </string-array>
</resources>
```

② レイアウトファイルを編集する

3.6.1項 p.80-81 のactivity_main.xml（リスト3.8）に追記します。RadioGroupの閉じタグの後に、リスト3.10のコードを追加してください。

リスト3.10 res/layout/activity_main.xml

```
<?xml version="1.0" encoding="utf-8"?>
<LinearLayout
    ～省略～
    </RadioGroup>

    <Spinner
        android:id="@+id/spCurryList"
        android:layout_width="match_parent"
        android:layout_height="wrap_content"
        android:background="#ffffff"
        android:entries="@array/sp_currylist" ――――――――――――――――― ❷
        android:paddingBottom="8dp"
        android:paddingTop="8dp"/>

    <Button
    ～省略～
```

③ アプリの起動

入力が終了し、特に問題がなければアプリを実行してください。図3.27のような画面が表示されれば成功です。

「ドライカレー」と表示されている部分をタップすると、図3.28のようにドロップダウンリストが表示されます。

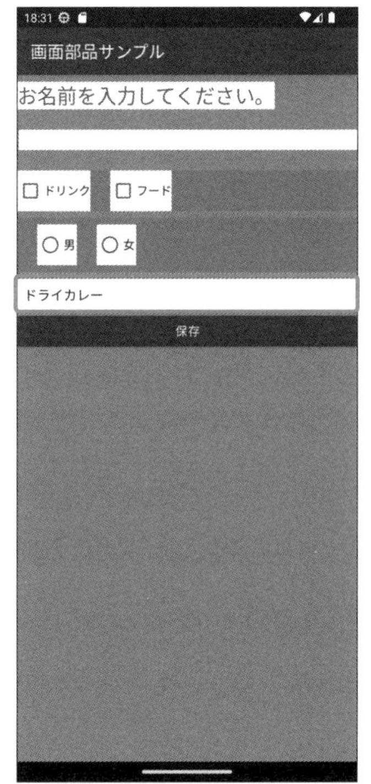

図3.27　ドロップダウンリストが追加された画面

図3.28　ドロップダウンリストの表示

3.6.4　リストデータはstring-arrayタグで記述する

Spinnerタグで注目したいのは、表示するリストデータです。ドロップダウンリストで使われるデータは、いわゆる配列です。

もちろんこのデータをアクティビティ内でJavaコードとして記述してもよいですが、このサンプルのような固定の配列の場合、strings.xmlに記述してそれを利用することができます。

その際に使用するのがstring-arrayタグとandroid:entries属性です（図3.29）。手順としては、まず、strings.xmlにstring-arrayタグを記述し、データ1つ1つをitemタグで記述します（リスト3.9❶）。その後、android:entries属性の@array/…の「…」の部分にstring-arrayタグのname属性を記述します（リスト3.10❷）。

ただし、データベースのデータなど、データが動的に変化するリストの場合は、もちろんアクティビティでデータを用意する必要があります。

strings.xml
この文字列がリストの各要素として使われる
<string-array name="sp_currylist">
<item>ドライカレー</item>
<item>カツカレー</item>
…
</string-array>
activity_main.xml
android:entries="@array/sp_currylist"

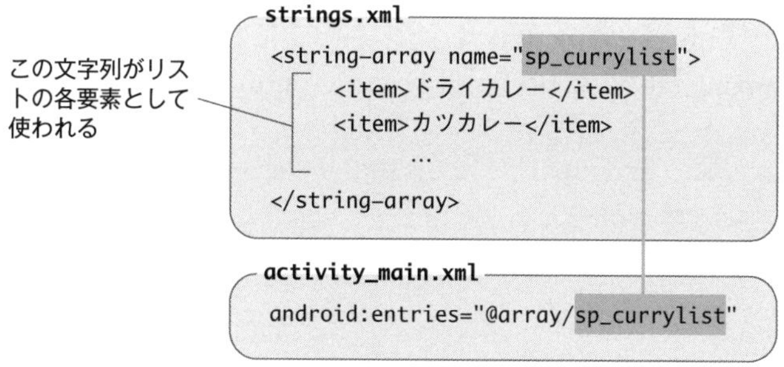

図3.29　android:entriesとstring-arrayの関係

3.6.5 手順 リストを表示する —— ListView

最後に紹介するのは、リスト表示です。Spinnerと同じく、リストデータを元として表示するビュー部品としてリスト表示用のListViewがあります。手順通りに、改造していきましょう。

① strings.xmlに文字列情報を追加する

リストデータが必要なので、strings.xmlにリスト3.11のstring-arrayタグを追加しましょう。

リスト3.11　res/values/strings.xml

```
<resources>
    ～省略～

    <string-array name="lv_cocktaillist">
        <item>ホワイトレディー</item>
        <item>バラライカ</item>
        <item>XYZ</item>
        <item>ニューヨーク</item>
        <item>マンハッタン</item>
        <item>ミシシッピミュール</item>
        <item>ブルーハワイ</item>
        <item>マイタイ</item>
        <item>マティーニ</item>
        <item>ブルームーン</item>
        <item>モヒート</item>
    </string-array>
</resources>
```

② レイアウトファイルを編集する

3.6.3項 p.83 のactivity_main.xml（リスト3.10）に追記します。Buttonタグの後に、リスト3.12のコードを追加してください。

リスト3.12　res/layout/activity_main.xml

```
<?xml version="1.0" encoding="utf-8"?>
<LinearLayout
    ～省略～
        android:text="@string/bt_save"/>

    <ListView
        android:layout_width="match_parent"
        android:layout_height="0dp"
        android:layout_weight="1"
        android:background="#ffffff"
        android:entries="@array/lv_cocktaillist"/>
</LinearLayout>
```

③ アプリの起動

入力が終了し、特に問題がなければアプリを実行してください。図3.30のような画面が表示されれば成功です。

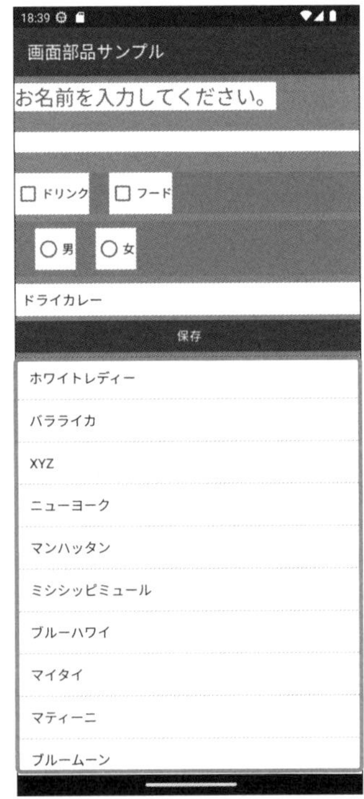

図3.30　リストビューが追加された画面部品サンプルアプリ実行結果

3.6.6 余白を割り当てるlayout_weight属性

ここで記述したListViewは、ボタン以下の残りの余白すべてを占めています。このようなレイアウトを行う場合は、android:layout_weightを使います。

たとえば、図3.31の左側のような画面があるとします。LinearLayoutで上から順に、TextView、EditText（idがetName）、TextView、EditText（idがetNote）、Buttonの画面部品を配置すると、画面下部に余白が生じたとします。この画面下部の余白をすべてetNoteに割り当てて、図3.31の右側のように、etNoteを拡大したい場合に利用するのがandroid:layout_weightです。

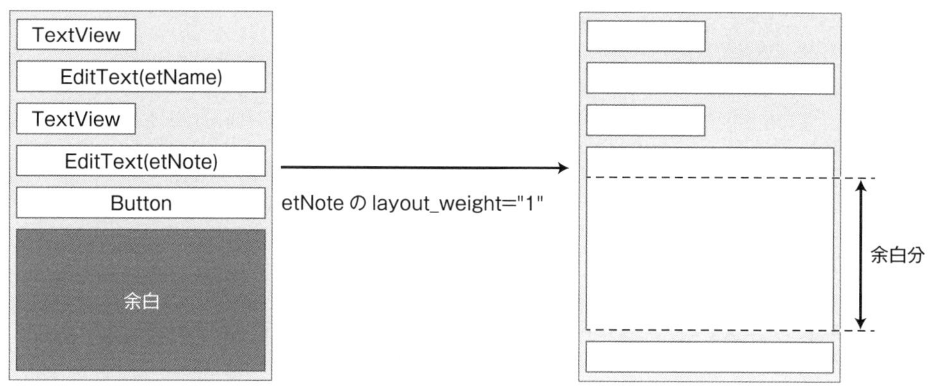

図3.31 画面の余白を割り当てるlayout_weightの利用例

この場合、etNoteの属性に

```
android:layout_weight="1"
```

を記述します。さらに、layout_height属性に対して、

```
android:layout_height="0dp"
```

と、0dpを指定します。というのは、layout_weight属性を利用する場合、縦方向に残った余白の場合はlayout_heightを、横方向に残った余白の場合はlayout_widthに「0dp」を記述する約束事となっているからです。

さらに、このlayout_weightには1以外の値を、しかも複数の画面部品に対して指定することもできます。たとえば、図3.31の左側の画面に対して、etNameのlayout_weightを0.3、etNoteのlayout_weightを0.7に指定すると、余白分の30%がetNameに割り当てられ、残りの70%がetNoteに割り当てられることになります（図3.32）。

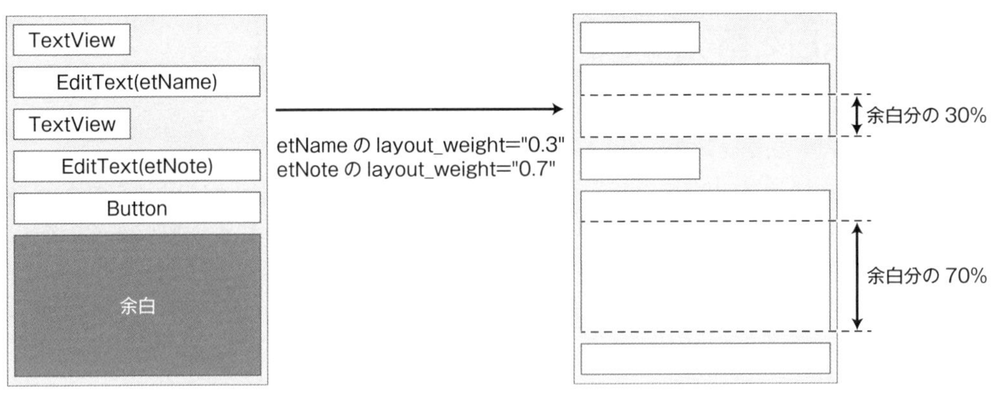

図3.32　layout_weightを複数利用した例

もちろん、etName、etNoteともにlayout_height属性に対して、「0dp」としておく必要はあります。

このlayout_weightの値は、足して1になる必要もありません。もし、複数の部品に均等割り当てしたい場合は、すべての画面部品に対して「1」とすればよいです。

3.6.7　一定の高さの中でリストデータを表示するListView

図3.30を見てもわかるように、ViewSampleでは、画面下部すべてをListViewが占めています。これは、もちろん、layout_weightのなせる技ですが、さらに、その範囲の中で、リストデータが表示しきれていません。その代わり、上下にスクロールし、図3.30では表示できていないカクテル名もスクロールすることで表示できるようになっています。これがまさにListViewの特徴です。

スマホやタブレットは、パソコンと違い、画面サイズが小さいです。リストデータを表示する場合、表形式で表示するのではなくリスト形式で表示することが多く、そのために、ListViewは頻出の画面部品です。

このListViewよりも後発の画面部品で、同じようにリスト表示が可能なものとしてRecyclerViewというものがあります。このRecyclerViewをリスト表示のメイン画面部品として扱ってほしいというGoogleの意図があるのか、レイアウトエディタのデザインモードのPaletteでは、ListViewはLegacyカテゴリの中に入っています。しかし、RecyclerViewを解説した第17章で詳しく述べるように、ListViewはRecyclerViewに置き換わるのではなく、お互いに適材適所で利用していくものといえます。さらには、リスト表示の基礎は、RecyclerViewよりはListViewのほうが習得しやすいです。したがって、本書の今後のサンプルでも、ListViewを頻繁に使っていきます。

第4章

イベントとリスナ

前章でAndroidでの画面の作り方を一通り理解できたと思います。

しかし、前章で作成したサンプルの画面では、たとえばボタンを押しても何も反応がありませんでした。他の画面部品に関しても同じです。これは、画面に対する処理が何も記述されていないからです。本章から、いよいよこの処理を記述していきます。

4.1 アプリ起動時に実行されるメソッド

では、本章で使用するサンプルアプリである「イベントとリスナサンプル」アプリを作成していきましょう。このアプリは図4.1のような画面です。

図4.1　本章で作成するアプリ

入力欄に名前を入力し、［表示］ボタンをタップすると、ボタンの下のTextViewに「○○さん、こんにちは!」と表示されるようにしていきます。

4.1.1 手順 画面を作成する

では、アプリ作成手順に従って作成していきましょう。

① イベントとリスナサンプルのプロジェクトを作成する

以下がプロジェクト情報です。この情報をもとにプロジェクトを作成してください。

Name	HelloSample
Package name	com.websarva.wings.android.hellosample

② strings.xmlに文字列情報を追加する

次に、res/values/strings.xmlをリスト4.1の内容に書き換えましょう。

リスト4.1 res/values/strings.xml

```
<resources>
    <string name="app_name">イベントとリスナサンプル</string>
    <string name="tv_name">お名前を入力してください。</string>
    <string name="bt_click">表示</string>
</resources>
```

③ レイアウトファイルを編集する

次に、activity_main.xmlを書き換えていきます。

前章では1つずつ部品を追加していきました。すべて学習済みの部品なので、本章では一挙にXMLを記述します（リスト4.2）。リスト内の説明を参考にしながら入力してください。

リスト4.2 res/layout/activity_main.xml

```
<?xml version="1.0" encoding="utf-8"?>
<LinearLayout
    xmlns:android="http://schemas.android.com/apk/res/android"
    android:layout_width="match_parent"
    android:layout_height="match_parent"
    android:padding="8dp" ―――――――― 全体的にパディングを8dpに設定
    android:orientation="vertical">

    <TextView ―――――――― 「お名前を入力してください。」というラベルを表示するTextView
        android:layout_width="wrap_content"
        android:layout_height="wrap_content"
        android:text="@string/tv_name"/>
```

```
    <EditText ――――――――――――――――――――――――――――――――――――――――――――――― 名前を入力するEditText
        android:id="@+id/etName"
        android:layout_width="match_parent"
        android:layout_height="wrap_content"
        android:layout_marginTop="8dp" ――――――――――――――――――――――――― 上部マージンを8dpに設定
        android:inputType="textPersonName"/> ―――――― 名前の入力欄なのでinputTypeはtextPersonName

    <Button ―――――――――――――――――――――――――――――――――――――――――――――――――――――――――― 「表示」ボタン
        android:id="@+id/btClick"
        android:layout_width="match_parent"
        android:layout_height="wrap_content"
        android:layout_marginTop="8dp" ――――――――――――――――――――――――― 上部マージンを8dpに設定
        android:text="@string/bt_click"/>

    <TextView ――――――――――――――――――――――――――――――― 表示ボタンタップ後の結果を表示するTextView
        android:id="@+id/tvOutput"
        android:layout_width="match_parent"
        android:layout_height="wrap_content"
        android:layout_marginTop="24dp" ―――――――――――――――――――――― 上部マージンを24dpに設定
        android:text="" ――――――――――――――――――――――――――――――――― 最初は何も表示しないので空文字を設定
        android:textSize="25sp"/> ―――――――――――――――――――――――――――――― 文字サイズを25spに設定
</LinearLayout>
```

④ アプリを起動する

入力を終え、特に問題がなければ、この時点で一度アプリを実行してみてください。図4.2のような画面が表示されるはずです。

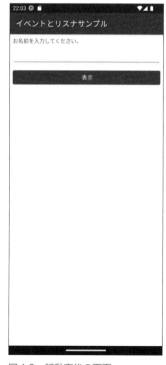

図4.2　起動直後の画面

4.1.2 アクティビティのソースコードを確認する

それでは、Javaのソースコードを見ていきましょう。MainActivityクラスを見てください。あらかじめリスト4.3のように記述されています。なお、コード中のimport文は、Android Studioのエディタ機能によって折りたたまれた状態（非表示）であることが多いです。その場合は、左側の［+］をクリックするとimport文が展開されます。

リスト4.3 java/com.websarva.wings.android.hellosample/MainActivity.java

```
package com.websarva.wings.android.hellosample;

import androidx.appcompat.app.AppCompatActivity;
import android.os.Bundle;

public class MainActivity extends AppCompatActivity {
    @Override
    protected void onCreate(Bundle savedInstanceState) {
        super.onCreate(savedInstanceState); ――――― ❶
        setContentView(R.layout.activity_main); ――――― ❷
    }
}
```

onCreate()メソッドは、Androidアプリが起動すると、まず実行されるメソッドです。そのため、画面作成やデータの用意など、初期処理として必要なものはこのメソッドに書く必要があります。

ここで、このメソッド内にあらかじめ記述されている2行について説明しておきます。

❶は、親クラスのonCreate()メソッドを呼び出しています。アクティビティクラスは、Activityクラス（またはその子クラス）を継承（extends）して作る必要があります。onCreate()メソッドはActivityクラスで定義されているメソッドで、それをオーバーライドする形で記述します。ところが、親クラスであるActivityクラスのonCreate()も処理しておく必要があるため、この記述が必要なのです。

Note オーバーライド

あるクラスを継承したとき、その親クラスのメソッドを子クラスで定義し直すことをオーバーライドと呼びます。簡単にいうと親クラスのメソッドの上書きです。その際、コンパイラに「このメソッドは上書きです」ということを伝えるために@Overrideアノテーションを付けます。上書きなので、メソッド名、引数の型、戻り値の型すべてが親クラスと同じでないといけません。もし、ミスで違うメソッド名、たとえば、onCreate()をomCreate()とした場合は、オーバーライドになりません。これを防止するのが@Overrideアノテーションであり、コンパイラがコンパイルエラーの形でオーバーライドになっていないことを教えてくれます。

❷は、このアプリで表示する画面を設定しています。今回は、activity_main.xmlに記述したものを画面として使うので、引数を「R.layout.activity_main」としています。この「R.…」という記述については、次項で解説します。

Note AppCompatActivityクラス

Android Studioのウィザードに従ってプロジェクトを作成すると、アクティビティクラスの親クラスはAppCompatActivityとなっています。AppCompatActivityは、Activityクラスの子クラスです。かつては、Acitivityクラスを継承してアクティビティクラスを作成していました。その後、Android SDKに様々な機能追加が施され、それらを利用する際にActivityクラスを継承すると適切に動作しないという問題が数多く発生しました。その問題を解消するために、新たに子クラスとして追加されたのがAppCompatActivityクラスです。そのため通常は、AppCompatActivityクラスを継承してアクティビティクラスを作成します。

4.1.3 リソースを管理してくれるRクラス

さて、その「R.…」という記述について見ていきましょう。

Android開発では、resフォルダ内のファイルやそのファイル中に記述された「@+id」の値などのリソースは、Javaクラスから利用されることが容易に想像できます。これらリソースを、Javaクラスから効率よく利用できるように、また、指定ミスをなくすために、Androidではそのファイルや値を識別するためのint型定数を使用することになっています。このint型定数をまとめて記述するクラスとして**Rクラス**を用意し、そこにAndroid Studioが自動追記する仕組みとなっています。これによって、アプリ内では、Rクラス中の定数（これを**R値**と呼ぶことにします）を使ってリソースをやり取りできるのです。

たとえば、「R.layout.activity_main」という記述は、「res/layout/activity_main.xml」ファイルを指す定数です。

なお、Javaでは定数は大文字で記述することになっていますが、R値に関しては、実際のフォルダ階層やファイル名などとの対応関係をはっきりさせるために、記述されたフォルダ名やファイル名をそのまま使っています。

4.2 イベントリスナ

いよいよアクティビティクラスにソースコードを記述していきますが、その前にAndroidアプリ開発を行う上で理解しておかなければならない考え方を解説します。

4.2.1 イベントとイベントハンドラとリスナ

Androidでは、ボタンをタップ、アイコンをドラッグなど、ユーザーが画面に対して何かの操作を行います。この操作のことを**イベント**、そのイベントに対応して行う処理のことを**イベントハンドラ**と呼びます。また、イベントの検出を行っているものを**リスナ**と呼びます（図4.3）。

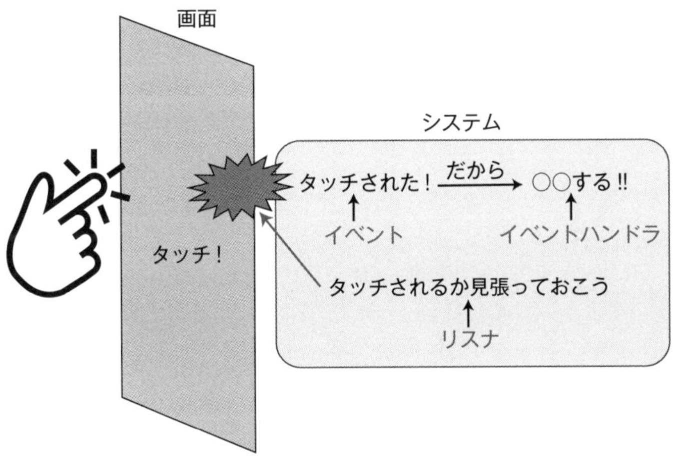

図4.3　イベントとイベントハンドラとリスナの関係

現段階で、サンプルアプリのボタンをタップしても何も起こらないのはリスナが設定されていないからです。

なお、イベント、イベントハンドラ、リスナという考え方は、実はAndroid独特のものではありません。iOSやデスクトップアプリなど、ユーザーの操作に応じて処理を行う類いのアプリケーションで共通の考え方です。

4.2.2 Androidでリスナを設定する手順

Androidでリスナ設定を行う手順は、以下の通りです。

① それぞれのイベントに対応したリスナクラスを作成する。
② リスナクラス内の所定のメソッドに処理を記述する（このメソッドがイベントハンドラ）。
③ リスナクラスをnewしてリスナ設定メソッドの引数として渡す。

以下、手順ごとに実際にソースコードを記述しながら解説していきます。

4.2.3 手順 リスナクラスを作成する

① それぞれのイベントに対応したリスナクラスを作成する

MainActivityのonCreate()メソッドの下に、リスト4.4のコードを記述します。

リスト4.4　java/com.websarva.wings.android.hellosample/MainActivity.java

```
public class MainActivity extends AppCompatActivity {
    @Override
    protected void onCreate(Bundle savedInstanceState) {
        ～省略～
    }

    // ボタンをクリックしたときのリスナクラス。
    private class HelloListener implements View.OnClickListener { ―― ❶
        @Override
        public void onClick(View view) { ―― ❷

        }
    }
}
```

ここでは、HelloListenerクラスをprivateメンバクラスとして追記しています。これがボタンのタップというイベントに対するリスナクラスです。

Note　メンバクラスと無名クラス

ここでは、リスナクラスをprivateなメンバクラスとして記述していますが、Androidのサンプルでよく見かけるのはリスナクラスを無名クラスとして記述する方法です。これは、どちらの記述でも問題ありません。無名クラスで記述する場合は、ソースコード量を減らすことができます。一方、メンバクラスでは可読性が高まります。本書では、この可読性を重視し、privateなメンバクラスで解説していきます。

なお、privateなメンバクラスと無名クラスの相互書き換えについては、以下の記事を参考にしてください。

● **CodeZine「業務系Javaエンジニアが Android開発をする上で押さえておきたい3つのJava構文」**
https://codezine.jp/article/detail/9161

> **Note　Android Studioでクラスのインポートを行う**
>
> リスト4.3にはimport文が書かれていますが、リスト4.4には書かれていません。これらimport文の構成は手入力するのではなく、Android Studioに任せるからです。図4.Aのように、未インポートのクラスを記述すると、そのクラスが赤文字となり、ヒントの吹き出しが表示されます。そこに記載の通り、macOSでは［⌘］＋［1］、Windowsでは［Alt］＋［Enter］キーを押すと、該当クラスを自動でインポートしてくれます。
>
> 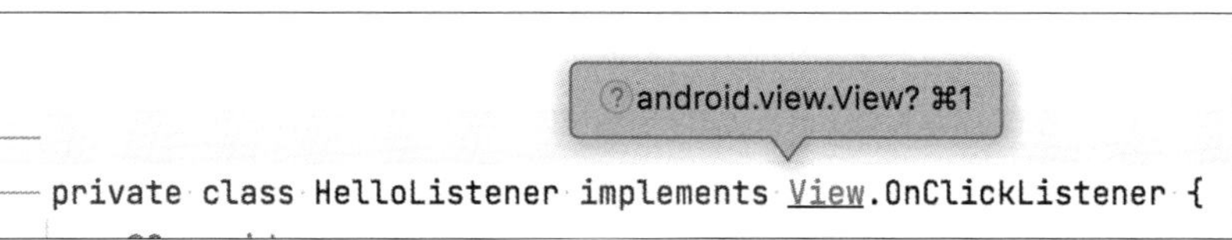
>
>
> 図4.A　クラスインポート用のショートカットを表示
>
> もしパッケージの違う同名クラスが存在する場合は、図4.Bのように選択リストが表示されます。
>
> 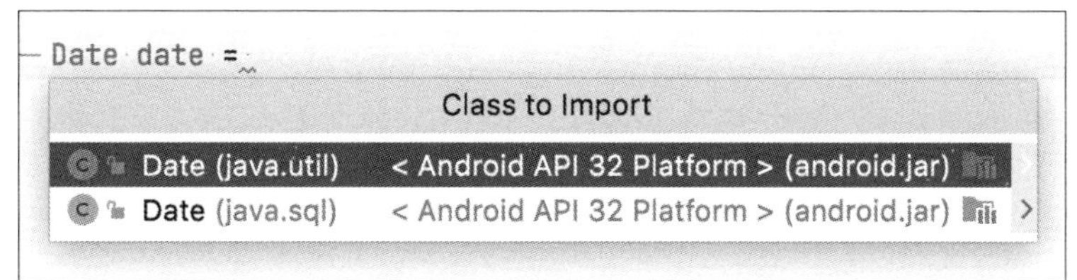
>
>
> 図4.B　パッケージ違いのクラスの選択リスト
>
> この場合は()内のパッケージを参照して、正しいほうを選択してください。どちらを選択するかは本文中に記載します。
>
> 以降、様々なJavaコードを記述していきますが、インポートはすべてこのようにAndroid Studioに任せることとします。そのため、本書に掲載するコード中のimport文は省略しています。

4.2.4 リスナクラスは専用のインターフェースを実装する

タップ（クリック）というイベントに対してのリスナクラスを作成するには、View.OnClickListenerインターフェースを実装（implements）します（リスト4.4❶）。

インターフェースを実装した時点で、そのインターフェースに定義されているメソッドを記述する必要があります。View.OnClickListenerインターフェースではonClick()メソッドがそれにあたります（リスト4.4❷）。これがイベントハンドラであり、ここに処理を記述するのが次の手順です。

Note　リスナインターフェース

Androidでは、それぞれのイベントに対応したリスナインターフェースが定義されています。そのほとんどはViewクラスのメンバインターフェースとして定義されています。その中から、適切なインターフェースを実装したクラスを作成することで、リスナクラスとします。なお、どういったインターフェースがあるのかは、Android APIリファレンスのViewクラスページ：Nested Classesセクションでも確認できますが、主要なものは本書中で随時紹介していきます。

●**Android APIリファレンス：ViewクラスページのNested Classesセクション**
https://developer.android.com/reference/android/view/View#nested-classes

4.2.5 手順 イベントハンドラメソッドに処理を記述する

② リスナクラス内の所定のメソッドに処理を記述する

では、イベントハンドラである、onClick()メソッドに処理を記述していきましょう。今回のイベント処理としては、EditTextから入力された名前を取得して、TextViewに表示させる動作です。それを記述します。

onClick()メソッド内に、リスト4.5のコードを記述しましょう。

リスト4.5　java/com.websarva.wings.android.hellosample/MainActivity.java

```
@Override
public void onClick(View view) {
    // 名前入力欄であるEditTextオブジェクトを取得。
    EditText input = findViewById(R.id.etName); ――― ❶
    // メッセージを表示するTextViewオブジェクトを取得。
    TextView output = findViewById(R.id.tvOutput); ――― ❷
    // 入力された名前文字列を取得。
    String inputStr = input.getText().toString(); ――― ❸
    // メッセージを表示。
    output.setText(inputStr + "さん、こんにちは!"); ――― ❹
}
```

4.2.6 アクティビティ内で画面部品を取得する処理

ここで記述する処理は、「EditTextから入力された名前を取得して、TextViewに表示させる」です。そのためにはまず、Javaクラス内で、EditTextやTextViewなどの画面部品を取得する必要があります。それがリスト4.5❶と❷です。両方とも似たような記述となっています。ここでの記述のように、画面部品をJavaクラス内で扱うには、**findViewById()**メソッドを使用します。引数として渡すのは、android:idとして設定された画面部品のidを表すR値です（図4.4）。

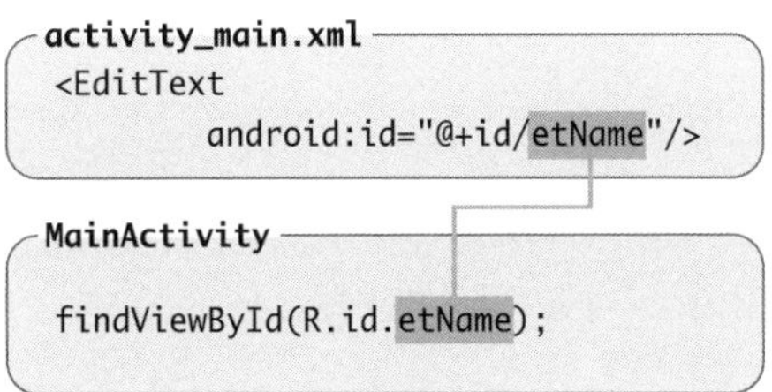

図4.4　android:idのR値をJavaクラス内のfindViewById()で利用する

activity_main.xmlではEditTextタグに、

```
android:id="@+id/etName"
```

と記述されています。4.1.3項 p.94 で解説した通り、この「etName」が「R.id」の定数として自動生成されているので、

```
findViewById(R.id.etName)
```

と指定すれば、この画面部品を取得できます。

Note　findViewById()のキャスト

ここで紹介したfindViewById()の使い方は、Android Studio 3.0以降、かつ、APIレベル26以降でのみ可能です。それ以前の環境では、以下のように各画面部品へのキャストが必要です。インターネット上の古い記事などでは、このキャストが記述されています。それらを参考にする場合には注意してください。

```
EditText input = (EditText) findViewById(R.id.etName);
```

4.2.7 入力文字列の取得と表示

さて、画面部品が取得できたところで、今度は入力文字列の取得とTextViewへの表示を行いましょう。

まず、入力文字列の取得ですが、これは、EditTextクラスの**getText()**メソッドを使います。ただし、このメソッドの戻り値はEditable型なので、toString()でString型（文字列型）に変更します（リスト4.5❸）。

一方、TextViewへの表示は、TextViewクラスの**setText()**メソッドを使用します（リスト4.5❹）。

これで、イベント処理が記述できました。次はいよいよ最後の手順です。

4.2.8 手順 リスナを設定する

③ リスナクラスをnewしてリスナ設定メソッドの引数として渡す

最後の手順はリスナ設定です。onCreate()メソッド内に、リスト4.6❶〜❸の3行を追記します。

リスト4.6　java/com.websarva.wings.android.hellosample/MainActivity.java

```
protected void onCreate(Bundle savedInstanceState) {
    super.onCreate(savedInstanceState);
    setContentView(R.layout.activity_main);

    // 表示ボタンであるButtonオブジェクトを取得。
    Button btClick = findViewById(R.id.btClick); ――――――――――――――――――――❶
    // リスナクラスのインスタンスを生成。
    HelloListener listener = new HelloListener(); ――――――――――――――――――❷
    // 表示ボタンにリスナを設定。
    btClick.setOnClickListener(listener); ――――――――――――――――――――――――――❸
}
```

これで、ようやくアプリが完成しました。アプリを実行し、動作確認してみてください。入力欄に名前を入力し、ボタンをタップしてみましょう。図4.5のように、無事表示されれば成功です。

図4.5　「こんにちは!」と表示された画面

4.2.9 リスナインターフェースに対応したリスナ設定メソッド

リスナを設定するには、リスナを設定したい画面部品のリスナ設定メソッドに対して、引数としてリスナクラスをnewして渡します。ということは、まず、リスナを設定したい画面部品を事前に取得しておく必要があります（リスト4.6❶）。これは、4.2.6項 p.98-99 の復習です。ここでは、Buttonを取得しています。

次に、ここまでで作成したリスナクラス、つまりHelloListenerクラスをnewします（リスト4.6❷）。

最後にリスナ設定メソッドを使ったリスナ設定です（リスト4.6❸）。リスナ設定メソッドは設定するリスナに応じて変わりますが、実装したリスナインターフェースと関連がある名前となっており、引数がそのインターフェース型となっています。今回は、タップ（クリック）を検知するView.OnClickListenerインターフェースを実装しました。これに対応したリスナ設定メソッドは、setOnClickListener()です。

Column

ソフトウェアキーボードの選択

2.2.2項で行ったAVDの言語設定を日本語にした後、初めて何か文字を入力しようとすると、図4.Cのようにキーボードを選択する画面が表示されます。この画面が表示された際は、好みのキーボードを選択してください。

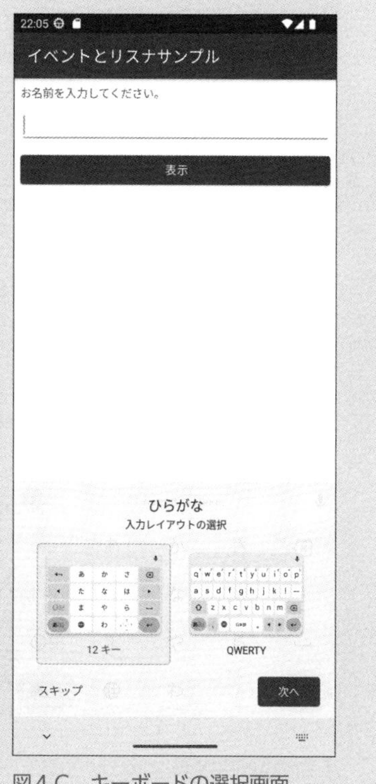

図4.C　キーボードの選択画面

4.3 ボタンをもう1つ追加してみる

ここで、ボタンをもう1つ追加し、ボタンが複数存在する場合の処理を扱うことにします。

4.3.1  文字列とボタンを追加する

まずは、画面を改造する必要があります。

① strings.xmlに文字列情報を追加する

ボタンに表示する文字列を追加しましょう。strings.xmlファイルの<string name="bt_click">の直下に、リスト4.7の太字部分のタグを追加してください。

リスト4.7　res/values/strings.xml

```
<resources>
        ～省略～
    <string name="bt_click">表示</string>
    <string name="bt_clear">クリア</string>
</resources>
```

② レイアウトファイルを編集する

ボタンを追加しましょう。activity_main.xmlファイルのButtonタグとTextViewタグの間に、リスト4.8の太字部分のコードを追記してください。

リスト4.8　res/layout/activity_main.xml

```
<?xml version="1.0" encoding="utf-8"?>
<LinearLayout
        ～省略～
        android:text="@string/bt_click"/>

    <Button
        android:id="@+id/btClear"
        android:layout_width="match_parent"
        android:layout_height="wrap_content"
        android:layout_marginTop="8dp"
        android:text="@string/bt_clear"/>

    <TextView
        ～省略～
</LinearLayout>
```

③ アプリを起動する

この状態で、アプリを起動し直してみてください。図4.6のように［クリア］ボタンが追加された画面になっています。

図4.6　ボタンが追加される

4.3.2 手順 追加されたボタンの処理を記述する

画面の改造ができたところで、処理を記述していきます。

① アクティビティに追記する

このクリアボタンをタップすると、EditTextに入力した文字列、およびTextViewに表示された文字列がクリアされるように処理を記述します。

上述の手順に従って、リスナクラスを新規に作成してもかまいませんが、ここでは同一リスナクラスを使用し、onClick()メソッド内でどのボタンをタップしたかを判定、それに応じて処理を分岐させる方法をとります。

まず、クリアボタンにリスナを設定します。onCreate()メソッド内に、リスト4.9の太字部分（❶❷）のコードを追記してください。

リスト4.9 java/com.websarva.wings.android.hellosample/MainActivity.java

```
protected void onCreate(Bundle savedInstanceState) {
        ～省略～
    btClick.setOnClickListener(listener);

    // クリアボタンであるButtonオブジェクトを取得。
    Button btClear = findViewById(R.id.btClear);  ❶
    // クリアボタンにリスナを設定。
    btClear.setOnClickListener(listener);  ❷
}
```

② onClick() メソッドをボタンごとの処理に書き換える

次に、リスナクラス、つまり、HelloListenerクラス内のonClick()メソッドをリスト4.10のように書き換えます。

リスト4.10 java/com.websarva.wings.android.hellosample/MainActivity.java

```
@Override
public void onClick(View view) {
    // 名前入力欄であるEditTextオブジェクトを取得。
    EditText input = findViewById(R.id.etName);  ┐
    // メッセージを表示するTextViewオブジェクトを取得。 ├❶
    TextView output = findViewById(R.id.tvOutput);  ┘

    // タップされた画面部品のidのR値を取得。
    int id = view.getId();  ❷
    // idのR値に応じて処理を分岐。
    switch(id) {  ❸
        // 表示ボタンの場合…
        case R.id.btClick:  ❹
            // 入力された名前文字列を取得。
            String inputStr = input.getText().toString();  ┐
            // メッセージを表示。  ├❺
            output.setText(inputStr + "さん、こんにちは！");  ┘
            break;
        // クリアボタンの場合…
        case R.id.btClear:  ❻
            // 名前入力欄を空文字に設定。
            input.setText("");  ❼
            // メッセージ表示欄を空文字に設定。
            output.setText("");  ❽
            break;
    }
}
```

③ アプリを起動する

この状態で、アプリを起動し直してみてください。図4.6と同じ画面が表示されますが、クリアボタンが動作するようになっています。入力欄に名前を入力し、表示ボタンをタップして、いったん「○○さん、こんにちは!」の文字列を表示させます。その後、クリアボタンをタップすると、入力欄、および、「○○さん、こんにちは!」の文字列が消えることを確認できます。

4.3.3 idで処理を分岐

リスト4.9で追加した処理は、リスト4.8で追加したButtonオブジェクトを取得し(❶)、リスナを設定する(❷)、というものです。その際、別々のリスナを設定するのではなく、表示ボタン、つまり、btClickに設定したのと同じオブジェクトを設定しています。

となると、表示ボタンをタップしても、クリアボタンをタップしても、HelloListenerクラス内のonClick()メソッドが呼び出されることになります。そのため、このメソッド内でタップされたボタンに応じて処理を分岐する必要があります。その際に活躍するのが、onClick()の引数とidです。

onClick()メソッドの引数viewはタップされた画面部品を表します。Viewクラスには**getId()**というメソッドがあり、これを使えば、その画面部品のidのR値を取得できます(リスト4.10❷)。このidとレイアウトXMLで設定したidのR値とを比較することで、処理が簡単に分岐できます。その際に便利なのがswitch文です(リスト4.10❸)。比較対象として、リスト4.10❹と❻のようにidのR値を記述します。リスト4.10❹が表示ボタンがタップされたときの処理であり、❻がクリアボタンがタップされたときの処理です。

❹の分岐内の処理、つまりリスト4.10❺は、4.2.5項 p.98 で作成したリスト4.5❸❹がそのまま入ります。一方、リスト4.10❻の分岐内にはEditText、および、TextView内の文字列が消える処理を記述する必要があります。これは、空文字("")で置き換える処理であり、両方ともsetText()メソッドを使用します。リスト4.10❼がEditTextの、❽がTextViewの置き換え処理です。

なお、このように複数のボタンを1つのリスナクラスで処理する方式の利点は、各ボタンで共通の処理がある場合に、別々のリスナクラスに記述するよりも、ソースコードの重複を防ぐことができることです。リスト4.10では❶がそれにあたります。別々のリスナクラスを作成した場合、❶の2行は両方のonClick()メソッド内に記述しなければならなくなります。

このように、idとR値を使って、switch文で処理を分岐する方法は、今後も登場するので慣れていってください。

Column

ビルド失敗とBuildツールウィンドウ

Android Studioでアプリを実行する際、内部的には大まかに次のような流れとなります。

[1] ビルドを行い、アプリケーションファイルを作成する。
[2] アプリケーションファイルをAVDや実機にインストールする。
[3] インストールしたアプリケーションを起動する。

このうち、一般的にエラーが起こるのは［1］と［3］でしょう。［3］で起こるエラーは、いわゆるバグであり、実際にアプリケーションを起動、あるいは操作した際に発生するエラー（例外）です。これらは、7.3節で紹介する**Logcat**ツールウィンドウで確認できます。

一方、［1］のビルド時に起こるエラーは、ソースコードの記述ミスが原因です。Javaコードの記述ミスは、コンパイルエラーという形でビルドより前にAndroid Studioが示してくれます。一方、XMLファイルへの記述ミスは、ビルドしてはじめてわかることが多く、それらは、Android Studioの**Build**ツールウィンドウに表示されます。

図4.Dは、本章で作成したHelloSampleプロジェクトで、strings.xml内のstringタグの1つを「strin」とわざと間違えて記述し、ビルドした際に表示されたBuildツールウィンドウです。

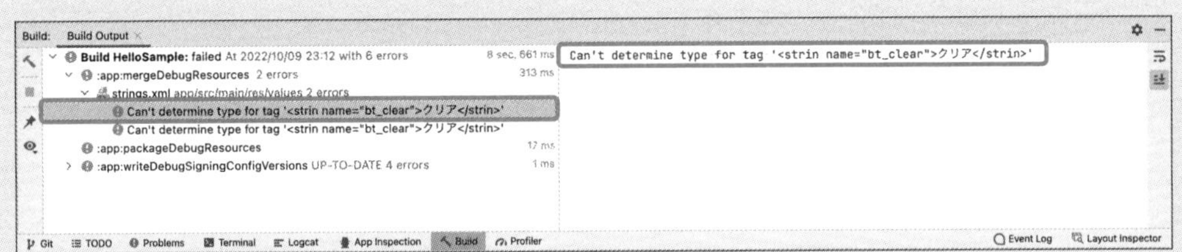

図4.D　ビルドエラーが表示されたBuildツールウィンドウ

ツールウィンドウ中に表示されたメッセージを読めば、「どのXMLファイルの」「どの部分で」「どんなエラーが発生したのか」がわかるようになっています。

第5章

リストビューとダイアログ

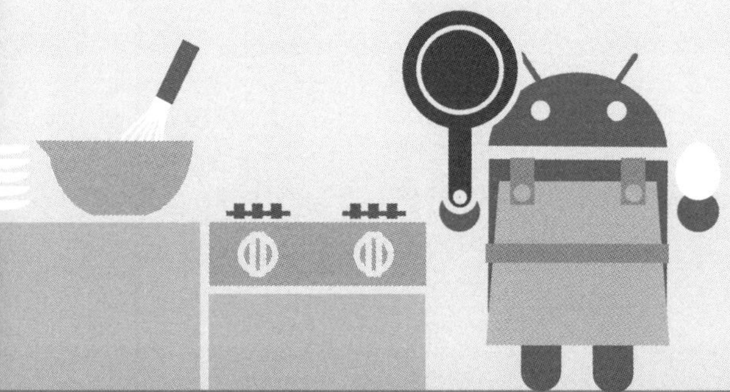

前章でアクティビティへの記述やリスナの作り方を一通り理解できたと思います。

本章では、その続きとしてリストビューの処理を扱います。画面としてのリストビューは第3章の最後に扱いましたが、そこでも説明したように、リスト表示はAndroidでよく使われる画面です。その基礎をここで理解しておきましょう。さらに、Androidでのダイアログについても解説します。

5.1 リストタップのイベントリスナ

では、本章で使用するサンプルアプリ「リスト選択サンプル」を作成していきましょう。このアプリは図5.1のような画面です。

図5.1　本章で作成するアプリ

定食名がリスト表示された画面があり、そのリストをタップすると、画面下部にタップした定食名がぼわーっと表示され自動的に消えていきます。このAndroidの機能をトーストと呼びます。

5.1.1 手順 画面を作成する

では、アプリ作成手順に従って作成していきましょう。

① リスト選択サンプルのプロジェクトを作成する

以下がプロジェクト情報です。この情報をもとにプロジェクトを作成してください。

Name	ListViewSample
Package name	com.websarva.wings.android.listviewsample

② strings.xmlに文字列情報を追加する

次に、strings.xmlをリスト5.1の内容に書き換えましょう。

リスト5.1　res/values/strings.xml

```
<resources>
    <string name="app_name">リスト選択サンプル</string>
    <string-array name="lv_menu">
        <item>から揚げ定食</item>
        <item>ハンバーグ定食</item>
        <item>生姜焼き定食</item>
        <item>ステーキ定食</item>
        <item>野菜炒め定食</item>
        <item>とんかつ定食</item>
        <item>ミンチかつ定食</item>
        <item>チキンカツ定食</item>
        <item>コロッケ定食</item>
        <item>回鍋肉定食</item>
        <item>麻婆豆腐定食</item>
        <item>青椒肉絲定食</item>
        <item>八宝菜定食</item>
        <item>酢豚定食</item>
        <item>豚の角煮定食</item>
        <item>焼き鳥定食</item>
        <item>焼き魚定食</item>
        <item>焼肉定食</item>
    </string-array>
</resources>
```

③ レイアウトファイルを編集する

次に、activity_main.xmlを書き換えていきます。

今回は、画面すべてがリスト表示になるようにしているので、タグはListViewタグのみです（リスト5.2)。この場合、レイアウト関係のタグは不要です。

リスト5.2 res/layout/activity_main.xml

```
<?xml version="1.0" encoding="utf-8"?>
<ListView
    xmlns:android="http://schemas.android.com/apk/res/android"
    android:id="@+id/lvMenu"
    android:layout_width="match_parent"
    android:layout_height="match_parent"
    android:entries="@array/lv_menu"/>
```

④ アプリを起動する

入力を終え、特に問題がなければ、この時点で一度アプリを実行してみてください。図5.2のような画面が表示されるはずです。

図5.2 表示されたリスト画面

この段階でリストをタップすると、少し色が変化しますが何も起こりません。前章同様、アクティビティに処理を記述していきます。

5.1.2 手順 リストをタップしたときの処理を記述する

前章でボタンをタップしたときの処理の記述方法、つまり、リスナの設定について解説しました。リストビューでも、ボタン同様にタップしたときの処理を行うにはリスナの設定が必要です。

① リスナクラスを記述する

まず、リスナクラスをprivateなメンバクラスとして記述します。MainActivityのonCreate()メソッドの下に、リスト5.3の太字部分のコードを記述します。

リスト5.3　java/com.websarva.wings.android.listviewsample/MainActivity.java

```
public class MainActivity extends AppCompatActivity {
    @Override
    protected void onCreate(Bundle savedInstanceState) {
        ～省略～
    }

    // リストがタップされたときの処理が記述されたメンバクラス。
    private class ListItemClickListener implements AdapterView.OnItemClickListener { ―❶
        @Override
        public void onItemClick(AdapterView<?> parent, View view, int position, long id) { ―❷
            // タップされた定食名を取得。
            String item = (String) parent.getItemAtPosition(position); ―❸
            // トーストで表示する文字列を生成。
            String show = "あなたが選んだ定食: " + item; ―❹
            // トーストの表示。
            Toast.makeText(MainActivity.this, show, Toast.LENGTH_LONG).show(); ―❺
        }
    }
}
```

② リスナを設定する

リスナ設定を行います。onCreate()メソッド内に、リスト5.4の太字部分の2行（❶❷）を追記してください。

リスト5.4　java/com.websarva.wings.android.listviewsample/MainActivity

```
@Override
protected void onCreate(Bundle savedInstanceState) {
    ～省略～
    // ListViewオブジェクトを取得。
    ListView lvMenu = findViewById(R.id.lvMenu); ―❶
    // ListViewにリスナを設定。
    lvMenu.setOnItemClickListener(new ListItemClickListener()); ―❷
}
```

③ アプリを起動する

入力を終え、特に問題がなければ、この時点で一度アプリを実行してみてください。リストをタップすると、図5.1のように画面下部にトーストが表示されます。

5.1.3 リストビュータップのリスナは OnItemClickListenerインターフェースを実装する

では、リスナクラス（リスト5.3）に記述した内容を見ていきましょう。

リストビューのタップというイベントに対するリスナインターフェースは、AdapterViewのメンバインターフェースであるOnItemClickListenerです。そのため、まずこれをimplementsしたクラスを作成します（❶）。

OnItemClickListenerをimplementsした時点で、このインターフェースに定義されたonItemClick()メソッドを実装する必要があるので、ここに処理を記述します（❷）。その際、このメソッドの引数を理解しておく必要があります。

第1引数 AdapterView<?> parent

タップされたリスト全体を表します。タップイベントそのものはリスト中の1行に対して起こりますが、その1行を含むリスト全体が引数として渡されます。なお、AdapterViewクラスは、ListViewやSpinnerの親クラスです。

第2引数 View view

タップされた1行分の画面部品そのものを表します。

第3引数 int position

タップされた行番号を表します。ただし、0始まりです。今回のサンプルでいえば、「から揚げ定食」が0、「ハンバーグ定食」が1、…のようになります。

第4引数 long id

5.2.2項で解説するSimpleCursorAdapterを利用する場合、DBの主キーの値を表します。それ以外は第3引数のpositionと同じ値が渡されます。

第2引数に関して補足しておきましょう。ListViewは1行内に、たとえばTextViewを2つとCheckBoxを1つというように、様々な画面部品を入れることが可能です。その場合、それら画面部品をLinearLayoutなどで囲んで1つのブロックとし、それを1行分とすることが通常です。この第2引数には、その1行分の画面部品、たとえばLinearLayoutなどが渡されてきます。なお、今回はリスト1行中にTextViewが1個のリストを使用しています。

これらの引数を利用して、まずタップされた定食名を取得します。その処理がリスト5.3❸です。ここでは、第1引数で渡されたparentを利用します。parentはAdapterView型ですが、このAdapterViewクラスにgetItemAtPosition()というメソッドがあります。getItemAtPosition()は、引数として行番号を渡すと、リストデータのうちでその行番号に該当するデータを返してくれます。この引数として、第3引数のpositionを渡すことで、タップされた行のデータを取得することができます。

ただし、getItemAtPosition()の戻り値の型はObject型です。そのため、戻り値を、リストデータを構成しているデータ型にキャストする必要があります。今回のリストデータはすべてString型なので、String型にキャストします。これで、定食名が取得できます。

Note **onItemClick()の第2引数viewの利用例**

リスト5.3❸では、第1引数と第3引数を利用しました。一方で、第2引数を利用することもできます。先述のように、第2引数はリスト1行分の画面部品を表します。そして、今回は、各行がTextView1個から構成されているので、第2引数のviewはTextViewを表すことになります。そのことを踏まえて、以下の2行を記述します。ただし、この方法は、今回のような特殊な場合にのみ有効です。通常、タップされた行のデータを取得する場合は、getItemAtPosition()を利用します。

リスト5.A　第2引数viewを使って定食名を取得する

```
TextView tvText = (TextView) view;
String item = tvText.getText().toString();
```

5.1.4 お手軽にメッセージを表示できるトースト

次に、リスト5.3❹と❺を解説しておきます。❹は、❸で取得した定食名を使って「あなたが選んだ定食: ○○定食」という文字列を生成しているだけです。この文字列を画面に表示させます。その表示方法としてトーストという機能を使います。トーストは、図5.1にもあるように画面下部に文字列がぼわーっと表示され、自動的に消えていくものです。その表示処理を行っているのが❺です。トーストは、

```
Toast.makeText(引数1, 引数2, 引数3).show();
```

の記述で表示されると理解していれば問題ありません。引数について解説しておきましょう。

第1引数 **Context context**

トーストを表示させるアクティビティオブジェクトを指定します。このことを、Android開発ではコンテキストと呼びます。これは、通常「アクティビティクラス名.this」と記述するか、getApplicationContext()メソッドの戻り値をそのまま利用します。

第2引数 **CharSequence text**

表示文字列を指定します。リスト5.3❹のように、文字列を直接引数として渡してもよいですが、strings.xmlに記述された文字列のR値を渡すこともできます。

第3引数 **int duration**

トーストが表示される長さをToastクラスの定数を使って指定します。定数は、Toast.LENGTH_LONG（長い）、Toast.LENGTH_SHORT（短い）の2種類しかありません。

Note　コンテキスト

Android開発では、コンテキストは重要な概念で、様々な引数で使用されます。実は、Activityクラスの親クラスとしてContextというクラスが存在し、たとえばToastのmakeText()の第1引数では、このクラスが型として指定されています。このコンテキストの指定としては、通常Activityインスタンスを指定します。その際、サンプルなどで単にthisという記述がよく見られます。Javaではthisは自分自身のインスタンスを指しますが、Android開発でよく見られるネストクラスの場合、このthisが何を指すのかをよく考えて記述しないと誤動作を招くことになります。そういったことを避けるためにも「アクティビティクラス名.this」と記述すれば安全です。
あるいは、コンテキストの指定として、getApplicationContext()の戻り値を利用する方法もあります。ただし、この方法の場合は、指定するコンテキストがアクティビティのコンテキストとは違ってくるため、場合によってはエラーとなることもあります。そのような状況を避けるために、本書では、「アクティビティクラス名.this」と記述することにします。

5.1.5　リストビュータップのリスナはsetOnItemClickListener()メソッドで登録

最後に、リスト5.4❶と❷を解説しておきます。この2行は、リスト5.3で作成したリスナクラスをListViewに設定する処理です。❶では、リスナを登録するListViewを取得しています。

4.2.9項 p.101 で解説したように、この取得したListViewであるlvMenuのリスナ設定メソッドに対して、リスナクラスであるListItemClickListenerのインスタンスを渡します。OnItemClickListenerインターフェースを実装したクラスの設定メソッドは、setOnItemClickListener()です。したがって、コードにすると本来なら以下のようになります。

```
ListItemClickListener listener = new ListItemClickListener();
lvMenu.setOnItemClickListener(listener);
```

リスト5.4❷では、インスタンスの生成をメソッドの引数内で行うことで変数listenerを省略し、1行で記述しています。

```
lvMenu.setOnItemClickListener(new ListItemClickListener());
```

5.2 アクティビティ中でリストデータを生成する

ここまで作成してきた「リスト選択サンプル」アプリでは、リストデータとしてstrings.xmlに記述した文字列リストを使用しました。この方法は、リストデータが固定の場合に有効ですが、リストデータが可変の場合はJavaで記述する必要があります。同じ定食メニューリストをアクティビティ中で生成するサンプルとして、「リスト選択サンプル2」アプリを作成しましょう。

5.2.1  アクティビティ中でリストを生成するサンプルアプリを作成する

では、アプリ作成手順に従って作成していきましょう。

① リスト選択サンプル2のプロジェクトを作成する

以下のプロジェクト情報をもとにプロジェクトを作成してください。

Name	ListViewSample2
Package name	com.websarva.wings.android.listviewsample2

② strings.xmlに文字列情報を追加する

次に、strings.xmlをリスト5.5の内容に書き換えましょう。

リスト5.5　res/values/strings.xml

```
<resources>
    <string name="app_name">リスト選択サンプル2</string>
    <string name="dialog_title">注文確認</string>
    <string name="dialog_msg">選択された定食を注文します。よろしいですか。</string>
    <string name="dialog_btn_ok">注文</string>
    <string name="dialog_btn_ng">キャンセル</string>
    <string name="dialog_btn_nu">問合せ</string>
    <string name="dialog_ok_toast">ご注文ありがとうございます。</string>
    <string name="dialog_ng_toast">ご注文をキャンセルしました。</string>
    <string name="dialog_nu_toast">お問い合わせ内容をおしらせください。</string>
</resources>
```

③ レイアウトファイルを編集する

次に、activity_main.xmlを書き換えます（リスト5.6)。リスト5.2とほぼ同じですが、違いはandroid:entries属性を削除している点です。

リスト5.6　res/layout/activity_main.xml

```
<?xml version="1.0" encoding="utf-8"?>
<ListView
    xmlns:android="http://schemas.android.com/apk/res/android"
    android:id="@+id/lvMenu"
    android:layout_width="match_parent"
    android:layout_height="match_parent"/>
```

④ アクティビティに処理を記述する

MainActivityのonCreate()メソッドに、リスト5.7の内容を追記してください。

リスト5.7　java/com.websarva.wings.android.listviewsample2/MainActivity.java

```
@Override
protected void onCreate(Bundle savedInstanceState) {
    ～省略～
    // ListViewオブジェクトを取得。
    ListView lvMenu = findViewById(R.id.lvMenu);
    // リストビューに表示するリストデータ用Listオブジェクトを作成。
    List<String> menuList = new ArrayList<>();          ─┐
    // リストデータの登録。                                │
    menuList.add("から揚げ定食");                        │
    menuList.add("ハンバーグ定食");                      │
    menuList.add("生姜焼き定食");                        │
    menuList.add("ステーキ定食");                        │
    menuList.add("野菜炒め定食");                        │
    menuList.add("とんかつ定食");                        │
    menuList.add("ミンチかつ定食");                      │
    menuList.add("チキンカツ定食");                      ├❶
    menuList.add("コロッケ定食");                        │
    menuList.add("回鍋肉定食");                          │
    menuList.add("麻婆豆腐定食");                        │
    menuList.add("青椒肉絲定食");                        │
    menuList.add("八宝菜定食");                          │
    menuList.add("酢豚定食");                            │
    menuList.add("豚の角煮定食");                        │
    menuList.add("焼き鳥定食");                          │
    menuList.add("焼き魚定食");                          │
    menuList.add("焼肉定食");                           ─┘
    // アダプタオブジェクトを生成。
    ArrayAdapter<String> adapter = new ArrayAdapter<>(MainActivity.this, ↵  ─┐
android.R.layout.simple_list_item_1, menuList);                              ─┴❷
    // リストビューにアダプタオブジェクトを設定。
    lvMenu.setAdapter(adapter);                          ─❸
}
```

⑤ アプリを起動する

入力を終え、特に問題がなければ、この時点で一度アプリを実行してみてください。図5.2と同じ画面が表示されるはずです。

5.2.2 リストビューとリストデータを結びつけるアダプタクラス

「リスト選択サンプル2」アプリのようにアクティビティ中でリストデータを生成する場合、以下の手順をとります。

1. リストデータを用意する。
2. 上記リストデータをもとにアダプタオブジェクトを生成する。
3. ListViewにアダプタオブジェクトをセットする。

順に解説します。

① リストデータを用意する

リスト5.7❶が該当します。

② リストデータをもとにアダプタオブジェクトを生成する

リスト5.7❷が該当します。アダプタとは、リストビューに表示するリストデータを管理し、リストビューの各行にそのリストデータを当てはめていく働きをするオブジェクトです（図5.3）。

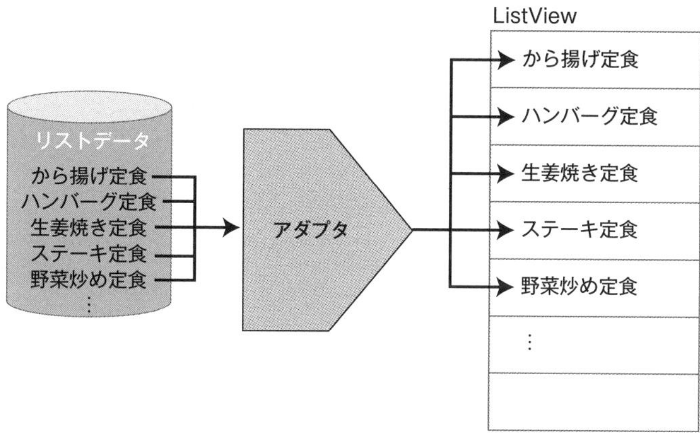

図5.3　アダプタの働き

アダプタオブジェクトを生成するには、Adapterインターフェースを実装したクラスを利用します。よく使われるのは、以下の3種です。それぞれもとになるリストデータが違います。

- **ArrayAdapter**：元データとしてList（配列）を利用するアダプタクラス。
- **SimpleAdapter**：元データとしてList<Map<string,?>>を利用するアダプタクラス。XMLデータやJSONデータの解析結果を格納するのに便利。
- **SimpleCursorAdapter**：元データとしてCursorオブジェクトを利用するアダプタクラス。Cursorオブジェクトは、Android端末内のDBを利用する際、SELECT文の結果が格納されたもの。

今回は、定食リストをListで生成しているので、ArrayAdapterを利用しています。なお、SimpleAdapterは第7章で扱います。

このArrayAdapterをnewする際、引数が3つ必要です。

第1引数 Context context

コンテキスト。5.1.4項 p.113 で解説した通り、通常は「アクティビティクラス名.this」を記述します。

第2引数 int resource

リストビューの各行のレイアウトを表すR値。

第3引数 List<T> objects

リストデータそのもの。

第2引数に関して少し解説しておきましょう。5.1.3項 p.112 で解説した通り、ListViewは各行に様々な画面部品を埋め込むことができます。この埋め込みは、専用のレイアウトXMLファイルを作ることで実現できます。レイアウトXMLファイルを作成するということはR値が存在します。そのため、第2引数では、このR値を指定します。ただし、1行や2行程度のシンプルなレイアウトの場合、Android SDKでもともと用意されています。その中で1行を表すのが、リスト5.7❷で指定した以下の記述です。このように、Android SDKで用意されているリソースを指定する場合は、単なるRではなく、android.Rを利用します。なお、独自レイアウトのListViewに関しては、第8章で扱います。

```
android.R.layout.simple_list_item_1
```

③ ListViewにアダプタオブジェクトをセットする

リスト5.7❸が該当します。ListViewにアダプタオブジェクトをセットするには、ListViewのsetAdapter()メソッドを利用します。

基本は、この①〜③の手順で、アクティビティ中でListViewが生成できます。あとは、アダプタクラスとして、どのクラスを生成するのか、生成の際に引数としてどのようなものを渡していくのか、という理解が必要になってきます。

次章以降でも、様々なListViewの生成方法と、アダプタクラスの使い方を紹介していきます。

5.3 ダイアログを表示する

前節では、アクティビティ中でListViewを生成する方法を学びました。この方法で「リスト選択サンプル2」アプリは確かにリスト表示されています。ただし、そのリストをタップしても何も処理されません。リスナに関する処理がまだ記述されていないからです。そこで、ListView SampleのListItemClickListenerクラス、および、このリスナ登録のソースコードをMainActivityにコピーすれば、トースト表示処理が実現できます。しかし今回は、トーストではなく、図5.4のようにダイアログを表示させてみましょう。

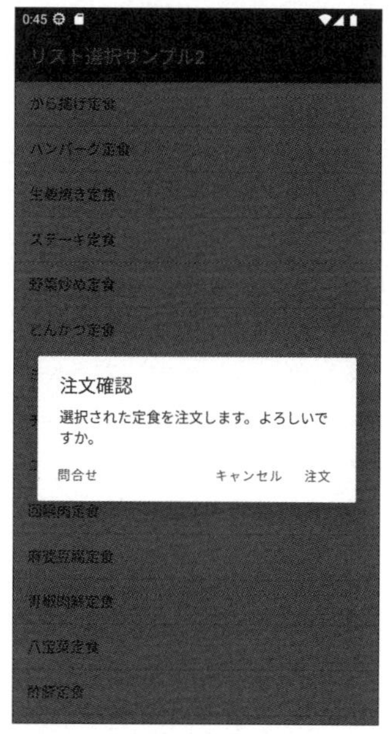

図5.4　リストをタップするとダイアログが表示される

5.3.1 手順 ダイアログを表示させる処理を記述する

ではさっそく、ダイアログを表示させる処理を記述していきます。

① ダイアログ生成クラスを記述する

ダイアログを生成する処理は独立したクラスに記述します。まず、そのクラスを作成します。[java] フォルダ内の [com.websarva.wings.android.listviewsample2] を右クリックして、

[New] → [Java Class]

を選択します。そして、表示された新規クラス作成画面の [Name] 欄にクラス名として「OrderConfirmDialogFragment」を記述し、[Enter] キーを入力してください。

② ダイアログ生成クラスにダイアログ生成処理を記述する

作成されたOrderConfirmDialogFragmentクラスに処理として、リスト5.8のコードを記述します。

なお、リスト5.8を記述した時点では、DialogButtonClickListenerクラスが存在しないため、コンパイルエラーとなります。こちらは、リスト5.9で記述します。また、DialogFragmentクラス、および、AlertDialogクラス、@Nillableアノテーションについては、以下のパッケージのものをインポートしてください。

- androidx.fragment.app.DialogFragment
- androidx.appcompat.app.AlertDialog
- androidx.annotation.Nullable

リスト5.8　java/com.websarva.wings.android.listviewsample2/OrderConfirmDialogFragment.java

```
public class OrderConfirmDialogFragment extends DialogFragment {
    @NonNull
    @Override
    public Dialog onCreateDialog(@Nullable Bundle savedInstanceState) {
        // ダイアログビルダーを生成。
        AlertDialog.Builder builder = new AlertDialog.Builder(getActivity()); ──── ❶
        // ダイアログのタイトルを設定。
        builder.setTitle(R.string.dialog_title); ──── ❷-1
        // ダイアログのメッセージを設定。
        builder.setMessage(R.string.dialog_msg); ──── ❷-2
        // Positive Buttonを設定。
        builder.setPositiveButton(R.string.dialog_btn_ok, new DialogButtonClickListener()); ─ ❸-1
        // Negative Buttonを設定。
        builder.setNegativeButton(R.string.dialog_btn_ng, new DialogButtonClickListener()); ─ ❸-2
        // Neutral Buttonを設定。
        builder.setNeutralButton(R.string.dialog_btn_nu, new DialogButtonClickListener()); ─ ❸-3
        // ダイアログオブジェクトを生成し、リターン。
        AlertDialog dialog = builder.create(); ──── ❹
        return dialog;
    }
}
```

③ アクションボタン用リスナクラスを記述する

手順②のコードを記述した段階では、DialogButtonClickListenerクラスが存在しません。DialogButtonClickListenerは、ダイアログのアクションボタンタップ用のリスナクラスです。このDialogButtonClickListenerを、OrderConfirmDialogFragmentのメンバクラスとして記述します。リスト5.9のコードを追記してください。

リスト5.9　java/com.websarva.wings.android.listviewsample2/OrderConfirmDialogFragment.java

```
public class OrderConfirmDialogFragment extends DialogFragment {
    ～省略～
    // ダイアログのアクションボタンがタップされたときの処理が記述されたメンバクラス。
    private class DialogButtonClickListener implements DialogInterface.OnClickListener {
        @Override
        public void onClick(DialogInterface dialog, int which) {
```

```
            // トーストメッセージ用文字列変数を用意。
            String msg = "";
            // タップされたアクションボタンで分岐。
            switch(which) { ――――――――――――――――――――――――――――― ❶
                // Positive Buttonならば…
                case DialogInterface.BUTTON_POSITIVE: ――――――――――――― ❷-1
                    // 注文用のメッセージを格納。
                    msg = getString(R.string.dialog_ok_toast);
                    break;
                // Negative Buttonならば…
                case DialogInterface.BUTTON_NEGATIVE: ――――――――――――― ❷-2
                    // キャンセル用のメッセージを格納。
                    msg = getString(R.string.dialog_ng_toast);
                    break;
                // Neutral Buttonならば…
                case DialogInterface.BUTTON_NEUTRAL: ―――――――――――――― ❷-3
                    // 問い合わせ用のメッセージを格納。
                    msg = getString(R.string.dialog_nu_toast);
                    break;
            }
            // トーストの表示。
            Toast.makeText(getActivity(), msg, Toast.LENGTH_LONG).show();
        }
    }
}
```

④ リストビューにリスナを登録する

ここで作成したダイアログを、リストビューをタップしたときに表示させるようにします。MainActivityに、リスト5.10のコードを追記してください。

リスト5.10　java/com.websarva.wings.android.listviewsample2/MainActivity.java

```
public class MainActivity extends AppCompatActivity {
    @Override
    protected void onCreate(Bundle savedInstanceState) {
        ～省略～
        // リストビューにリスナを設定。
        lvMenu.setOnItemClickListener(new ListItemClickListener());
    }

    // リストがタップされたときの処理が記述されたメンバクラス。
    private class ListItemClickListener implements AdapterView.OnItemClickListener {
        @Override
        public void onItemClick(AdapterView<?> parent, View view, int position, long id) {
            // 注文確認ダイアログフラグメントオブジェクトを生成。
            OrderConfirmDialogFragment dialogFragment = new OrderConfirmDialogFragment(); ―― ❶
            // ダイアログ表示。
            dialogFragment.show(getSupportFragmentManager(), "OrderConfirmDialogFragment"); ― ❷
        }
    }
}
```

⑤ アプリを起動する

入力を終え、特に問題がなければ、この時点で一度アプリを実行してみてください。リストをタップすると、図5.4のようにダイアログが表示されます。さらに、ダイアログの［注文］ボタンをタップすると、「ご注文ありがとうございます。」というトーストが表示されます。同様に［キャンセル］ボタンをタップすると「ご注文をキャンセルしました。」が、［問合せ］ボタンをタップすると「お問い合わせ内容をおしらせください。」がトーストで表示されます。

5.3.2 Androidのダイアログの構成

図5.4で表示されたのがダイアログです。これは、今まで使ってきたトーストとは違います。トーストはあくまで表示しか行いません。したがって、表示した後自動的に消えていきます。メッセージの表示だけならこれで十分ですが、アプリのユーザーに何かの対応をしてもらいたい場合はボタンなどが必要になります。ここがダイアログの最大の特徴です。Androidのダイアログは、図5.5のような構成になっています。

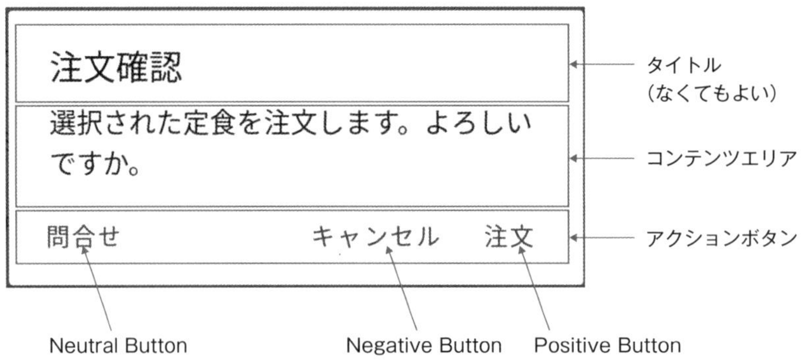

図5.5　Androidのダイアログの構成

ここではダイアログで表示できる部品を最大限表示していますが、最低限必要なものは、

- コンテンツエリア
- アクションボタンを1つ

だけです。

なお、アクションボタンは3つあり、ボタンを1つ配置する場合はPositive Buttonのみですが、この他にNegative Button、Neutral Buttonがあります。位置関係については図5.5を参照してください。

5.3.3 ダイアログを表示するには DialogFragmentを継承したクラスを作成する

Androidでダイアログを表示するには、以下の手順を踏みます。

1. DialogFragmentを継承したクラスを作成する。
2. onCreateDialog()メソッドにダイアログ生成処理を記述し、生成したダイアログオブジェクトをリターンする。
3. アクティビティでは1のオブジェクトを生成し、show()メソッドを実行する。

順に説明します。

1 DialogFragmentを継承したクラスを作成する

手順1 p.119 が該当します。ダイアログは様々なアクティビティから共通で利用できることが多いので、privateなメンバクラスではなく、このようにトップレベルのpublicクラスで作成するとよいでしょう。

> **Note　AndroidXライブラリのDialogFragment**
>
> 継承元であるDialogFragmentは、標準パッケージのandroid.app.DialogFragmentと、AndroidXライブラリのandroidx.fragment.app.DialogFragmentの2種類があります。この2クラスは、同名ですが継承関係はありません。また、APIレベル28以降、android.app.DialogFragmentは非推奨となっていますので、通常はAndroidXライブラリのほうを継承元とします。クラス作成の際、継承元DialogFragmentのインポートに注意してください。

2 onCreateDialog()メソッドにダイアログ生成処理を記述し、生成したダイアログオブジェクトをリターンする

手順2 p.119-120 が該当します。onCreateDialog()メソッド内に記述した実際のダイアログ生成処理については次項で解説します。

> **Note　@NonNullと@Nullable**
>
> リスト5.8のonCreateDialog()メソッドには、@NonNullアノテーションが付与されています。また、その引数のsavedInstanceStateには、@Nullableアノテーションが付与されています。これらは読んで字のごとく、@NonNullはnullではないことを、@Nullableはnullになる可能性があることを表します。このことから、onCreateDialog()メソッドは、その戻り値がnullでないことが保証されます。もし、nullになる可能性があるコードを記載すると、コンパイラがチェックしてくれます。同様に、引数savedInstanceStateはnullになる可能性があるため、nullでないことを前提とするコードを記述すると、コンパイラがチェックしてくれます。

2.1.2項 p.36 のNoteにも記載した通り、Androidアプリの開発言語としては、Javaの他にKotlinがあります。このKotlinは、その言語体系として、NonNullとNullable、つまり、nullではないこととnullになる可能性があることを明確に区別できるようになっています。@NonNullと@Nullableアノテーションは、この影響を受けて、Javaでもnullについて厳密に扱えるようにしたものといえます。

③ アクティビティでは①のオブジェクトを生成し、show()メソッドを実行する

手順④ p.121 のリスト5.10❶❷が該当します。注意点としては、show()メソッド実行の際に引数が2個必要です。

第1引数 はFragmentManagerオブジェクトで、これは、getSupportFragmentManager()の戻り値をそのまま渡せばよいでしょう。なお、FragmentManagerが何かについては、第9章で扱います。

第2引数 は、このダイアログを識別するためのタグ文字列です。任意の文字列を指定すればよいですが、ここではクラス名をそのまま渡しています。

5.3.4 ダイアログオブジェクトの生成処理はビルダーを利用する

手順② p.120 でonCreateDialog()メソッド内に記述したダイアログオブジェクトの生成処理は、以下の手順で行います。

① ビルダーを生成する。
② 表示を設定する。
③ アクションボタンを設定する。
④ ダイアログオブジェクトを生成する。

順にソースコードと対比しながら解説していきます。

① ビルダーを生成する

リスト5.8❶が該当します。Androidダイアログを表すクラスは、AlertDialogクラスです。最終的にはこのオブジェクトを生成しますが、このクラスをnewするわけではありません。まず、このAlertDialogオブジェクトを生成するビルダークラスのインスタンスであるAlertDialog.Builderオブジェクトを生成します。そのため、AlertDialog.Builderをnewしますが、その際、引数としてコンテキスト、つまりダイアログを表示するアクティビティオブジェクトを渡す必要があります。ただし、OrderConfirmDialogFragmentはアクティビティではなく、アクティビティから呼び出されるオブジェクトです。しかも、実行時までどのアクティビティから呼び出されるかはわかりません。そのため、

DialogFragmentクラスにもともと備わっているgetActivity()メソッドを使ってこのOrderConfirmDialogFragmentの呼び出し元、つまり、実行時のアクティビティオブジェクトを取得し、それをそのまま渡します。

Note AlertDialogのインポート

AlertDialogクラスも、標準パッケージのandroid.app.AlertDialogとAndroidXライブラリのandroidx.appcompat.app.AlertDialogの2クラスがあります。AlertDialogの場合は、DialogFragmentと違い、androidXパッケージが標準パッケージの子クラスとなっています。動作的には現状どちらをインポートしても問題ありませんが、子クラスであるandroidXパッケージのほうをインポートして利用することにします。

(2) 表示を設定する

リスト5.8❷が該当します。❶でnewしたビルダークラスに対して、表示の設定を行います。5.3.2項 p.122 で解説した通り、コンテンツエリアは必須なので、それを設定しているのがリスト5.8❷-2です。setMessage()メソッドを利用し、引数として表示文字列、もしくはそのR値を渡します。

もしタイトルも表示したいのであれば、setTitle()メソッドも利用します。それが、リスト5.8❷-1です。

(3) アクションボタンを設定する

リスト5.8❸が該当します。以下のメソッドを利用して、アクションボタンを設定します。

- Positive Button ➡ setPositiveButton()（リスト5.8❸-1）
- Negative Button ➡ setNegativeButton()（リスト5.8❸-2）
- Neutral Button ➡ setNeutralButton()（リスト5.8❸-3）

引数はすべて共通で、**第1引数** はボタン表示文字列、**第2引数** はボタンがタップされたときのリスナクラスインスタンスです。

なお、ボタンがタップされたときのリスナクラスを記述しているのは手順(3)です。こちらは次項で解説します。

(4) ダイアログオブジェクトを生成する

リスト5.8❹が該当します。これは、create()メソッドを利用します。ここではじめてダイアログオブジェクトが生成されます。この戻り値はAlertDialog型です。

最終的に、生成されたこのオブジェクトをonCreateDialog()メソッドの戻り値としてリターンします。

5.3.5 ダイアログのボタンタップはwhichで分岐する

手順③ p.120-121 で記述したように、ダイアログのボタンタップのリスナクラスは、DialogInterface.OnClickListenerインターフェースを実装し、onClick()メソッドに処理を記述します。

このメソッドの 第2引数 に対して、タップされたボタンを表す定数が渡されます。そのため、リスト5.8❸のようにどのボタンも同じリスナクラスを設定しておき、リスナクラス内でリスト5.9❶のようにwhichの値を使って処理を分岐する方法が一番効率がよいです。

その際、リスト5.9❷のように、whichの値と比較する対象として以下の定数を使います。

- Positive Button ➡ DialogInterface.BUTTON_POSITIVE（リスト5.9❷-1）
- Negative Button ➡ DialogInterface.BUTTON_NEGATIVE（リスト5.9❷-2）
- Neutral Button ➡ DialogInterface.BUTTON_NEUTRAL（リスト5.9❷-3）

ここではそれぞれの分岐内でgetString()メソッドを使ってstrings.xml内に記述された文字列を取得し、最終的にトーストでそれらを表示するように記述しています。

アプリのユーザーに処理続行の確認をとったり、注意を喚起したりと、ダイアログは必須のUIといえます。ダイアログの使い方に慣れていってください。

Column

Welcome画面でのアップデートの表示

1.2.4項でアップデートの確認方法を紹介しました。その際Welcome画面右下のバッジについてふれています。そのバッジは、こちらがアップデートの確認を行わなくても、Android Studioを起動した際に自動的にアップデートの確認を行い、アップデートを確認した際には表示されるようになっています。このバッジが表示された際は、無視せずに、内容を確認し、適宜アップデートを行うようにしてください。

第6章

ConstraintLayout

前章までにいくつかアプリを作成してきました。ここまでで、XMLによる画面作成に慣れていただけたと思います。

本章では、XMLではなく、レイアウトエディタのデザインモードを使い、Android Studio 2.3以降、デフォルトのレイアウトとなっているConstraintLayoutの使い方を解説します。

6.1 ConstraintLayoutとは

ConstraintLayoutの具体的な使い方の解説に入る前に、まずは機能概要について押さえておきましょう。

6.1.1 Android Studioのデフォルトレイアウト

ConstraintLayoutは、Android Studio 2.2で追加されたレイアウトです。Android Studioで新しいプロジェクトを作成する際に、レイアウトファイルにデフォルトで書かれているレイアウトは、Android Studio 2.2まではRelativeLayoutでした。そしてAndroid Studio 2.3からは、デフォルトのレイアウトがこのConstraintLayoutに変更されています。それに伴い、Android Studioのレイアウトエディタの使い勝手が向上し、レイアウトエディタでConstraintLayoutを使った画面作成が非常にやりやすくなりました。

6.1.2 ConstraintLayoutの特徴

LinearLayoutはタグを入れ子にすることで複雑な画面を作成しますが、ConstraintLayoutは、RelativeLayoutと同じく、画面部品を相対的に配置するレイアウトです。タグの記述はレイアウト部品を入れ子にせず、並列に記述することが可能です。一方、部品同士の配置の指定方法がRelativeLayoutより簡単になりました。そのポイントはレイアウト名にある**Constraint**、つまり**制約**にあります。RelativeLayoutでは、ある部品を基点としてそこからの相対配置を行いました。ConstraintLayoutではこの基点も存在せず、すべての部品を相対指定します。

たとえば、図6.1を見てみましょう。

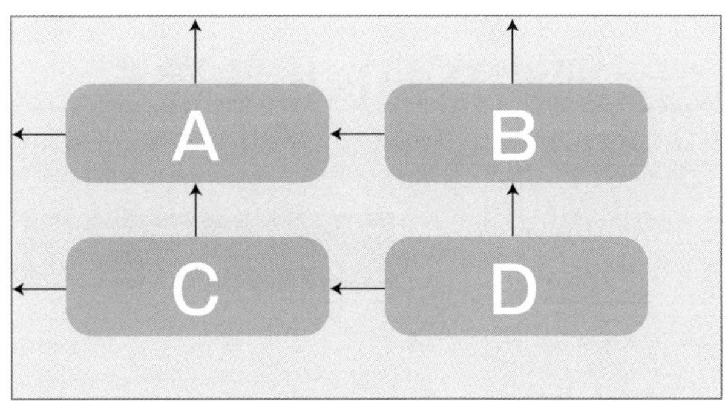

図6.1 ConstraintLayoutの考え方

部品Dに対して水平方向（横方向）の左側に部品Cが、垂直方向（縦方向）の上側に部品Bが存在しています。このように、ある部品の縦方向と横方向にどんな部品が存在するかの指定を制約と呼んでいます。これらの制約は少なくとも縦横それぞれに1つずつ指定すればよく、上下左右すべてを指定する必要はありません。また、指定先として親部品も使えます。

たとえば、部品Aは左方向と上方向に親部品を指定しています。ここで注目すべきは部品Aは左方向と上方向に親部品を指定することで、すでに縦横それぞれに1つずつ制約を指定しているため、これ以上の設定は不要なのです。そのため、「右側に画面部品Bがある」や「下側に画面部品Cがある」といった設定は不要です。設定しても問題はありませんが、部品Bで「左に部品Aがある」と設定している場合には不要です。

この考え方によって、非常に簡単で柔軟なレイアウトを実現できるようになりました。

本章ではサンプルの作成を通じて、この「簡単さ」「柔軟さ」を体感していただきます。

6.2 制約の設定には制約ハンドルを使う

では、本章で使用するサンプルアプリ「ConstraintLayoutサンプル」を作成していきましょう。このアプリは図6.2のような画面です。

図6.2　本章で作成するアプリ

6.2.1 手順 TextViewが1つだけの画面を作成する

では、アプリ作成手順に従って作成していきましょう。

① ConstraintLayoutサンプルのプロジェクトを作成する

以下がプロジェクト情報です。この情報をもとにプロジェクトを作成してください。

Name	ConstraintLayoutSample
Package name	com.websarva.wings.android.constraintlayoutsample

② strings.xmlに文字列情報を追加する

次に、res/values/strings.xmlをリスト6.1の内容に書き換えましょう。

リスト6.1 res/values/strings.xml

```
<resources>
    <string name="app_name">ConstraintLayoutサンプル</string>
    <string name="tv_title">必要な情報を入力してください。</string>
    <string name="tv_name">名前</string>
    <string name="tv_mail">メールアドレス</string>
    <string name="tv_comment">質問内容</string>
    <string name="bt_confirm">確認</string>
    <string name="bt_send">送信</string>
    <string name="bt_clear">クリア</string>
</resources>
```

③ レイアウトファイルの既存のTextViewタグを削除する

res/layout/activity_main.xmlファイルを開きます。コードモード（[Code］ボタン）でXMLタグを表示すると、ルートタグが、

```
androidx.constraintlayout.widget.ConstraintLayout
```

となっています。その中にTextViewタグが記述されていますが、まずはTextViewタグを削除し、ConstraintLayoutタグのみにします。この状態からこのファイルを改変していきますが、今回はソースコードの記述ではなく、レイアウトエディタのデザインモードを使い、GUI上で操作していきます。

④ TextViewを追加する

［Design］ボタンをクリックし、デザインモードに変更してください。図6.3のように表示されます。なお、レイアウトエディタの表示デバイスはエミュレータにあわせてPixel 6に変更しています。

図6.2の一番上にある「必要な情報を…」と表示されているTextViewを追加しましょう。左上のPaletteから［TextView］をデザインエディタ上にドラッグ&ドロップし、右側のAttributesで以下を設定してください。

ID	tvTitle
text	@string/tv_title

すると、図6.4の画面が表示されます。

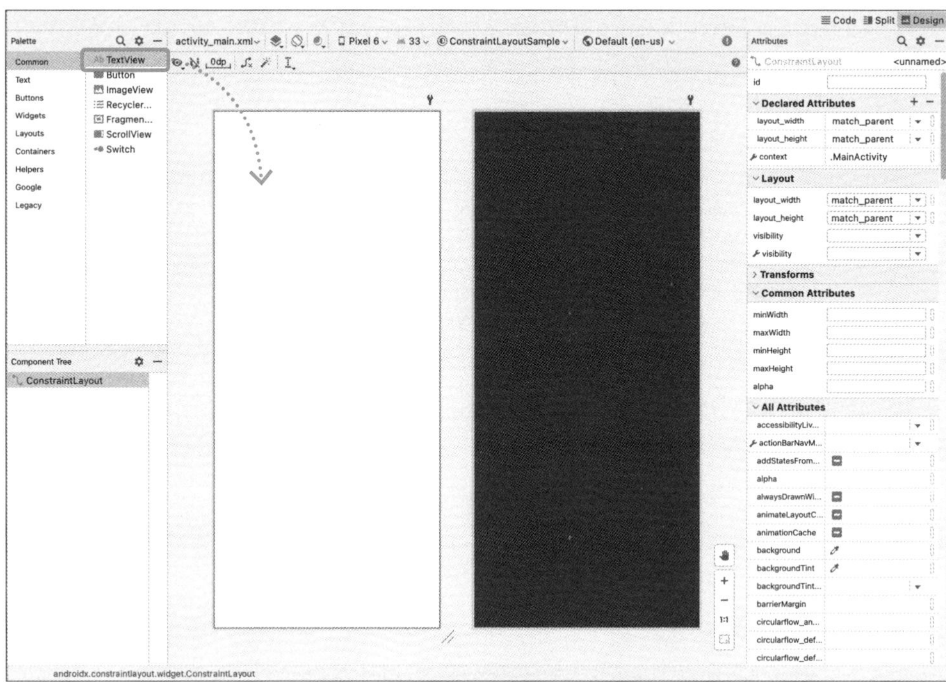

図6.3　デザインモードで表示したレイアウトエディタ

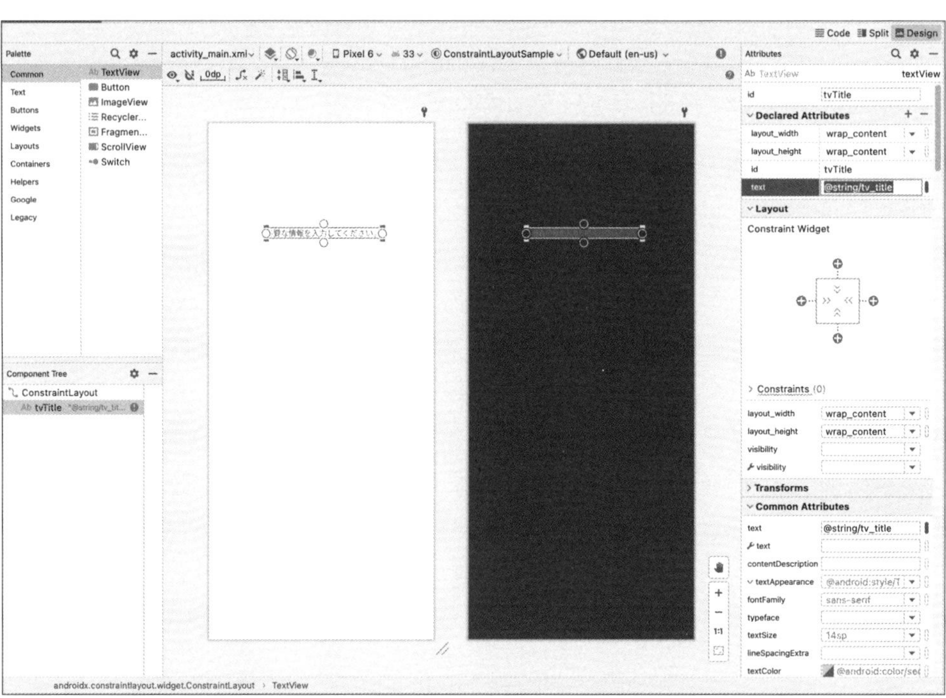

図6.4　新しいTextViewを追加

⑤ 制約を設定する

追加されたtvTitleの上下左右にある丸印（これを**制約ハンドル**と呼びます）のうち、上の制約ハンドル（丸印）を親レイアウトの上境界までドラッグします。同様に、左の制約ハンドル（丸印）も親レイアウトの左境界までドラッグしてください（図6.5）。図6.5ではブループリントビュー上でドラッグしていますが、デザインビュー上でも同様のことが可能です。

すると、図6.6のようにtvTitleが左上に引き寄せられます。

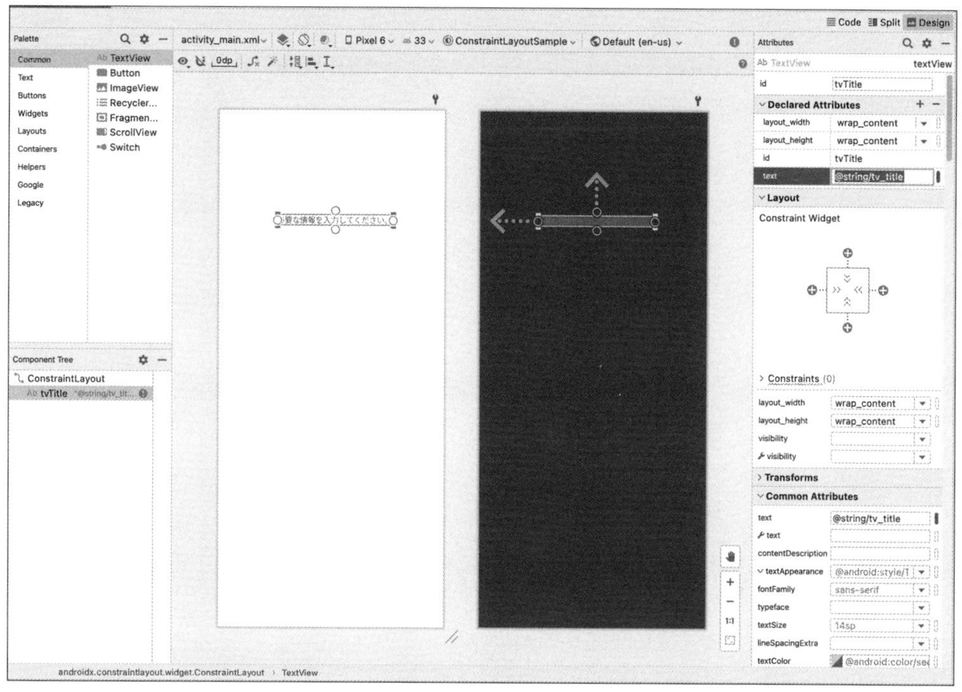

図6.5　制約ハンドルのドラッグ

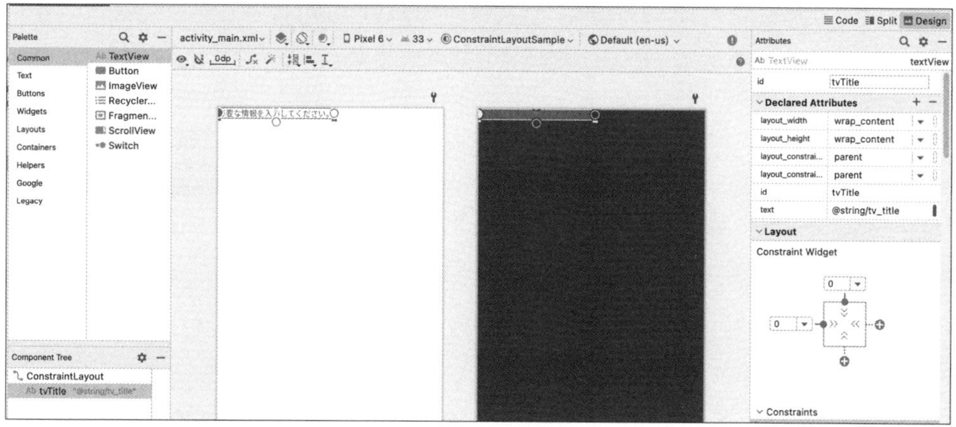

図6.6　左上に引き寄せられたtvTitle

⑥ 余白を設定する

画面左上に引き寄せられたtvTitleには、余白が設定されていません。これを設定しましょう。Attributesの［Constraint Widget］に表示されているドロップダウンから、上部余白と左部余白に対してそれぞれ8dpを選択します（図6.7）。

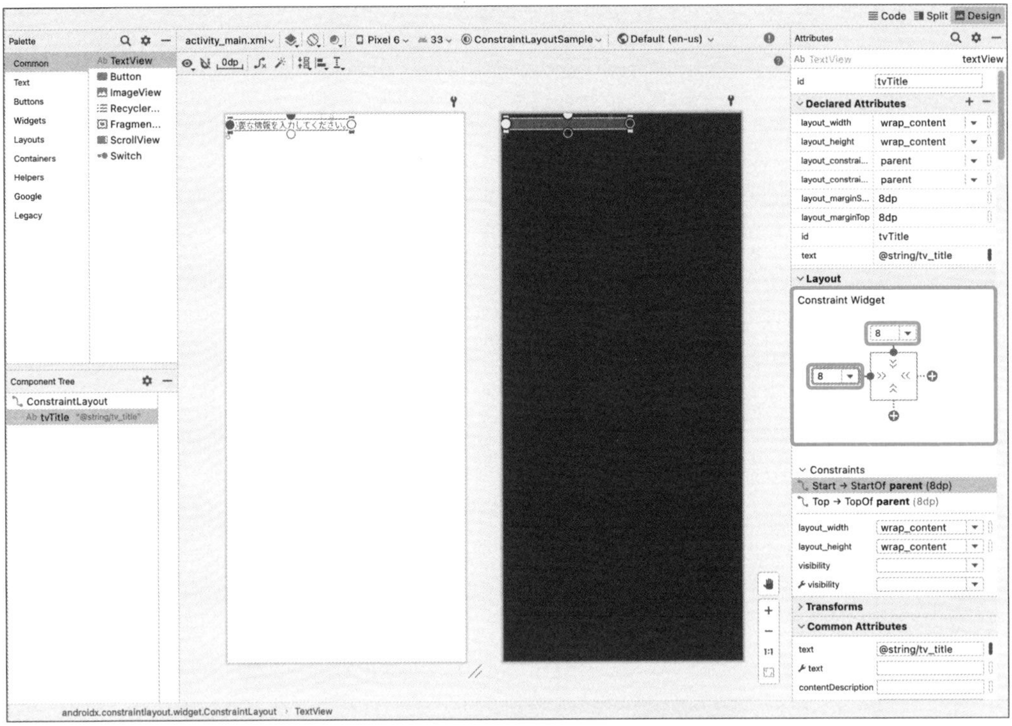

図6.7　余白が設定されたtvTitle

すると、画面上部と左部にぴったりくっついていたtvTitleに余白が生じました。

⑦ アプリを起動する

ここまでで一度アプリを起動してください。図6.8のように表示されます。

図6.8　左上にメッセージ文字列が表示されている

6.2.2 設定された制約の確認

手順(5)で制約ハンドルをドラッグして設定したのがまさに制約です。制約を設定すると、制約の詳細が［Constraint Widget］部分に表示されます（図6.9）。

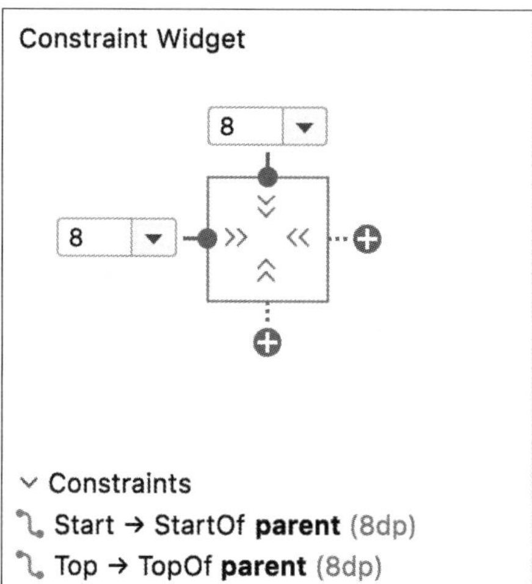

図6.9 Constraint Widget

これを見ると、左と上に制約が設定されているのがわかります。さらに、ドロップダウンから数字を選択することで、それぞれの制約の間に余白（マージン）を設定することができます。ドロップダウンの選択肢として、8、16、24、…とあることから、8の倍数をGoogleが推奨していることが読み取れます[※1]。もちろん、ここに任意の数値を記述することで、その数値が設定されますが、特に理由がない限りは、8dpを設定しましょう。

なお、以降の手順では、このマージンの設定に関してはいちいち記載しませんので、制約ハンドルをドラッグ後に8dpを設定するようにしてください。

ここまではデザインモード（［Design］ボタン選択状態）で行ってきました。ここで、デザインモードで見ている画面がどのようなXMLになっているのかを確認しておきましょう。コードモード（［Code］ボタンを選択した状態）に切り替えると、リスト6.2のTextViewタグが追加されています。

リスト6.2 res/layout/activity_main.xml

```
<TextView
    android:id="@+id/tvTitle"
    android:layout_width="wrap_content"
    android:layout_height="wrap_content"
    android:layout_marginStart="8dp"
    android:layout_marginTop="8dp"
    android:text="@string/tv_title"
    app:layout_constraintStart_toStartOf="parent"
    app:layout_constraintTop_toTopOf="parent"/>
```

太字部分の「app:layout_constraint…」という属性が制約です。この属性値として、親部品の場合はparent、それ以外の場合はその画面部品のidを記述します。このようにXMLタグで記述しても同じことはできますが、デザインモードのほうが圧倒的に楽なことがわかるでしょう。

※1 この8dpの倍数については、Googleが提唱しているマテリアルデザインの以下のURLに記載があります。
https://material.io/design/layout/understanding-layout.html#material-measurements
なお、マテリアルデザインについては、第16章で紹介します。

6.3 ConstraintLayoutにおける3種類のlayout_width／height

次に「名前」のラベルと入力欄を追加しながら、ConstraintLayoutで独特の働きをするlayout_width／heightについて解説していきます。

6.3.1  「名前」のラベルと入力欄を追加する

① TextViewを追加する

Paletteから［TextView］をドラッグ＆ドロップし、Attributesで右の内容を設定してください。

ID	tvName
text	@string/tv_name

設定後、上の制約ハンドルをtvTitleの下の制約ハンドルまで、左の制約ハンドルを親レイアウトの左境界までドラッグします。忘れずにマージンを8dpに設定すると、図6.10のようになります。

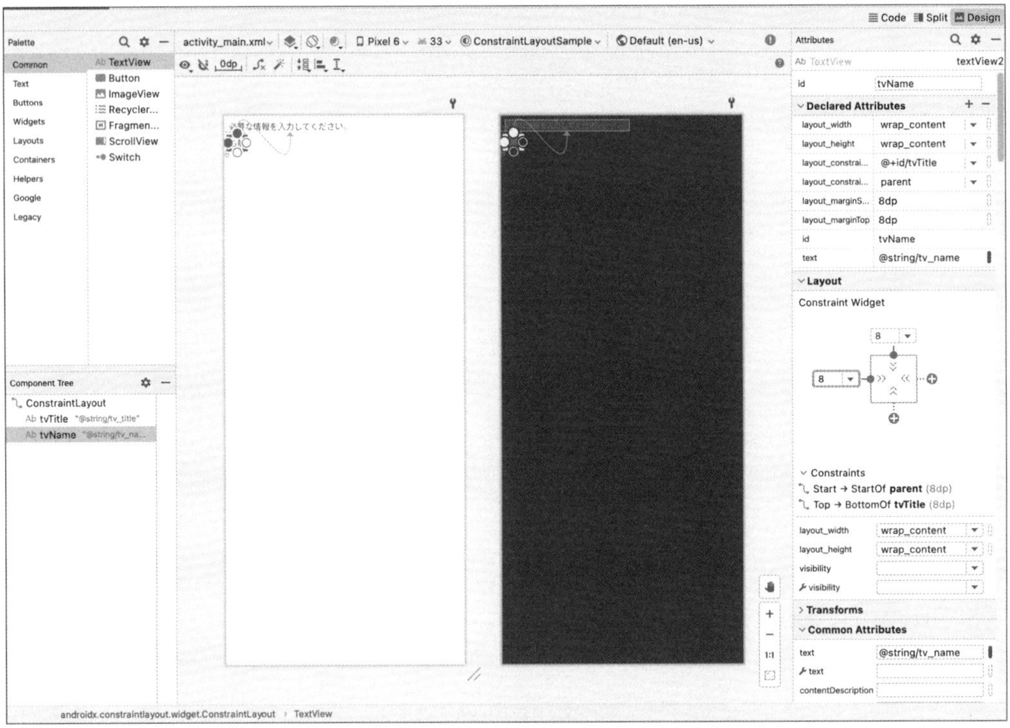

図6.10　tvNameの追加

② EditTextを追加する

Paletteから［Plain Text］をドラッグ＆ドロップして、Attributesで以下を設定し、さらに［Text］に記述されている「Name」を削除してください。なお、［Plain Text］はPaletteのCommonカテゴリには含まれていません。Textカテゴリから選択してください。

ID	etName

設定後、上の制約ハンドルをtvNameの下の制約ハンドルまで、左の制約ハンドルを親レイアウトの左境界までドラッグします。マージンを8dpに設定すると、図6.11のようになります。

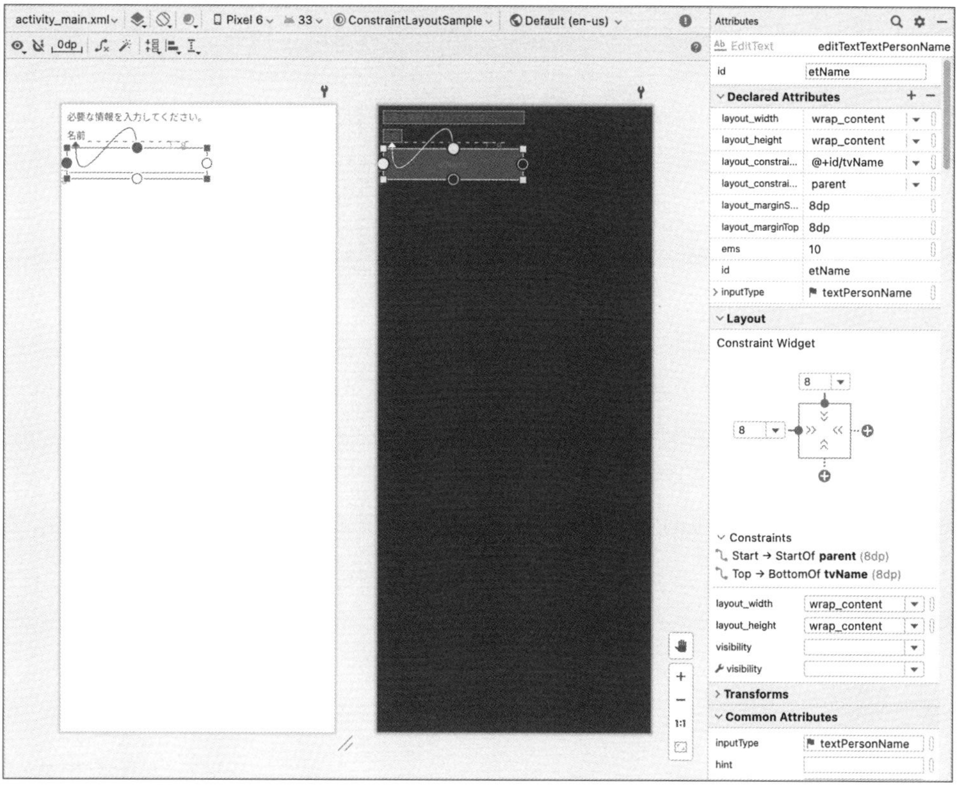

図6.11　etNameの追加

③ etNameをセンタリングする

etNameの右の制約ハンドルを親レイアウトの右境界までドラッグします。すると、図6.12のようにセンタリングされます。このとき、マージンも0dpにリセットされてしまうので、注意してください。左右ともに8dpに設定し直してください。

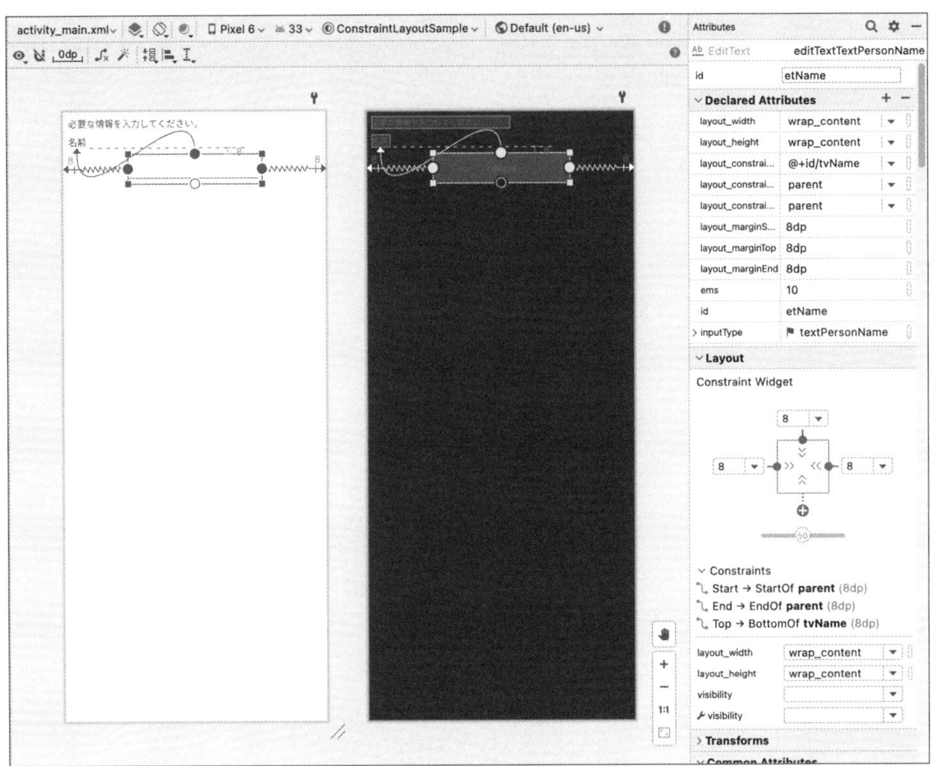

図6.12　センタリングされたetName

④ layout_widthを設定する

現在、etNameのConstraint Widgetは、図6.13のようになっています。

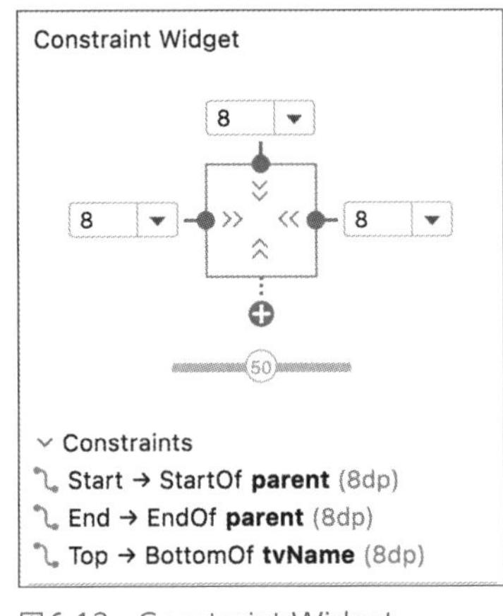

図6.13　Constraint Widget

この[>>]の部分をクリックすると、[>>]、[|—|]、[|www|]の3種類に変化します。ここでは、[|www|]を選択してください。すると、図6.14のように、親部品いっぱいまでetNameが広がっていることが確認できます。

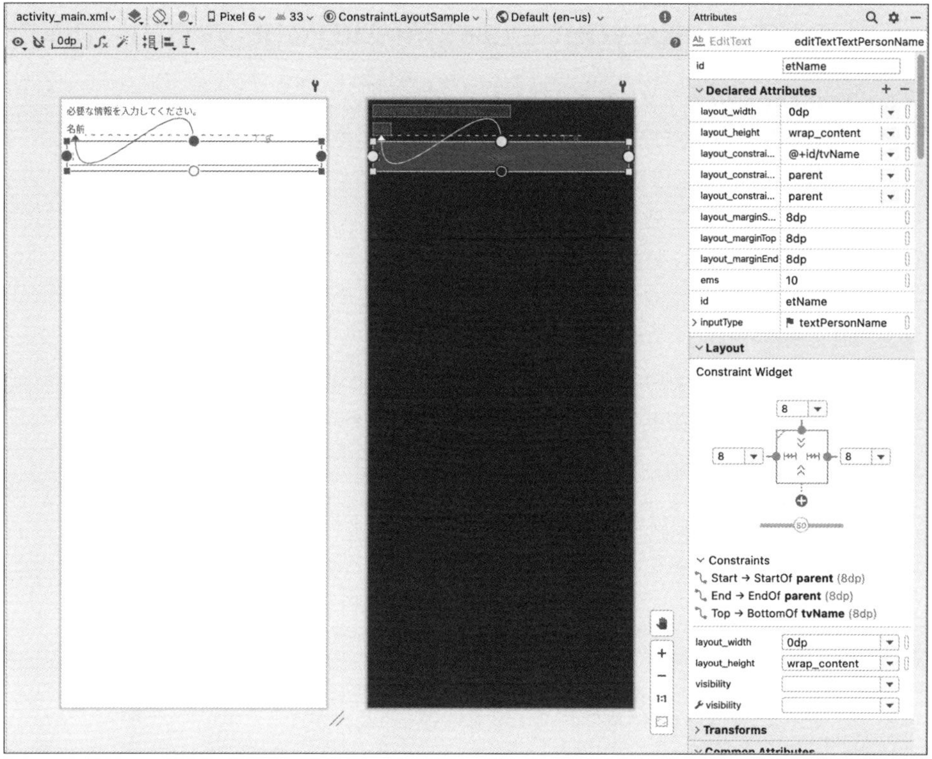

図6.14　幅が画面いっぱいに広がったetName

⑤ アプリを起動する

ここまでで一度アプリを起動してください。図6.15のように表示されます。

図6.15　「名前」のラベルと入力欄が表示されている

6.3.2 ConstraintLayoutでは独特のlayout_width／height

ConstraintLayoutでセンタリングを行うには、手順③のように、左右両方に制約を設定することで可能です。もちろん、縦方向のセンタリングは上下両方に制約を設定します。

ただし、左右に制約を設定しただけではセンタリングはされていても、図6.15のように親部品いっぱいまで幅が広がりません。それを設定しているのが手順④です。その際、3.1.6項の(3) p.65 で解説したように、layout_width属性にmatch_parentを設定すればよさそうですが、残念ながらConstraintLayoutではmatch_parentを使うことができません。

代わりに、制約の中でいっぱいに広げることを意味する、Match Constraintsという設定を使います。ただし、match_constraintsという設定値はなく、layout_widthの値として0dpを設定します。設定値はAttributesのlayout_width項目に直接入力してもよいですが、別の方法も用意されています。それが、Constraint Widget（図6.16）の[>>]、[|-|]、[|ww|]の3種類のアイコンを切り替える方法です。

ConstraintLayoutでは、これらのアイコンで3種類のlayout_width／heightを設定でき、それぞれに以下の名前がついています。

[>>] Wrap Content
設定値は「wrap_content」です。これは、通常のレイアウトのwrap_contentと同じ意味です。

[|-|] Fixed
設定値は具体的な数値です。

[|ww|] Match Constraints
設定値は「0dp」です。これは、制約の中でいっぱいに広げることを意味します。

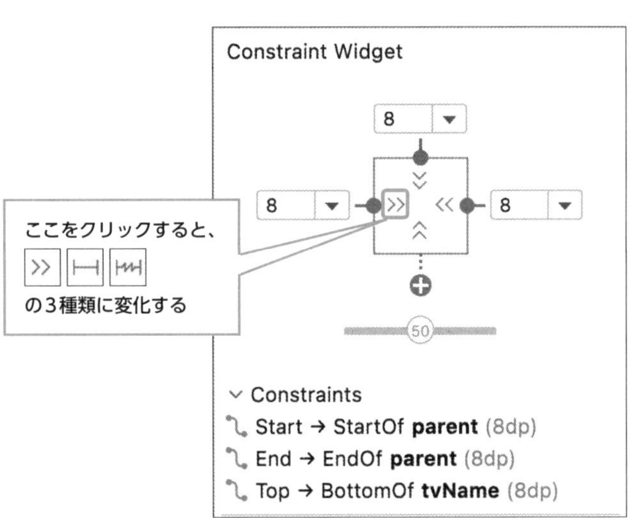

図6.16 Constraint Widget［図6.13再掲］

ここでは、layout_widthで解説しましたが、layout_heightでも同じです。

6.3.3 手順 残りの部品を追加する

では、残りの部品を配置していきましょう。

①「メールアドレス」ラベルを追加する

［TextView］をドラッグ&ドロップし、Attributesで以下を設定してください。

ID	tvMail
text	@string/tv_mail

設定後、上の制約ハンドルをetNameの下の制約ハンドルまで、左の制約ハンドルを親レイアウトの左境界までドラッグします。

②「メールアドレス」入力欄を追加する

［E-mail］をドラッグ&ドロップし、Attributesで以下を設定してください。

ID	etMail

設定後、上の制約ハンドルをtvMailの下の制約ハンドルまで、左右の制約ハンドルを親レイアウトの境界までドラッグします。そして最後に、layout_widthの値として、Match Constraints（0dp）を設定します。

③「質問内容」ラベルを追加する

［TextView］をドラッグ&ドロップし、Attributesで以下を設定してください。

ID	tvComment
text	@string/tv_comment

設定後、上の制約ハンドルをetMailの下の制約ハンドルまで、左の制約ハンドルを親レイアウトの境界までドラッグします。

④「質問内容」入力欄を追加する

質問内容は複数行のため［Multiline Text］を使用します。これをドラッグ&ドロップし、Attributesで以下を設定してください。

ID	etComment

設定後、上の制約ハンドルから、tvCommentの下の制約ハンドルまで、左右の制約ハンドルを親レイアウトの境界までドラッグします。最後に、［layout_width］の値として、Match Constraints（0dp）を設定します。

それぞれの制約のマージンとして8dpの設定を行いながらここまでの手順を行うと、図6.17のようになります。

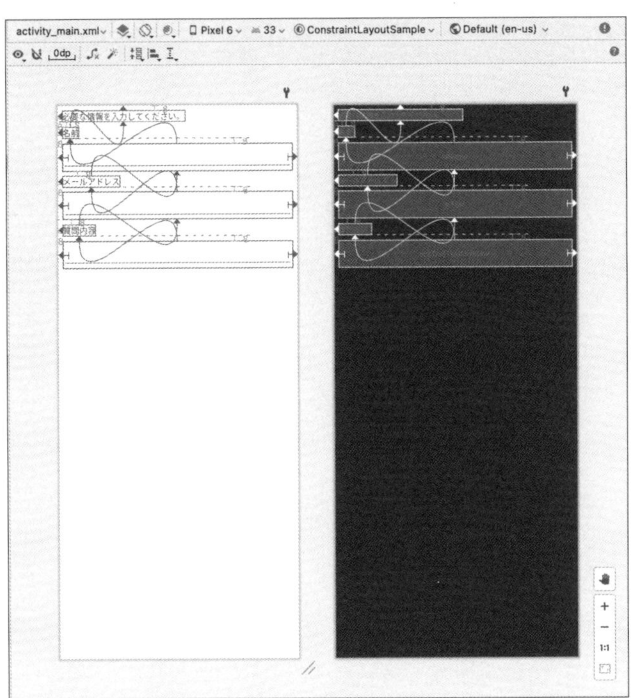

図6.17　全部品が配置された状態

⑤ etCommentのlayout_heightにMatch Constraintsを設定する

このままでは、etCommentが縦方向に広がっていません。縦方向に広げる設定を行いましょう。この設定は、Match Constraintsをlayout_heightに適用するだけです。まず、etCommentの下側の制約ハンドルを親レイアウトの下境界までドラッグします。すると、図6.18のように縦方向にセンタリングされます。

その後、縦方向の >> を |↔| に変更し、[layout_height] にMatch Constraintsを設定します。すると、図6.19のように変化します。

⑥ アプリを起動する

ここまでで一度アプリを起動してください。図6.2 p.130 のように表示されます。

Note　etCommentのテキスト位置

起動したアプリで確認するとわかりますが、etCommentのテキスト位置が左上揃えになっています。これは、Androidが自動で以下の属性を追加してくれているからです。

```
android:gravity="start|top"
```

この属性は、図6.17のAttributeウィンドウの［Declared Attributes］セクションでも確認できます。

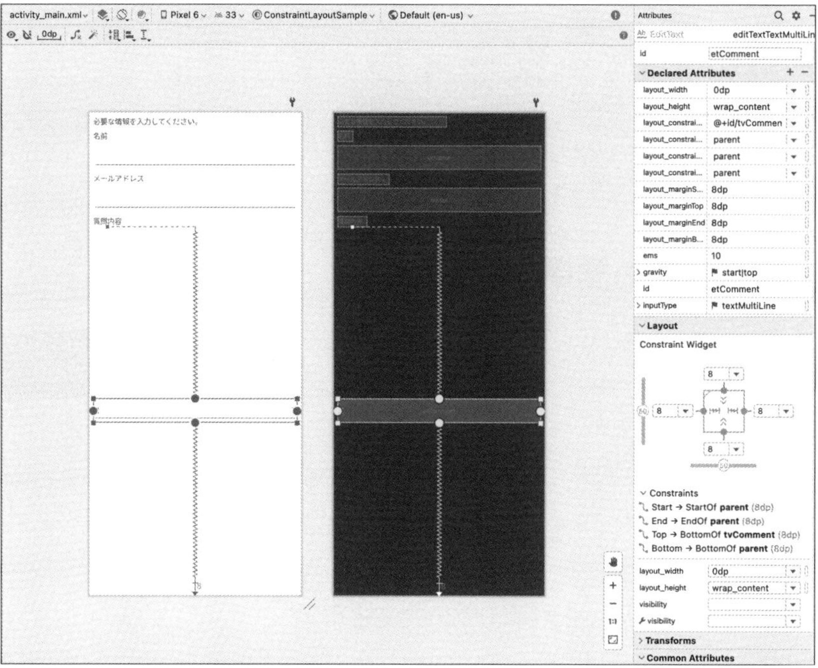

図6.18　etCommentに下側の制約を追加

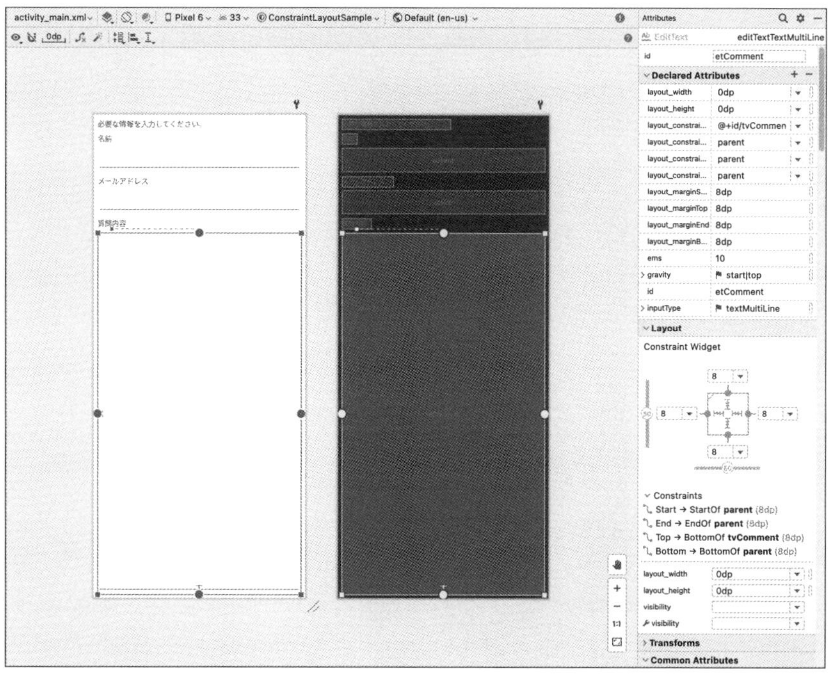

図6.19　目標の画面が完成

6.4 横並びとベースライン

次に、名前とメールアドレスに関して、少し調整してみます。

6.4.1 横並びに変更も簡単

まず、ラベルと入力欄を横並びにした図6.20の画面を作成してみます。

実は、非常に簡単に実現できます。

まずetNameの制約ハンドルは、上をtvTitleの下側に、左をtvNameの右側に変更します。この時点で名前ラベルと名前入力欄が横並びになります。ただし、制約ハンドルの接続先を変更すると、マージンが0dpにリセットされるので注意してください。もう一度、それぞれ8dpに設定し直してください。

同様にetMailの制約ハンドルは、上をetNameの下側に、左をtvMailの右側に変更します。マージンを8dpに設定し直すと、図6.21の画面になります。

図6.20　ラベルと入力欄が横並び

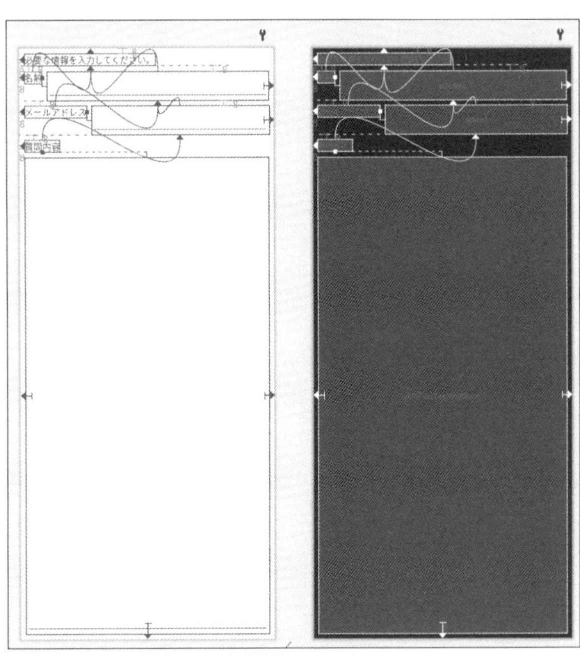

図6.21　ラベルと入力欄が横並びに変更された

これだけです。この状態でアプリを起動してみてください。図6.20の画面が表示されます。

6.4.2 ベースラインを揃える

図6.20ではラベルと入力欄の文字の位置（ベースライン）が揃っていません。次に、これを図6.22のように揃えましょう。

図6.22　ラベルと入力欄のベースラインが揃った状態

といっても、これも非常に簡単です。

まず、tvNameを右クリックし、表示されたメニューから［Show Baseline］を選択してください(図6.23)。

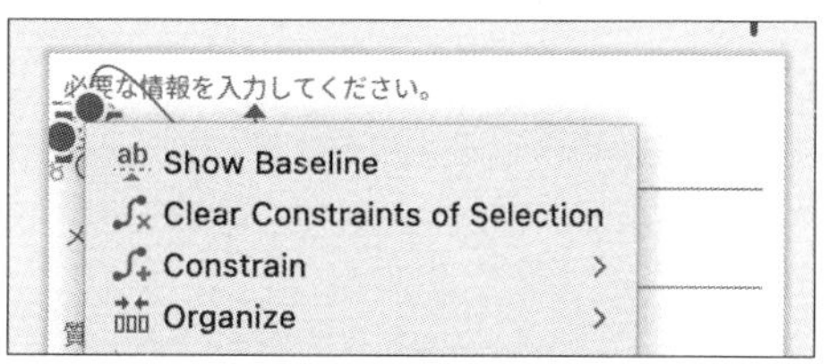

図6.23　ベースラインを表示させるメニュー

すると、図6.24のようにベースラインを表す太めの線が表示されるはずです。

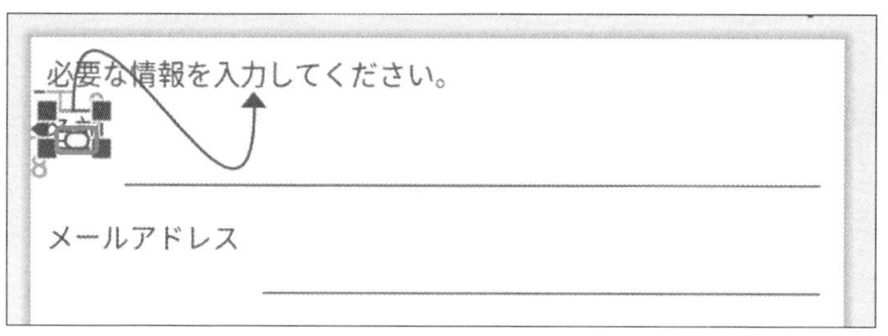

図6.24　ベースラインが表示された状態

この線はマウスを重ねると枠線が二重に変化します。その状態で二重になった部分をetNameまでドラッグしてください。etNameにも同様にベースラインが表示され枠線が二重に変化したところでドロップします。すると、自動的にベースラインが揃います。

続いて、tvMailとetMailも、同様の手順でベースラインを揃えます。

ここまでの設定が終わった状態でアプリを起動すると、図6.22の画面が表示されます。

6.5 ガイドラインを利用する

次に、「名前」入力欄と「メールアドレス」入力欄の左端を図6.25のように揃えてみましょう。部品の位置を揃えるには、ConstraintLayoutのガイドラインを使用します。

図6.25　「名前」入力欄と「メールアドレス」入力欄の左端が揃った状態

6.5.1 手順 「名前」入力欄と「メールアドレス」入力欄の左端を揃える

① ガイドラインを追加する

まず、メニューバー上のをクリックしてください。図6.26のようにメニューが表示されるので、［Vertical Guideline］を選択します。

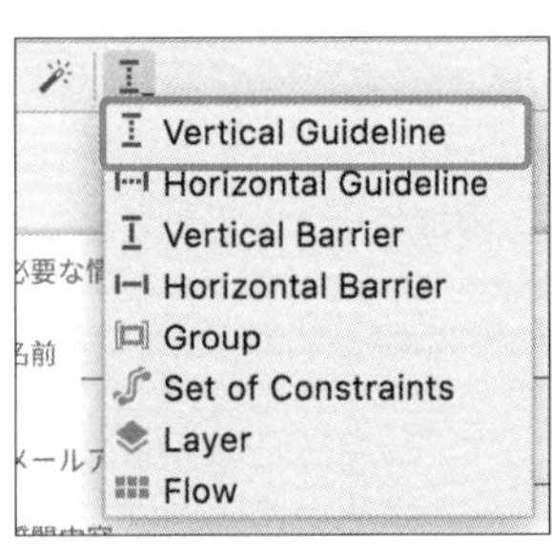

図6.26　ガイドライン追加メニュー

すると、図6.27のように縦の点線が挿入されます。これが**ガイドライン**です。

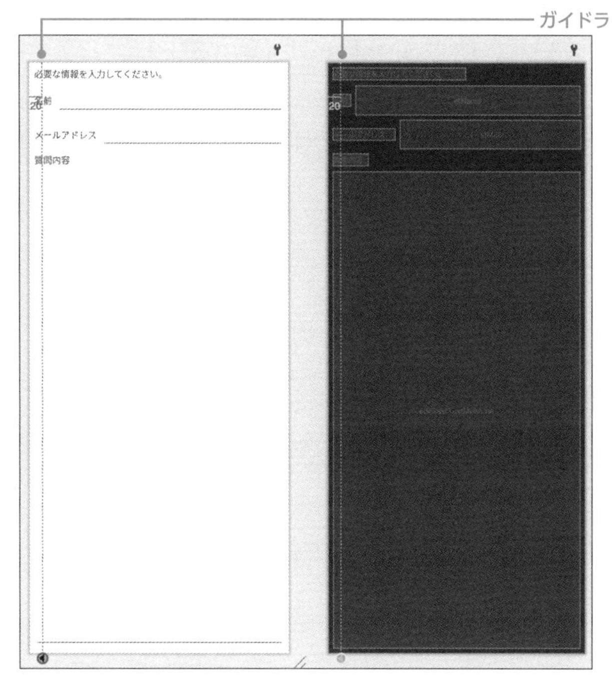

図6.27 挿入されたガイドライン

② ガイドラインの位置を変更する

挿入されたガイドラインの点線をクリックすると、左からの距離（単位はdp）が表示されます。その状態でマウスをドラッグすると、ガイドラインを左右にずらすことが可能です。右にずらし、図6.28のように左から115dpのところに配置してください。

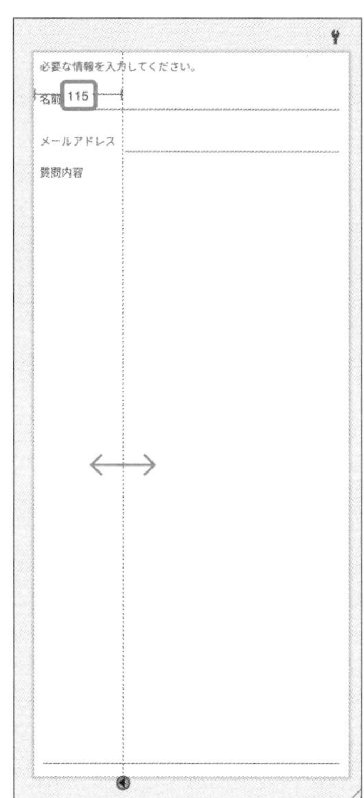

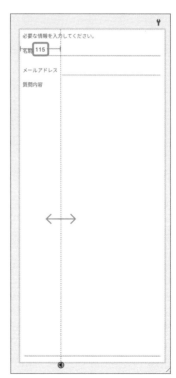

図6.28 ガイドラインの位置を左から115dpに移動

③「名前」入力欄と「メールアドレス」入力欄をガイドラインに合わせる

etName、および、etMailの左の制約ハンドルを追加したガイドラインに変更してください。図6.29のように、etNameとetMailの左端がガイドラインに揃います。

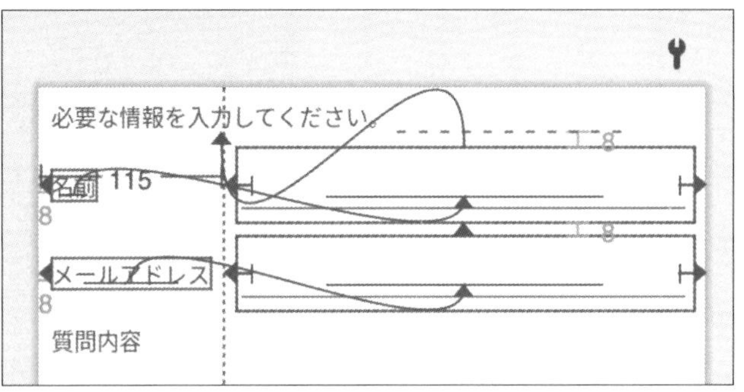

図6.29　ガイドラインに揃ったetNameとetMail

④ アプリを起動する

アプリを起動してください。図6.25 p.146 のように表示されます。

6.5.2　制約の設定先として利用できるガイドライン

上記手順③のように、ガイドラインは制約の設定先として利用できます。ここで、XMLの記述を見てみましょう。コードモード（[Code] ボタンを選択した状態）に切り替えてください。リスト6.3に注目すべき部分を抜粋します。

リスト6.3　res/layout/activity_main.xml

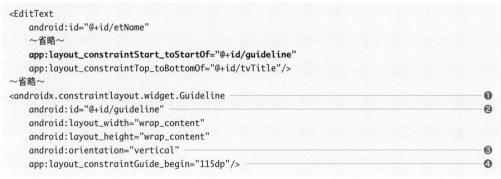

```
<EditText
    android:id="@+id/etName"
    ～省略～
    app:layout_constraintStart_toStartOf="@+id/guideline"
    app:layout_constraintTop_toBottomOf="@+id/tvTitle"/>
～省略～
<androidx.constraintlayout.widget.Guideline ──── ❶
    android:id="@+id/guideline" ──── ❷
    android:layout_width="wrap_content"
    android:layout_height="wrap_content"
    android:orientation="vertical" ──── ❸
    app:layout_constraintGuide_begin="115dp"/> ──── ❹
```

❶が追加されたガイドラインに対応するタグです。ガイドラインの縦横は❸で設定しています。

❷では自動で付与されたIDをそのまま使っていますが、もちろん任意のIDを設定できます。注目すべきはetNameの太字部分です。制約の設定先として、❷のIDが記述されています。

手順②で行ったガイドラインの位置変更は、❹のように記述されています。

なお、前項では、このガイドラインの位置として、画面左側から115dpの位置に配置しました。実は、この配置基準は、画面左側からのdp値、画面右側からのdp値、画面左からの%値の3種類から選択できます。ガイドラインを追加した初期状態では、図6.30のように左からのdp値が表示されています。この場合の配置を決める属性は、リスト6.3❹のようにapp:layout_constraintGuide_beginです。

この状態で、ガイドラインを表す◀アイコンをクリックすると、図6.31のように三角形が右向きに変化し、画面右側からのdp値が設定できるようになります。この場合の属性は、app:layout_constraintGuide_endと変わります。

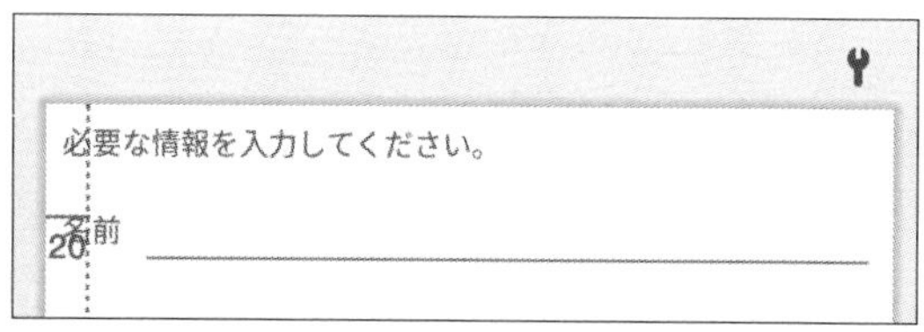

図6.30 ガイドラインの初期配置は左からのdp値

図6.31 画面右側からのdp値が設定できるようになったガイドライン

さらに、もう1回クリックすると、三角形が%表記に変化し、画面左側からの%値を設定できるようになります（図6.32）。この場合の属性は、app:layout_constraintGuide_percentです。

図6.32　画面左側からの%値が設定できるようになったガイドライン

このように、画面部品をある位置で揃えたいときにガイドラインは便利です。

6.6 チェイン機能を使ってみる

最後に、ボタンを3つ追加してみましょう。その際、図6.33のように3つのボタンが均等に配置されるようにします。

これを実現するには、ConstraintLayoutの**チェイン**を使用します。

図6.33　3つのボタンが均等配置された画面

6.6.1 手順 ボタンを3つ均等配置する

① etCommentの下の制約を削除する

ボタンを配置しやすくするために、いったんetCommentの下の制約を削除します。制約を削除する方法はいくつかありますが、一番簡単なのはConstraint Widgetから削除する方法です。図6.34のように、削除したい下の制約にマウスポインタを合わせると、「Delete Bottom Constraint」という吹き出しが表示されます。

その指示通りにクリックして削除してください。すると、図6.35のようにetCommentの高さがなくなります。

これは、［layout_height］に0dp、つまり、Match Constraintsが設定されているからです。この高さは後で元に戻るため、今は気にしないでください。

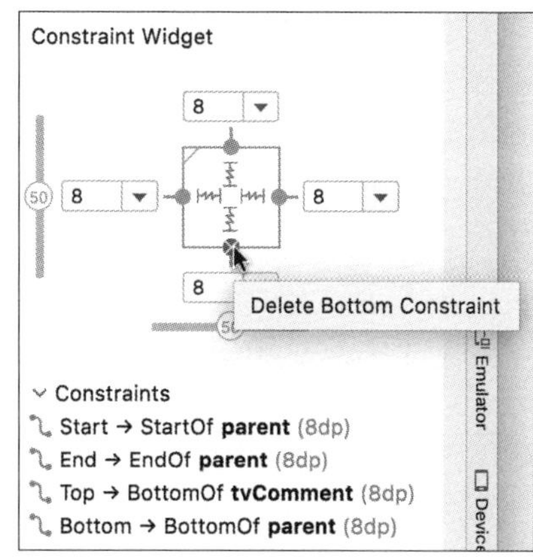

図6.34　Constraint Widgetから制約を削除

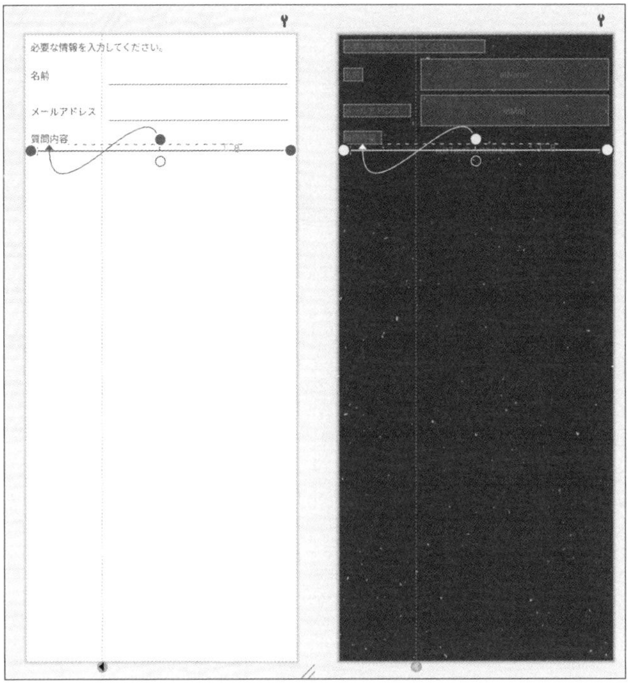

図6.35　etCommentの下の制約が削除された状態

② Buttonを3個配置する

［Button］を3個ドラッグ&ドロップし、左ボタンから順にAttributesで以下を設定してください。

左ボタン	ID	btConfirm
	text	@string/bt_confirm
中ボタン	ID	btSend
	text	@string/bt_send
右ボタン	ID	btClear
	text	@string/bt_clear

すると、図6.36のようになります。

なお、［Button］のドラッグ&ドロップの仕方によってはガタガタな配置になることもありますが、制約を追加することで配置が揃うので、今は気にしなくてかまいません。

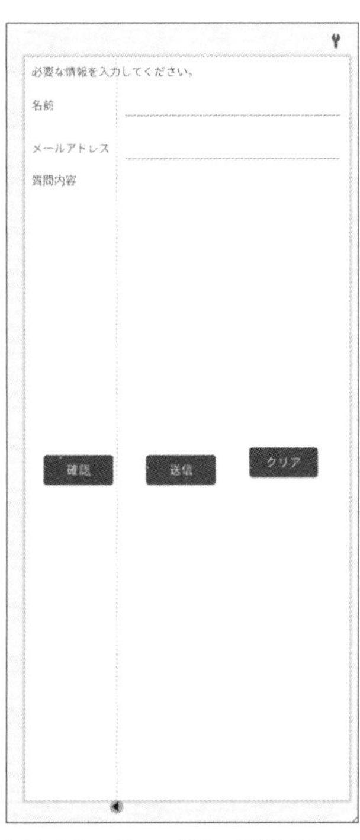

図6.36　ボタンが3つ配置された状態

③ 制約の追加

btConfirmの右の制約ハンドルをbtSendの左の制約ハンドルまで、btSendの右の制約ハンドルをbtClearの左の制約ハンドルまでドラッグし、3つのボタンをお互いにつなぎます。それぞれのマージンを8dpに設定すると、図6.37のようになります。

さらに、btConfirm、btSend、btClearの下の制約ハンドルを親レイアウトの下境界までドラッグします。その後、etCommentの下の制約ハンドルをbtSendの上ハンドルとつなぎます。すると、図6.38のようになります。

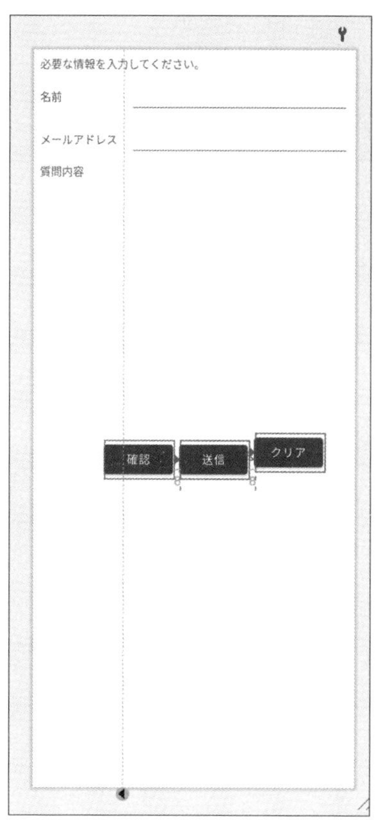

図6.37 3つのボタンがつながった状態

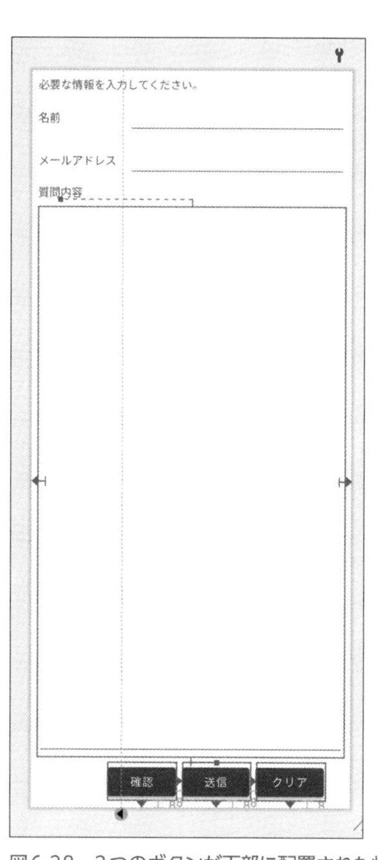

図6.38 3つのボタンが下部に配置された状態

④ チェインの追加

最後に、3つのボタンをグループ化します。3つのボタンをすべて選択して右クリックし、表示されたメニューから

[Chains] → [Create Horizontal Chain]

を選択してください（図6.39）。

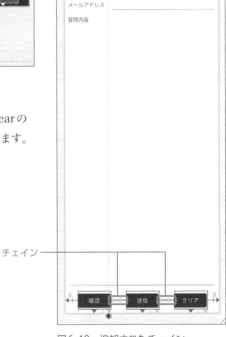

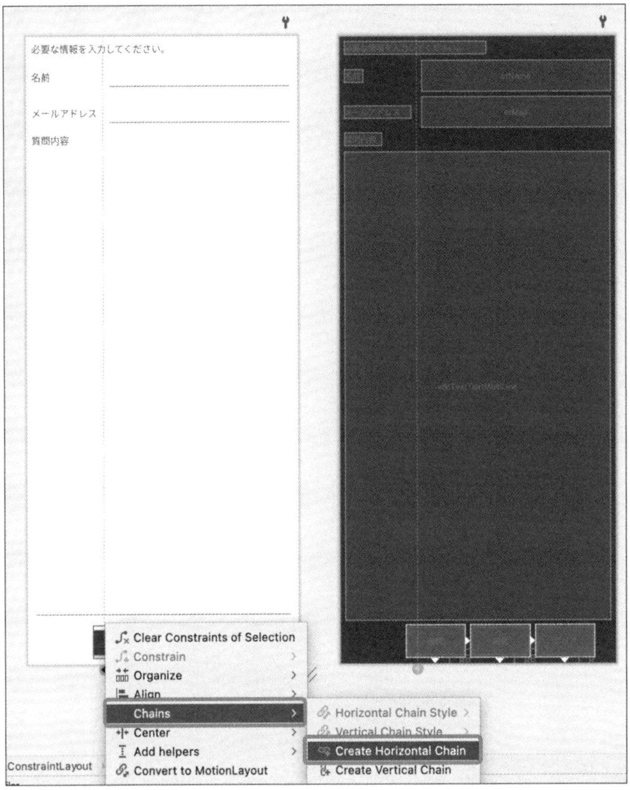

図6.39　表示されたメニュー

すると、図6.40のようにbtConfirm、btSend、btClearの3ボタンがお互いに鎖のようなもので結ばれた状態になります。これが、チェインです。

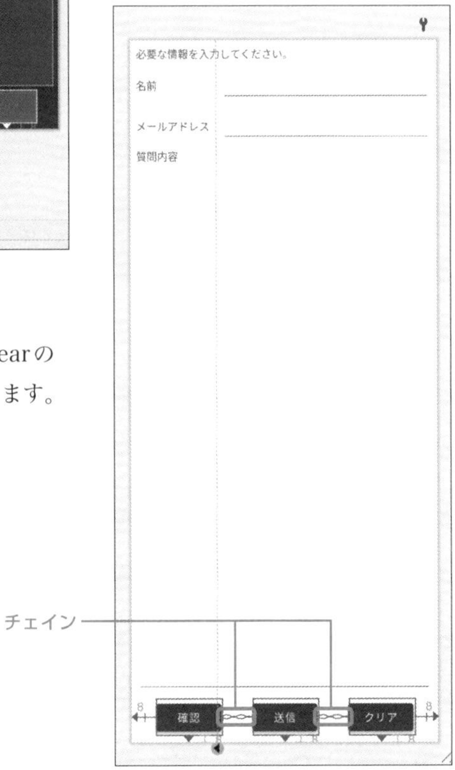

チェイン

図6.40　追加されたチェイン

⑤ アプリを起動する

アプリを起動してください。図6.33 p.151 のように表示されます。

6.6.2 複数の画面部品をグループ化できるチェイン機能

チェイン機能は、複数の画面部品を横方向、あるいは縦方向にグループ化できる機能です。手順④のように、制約でお互いにつながった画面部品を複数選択し、コンテキストメニュー（右クリックメニュー）の［Chains］メニューから［Create Horizontal Chain］（横方向）、あるいは、［Create Vertical Chain］（縦方向）を選択することで、このチェインは追加されます。

チェインが追加されると、各画面部品間の制約の矢印がのような鎖の表示に変わります。さらに、どれか画面部品を右クリックし、表示されたメニューから

［Chains］→［Horizontal Chain Style］

を選択すると、［spread］［spread inside］［packed］の3個のメニューが表示されます（図6.41）。

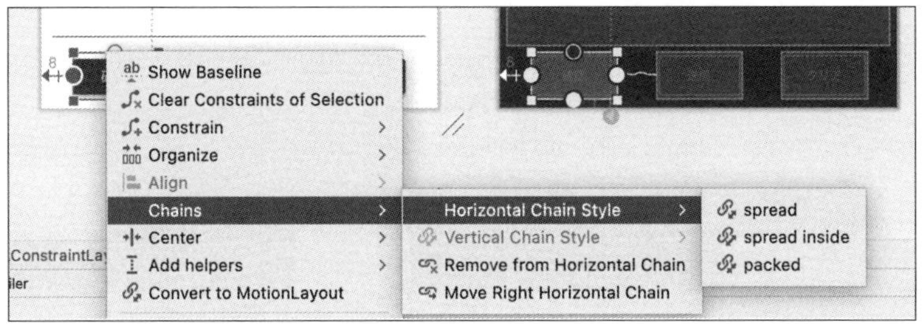

図6.41　チェインの種類を選択するメニュー

これらを選択することで、グループ化された画面部品の配置が以下の3種類に変化します。

spread

図6.42のように均等配置します。

図6.42　spread配置
［図6.33再掲］

spread inside

両端の画面部品は親レイアウト境界に接した状態で均等配置します（図6.43）。

図6.43　spread inside配置

packed／weighted

packedは各画面部品がくっついた状態で配置します（図6.44）。

さらに、spread、または、spread insideの状態で、各画面部品のlayout_width、またはlayout_heightに0dp、つまり、Match Constraints設定を適用したweightedという配置指定もあります（図6.45）。

図6.44　packed配置

図6.45　weighted配置

このようにConstraintLayoutとレイアウトエディタを使うと、柔軟な画面作成を簡単に行うことができます。

第7章

画面遷移とIntentクラス

前章までに作成したアプリはすべて1画面でした。

本章では画面を増やし、2画面のアプリを作成します。アプリの作成を通して、独特の動きをするAndroidの画面遷移を学びます。その際、画面の行き来において重要な働きをするIntentクラスの使い方も解説します。同時に、アクティビティが起動してから終了するまでの状態遷移も解説します。

7.1 2行のリストとSimpleAdapter

本章では、第5章で作成した定食メニューがリスト表示されたアプリに1画面追加したようなアプリを作成します。ただし、最初の定食メニューリスト画面がまったく同じでは面白くありません。そこで、今回は図7.1のように2行表示のリストとし、価格も表示させます。まずは、この画面から作成していきます。

図7.1　2行表示になった定食メニューリスト画面

7.1.1 手順 定食メニューリスト画面を作成する

では、アプリ作成手順に従って作成していきましょう。

① 画面遷移サンプルのプロジェクトを作成する

以下がプロジェクト情報です。この情報をもとにプロジェクトを作成してください。

Name	IntentSample
Package name	com.websarva.wings.android.intentsample

② strings.xmlに文字列情報を追加する

次に、strings.xmlをリスト7.1の内容に書き換えましょう。

リスト7.1　res/values/strings.xml

```
<resources>
    <string name="app_name">画面遷移サンプル</string>
    <string name="tv_thx_title">注文完了</string>
    <string name="tv_thx_desc">以下のメニューのご注文を受け付けました。¥nご注文ありがとうございます。↵
</string>
    <string name="bt_thx_back">リストに戻る</string>
</resources>
```

③ レイアウトファイルを編集する

次に、activity_main.xmlを書き換えていきます。今回も、画面すべてがリスト表示になるようにしているので、タグはListViewタグのみです（リスト7.2）。

リスト7.2　res/layout/activity_main.xml

```
<?xml version="1.0" encoding="utf-8"?>
<ListView
    xmlns:android="http://schemas.android.com/apk/res/android"
    android:id="@+id/lvMenu"
    android:layout_width="match_parent"
    android:layout_height="match_parent"/>
```

④ アクティビティに処理を記述する

MainActivityのonCreate()メソッドに、リスト7.3の内容を追記してください。なお、「〜繰り返し〜」の部分はmenuListにデータを登録している部分です。❶-3の4行の繰り返しになるので、好きな定食名と金額を好きな数だけ登録してください（記述例はダウンロードサンプルを参照してください）。

リスト7.3　java/com.websarva.wings.android.intentsample/MainActivity.java

```
public class MainActivity extends AppCompatActivity {
    @Override
    protected void onCreate(Bundle savedInstanceState) {
        ～省略～
        // 画面部品ListViewを取得。
        ListView lvMenu = findViewById(R.id.lvMenu);
        // SimpleAdapterで使用するListオブジェクトを用意。
        List<Map<String, String>> menuList = new ArrayList<>();  ――❶-1
        //「から揚げ定食」のデータを格納するMapオブジェクトの用意とmenuListへのデータ登録。
        Map<String, String> menu = new HashMap<>();  ┐
        menu.put("name", "から揚げ定食");            │
        menu.put("price", "800円");                  ├❶-2
        menuList.add(menu);                          ┘
        //「ハンバーグ定食」のデータを格納するMapオブジェクトの用意とmenuListへのデータ登録。
        menu = new HashMap<>();                      ┐
        menu.put("name", "ハンバーグ定食");          │
        menu.put("price", "850円");                  ├❶-3
        menuList.add(menu);                          ┘
        ～繰り返し～

        // SimpleAdapter第4引数from用データの用意。
        String[] from = {"name", "price"};  ――❷-1
        // SimpleAdapter第5引数to用データの用意。
        int[] to = {android.R.id.text1, android.R.id.text2};  ――❷-2
        // SimpleAdapterを生成。
        SimpleAdapter adapter = new SimpleAdapter(MainActivity.this, menuList, ↵
android.R.layout.simple_list_item_2, from, to);  ――❷-3
        // アダプタの登録。
        lvMenu.setAdapter(adapter);  ――❸
    }
}
```

⑤ アプリを起動する

入力を終え、特に問題がなければ、この時点で一度アプリを実行してみてください。図7.1の画面が表示されます。

7.1.2 柔軟なリストビューが作れるアダプタクラスSimpleAdapter

5.2節のListViewSample2アプリでは、アダプタクラスとしてArrayAdapterを使いました。本章では、SimpleAdapterを使います。SimpleAdapterを使用する場合でも、手順はArrayAdapterと同じです（5.2.2項 p.117-118 を参照）。

① リストデータを用意する

リスト7.3❶の部分です。SimpleAdapterは、データ構造としてList<Map<String, ?>>を使います。「?」には任意の型を指定できますが、このサンプルではStringを使っています。サンプルのデータ構造を図にすると図7.2のようになります。

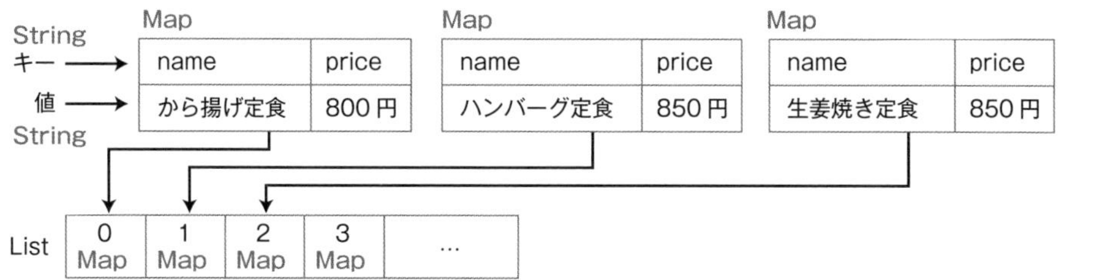

図7.2　menuListのデータ構造

たとえば、定食1つには、[名前: から揚げ定食]、[金額: 800円] のように、名前と金額があります。これで1つのデータのカタマリです。そういったカタマリをMapで用意し、Map1つで1つのデータのカタマリを表します。それをListで管理することで、同じ形式のデータを複数まとめて扱うことができます。いわば、擬似的なデータベース、それがList<Map<String, ?>>の意味するところです。

そこで、まず、このListオブジェクトを用意します（❶-1）。

❶-2ではそのデータ登録を行っていますが、初回なので、Map型変数であるmenuの型宣言を行っています。❶-3が2回目以降の登録で、変数menuを再利用するので、型宣言なしにHashMap<>()をnewしています。手順④にも書きましたが、この❶-3を繰り返すことで、データが次々に登録されていきます。

② リストデータをもとにアダプタオブジェクトを生成する

リスト7.3❷、特に❷-3の部分です。データが用意できた段階で、これを使って、SimpleAdapterを生成します（❷-1と❷-2は次項で扱います）。SimpleAdapterはnewする際、引数が5個必要です。以下に引数をまとめておきましょう。

第1引数 Context context

コンテキストです。5.1.4項 p.113 で解説した通り、「アクティビティクラス名.this」を記述します。

第2引数 List<Map<String, ?>> data

リストデータそのものです。

第3引数 int resource

リストビューの各行のレイアウトを表すR値です。

第4引数 String[] from

各画面部品に割り当てるデータを表すMapのキー名配列です。

第5引数 int[] to

from記載のMapのキー名に対応してデータを割り当てられる画面部品のR値配列です。

第4引数と第5引数は、次項で詳しく扱います。

第3引数は、本アプリでは2行表示のリストとするため、Android SDKでもともと用意されている、

```
android.R.layout.simple_list_item_2
```

を利用しています。

③ ListViewにアダプタオブジェクトをセットする

リスト7.3❸の部分です。生成したアダプタオブジェクトを、ListViewのsetAdapter()メソッドでセットします。

7.1.3 データと画面部品を結びつけるfrom-to

ここで、リスト7.3❷-1と❷-2を見てください。SimpleAdapterをnewするときの第4引数fromと第5引数のtoを生成しています。

SimpleAdapterでは、このfromとtoの組み合わせでMap内のどのデータをListView各行のどの部品に割り当てるかを指定できるようになっています。

このサンプルで使用しているandroid.R.layout.simple_list_item_2レイアウトのListViewには、図7.3のように各行に2個のTextViewが埋め込まれており、それぞれのidがandroid.R.id.text1とandroid.R.id.text2になっています。

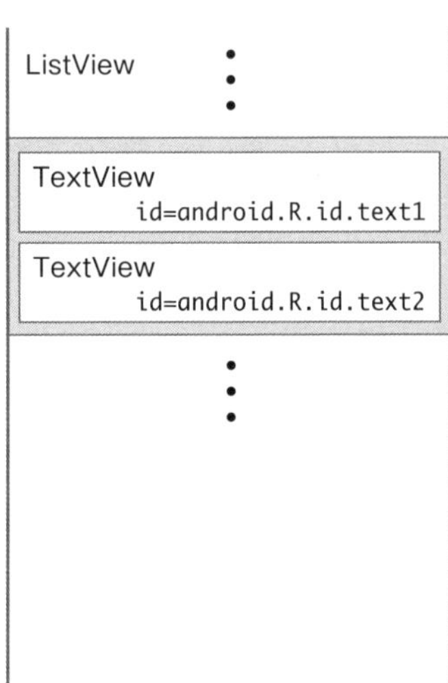

図7.3　android.R.layout.simple_list_item_2のレイアウト

このandroid.R.id.text1にMapのキーがnameのデータを、android.R.id.text2にpriceのデータを表示するように指定するのが、fromとtoの組み合わせなのです。

図7.4のように、String配列fromにMapのキー名を記述します（リスト7.3❷-1）。それと同じ順番で対応するようにint配列toにidのR値を記述します（リスト7.3❷-2）。このようにして用意したfromとtoをそれぞれSimpleAdapterをnewするときの第4引数と第5引数として渡すことで、それぞれのデータを埋め込んでListViewを表示してくれます。

```
from = {"name", "price"}   ← Mapのキーの配列
         対応       対応
to = {android.R.id.text1, android.R.id.text2}   ← ListView各行内の画面部品のidのR値の配列
```

図7.4　fromとtoの対応関係

Note　データを加工しながらListViewを生成するには

リスト7.3ではList<Map<String,?>>内のデータをそのままListView各行内の画面部品に当てはめていました。ただ、データそのままではなく加工した上で表示したい場合も出てきます。たとえば、データとして0か1がMap内に格納されており、0の場合は女性のアイコンを、1の場合は男性のアイコンを表示させるといったことが考えられます。その場合はViewBinderを使います。紙面の都合上、詳しい解説は割愛しますが、以下の手順を踏みます。詳細はダウンロードサンプルViewBinderSampleを参照してください。なお、ViewBinderSampleには第8章で学ぶ内容も含まれるので注意してください。

1. SimpleAdapter.ViewBinderインターフェースを実装したクラスを作成する。
2. setViewValue()をオーバーライドする必要があるので、このメソッドにデータ加工処理を記述する。

```
private class CustomViewBinder implements SimpleAdapter.ViewBinder {
    @Override
    public boolean setViewValue(View view, Object data, String textRepresentation) {
        // ここにデータ加工処理を記述する
    }
}
```

3. SimpleAdapterをnewした後に、setViewBinder()メソッドに1のクラスをnewしたインスタンスを渡す。

```
SimpleAdapter adapter = new SimpleAdapter(…);
adapter.setViewBinder(new CustomViewBinder());
```

7.2 Androidの画面遷移

　第1画面であるリスト画面ができたところで、本章のメインテーマである画面遷移について扱っていきましょう。

　第1画面であるメニューリストをタップすると、画面が遷移し、図7.5の注文完了画面が表示されるようにしていきます。

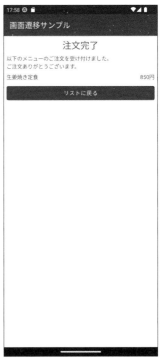

図7.5　第2画面である注文完了画面

7.2.1  画面遷移のコードと新画面のコードを記述する

① 画面を追加する

　画面が増えますので、Android Studioの機能を使って追加しましょう。［File］メニューから、

［New］→［Activity］→［Empty Activity］

を選択し、図7.6のウィザード画面を表示します。

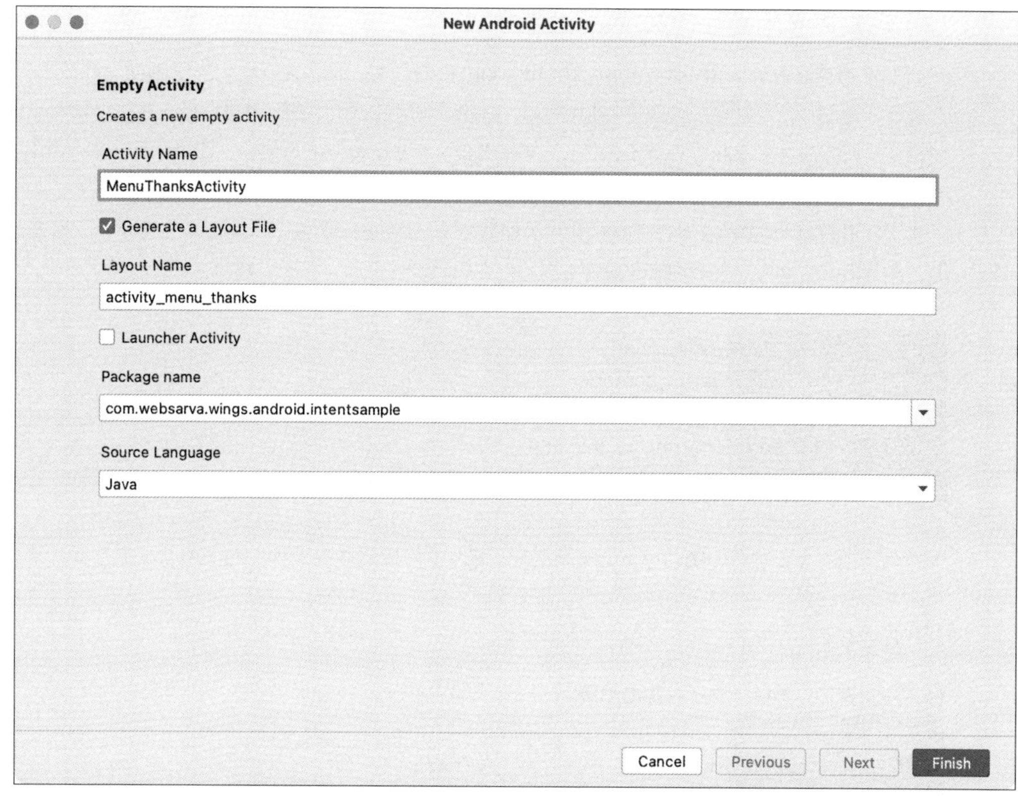

図7.6 アクティビティの追加画面

以下の情報を入力し、[Finish]をクリックしてください。なお、[Empty Activity]を選択する際、Projectツールウィンドウで選択されているものによっては、図7.6のウィザード画面上に[Target Source Set]ドロップダウンが表示される場合があります。その場合は、「main」を選択してください。

Activity Name	MenuThanksActivity
Generate Layout File	チェックを入れる
Layout Name	activity_menu_thanks
Launcher Activity	チェックを外す
Package name	com.websarva.wings.android.intentsample
Source Language	Java

MenuThanksActivity.javaファイルとactivity_menu_thanks.xmlファイルが所定の位置に追加されています。

② 注文完了画面を作成する

新しく追加されたactivity_menu_thanks.xmlに対して、図7.5の注文完了画面を作成していきましょう。ただし、これまでのようにLinearLayoutを利用して、XML記述を行う方法ではなく、第6章で紹介した方法、すなわち、レイアウトエディタのデザインモードを使い、ConstraintLayoutを利用した方法で画面を作成します。

まず、最初の「注文完了」のTextViewの配置です。Paletteから［TextView］をドラッグ&ドロップし、Attributesから以下の内容を設定してください。

id	tvThxTitle
layout_width	wrap_content
layout_height	wrap_content
text	@string/tv_thx_title
textSize	24sp

その上で、上と左右の制約ハンドルを親レイアウトの境界、つまり、parentまでドラッグします。もちろん、忘れずにマージンを8dpに設定します。

これらをまとめると、以下の表記になります。

❶「注文完了」というタイトルの配置

Palette	TextView	
Attributes	id	tvThxTitle
	layout_width	wrap_content
	layout_height	wrap_content
	text	@string/tv_thx_title
	textSize	24sp
制約ハンドル	上	parent(8dp)
	左	parent(8dp)
	右	parent(8dp)

以降は、この表記を掲載していきますので、必要に応じて第6章を参照しつつ画面を作成していってください。続きの画面部品です。

❷「以下のメニューの…」という説明文の配置

Palette	TextView	
Attributes	id	tvThxDesc
	layout_width	0dp
	layout_height	wrap_content
	text	@string/tv_thx_desc
制約ハンドル	上	tvThxTitleの下ハンドル(8dp)
	左	parent(8dp)
	右	parent(8dp)

❸定食名の表示の配置

Palette	TextView	
Attributes	id	tvMenuName
	layout_width	wrap_content
	layout_height	wrap_content
	text	空欄※1
制約ハンドル	上	tvThxDescの下ハンドル(8dp)
	左	parent(8dp)

❹金額の表示の配置

Palette	TextView	
Attributes	id	tvMenuPrice
	layout_width	wrap_content
	layout_height	wrap_content
	text	空欄
制約ハンドル	上	tvThxDescの下ハンドル(8dp)
	右	parent(8dp)

❺［リストに戻る］ボタンの配置

Palette	Button	
Attributes	id	btThxBack
	layout_width	0dp
	layout_height	wrap_content
	text	@string/bt_thx_back
制約ハンドル	上	tvMenuNameの下ハンドル(8dp)
	左	parent(8dp)
	右	parent(8dp)

※1 TextViewをドラッグ&ドロップした際に、デフォルトで記載されていた「TextView」という文字列は削除してください。以降も、「空欄」という表記は、この作業を意味します。

全ての画面部品の配置後のレイアウトエディタ画面は、図7.7のようになっています。

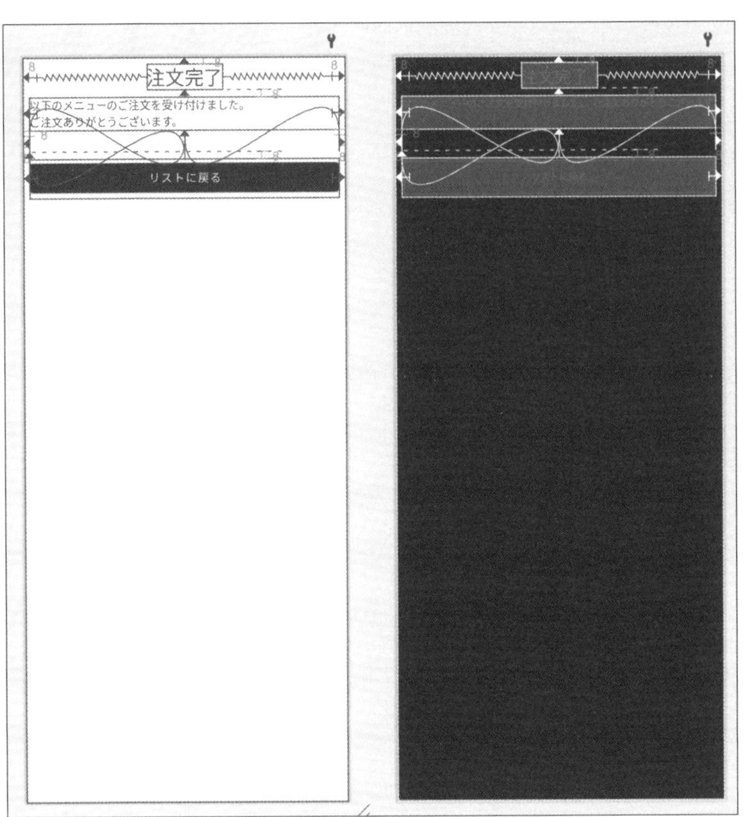

図7.7　完成した注文完了画面のレイアウトエディタ上の表示

③ 画面遷移のコードを記述する

リスト画面をタップしたときに完了画面に遷移するので、MainActivityにコードを追記します。リストタップのリスナクラスの作成と、その登録を記述していきます（リスト7.4）。

リスト7.4　java/com.websarva.wings.android.intentsample/MainActivity.java

```
public class MainActivity extends AppCompatActivity {
    @Override
    protected void onCreate(Bundle savedInstanceState) {
        ～省略～
        // リストタップのリスナクラス登録。
        lvMenu.setOnItemClickListener(new ListItemClickListener());
    }

    // リストがタップされたときの処理が記述されたメンバクラス。
    private class ListItemClickListener implements AdapterView.OnItemClickListener {
        @Override
```

```
        public void onItemClick(AdapterView<?> parent, View view, int position, long id) {
            // タップされた行のデータを取得。SimpleAdapterでは1行分のデータはMap型!
            Map<String, String> item = (Map<String, String>) parent.getItemAtPosition(position);
            // 定食名と金額を取得。
            String menuName = item.get("name");
            String menuPrice = item.get("price");
            // インテントオブジェクトを生成。
            Intent intent = new Intent(MainActivity.this, MenuThanksActivity.class); ―― ❶
            // 第2画面に送るデータを格納。
            intent.putExtra("menuName", menuName); ―――――――― ❷
            intent.putExtra("menuPrice", menuPrice); ―――――――┘
            // 第2画面の起動。
            startActivity(intent); ―――――――――――――――――― ❸
        }
    }
}
```

④ 注文完了画面のアクティビティに処理を記述する

新しく追加されたMenuThanksActivityにリスト7.5の内容を追記してください。onCreate()メソッド内だけではなく、新たにonBackButtonClick()メソッドも追記しています。

リスト7.5 java/com.websarva.wings.android.intentsample/MenuThanksActivity.java

```
public class MenuThanksActivity extends AppCompatActivity {
    @Override
    protected void onCreate(Bundle savedInstanceState) {
        ～省略～
        // インテントオブジェクトを取得。
        Intent intent = getIntent(); ―――――――――――――――― ❶
        // リスト画面から渡されたデータを取得。
        String menuName = intent.getStringExtra("menuName"); ―――― ❷
        String menuPrice = intent.getStringExtra("menuPrice"); ――――┘

        // 定食名と金額を表示させるTextViewを取得。
        TextView tvMenuName = findViewById(R.id.tvMenuName);
        TextView tvMenuPrice = findViewById(R.id.tvMenuPrice);

        // TextViewに定食名と金額を表示。
        tvMenuName.setText(menuName);
        tvMenuPrice.setText(menuPrice);
    }

    // 戻るボタンをタップしたときの処理。
    public void onBackButtonClick(View view) { ―――――――――――― ❸
        finish(); ―――――――――――――――――――――――――― ❹
    }
}
```

⑤ ボタンタップ時の処理を追加する

注文完了画面の［リストに戻る］ボタンをタップした時の処理を登録します。activity_menu_thanks.xmlのレイアウトエディタのデザインモードで、btThxBack（［リストに戻る］ボタン）を選択し、AttributesのonClickにonBackButtonClickを設定してください（図7.8）。

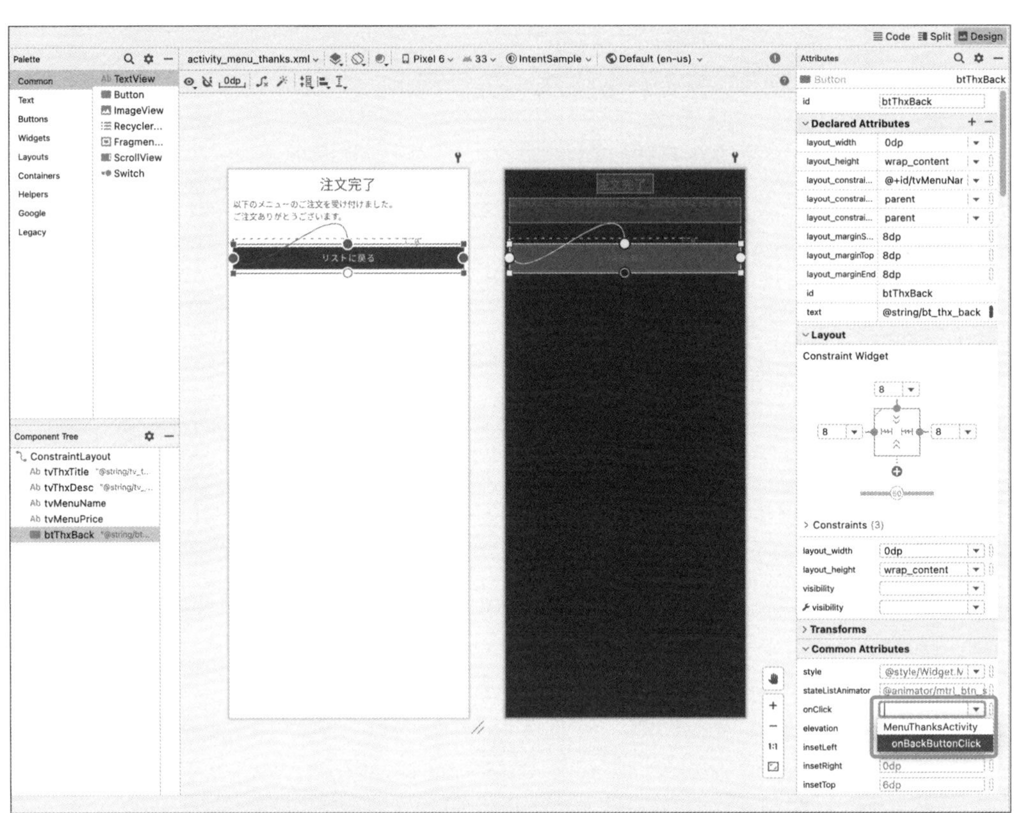

図7.8　btThxBackのonClickにonBackButtonClickを設定

> **Note　警告について**
>
> デザインモードではわかりにくいのですが、btThxBackに対してonClick属性を追加すると、コードモードでは以下の警告が表示される場合があります。
>
> ```
> Use databinding or explicit wiring of click listener in code
> ```
>
> この警告は、アクティビティ内で明示的にリスナとして宣言することを勧めるメッセージです。そうすることで、ボタンそのものとその処理の結びつきがコード上で見えやすいというのが、メッセージの意図です。一方で、コード量が増えます。結びつきについては、プログラマが理解しておけば特に問題ありませんので、このままにしておきます。

⑥ アプリを起動する

入力を終え、特に問題がなければ、この時点で一度アプリを実行し、動作確認してください。リストをタップすると、図7.5の画面が表示され、リストでタップした定食名と金額がちゃんと表示されています。さらに、［リストに戻る］ボタンをタップすると、元のリスト画面に戻ります。

7.2.2 画面を追加する3種の作業

2.5節で解説した通り、Androidではアクティビティクラスとレイアウト XMLファイルのペアで1つの画面が成り立っています。したがって、画面を追加するには、app/javaフォルダの所定のパッケージ内にアクティビティクラスを、res/layoutフォルダにレイアウトXMLファイルを追加しなければなりません。ただし、これだけだと、アプリそのものがこの画面ペアを認識してくれません。そこで、AndroidManifest.xmlに追加されたアクティビティクラスを登録する必要があります。この、

- アクティビティクラスの追加
- レイアウトXMLファイルの追加
- AndroidManifest.xmlへの追記

という3つの作業をまとめて行ってくれる機能がAndroid Studioにあります。それが手順①で使用したウィザードです。ウィザード画面の［Finish］クリック後、以下の3つの作業が完了していることを確認してください。

- java/com.websarva.wings.android.intentsample/MenuThanksActivity.javaが追加されている
- res/layout/activity_menu_thanks.xmlが追加されている
- manifests/AndroidManifest.xmlにリスト7.6のコードが追加されている

リスト7.6 manifests/AndroidManifest.xml

```
<activity
    android:name=".MenuThanksActivity"
    android:exported="false">
    <meta-data
        android:name="android.app.lib_name"
        android:value="" />
</activity>
```

AndroidManifest.xmlに上記のように**activityタグ**を記述することで、このアプリにアクティビティを登録できます。登録するアクティビティは、そのクラス名の完全修飾名（パッケージ名＋クラス名）を**android:name**属性として記述します。ただし、該当クラスがアプリのルートパッケージ直下の場合はパッケージ名部分を「.」で代用できます。上記は、この記述方法を採用しています。

また、android:name属性の他に、android:exported属性も記述する必要があります※2。この属性は、このactivityタグで定義されているアクティビティをアプリ外部から起動してもよいかを設定するものです。trueとすると起動できるようになり、falseとするとアプリ内部でのみ起動できるようになります。ここで追加したMenuThanksActivityは、IntentSampleアプリ内でしか利用しないアクティビティのため、この属性値はfalseとなっています。

なお、meta-dataタグに関しては、Android Studio Dolphinから追加されるようになったタグであり、C++によるネイティブ開発に関連した記述です。このタグに関しては、自動追記されたコードのままとしておきます。

7.2.3 Androidの画面遷移は遷移ではない

さて、いよいよAndroidの画面遷移の解説に入っていきます。まず、入力したソースコードの解説に入る前に、先にAndroidの画面遷移の特徴を解説します。実はAndroidの画面遷移は、「遷移」と呼ぶにはふさわしくない挙動なのです。

たとえば、リストを一番下までスクロールした状態で「焼き魚定食」をタップして、注文完了画面を表示させます。その上で、[リストに戻る] ボタンをタップして表示されたリストは、注文完了画面を表示させる前の状態そのままで表示されます。

これを図にすると図7.9のようになります。

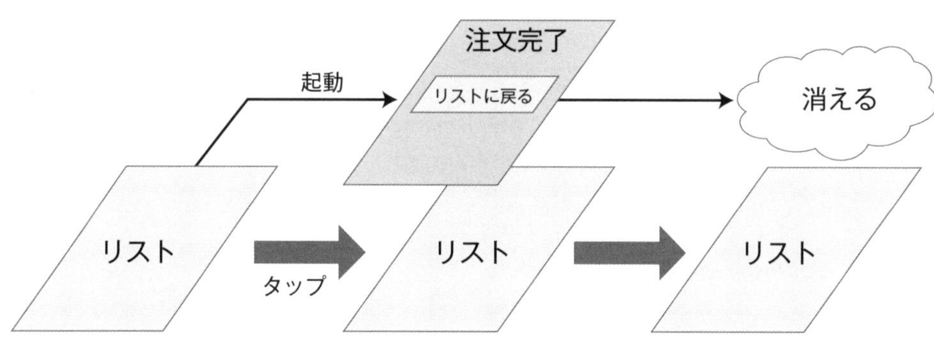

図7.9　Androidの画面遷移の挙動

Androidでは画面は「遷移」するのではなく、元の画面の上に画面が載る形で表示されます。リスト画面をタップし、注文完了画面に「遷移」するのではなく、注文完了画面が新たに起動し、リスト画面の上に表示されます。戻るボタンタップ時には、起動している注文完了画面を終了させ、画面そのものを消滅させます。そうすることで裏に隠れていたリスト画面が表に出てくるという挙動なのです。

※2　この属性は、APIレベル31以降で必須となった属性です。

7.2.4 アクティビティの起動とインテント

このAndroid独特の画面遷移の中心となるクラスがIntentで、このクラスが画面、すなわちアクティビティの起動をつかさどります。具体的には、以下の手順を踏みます。

1. Intentクラスをnewする。
2. 起動先アクティビティに渡すデータを格納する。
3. アクティビティを起動する。

順に解説します。

1 Intentクラスをnewする

リスト7.4❶ p.169 が該当します。newする際、引数が2個必要です。

第1引数 Context packageContext

コンテキストです。ここでは、「MainActivity.this」と記述しています。

第2引数 Class cls

起動するActivityクラスです。クラスそのものなので、拡張子「.class」を使います。ここでは、「MenuThanksActivity.class」と記述しています。

> **Note Intentのコンストラクタ引数**
>
> ここで登場したIntentクラスは、Androidアプリでは、実はアクティビティの起動だけでなく、様々なところで活躍します。今後の章でいくつか紹介していきますが、その使い方で、newしたときの引数、つまり、コンストラクタの引数が変わってきます。

2 起動先アクティビティに渡すデータを格納する

リスト7.4❷が該当します。これは、❶でnewしたIntentオブジェクトのputExtra()メソッドを使います。第1引数にデータの名称、第2引数にデータそのものを渡します。なお、起動先アクティビティにデータを渡す必要がない場合は、この手順そのものは不要です。

3 アクティビティを起動する

リスト7.4❸が該当します。これは、ActivityクラスのstartActivity()メソッドを使い、引数として1でnewしたIntentオブジェクトを渡します。

これで、注文完了画面が起動します。

7.2.5　引き継ぎデータを受け取るのもインテント

　では、起動した注文完了画面では、どのようにして引き継ぎデータを受け取ればいいのでしょうか。ここでもIntentが活躍します。具体的には、リスト7.5❶と❷ p.169 です。

　リスト7.5❶でIntentオブジェクトを取得します。これは、ActivityクラスのgetIntent()メソッドを使います。これで、このアクティビティの起動に関連したIntentオブジェクトが取得できます。

　次に、取得したIntentオブジェクトのget○●Extra()メソッドを使って引き継ぎデータを取得します。引数として、データの名称を渡します。これがリスト7.5❷です。このメソッド名の「○●」はデータ型で変わっています。今回はString型なので、getStringExtra()となっています。

　ただし、String以外のデータを受け取る場合は、第2引数として初期値を指定する必要があります。たとえば、int型のデータを受け取るgetIntExtra()の場合は、

```
getIntExtra("price", 0)
```

のように記述します。これは、もし引き継ぎデータ内に「price」という名称のデータが含まれていない場合、戻り値がnullとなるのを避けるためです。なお、リスト7.5❷以降は、ここで取得した引き継ぎデータを、それを表示させるTextViewにセットしている処理です。

　このデータの引き継ぎ処理のため、注文完了画面ではリストでタップした定食名と金額が表示できるのです。

7.2.6　Intentの引き継ぎデータはBundleに格納されている

　ここで、Intentから引き継ぎデータを取得する際、初期値が必要な理由について、もう少し掘り下げます。

　7.2.4項の手順2でIntentに引き継ぎデータを格納する際、putExtra()メソッドを使うことを紹介しました。実は、このputExtra()メソッドでデータを渡した場合、直接Intentオブジェクトの中に格納されるのではなく、Intentオブジェクト配下にあるBundleオブジェクトに格納されるような仕組みになっています（図7.10）。

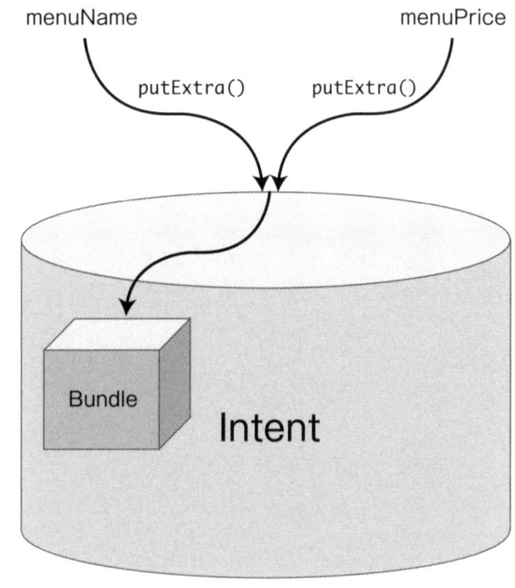

図7.10　putExtra()によるインテントへのデータ格納

この仕組みを利用して、Bundleオブジェクトをこちらで用意して、それを直接Intentオブジェクトに格納する方法も可能です。その場合は、リスト7.7のようなコードになります。

リスト7.7　Bundleオブジェクトを直接Intentに格納するコード

```
Intent intent = new Intent(MainActivity.this, MenuThanksActivity.class);
Bundle bundle = new Bundle(); ──────────────────────────── ❶
bundle.putString("menuName", menuName); ───────────────┐
bundle.putString("menuPrice", menuPrice); ─────────────┘ ❷
intent.putExtras(bundle); ────────────────────────────── ❸
```

このコードの場合の処理の流れは、図7.11のようになります。

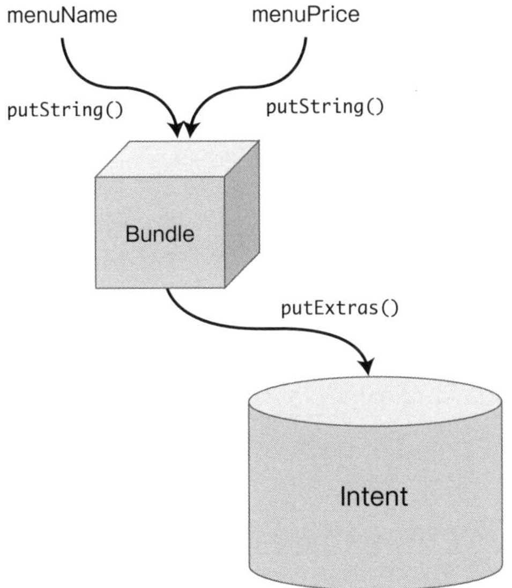

図7.11　Bundleを使ったインテントへのデータ格納

リスト7.7の❶のように、Bundleオブジェクトをnewし、❷でput○●()メソッドを利用して、Bundleオブジェクトにデータを格納します。この○●は格納するデータ型でメソッド名が変わり、❷の場合は文字列の格納ですので、putString()となっています。そのようにして一通りデータを格納したBundleオブジェクトを、Intentに格納しているのが❸のコードです。その際利用するメソッドが、putExtras()です。Extrasと複数形になっているところがポイントです。

このBundleオブジェクトを利用したデータ格納の手法を、そのまま起動先アクティビティでデータ取得に使った場合、いったんBundleオブジェクトをIntentから取得することになります。すなわち、リスト7.8のようなコードとなります。

リスト7.8　Bundleオブジェクトから引き継ぎデータを取得するコード

```
Intent intent = getIntent();
Bundle extras = intent.getExtras(); ――――――――――――――――――――― ❶
String menuName = ""; ―――――――――――――――――――――――――――――――― ┐
String menuPrice = ""; ――――――――――――――――――――――――――――――― ┘❷
if(extras != null) { ――――――――――――――――――――――――――――――――― ❸
    menuName = extras.getString("menuName"); ―――――――――――――― ┐
    menuPrice = extras.getString("menuPrice"); ――――――――――――― ┘❹
}
```

Intentオブジェクトから引き継ぎデータを格納したBundleオブジェクトを、まるまる取得するメソッドが、リスト7.8の❶のgetExtras()です。その後、取得したBundleオブジェクトのget○●()メソッドを利用して、データを取得します。それが、❹です。put○●()メソッド同様、この○●は格納されているデータ型でメソッド名が変わり、❹の場合は、文字列の格納ですので、getString()となっています。

ただし、そもそも❶で取得したBundleオブジェクトがnullの可能性があります。そのため、❷のように、引き継ぎデータを格納する変数を初期値とともに事前に宣言した上で、❸のnullチェックを行い、データを取得する必要があります。

実は、7.2.5項で紹介したget○●Extra()メソッドに初期値が必要な理由は、このリスト7.8の❷と同様のことを内部で行うからなのです。

7.2.7　タップ処理をメソッドで記述できるonClick属性

最後に「リストに戻る」ボタンのタップ処理について解説します。

まず、MenuThanksActivityにはボタンのリスナクラスが存在しません。ボタンなどのタップ時の処理、つまり、onClick処理は、リスナ登録の代わりとなる便利な機能がAndroidには用意されています。それが、android:onClick属性です。手順⑤では、このonClick属性に対して、onBackButtonClickを設定しています。

一方、リスト7.5❸（MenuThanksActivity.java）p.169 には、

```
public void onBackButtonClick(View view)
```

というメソッドがあります。

このように、ボタンタップ時の処理を記述したメソッドをアクティビティクラスに記述し、そのメソッド名をandroid:onClick属性として記述することで、リスナ登録などを自動で行ってくれます。ただし、そのメソッドには以下のルールを適用してください。

- publicメソッドであること
- 戻り値はvoid型
- 引数はView型1つ

メソッド名は自由に付けてかまいませんが、どのボタン処理かわかるようなメソッド名にしておきましょう。

今回は、この方法を使い、「リストに戻る」ボタンの処理を記述しています。

7.2.8 戻るボタンの処理はアクティビティの終了

さて、そのonBackButtonClick()メソッド内の処理は、

```
finish();
```

の1行のみです（リスト7.5❹）。このfinish()はActivityクラスのメソッドで、自身を終了させるメソッドです。7.2.3項で解説した通り、Androidで「戻る」処理は、自身が消滅することで下に隠れていた画面が表に出てくることです。そのため、「リストに戻る」という呼び名のボタンであっても、実際の処理としてはアクティビティの終了を行います。

7.3 アクティビティのライフサイクル

一通り、Androidの画面遷移ロジックについて解説してきました。この段階で、アクティビティのライフサイクルについて解説しておきましょう。

7.3.1 アクティビティのライフサイクルとは何か

図7.12を見てください。

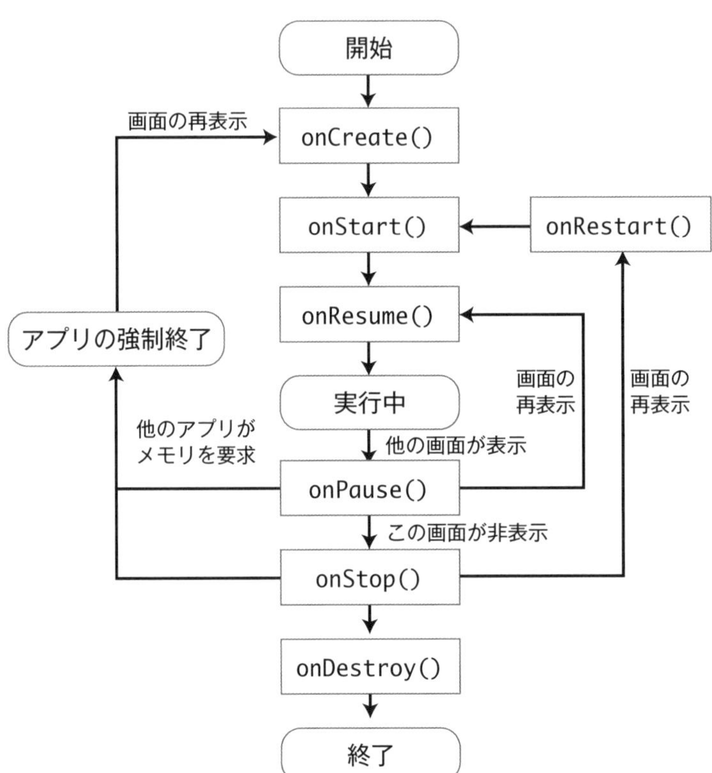

図7.12　アクティビティのライフサイクル

この図はアクティビティのライフサイクルを表したもので、Android開発ガイドのアクティビティライフサイクルの解説ページ[※3]に掲載されています。

※3　https://developer.android.com/guide/components/activities/activity-lifecycle#alc

アクティビティは、起動してから終了するまでの間、その画面の状態に応じて様々なメソッドが呼び出される仕組みとなっています。これをライフサイクルと呼び、各々のメソッドを**ライフサイクルコールバックメソッド**といいます。図7.12はどのタイミングでどのコールバックメソッドが呼び出されるかを表しています。4.1.2項で、「onCreate()はAndroidアプリが起動するとまず実行されるメソッド」と紹介しましたが、図7.12を見てわかるように、実はonCreate()以降も画面が表示されるまでに**onStart()**、**onResume()**が呼び出されているのです。

7.3.2  ライフサイクルをアプリで体感する

これらのメソッドが呼び出されるタイミングを体感できる「LifeCycleSample」というアプリを作ります。このアプリを起動すると、ボタンが1つだけの図7.13の画面が表示されます。

［次の画面を表示］ボタンをタップすると、第2画面として図7.14の画面が表示されます。

この第2画面の［前の画面を表示］をタップすると、元の第1画面に戻ります。つまり、このサンプルは、画面上のボタンをタップすることで、2個のアクティビティを行ったり来たりするようになっています。

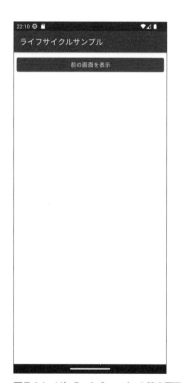

図7.13　LifeCycleSampleの第1画面

図7.14　LifeCycleSampleの第2画面

では、さっそくアプリを作成してみましょう。

① ライフサイクルサンプルのプロジェクトを作成する

以下がプロジェクト情報です。この情報をもとにプロジェクトを作成してください。

Name	LifeCycleSample
Package name	com.websarva.wings.android.lifecyclesample

② strings.xmlに文字列情報を追加する

次に、strings.xmlをリスト7.9の内容に書き換えましょう。

リスト7.9　res/values/strings.xml

```
<resources>
    <string name="app_name">ライフサイクルサンプル</string>
    <string name="bt_next">次の画面を表示</string>
    <string name="bt_previous">前の画面を表示</string>
</resources>
```

③ 画面を追加する

7.2.1項の手順① p.164-165 で紹介したウィザードを使用し、アクティビティを追加しましょう。[File] メニューから、

[New] → [Activity] → [Empty Activity]

を選択し、ウィザードで以下の情報を入力して [Finish] をクリックしてください。

Activity Name	SubActivity
Generate Layout File	チェックを入れる
Layout Name	activity_sub
Launcher Activity	チェックを外す
Package name	com.websarva.wings.android.lifecyclesample
Source Language	Java

④ 第1画面を作成する

activity_main.xmlに対して、レイアウトエディタのデザインモードを使い、[次の画面を表示] ボタンを配置してください。その際、あらかじめ配置されている「Hello World!」と表示するTextViewは削除してから配置してください。以降のサンプルでも、activity_main.xmlに対して、レイアウトエディタのデザインモードを使って画面作成をする場合は、同様の削除を行ってから作業してください。

Palette	Button	
Attributes	id	btNext
	layout_width	0dp
	layout_height	wrap_content
	text	@string/bt_next
	onClick	onButtonClick
制約ハンドル	上	parent(8dp)
	左	parent(8dp)
	右	parent(8dp)

画面部品の配置後のレイアウトエディタ画面は、図7.15のようになっています。

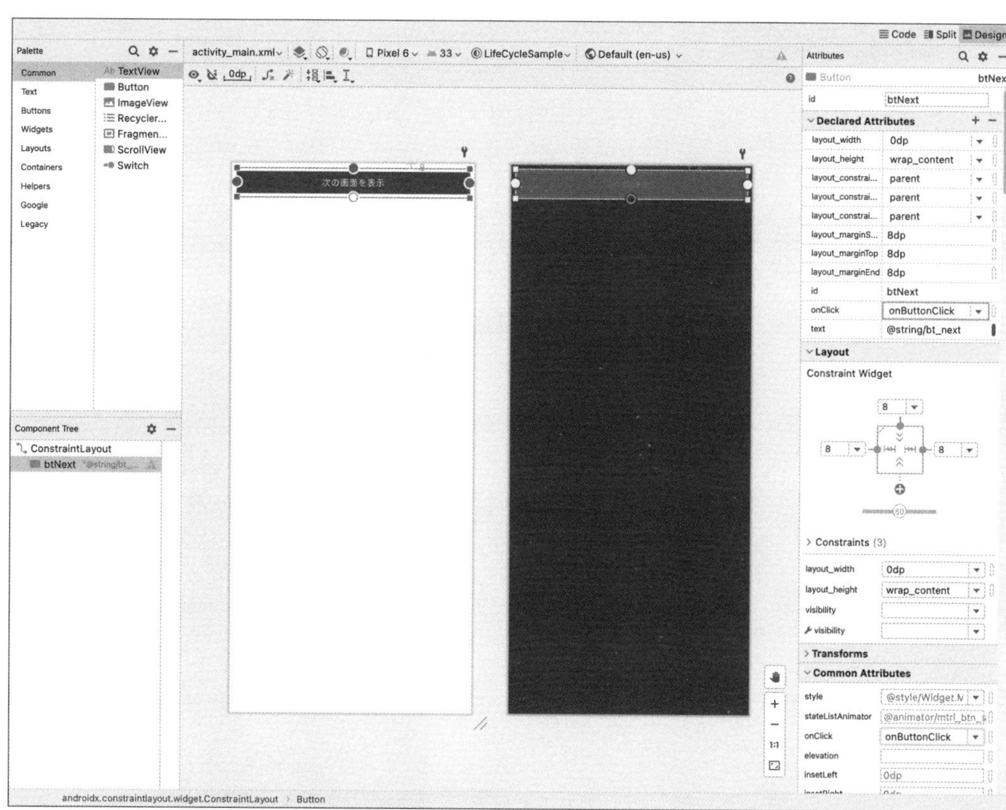

図7.15 完成された第1画面のレイアウトエディタ上の表示

なお、この時点では、onButtonClick()メソッドはまだ記述していません。そのため、onClick属性では、何も選択肢が表示されません。こちらは、リスト7.10を記述した後に設定するか、onButtonClickを直接記述してください。直接記述した場合は、図7.15のようにonClick属性部分がエラー扱いとなる場合がありますが、リスト7.10を記述した時点でエラーはなくなります。こちらのonClick属性の扱いに関しても、以降のサンプルでも同様に扱ってください。

⑤ 第2画面を作成する

activity_sub.xmlに対して、レイアウトエディタのデザインモードを使い、[前の画面を表示]ボタンを配置してください。

Palette	Button	
Attributes	id	btPrevious
	layout_width	0dp
	layout_height	wrap_content
	text	bt_previous
	onClick	onButtonClick
制約ハンドル	上	parent(8dp)
	左	parent(8dp)
	右	parent(8dp)

画面部品の配置後のレイアウトエディタ画面は、図7.16のようになっています。

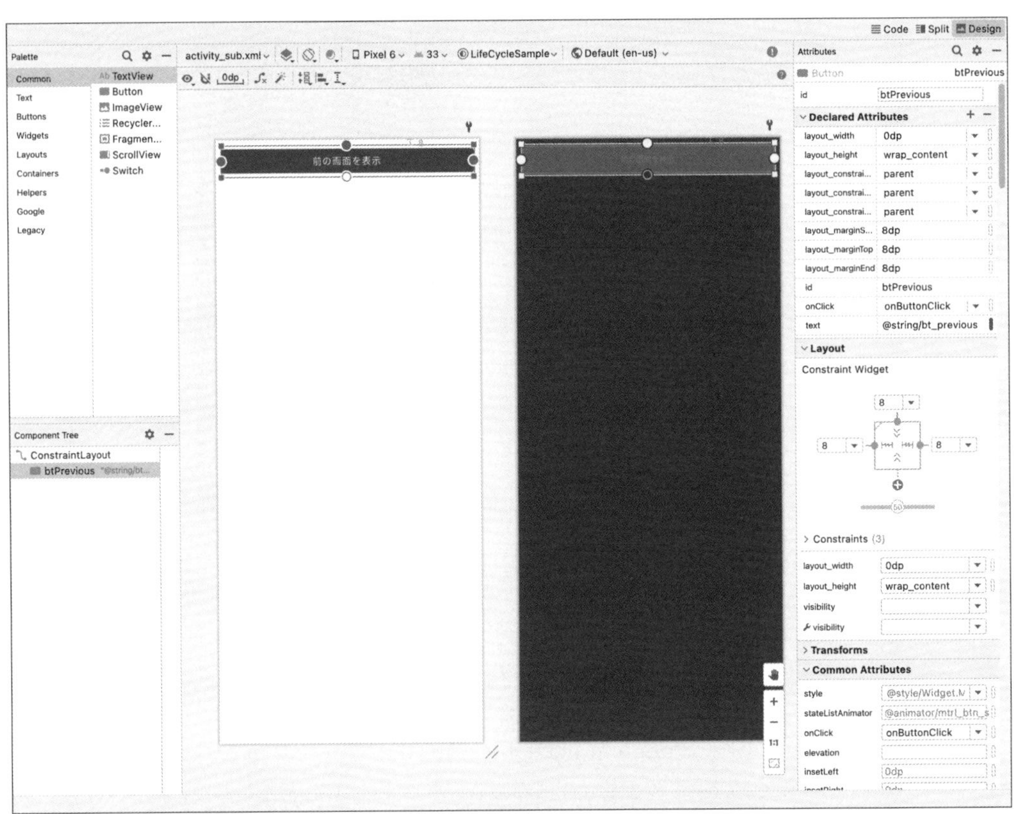

図7.16　完成された第2画面のレイアウトエディタ上の表示

⑥ MainActivityに処理を記述する

MainActivityをリスト7.10の内容に書き換えてください。onCreate()メソッド内は太字の1行が追加されただけです。あとは、メソッドが7つ追加されています。

リスト7.10 java/com.websarva.wings.android.lifecyclesample/MainActivity.java

```
public class MainActivity extends AppCompatActivity {
    @Override
    protected void onCreate(Bundle savedInstanceState) {
        Log.i("LifeCycleSample", "Main onCreate() called.");
        super.onCreate(savedInstanceState);
        setContentView(R.layout.activity_main);
    }

    @Override
    public void onStart() {
        Log.i("LifeCycleSample", "Main onStart() called.");
        super.onStart();
    }

    @Override
    public void onRestart() {
        Log.i("LifeCycleSample", "Main onRestart() called.");
        super.onRestart();
    }

    @Override
    public void onResume() {
        Log.i("LifeCycleSample", "Main onResume() called.");
        super.onResume();
    }

    @Override
    public void onPause() {
        Log.i("LifeCycleSample", "Main onPause() called.");
        super.onPause();
    }

    @Override
    public void onStop() {
        Log.i("LifeCycleSample", "Main onStop() called.");
        super.onStop();
    }

    @Override
    public void onDestroy() {
        Log.i("LifeCycleSample", "Main onDestroy() called.");
        super.onDestroy();
    }

    // [次の画面を表示] ボタンがタップされたときの処理。
    public void onButtonClick(View view) {
```

```
            // インテントオブジェクトを用意。
            Intent intent = new Intent(MainActivity.this, SubActivity.class);
            // アクティビティを起動。
            startActivity(intent);
        }
    }
```

⑦ SubActivityに処理を記述する

SubActivityをリスト7.11の内容に書き換えてください。といっても、MainActivityとほぼ同じ内容です。違いは太字の部分だけです。

リスト7.11　java/com.websarva.wings.android.lifecyclesample/SubActivity.java

```
public class SubActivity extends AppCompatActivity {
    @Override
    protected void onCreate(Bundle savedInstanceState) {
        Log.i("LifeCycleSample", "Sub onCreate() called.");
        super.onCreate(savedInstanceState);
        setContentView(R.layout.activity_sub);
    }

    @Override
    public void onStart() {
        Log.i("LifeCycleSample", "Sub onStart() called.");
        super.onStart();
    }

    @Override
    public void onRestart() {
        Log.i("LifeCycleSample", "Sub onRestart() called.");
        super.onRestart();
    }

    @Override
    public void onResume() {
        Log.i("LifeCycleSample", "Sub onResume() called.");
        super.onResume();
    }

    @Override
    public void onPause() {
        Log.i("LifeCycleSample", "Sub onPause() called.");
        super.onPause();
    }

    @Override
    public void onStop() {
        Log.i("LifeCycleSample", "Sub onStop() called.");
        super.onStop();
    }
```

```
    @Override
    public void onDestroy() {
        Log.i("LifeCycleSample", "Sub onDestroy() called.");
        super.onDestroy();
    }

    // ［前の画面を表示］ボタンがタップされたときの処理。
    public void onButtonClick(View view) {
        // このアクティビティの終了。
        finish();
    }
}
```

8 アプリを起動する

入力を終え、特に問題がなければ、アプリを実行してみてください。図7.13 p.179 の画面が表示され、ボタンをタップすると、Mainアクティビティと図7.14 p.179 のSubアクティビティを行き来する動作が確認できます。

7.3.3 AndroidのログレベルとLogクラス

このアプリは、リスト7.10のMainActivity、リスト7.11のSubActivityともに、図7.12 p.178 のアクティビティのライフサイクルに記載されたコールバックメソッドをすべて実装しています。ライフサイクルのコールバックメソッド以外はボタンタップ時の処理が記述されたメソッドのみです。さらに、それらライフサイクルのコールバックメソッド中に、

```
Log.i("LifeCycleSample", "Main onCreate() called.");
```

というコードを記述しています。これは、Androidの**Log**クラスのメソッド**i()**を使って、ログレベルInfoでログを記述する処理です。

> **Note ログレベル**
>
> Androidアプリ開発に限ったことではありませんが、各種システム開発ではログ出力（ログへの書き出し）は非常に重要です。詳細は割愛しますが、ログ出力ツールは各種システム開発のフレームワークで用意されています。その際、ほとんどのツールで**ログレベル**という考え方を導入しています。これは簡単にいえば「ログの重要度」を表します。

Androidのログレベルには、重要な順にAssert、Error、Warn、Info、Debug、Verboseの6段階があり、それぞれ対応するメソッドがLogクラスに用意されています。表7.1に各レベルの内容とメソッドをまとめます。

表7.1　Androidのログレベル

ログレベル	内容	対応メソッド
Assert	開発者にとって絶対に発生してはいけない問題に関するメッセージ	wtf()
Error	エラーを引き起こした問題に関するメッセージ	e()
Warn	エラーとはいえない潜在的な問題に関するメッセージ	w()
Info	通常の使用で発生するメッセージ	i()
Debug	詳細なメッセージ。製品版アプリでも出力される	d()
Verbose	詳細なメッセージ。製品版アプリでは出力されない	v()

これらのログ書き出しメソッドはすべてstaticメソッドであり、第1引数はログのタグを指定し、第2引数でログメッセージを指定します。こうすることで、このログ書き出しメソッドが呼び出されたときに、第2引数で指定したメッセージが表示される仕組みとなっています※4。

7.3.4 ログの確認はLogcatで行う

Logクラスによって書き出されたログは、Logcatで確認します。Android Studio下部のLogcatツールウィンドウを開いてください。図7.17のように表示されます※5。

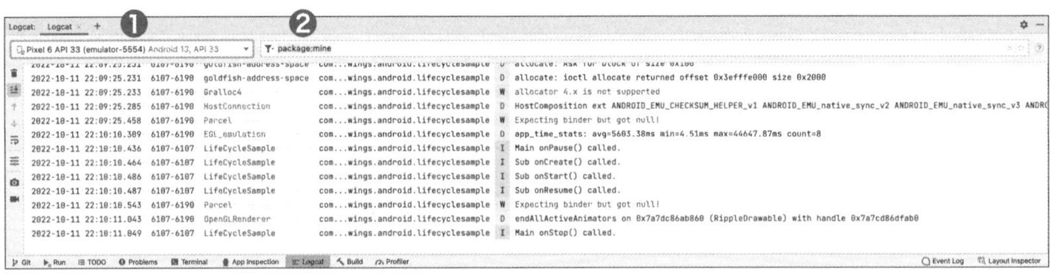

図7.17　Logcatを表示

上部に❶のドロップダウンと❷の検索窓があります。

❶のドロップダウンリストからは、アプリの実行デバイスを選択します。図7.17では「Pixel 6 API 33」のように実行中のエミュレータが選択されています。

❷の検索窓には、「検索キー:値」の書式で検索条件を入力することで、ログ情報を絞り込むことができます。もちろん、この条件は複数入力することができます。例えば、図7.17ではpackage:mineという検索条件がデフォルトで入力されており、これにより、現在Android Studioで開発中のアプリが表示されることになります。2.1.2項 p.34 で紹介したように、Androidでは、アプリのルートパッケー

※4　第3引数として、Throwableを指定できるものも用意されています。

※5　「Try the new Logcat with improved formatting and filtering options.」のように表示されて、図7.17のような表示にならない場合は、[Enable] をクリックしてください。

ジでもってアプリを区別しています。検索条件のキーのpackageは、まさに、アプリの区別を表します。

さらに、例えば、条件として、level:infoというのを追加したら、ログレベルがInfoのものだけが表示されるようになります（図7.18）。

```
Logcat:  Logcat ×  +
Pixel 6 API 33 (emulator-5554) Android 13, API 33    package:mine level:info
2022-10-11 22:39:42.384 6443-6443 ziparchive       com...wings.android.lifecyclesample W Unable to open '/data/app/~~Ksl1U-gnwpeORS2xBuIXvw==/com.websarva.wings.android.lifecyclesa
2022-10-11 22:39:42.384 6443-6443 ziparchive       com...wings.android.lifecyclesample W Unable to open '/data/app/~~Ksl1U-gnwpeORS2xBuIXvw==/com.websarva.wings.android.lifecyclesa
2022-10-11 22:39:43.110 6443-6443 LifeCycleSample  com...wings.android.lifecyclesample I Main onCreate() called.
2022-10-11 22:39:43.236 6443-6443 lifecyclesample  com...wings.android.lifecyclesample W Accessing hidden method Landroid/view/View;->computeFitSystemWindows(Landroid/graphics/Rect
2022-10-11 22:39:43.236 6443-6443 lifecyclesample  com...wings.android.lifecyclesample W Accessing hidden method Landroid/view/ViewGroup;->makeOptionalFitsSystemWindows()V (unsuppo
2022-10-11 22:39:43.438 6443-6443 LifeCycleSample  com...wings.android.lifecyclesample I Main onStart() called.
2022-10-11 22:39:43.448 6443-6443 LifeCycleSample  com...wings.android.lifecyclesample I Main onResume() called.
2022-10-11 22:39:43.619 6443-6472 OpenGLRenderer   com...wings.android.lifecyclesample W Failed to choose config with EGL_SWAP_BEHAVIOR_PRESERVED, retrying without...
2022-10-11 22:39:43.620 6443-6472 OpenGLRenderer   com...wings.android.lifecyclesample W Failed to initialize 101010-2 format, error = EGL_SUCCESS
2022-10-11 22:39:43.653 6443-6472 Gralloc4         com...wings.android.lifecyclesample I mapper 4.x is not supported
2022-10-11 22:39:43.692 6443-6472 Gralloc4         com...wings.android.lifecyclesample W allocator 4.x is not supported
2022-10-11 22:39:43.883 6443-6472 Parcel           com...wings.android.lifecyclesample W Expecting binder but got null!
2022-10-11 22:40:08.488 6443-6455 System           com...wings.android.lifecyclesample W A resource failed to call close.
Git  Run  TODO  Problems  Terminal  App Inspection  Logcat  Build  Profiler    Event Log  Layout Inspector
```

図7.18　検索条件にログレベルを追加したLogcatの画面

なお、アプリ開発途中で、アプリの強制終了など予期せぬ挙動をしたときは、Logcat画面でログを確認します。そして、例外メッセージが表示されていたら、そのメッセージを頼りにデバッグしていきます。

7.3.5 ライフサイクルコールバックをログで確認する

さて、LifeCycleSampleアプリに話を戻します。このアプリのアクティビティでは、ログ書き出し処理をすべてのメソッドに記述しています。つまり、ライフサイクルのすべてのメソッドでログが書き出されるため、このログを参照することで、どのメソッドがどのタイミングで実行されているのかを確認できるようになっています。

図7.19は、検索窓に検索条件としてtag:LifeCycleSample、すなわち、ログ書き出しタグ「LifeCycleSample」を入力してログを絞り込んだ状態です。

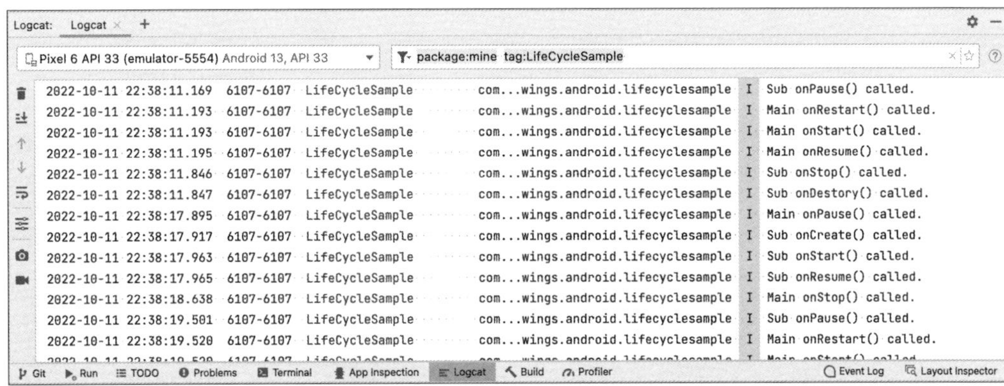

図7.19　LogcatでLifeCycleSampleのログを確認

　図7.12 p.178 を見ながら、ログの書き出しを確認してみてください。どのタイミングでどのメソッドが呼び出されているかがよくわかります。

Main画面→Sub画面

の切り替え時は、

Main onPause()→Sub onCreate()→Sub onStart()→Sub onResume()→Main onStop()

という流れになっています。Main画面のonPause()が呼び出された後に、Sub画面の起動処理が始まり、起動完了後、裏にまわったMain画面のonStop()が実行されているのがわかります。
　また、Sub画面終了時も、

Sub onPause()→Main onRestart()→Main onStart()→Main onResume()→Sub onStop()→Sub onDestroy()

という流れになっています。Sub画面のonPause()が実行された後、裏に隠れていたMain画面の再表示処理が実行され、表示が完了した後に、Sub画面の終了処理が実行されています。
　また、ジェスチャーナビゲーションによるホーム画面の表示、あるいは、ツールバーのホームボタンやバックボタンも確認してみてください。面白いことに気づくはずです。実は、ジェスチャーナビゲーションでも、ホームボタンでも、バックボタンでも、ホーム画面の表示では、onDestroy()は呼び出されていません。つまり、アプリは終了していないのです※6。このことは、Androidの挙動として意識しておく必要があるでしょう。

※6　このような挙動になったのは、Android12（API31）になってからです。API30までは、バックボタンでアクティビティのonDestroy()が呼び出されていました。

第8章

オプションメニューとコンテキストメニュー

前章でAndroidの画面遷移を学びました。画面が増えることで、ようやくアプリらしくなってきました。

本章では、Androidのメニューである、オプションメニューとコンテキストメニューを解説します。オプションメニューはアクションバーに表示されるメニュー、コンテキストメニューはリストなどの画面部品を長押ししたときに表示されるメニューです。

8.1 リストビューのカスタマイズ

本章で作成するアプリは、前章で作成したIntentSampleアプリをベースとします。そのため、新しいプロジェクトでIntentSampleとほぼ同じものを作成した上でメニューを組み込んでいきます。

ただし、まったく同じ作り方では面白くないので、図8.1のように見た目にはほとんど変化がないものの、少し作り方を変えてみます。具体的には、今までリストビューの各行のレイアウトはSDKで用意されているものを利用していましたが、ここでは独自に作成したものを利用します。

図8.1　独自レイアウトファイルを使った定食メニューリスト画面

8.1.1 手順 IntentSampleアプリと同じ部分を作成する

では、アプリ作成手順に従って作成していきましょう。

1 メニューサンプルのプロジェクトを作成する

以下がプロジェクト情報です。この情報をもとにプロジェクトを作成してください。

Name	MenuSample
Package name	com.websarva.wings.android.menusample

2 strings.xmlに文字列情報を追加する

次に、strings.xmlをリスト8.1の内容に書き換えましょう。

リスト8.1 res/values/strings.xml

```
<resources>
    <string name="app_name">メニューサンプル</string>
    <string name="tv_menu_unit">円</string>
    <string name="menu_list_options_teishoku">定食</string>
    <string name="menu_list_options_curry">カレー</string>
    <string name="menu_list_context_desc">説明を表示</string>
    <string name="menu_list_context_order">ご注文</string>
    <string name="menu_list_context_header">操作を選んでください。</string>
    <string name="tv_thx_title">注文完了</string>
    <string name="tv_thx_desc">以下のメニューのご注文を受け付けました。¥nご注文ありがとうございます。↵
</string>
    <string name="bt_thx_back">リストに戻る</string>
</resources>
```

3 IntentSampleからレイアウトファイルをコピーする

次に、レイアウトファイルであるactivity_main.xmlの内容は、IntentSampleとまったく同じです。IntentSampleの同ファイルの内容をそのままコピー&ペーストしてください。

4 注文完了画面をIntentSampleからコピーする

第2画面である、注文完了画面もIntentSampleとまったく同じものです。そのため、IntentSampleからファイルをまるごとコピーしたいところですが、7.2.2項で解説した通り、Androidの画面追加は単にファイルを追加するだけではダメです。そこで、7.2.1項の手順① p.164-165 で紹介したウィザードを使用し、まずはファイルを作りましょう。[File] メニューから、

[New] → [Activity] → [Empty Activity]

を選択し、ウィザードで以下の情報を入力して [Finish] をクリックしてください。作成する [Activity Name] [Layout Name] は、7.2.1項とまったく同じMenuThanksActivity、activity_menu_thanksです。

Activity Name	MenuThanksActivity
Generate Layout File	チェックを入れる
Layout Name	activity_menu_thanks
Launcher Activity	チェックを外す
Package name	com.websarva.wings.android.menusample
Source Language	Java

作成後、activity_menu_thanks.xmlには、IntentSampleの同名ファイルの内容をコピー＆ペーストしてください。MenuThanksActivity.javaはそのままコピー＆ペーストすると、package宣言が変わってしまいコンパイルエラーとなります。そのため、クラス内部のonCreate()メソッド、および、onBackButtonClick()メソッドをコピー＆ペーストしてください。

⑤ リストビュー各行のレイアウトファイルを作成する

res/layoutフォルダを右クリックし、

[New] → [Layout Resource File]

を選択してください。リソースファイルの追加画面が表示されるので、下記の情報を入力し、[OK] をクリックします（図8.2）。

File name	row.xml
Root element	androidx.constraintlayout.widget.ConstraintLayout
Source set	main
Directory name	layout

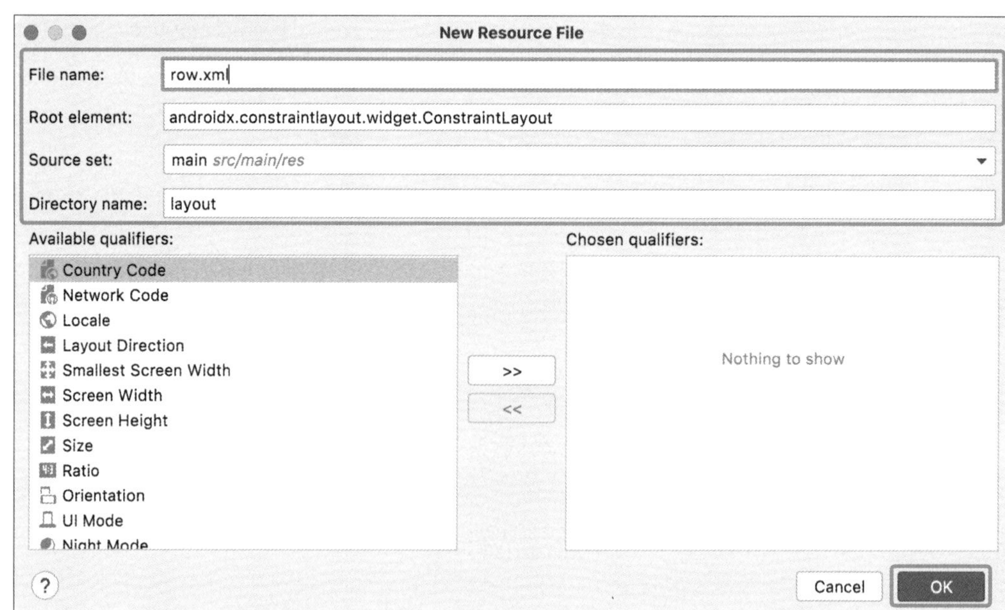

図8.2　レイアウトファイル追加画面

res/layoutフォルダにrow.xmlファイルが追加されているので、レイアウトエディタのデザインモードを使い、図8.3の画面を作成していきます。

図8.3 完成したrow.xml画面のレイアウトエディタ上の表示

❶定食名を表示するTextViewの配置

Palette	TextView	
Attributes	id	tvMenuNameRow
	layout_width	wrap_content
	layout_height	wrap_content
	text	空欄
	textSize	18sp
制約ハンドル	上	parent(8dp)
	左	parent(8dp)

❷金額を表示するTextViewの配置

Palette	TextView	
Attributes	id	tvMenuPriceRow
	layout_width	wrap_content
	layout_height	wrap_content
	text	空欄
制約ハンドル	上	tvMenuNameRowの下ハンドル(8dp)
	左	parent(8dp)
	下	parent(8dp)

❸「円」を表示するTextViewの配置

Palette	TextView	
Attributes	id	tvMenuUnitRow
	layout_width	wrap_content
	layout_height	wrap_content
	text	@string/tv_menu_unit
制約ハンドル	上	tvMenuNameRowの下ハンドル(8dp)
	左	tvMenuPriceRowの右ハンドル(0dp)
	下	parent(8dp)

最後に、ルートタグにあたるConstraintLayoutのandroid:layout_heightの値をwrap_contentに変更しておいてください。

⑥ 定食メニューリストを生成するメソッドを追加する

IntentSampleでは、定食メニューリストをonCreate()メソッド内で作成しました。本章で作成するMenuSampleでは、この後の改造で表示メニューリストの切り替え処理を行いやすくするため、定食メニューリストをprivateメソッド化します。MainActivityにリスト8.2のメソッドを追記しましょう。

リスト8.2　java/com.websarva.wings.android.menusample/MainActivity.java

```
public class MainActivity extends AppCompatActivity {
    ～省略～
    private List<Map<String, Object>> createTeishokuList() {
        // 定食メニューリスト用のListオブジェクトを用意。
        List<Map<String, Object>> menuList = new ArrayList<>();
        //「から揚げ定食」のデータを格納するMapオブジェクトの用意とmenuListへのデータ登録。
        Map<String, Object> menu = new HashMap<>();
        menu.put("name", "から揚げ定食");
        menu.put("price", 800);
        menu.put("desc", "若鳥のから揚げにサラダ、ご飯とお味噌汁が付きます。");
        menuList.add(menu);
```

```
        //「ハンバーグ定食」のデータを格納するMapオブジェクトの用意とmenuListへのデータ登録。
        menu = new HashMap<>();
        menu.put("name", "ハンバーグ定食");
        menu.put("price", 850);                                                          ❶
        menu.put("desc", "手ごねハンバーグにサラダ、ご飯とお味噌汁が付きます。");
        menuList.add(menu);
        ～繰り返し～
        return menuList;
    }
}
```

なお、「～繰り返し～」の部分は、IntentSample同様にmenuListにデータを登録している部分です。このサンプルでは、データとしてIntentSampleにさらにメニュー解説として「desc」を追加しています。したがって、繰り返すのは❶の5行になります。好きな定食名と金額、メニュー解説を好きな数だけ登録してください（記述例はダウンロードサンプルを参照してください）。

また、Mapの型指定も、Map<String, Object>としています。これは、金額を数値として登録したいからです。

8

⑦ リスナクラスをコピーして改変する

IntentSampleに記述されているprivateなメンバクラスであるListItemClickListenerをそのままMainActivityにコピーし、リスト8.3の太字の部分を改造（変更）します。Mapの値のデータ型がIntentSampleではStringでしたが、MenuSampleではObject型になっているため、このような変更を行います。

リスト8.3　java/com.websarva.wings.android.menusample/MainActivity.java

```
@Override
public void onItemClick(AdapterView<?> parent, View view, int position, long id) {
    // タップされた行のデータを取得。
    Map<String, Object> item = (Map<String, Object>) parent.getItemAtPosition(position);
    // 定食名と金額を取得。Mapの値部分がObject型なのでキャストが必要。
    String menuName = (String) item.get("name");
    Integer menuPrice = (Integer) item.get("price");

    // インテントオブジェクトを生成。
    Intent intent = new Intent(MainActivity.this, MenuThanksActivity.class);
    // 第2画面に送るデータを格納。
    intent.putExtra("menuName", menuName);
    // MenuThanksActivityでのデータ受け取りと合わせるために、金額にここで「円」を追加する。
    intent.putExtra("menuPrice", menuPrice + "円");
    // 第2画面の起動。
    startActivity(intent);
}
```

⑧ リスト画面表示処理を記述する

MainActivityにリスト8.4のように追記します。追記するのは、フィールド部分とonCreate()メソッド内です。

リスト8.4　java/com.websarva.wings.android.menusample/MainActivity.java

```
public class MainActivity extends AppCompatActivity {
    // リストビューを表すフィールド。
    private ListView _lvMenu;
    // リストビューに表示するリストデータ。
    private List<Map<String, Object>> _menuList;
    // SimpleAdapterの第4引数fromに使用する定数フィールド。
    private static final String[] FROM = {"name", "price"}; ―――― ❶
    // SimpleAdapterの第5引数toに使用する定数フィールド。
    private static final int[] TO = {R.id.tvMenuNameRow, R.id.tvMenuPriceRow}; ―――― ❷

    @Override
    protected void onCreate(Bundle savedInstanceState) {
        ～省略～
        // 画面部品ListViewを取得し、フィールドに格納。
        _lvMenu = findViewById(R.id.lvMenu);
        // 定食メニューListオブジェクトをprivateメソッドを利用して用意し、フィールドに格納。
        _menuList = createTeishokuList();
        // SimpleAdapterを生成。
        SimpleAdapter adapter = new SimpleAdapter(MainActivity.this, _menuList, ⏎
R.layout.row, FROM, TO); ―――― ❸
        // アダプタの登録。
        _lvMenu.setAdapter(adapter);
        // リストタップのリスナクラス登録。
        _lvMenu.setOnItemClickListener(new ListItemClickListener());
    }
    ～省略～
}
```

⑨ アプリを起動する

入力を終え、特に問題がなければ、この時点で一度アプリを実行してみてください。図8.1 p.190 の画面が表示されます。さらに、リストをタップしたら、IntentSample同様、注文完了画面が表示されます。

8.1.2 リストビュー各行のカスタマイズはレイアウトファイルを用意するだけ

まず、リスト8.4❸を見てください。リストビューのデータを生成するSimpleAdapterをnewしていますが、これまでのサンプルでは第3引数であるリストビュー各行のレイアウトを指定する引数で、

```
android.R.layout.simple_list_item_2
```

のように、Android SDKでもともと用意されたものを利用していました。ところが、ここでは、android.R.layoutではなく、R.layout.rowと独自に作成したレイアウトファイルを指定しています。

このように、リストビューの各行を独自にカスタマイズするには、

1. 各行のレイアウトを記述したレイアウトファイルを用意する。
2. アダプタクラスをnewする際に、各行のレイアウトファイルのR値を指定する引数で独自レイアウトファイルのR値を指定する。

という手順を踏みます。

先ほどの手順⑤ p.192-194 の作業が①です。ここでは、図8.4のような1行分のレイアウトファイルをrow.xmlとして作成しています。このファイル名は自由に付けてもかまいません。特に、1つのアプリ内で複数のリストビューが存在し、そのすべてでカスタマイズを行う場合は、たとえば、row_menu_list.xmlのようなわかりやすい名前にしておく必要があります。

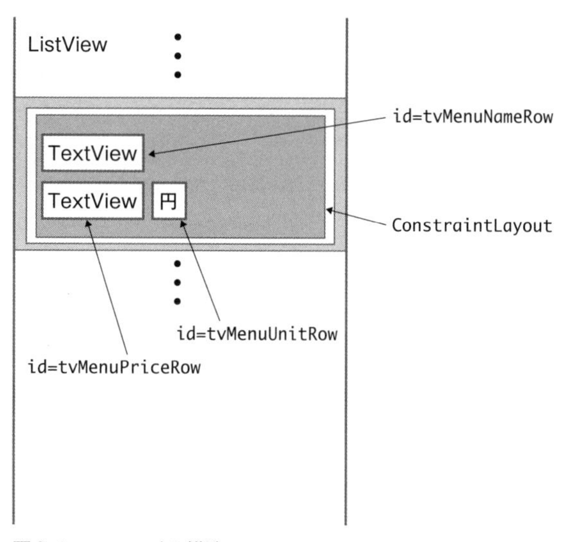

図8.4　row.xmlの構造

なお、図8.4では、idがtvMenuNameRowとtvMenuPriceRowのTextViewに幅があるようになっていますが、あくまで便宜上のものです。実際のレイアウトでは、layout_widthとしてwrap_contentを指定しているため、レイアウトエディタ上では、図8.3のように、幅のない状態で表示されます。

次に、②にあたるのが、上述のようにリスト8.4❸です。その際、第4引数と第5引数のFROM、TOを、IntentSampleではメソッド内変数として作成しましたが、ここでは定数として作成しています(リスト8.4❶と❷)。この後の改造でこのFROM、TOを再利用するからです。

ここで、注目すべきは、リスト8.4❷のTOです。IntentSampleでは、ここも「android.R.id.～」という記述でした。しかし、MenuSampleでは独自に作成した画面部品を使うので、「R.id.～」という記述になります。

8.2 オプションメニュー

MenuSampleの基本部分ができたので、本章のテーマの1つであるオプションメニューをここから追加していきます。

8.2.1 オプションメニューの例

オプションメニューとは、アクションバーに表示されるメニューのことです。図8.5のように、画面上部のバー部分をアクションバーと呼び、そこにメニューを表示することが可能です。

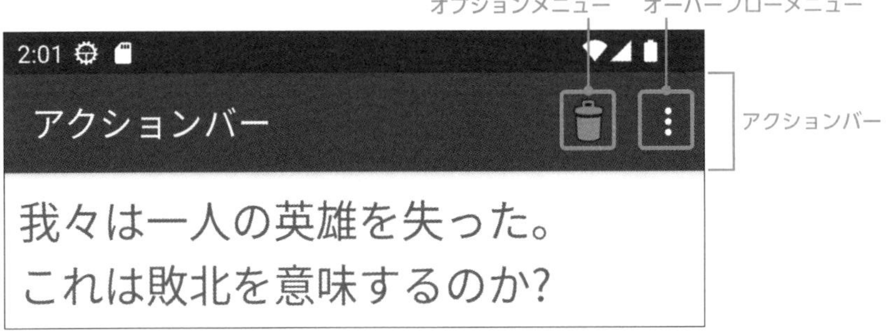

図8.5　アクションバーとオプションメニューの例

図8.5ではゴミ箱アイコンのメニューと右端の ⋮ アイコンのメニューが表示されています。この ⋮ アイコンのメニューのことをオーバーフローメニューと呼び、これをタップすることでさらに選択肢が表示される仕組みとなっています。

今回のサンプルでは、このオーバーフローメニューをタップすると、図8.6のように定食とカレーを選択できるようになっており、それぞれを選択すると、選択されたメニューリストが表示されるように改造していきます。

なお、オプションメニューそのものは、画面と同じように.xmlファイルに記述します。

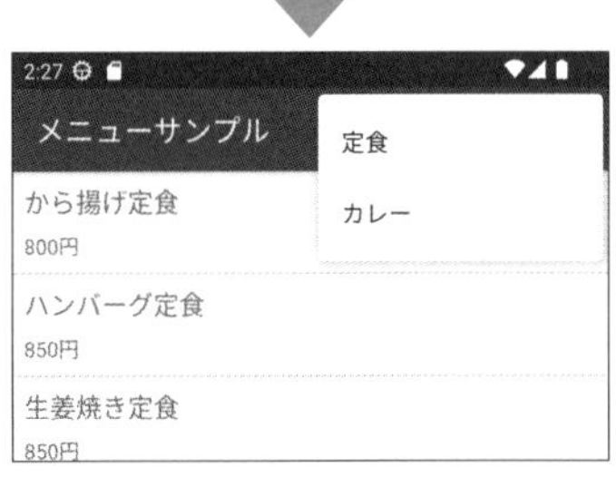

図8.6　今回のサンプルでオプションメニューが追加されたリスト画面

8.2.2 手順 オプションメニュー表示を実装する

① menuファイルを格納するフォルダを作成する

まず、menu用の.xmlファイルを入れるフォルダを追加します。

resフォルダを右クリックし、

[New] → [Android Resource Directory]

を選択してください。図8.7のようなダイアログが表示されるので、「Resource type:」から「menu」を選択し、[OK] をクリックします。

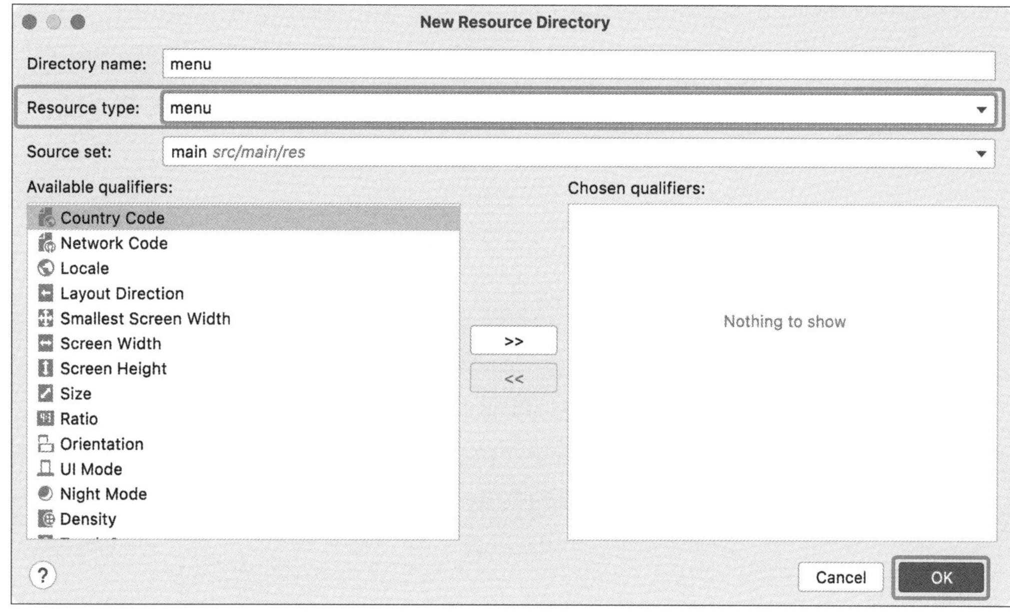

図8.7 リソースフォルダ追加画面

これでres/menuフォルダが追加されました。メニューに関係する.xmlファイルは、このフォルダ内に格納します。

② menu用の.xmlファイルを作成する

次に、.xmlファイルを作成します。menuフォルダを右クリックし、

[New] → [Menu Resource File]

を選択してください。図8.8のようなダイアログが表示されるので、[File name:] に「menu_options_ menu_list」を入力し、[OK] をクリックします。

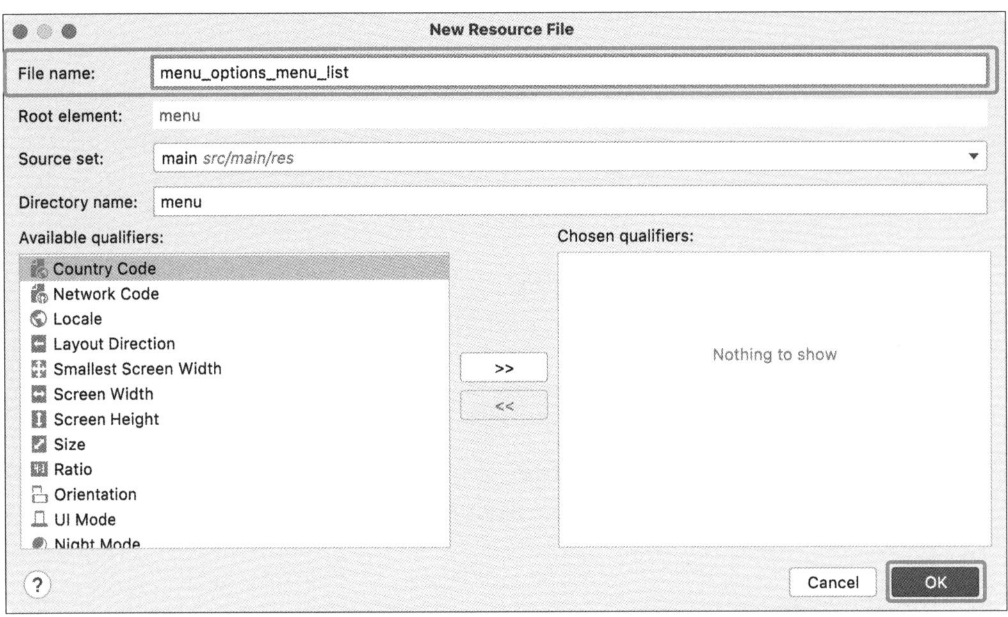

図8.8　メニュー用.xmlファイル追加画面

menuタグが記述された.xmlファイルが作成されます。

③ menu用のXMLタグを記述する

メニュー用の.xmlファイルは、menuタグで始まり、この中に選択肢1つにつきitemタグを1つ記述していきます。今回は、選択肢が2つなので、itemタグを2つ追加します。リスト8.5のコードをmenuタグ内に記述しましょう。

リスト8.5　res/menu/menu_options_menu_list.xml

```
<?xml version="1.0" encoding="utf-8"?>
<menu xmlns:android="http://schemas.android.com/apk/res/android"
      xmlns:app="http://schemas.android.com/apk/res-auto">
    <item
        android:id="@+id/menuListOptionTeishoku"
        app:showAsAction="never"
        android:title="@string/menu_list_options_teishoku"/>
    <item
        android:id="@+id/menuListOptionCurry"
        app:showAsAction="never"
        android:title="@string/menu_list_options_curry"/>
</menu>
```

Note xmlns:app属性のインポート

menu開始タグのxmlns:app属性は、最初は記述されていません。itemタグのapp:showAsAction属性を記述する際にappが赤文字で表示され、図8.Aのようなメッセージが表示されます。

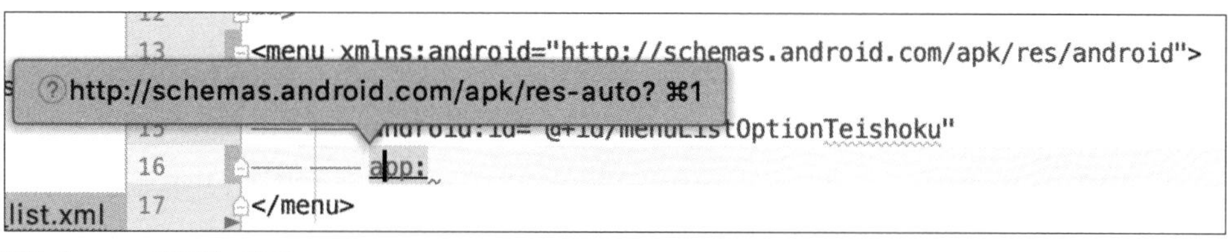

図8.A　appのエラー表示

そのときに、メッセージ通りにmacOSの場合は［⌘］＋［1］、Windowsの場合は［Alt］＋［Enter］キーを押すと、自動でインポートしてくれます。

④ アクティビティに記述する

メニュー用の.xmlファイルの記述ができたところで、今度は、アクティビティクラスにコードを記述します。MainActivityにリスト8.6のメソッドを追加しましょう。

リスト8.6　java/com.websarva.wings.android.menusample/MainActivity.java

```
@Override
public boolean onCreateOptionsMenu(Menu menu) {
    // メニューインフレーターの取得。
    MenuInflater inflater = getMenuInflater(); ──── ❶
    // オプションメニュー用.xmlファイルをインフレート。
    inflater.inflate(R.menu.menu_options_menu_list, menu); ──── ❷
    return true; ──── ❸
}
```

⑤ アプリを起動する

入力を終え、特に問題がなければ、この時点で一度アプリを実行してみてください。図8.5のようにメニューが表示されます。

8.2.3 オプションメニュー表示はXMLとアクティビティに記述する

オプションメニューを表示させるには、以下の手順を踏みます。

1. オプションメニュー用の.xmlファイルを作成する。
2. .xmlファイルに専用のタグを記述する。
3. アクティビティにonCreateOptionsMenu()メソッドを実装する。

それぞれ説明していきます。

1 オプションメニュー用の.xmlファイルを作成する

手順2 p.199-200 が該当します。Android Studioではリソースファイル作成専用の機能（ウィザード）があるので、それを利用してオプションメニュー用の.xmlファイルを作成します。

2 .xmlファイルに専用のタグを記述する

手順3 p.200 が該当します。menuタグ内に選択肢1つにつきitemタグを1つ記述します。itemタグには、android:id、app:showAsAction、android:titleの3個の属性は必ず記述する必要があります。それぞれ、以下に説明します。

android:id

画面部品と同じくR値として使用するidです。

app:showAsAction

アクションバーに表示させるかどうかの設定です。表8.1の3つの属性値があります。

表8.1　showAsActionの属性値

属性値	内容
never	その選択肢はオーバーフローメニューに格納される
always	常にアクションバーに表示される。ただし、alwaysとすると、画面サイズによっては狭いアクションバー内に選択肢がひしめくことになるので、Androidとしては、以下のifRoomを推奨している
ifRoom	アクションバーに表示する余裕がある場合は表示し、ない場合はオーバーフローメニューに格納する

android:title

選択肢の表示文字列です。

> **Note　app:showAsActionとandroid:showAsAction**
>
> itemタグのshowAsAction属性には、app:とandroid:の2種類があります。どちらを使うかは、アクティビティクラスの継承元クラスによって変わってきます。
>
> 通常のActivityを継承する場合はandroid:を使用し、AppCompatActivityを継承する場合はapp:を使用します。

他に、アイコンを指定するandroid:icon属性もあります。オプションメニューの特徴として、android:icon属性が指定されている選択肢の場合、アクションバーに表示させる場合はアイコンのみが表示され、逆にオーバーフローメニューに格納された場合はタイトル文字列しか表示されません。

Note　メニューの入れ子

オプションメニューは、itemタグ内にさらにmenu-itemタグの組み合わせを記述することで、選択肢を入れ子にすることができます。

③ アクティビティにonCreateOptionsMenu()メソッドを実装する

手順④ p.201 が該当します。オプションメニューはその本体を.xmlファイルで記述し、それを表示させるには、アクティビティクラスにonCreateOptionsMenu()メソッドを記述します。onCreateOptionsMenu()内の記述は、リスト8.6の3行をほぼ定型として記述すると思ってかまいません。変わってくるのは、リスト8.6❷のinflate()メソッドの第1引数として、該当メニュー.xmlファイルのR値を指定するところだけです。

なお、inflateという単語は「膨らませる」という意味です。ちょうど風船を膨らますように、.xmlファイルに記述された画面部品を実際のJavaオブジェクトに「膨らます」ことをAndroidではinflate（インフレート）と表現しています。リスト8.6❶で取得しているMenuInflaterは、メニューを「膨らます」ためのクラスであり、そのメソッドinflate()を使うことで、.xmlに記述されたメニュー部品がJavaオブジェクトになります（リスト8.6❷）。リスト8.6❸に関して、onCreateOptionsMenu()メソッドをオーバーライドした場合、常にtrueをリターンすることになっています。

8.2.4 手順 オプションメニュー選択時処理を実装する

ここまでで、オプションメニュー表示はできました。今度は、オプションメニューの選択肢をタップしたときの処理の実装です。

① カレーメニューリストを生成するメソッドを追加する

8.1.1項の手順⑥ p.194-195 で、定食メニューリスト作成メソッドとしてcreateTeishokuList()を記述しました。同様の手順で、カレーメニューリスト作成メソッドとして、createCurryList()メソッドを追記しましょう（リスト8.7）。

リスト8.7　java/com.websarva.wings.android.menusample/MainActivity.java

```
private List<Map<String, Object>> createCurryList() {
    // カレーメニューリスト用のListオブジェクトを用意。
    List<Map<String, Object>> menuList = new ArrayList<>();
    //「ビーフカレー」のデータを格納するMapオブジェクトの用意とmenuListへのデータ登録。
    Map<String, Object> menu = new HashMap<>();
```

```
    menu.put("name", "ビーフカレー");
    menu.put("price", 520);
    menu.put("desc", "特選スパイスをきかせた国産ビーフ100%のカレーです。");
    menuList.add(menu);
    //「ポークカレー」のデータを格納するMapオブジェクトの用意とmenuListへのデータ登録。
    menu = new HashMap<>();
    menu.put("name", "ポークカレー");
    menu.put("price", 420);
    menu.put("desc", "特選スパイスをきかせた国産ポーク100%のカレーです。");
    menuList.add(menu);
    ～繰り返し～
    return menuList;
}
```

② オプションメニュー選択時処理メソッドを追加する

オプションメニューの選択肢をタップしたときの処理は、onOptionsItemSelected()メソッドに記述します。リスト8.8のメソッドを追記しましょう。

リスト8.8 java/com.websarva.wings.android.menusample/MainActivity.java

```
@Override
public boolean onOptionsItemSelected(MenuItem item) {
    // 戻り値用の変数を初期値trueで用意。
    boolean returnVal = true;  ❶
    // 選択されたメニューのIDを取得。
    int itemId = item.getItemId();  ❷
    // IDのR値による処理の分岐。
    switch(itemId) {
        // 定食メニューが選択された場合の処理。
        case R.id.menuListOptionTeishoku:
            // 定食メニューリストデータの生成。
            _menuList = createTeishokuList();  ┐
            break;                              │
        // カレーメニューが選択された場合の処理。  │ ❸
        case R.id.menuListOptionCurry:          │
            // カレーメニューリストデータの生成。  │
            _menuList = createCurryList();      ┘
            break;
        // それ以外…
        default:
            // 親クラスの同名メソッドを呼び出し、その戻り値をreturnValとする。
            returnVal = super.onOptionsItemSelected(item);  ❹
            break;
    }
    // SimpleAdapterを選択されたメニューデータで生成。
    SimpleAdapter adapter = new SimpleAdapter(MainActivity.this, _menuList, ↵  ┐
R.layout.row, FROM, TO);                                                       │
    // アダプタの登録。                                                         │ ❺
    _lvMenu.setAdapter(adapter);                                               ┘
    return returnVal;  ❻
}
```

③ アプリを起動する

入力を終え、特に問題がなければ、この時点で一度アプリを実行してみましょう。表示されたオプションメニューを選択し、リストが変更されるのを確認してください（図8.9）。

また、カレーメニューのときに、リストをタップすると、定食のときと同じように注文完了画面が表示され、選択されたカレー名と金額が表示されていることを確認してください（図8.10）。

図8.9　カレーリストが表示される

図8.10　カレーの注文完了画面

8.2.5 オプションメニュー選択時の処理はIDで分岐する

オプションメニュー選択時の処理は、**onOptionsItemSelected()**メソッドに記述します。その際、引数であるitem（**MenuItem**オブジェクト）は、選択された選択肢1つ分を表します。このメソッドgetItemId()を使えば、選択されたメニューのidのR値が取得できます（リスト8.8❷）。このR値を使って、選択肢ごとの処理をswitch文で分岐させていきます。この方法は、4.3節で2つのボタンの処理を同一リスナ内で分岐させた方法とまったく同じです。ここでは、選択されたのが定食かカレーかでフィールドの_menuListを作り直しています（リスト8.8❸）。さらに、新しく作られた_menuListを使って、リストビューのアダプタオブジェクトを作り直しています（リスト8.8❺）。アダプタオブジェクトを作り直すことで、現在表示されているリスト内容が切り替わる仕組みです。

なお、このメソッドは、戻り値としてtrue/falseのどちらかの値をリターンする必要があります。この値は、オプションメニューが選択されたときの処理を行った場合はtrue、それ以外は、親クラスのonOptionsItemSelected()を呼び出して、その戻り値をそのままリターンすることになっています。そのため、ソースコードパターンとしては、リスト8.8❶のように戻り値用の変数を初期値trueで用意しておきます。さらに、switchブロックにはdefault句を用意し、その中でリスト8.8❹のように、親クラスのonOptionsItemSelected()を呼び出し、その戻り値を❶の変数に格納します。最終的にこの❶の変数をリターンします（リスト8.8❻）。

8.3 戻るメニュー

オプションメニューの締めくくりとして、戻るメニューを作成しましょう。注文完了画面のほうを改造していきます。現在、注文完了画面では、［リストに戻る］というボタンが配置されています。このボタンを廃止し、代わりに、図8.11の画面のようにアクションバーに戻るメニューを配置しましょう。

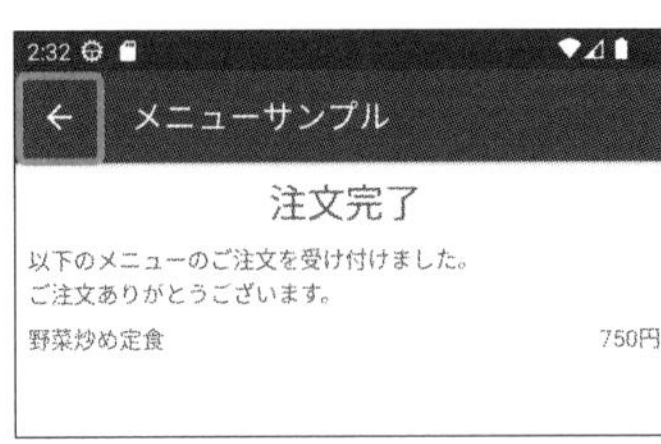

図8.11　戻るメニューが追加された注文完了画面

8.3.1  戻るメニューを実装する

① ［リストに戻る］ボタンを削除する

activity_menu_thanks.xmlのButtonタグを削除しましょう。これに伴い、strings.xmlの以下のタグも削除します。

```
<string name="bt_thx_back">リストに戻る</string>
```

② ［リストに戻る］ボタンの処理コードを削除する

MenuThanksActivityのonBackButtonClick()メソッドを削除します。

③ 戻るメニュー表示のコードを記述する

MenuThanksActivityのonCreate()メソッドの最後に、リスト8.9の2行を追加します。

リスト8.9　java/com.websarva.wings.android.menusample/MenuThanksActivity.java

```
@Override
protected void onCreate(Bundle savedInstanceState) {
    ～省略～
    // アクションバーを取得。
    ActionBar actionBar = getSupportActionBar(); ――――――――― ❶
    // アクションバーがnullではなかったら…
    if(actionBar != null) {
        // アクションバーの［戻る］メニューを有効に設定。
        actionBar.setDisplayHomeAsUpEnabled(true); ――――――――― ❷
    }
```

```
    // アクションバーの［戻る］メニューを有効に設定。
    actionBar.setDisplayHomeAsUpEnabled(true); ──────── ❷
}
```

④ 戻るメニュー選択時の処理を記述する

MenuThanksActivityに、リスト8.10のonOptionsItemSelected()メソッドを追記します。

リスト8.10　java/com.websarva.wings.android.menusample/MenuThanksActivity.java

```
@Override
public boolean onOptionsItemSelected(MenuItem item) {
    // 戻り値用の変数を初期値trueで用意。
    boolean returnVal = true;
    // 選択されたメニューのIDを取得。
    int itemId = item.getItemId();
    // 選択されたメニューが［戻る］の場合、アクティビティを終了。
    if(itemId == android.R.id.home) { ──────── ❶
        finish();
    }
    // それ以外…
    else {
        // 親クラスの同名メソッドを呼び出し、その戻り値をreturnValとする。
        returnVal = super.onOptionsItemSelected(item); ──────── ❷
    }
    return returnVal;
}
```

⑤ アプリを起動する

入力を終え、特に問題がなければ、この時点で一度アプリを実行してみましょう。注文完了画面が図8.11のように表示され、戻るメニューをタップすると、リスト画面に戻ることを確認してください。

8.3.2 戻るメニュー表示はonCreate()に記述する

戻るメニューをオプションメニューに表示するには、XMLの記述は不要です。onCreate()メソッドで、アクションバーに対して`setDisplayHomeAsUpEnabled(true)`と設定してあげるだけです（リスト8.9❷）。ただし、そのためには、リスト8.9❶のように、事前にアクションバーを取得しておく必要があります。また、取得したアクションバーがnullでないことをチェックしておく必要もあります。

戻るメニューもオプションメニューの1つなので、戻るメニューが選択されたときの処理はonOptionsItemSelected()内の処理分岐に組み込みます。ただし、R値は、`android.R.id.home`のように、Android SDKで用意されたものを使います。今回は他にメニューがないので、switch文ではなくif文で判定しています（リスト8.10❶）。そのため、親クラスのonOptionsItemSelected()の実行はelseブロックに記述しています（リスト8.10❷）。

8.4 コンテキストメニュー

さて、もう1つのメニューであるコンテキストメニューを紹介します。コンテキストメニューとは、リストビューなどを長押ししたときに図8.12のように表示されるメニューのことです。

図8.12　リスト画面を長押しして表示されるコンテキストメニュー

8.4.1 手順 コンテキストメニューを実装する

では、順に実装していきましょう。基本的な考え方はオプションメニューと同じです。

① menu用の.xmlファイルを作成する

8.2.2項の手順② p.199-200 と同様の方法で、menu_context_menu_list.xmlファイルを作成してください。menuフォルダを右クリックして［New］→［Menu Resource File］を選択し、［File name:］に「menu_context_menu_list」を入力して［OK］をクリックします。

② menu用のXMLタグを記述する

追加されたmenu_context_menu_list.xmlに、リスト8.11のコードを記述しましょう。

リスト8.11　res/menu/menu_context_menu_list.xml

```
<?xml version="1.0" encoding="utf-8"?>
<menu xmlns:android="http://schemas.android.com/apk/res/android">
    <item
        android:id="@+id/menuListContextDesc"
        android:title="@string/menu_list_context_desc"/>
    <item
        android:id="@+id/menuListContextOrder"
        android:title="@string/menu_list_context_order"/>
</menu>
```

3 アクティビティへ記述する

オプションメニュー同様に、アクティビティクラスにコードを記述します。MainActivityにリスト8.12のメソッドを追加しましょう。

リスト8.12　java/com.websarva.wings.android.menusample/MainActivity.java

```
@Override
public void onCreateContextMenu(ContextMenu menu, View view, ContextMenu.ContextMenuInfo ↵
menuInfo) {
    // 親クラスの同名メソッドの呼び出し。
    super.onCreateContextMenu(menu, view, menuInfo); ――――――――――――――――――――❶
    // メニューインフレーターの取得。
    MenuInflater inflater = getMenuInflater(); ――――――――――――――――――――――――❷
    // コンテキストメニュー用.xmlファイルをインフレート。
    inflater.inflate(R.menu.menu_context_menu_list, menu); ――――――――――――――❸
    // コンテキストメニューのヘッダタイトルを設定。
    menu.setHeaderTitle(R.string.menu_list_context_header); ―――――――――――――❹
}
```

4 onCreate()に追記する

MainActivityのonCreate()メソッド内の末尾に、以下の1行を追記しましょう。

```
registerForContextMenu(_lvMenu);
```

5 アプリを起動する

入力を終え、特に問題がなければ、この時点で一度アプリを実行してみましょう。メニューリスト画面を長押しし、図8.12のようにメニューが表示されることを確認してください。

8.4.2 コンテキストメニューの作り方はオプションメニューとほぼ同じ

コンテキストメニューを表示する手順はオプションメニューとほぼ同じですが、以下のように手順が1つ多くなっています。

1. コンテキストメニュー用の.xmlファイルを作成する。
2. .xmlファイルに専用のタグを記述する。
3. アクティビティにonCreateContextMenu()メソッドを実装する。
4. onCreate()でコンテキストメニューを表示させる画面部品を登録する。

それぞれ、オプションメニューとの違いを中心に説明していきます。

(1) コンテキストメニュー用の.xmlファイルを作成する

手順(1)が該当します。作り方はオプションメニューとまったく同じです。

(2) .xmlファイルに専用のタグを記述する

手順(2)が該当します。こちらも、記述方法はオプションメニューとまったく同じです。ただし、showAsAction属性は使えないので、注意してください。

(3) アクティビティにonCreateContextMenu()メソッドを実装する

手順(3)が該当します。オプションメニューは、アクティビティクラスにonCreateOptionsMenu()メソッドを記述しました。一方、コンテキストメニューの場合は、onCreateContextMenu()を実装します。メソッド内の記述も、onCreateOptionsMenu()とほぼ同じ定型処理を記述します（リスト8.12❶～❸）。ただし、親クラスのメソッド呼び出しのコードをonCreateContextMenu()では最初に記述し（リスト8.12❶）、メソッド全体としてはreturn句は不要です。

また、コンテキストメニューにヘッダタイトル文字列を指定する場合は、setHeaderTitle()メソッドを使います（リスト8.12❹）。タイトルが不要な場合は記述する必要はありません。

(4) onCreate()でコンテキストメニューを表示させる画面部品を登録する

手順(4)が該当します。この手順がオプションメニューにはなかった手順です。コンテキストメニューを表示するビュー、つまり、長押しを検知するビューをあらかじめ登録する必要があります。それが、onCreate()メソッド内に記述した、

```
registerForContextMenu()
```

メソッドです。引数としてコンテキストメニューを表示させる画面部品を記述します。

8.4.3  コンテキストメニュー選択時の処理を実装する

コンテキストメニューが表示されるところまで記述しました。最後に、コンテキストメニューが選択されたときの処理を記述していきましょう。ここでは、［説明を表示］メニューを選択したら、図8.13のようにトーストで説明を表示し、［ご注文］を選択した場合は、リストをタップした場合と同様の処理、つまり注文完了画面が表示されるようにします。

といっても、これも記述方法はオプションメニューと同じです。

図8.13　メニューの説明がトーストで表示された状態

① 注文処理メソッドを作成する

コンテキストメニューの［ご注文］とリストをタップしたときの処理は同じ処理となります。そこで、現在、ListItemClickListenerのonItemClick()メソッド内に記述されている処理を1つのprivateメソッドとして切り出し、再利用できるようにします。リスト8.13のメソッドをMainActivityに追記しましょう。メソッド内の記述は、リスト8.3とほぼ同内容です。

リスト8.13　java/com.websarva.wings.android.menusample/MainActivity.java

```
private void order(Map<String, Object> menu) {
    // 定食名と金額を取得。Mapの値部分がObject型なのでキャストが必要。
    String menuName = (String) menu.get("name");
    Integer menuPrice = (Integer) menu.get("price");
    // インテントオブジェクトを生成。
    Intent intent = new Intent(MainActivity.this, MenuThanksActivity.class);
    // 第2画面に送るデータを格納。
    intent.putExtra("menuName", menuName);
    // MenuThanksActivityでのデータ受け取りと合わせるために、金額にここで「円」を追加する。
    intent.putExtra("menuPrice", menuPrice + "円");
    // 第2画面の起動。
    startActivity(intent);
}
```

(2) onItemClick()をorder()を使って書き換える

手順(1)で作成したorder()メソッドを使って、ListItemClickListenerのonItemClick()メソッドをリスト8.14のように書き換えます。

リスト8.14　java/com.websarva.wings.android.menusample/MainActivity.java

```
@Override
public void onItemClick(AdapterView<?> parent, View view, int position, long id) {
    // タップされた行のデータを取得。
    Map<String, Object> item = (Map<String, Object>) parent.getItemAtPosition(position);
    // 注文処理。
    order(item);
}
```

(3) コンテキストメニュー選択時処理メソッドを追加する

コンテキストメニューの選択肢をタップしたときの処理は、onContextItemSelected()メソッドに記述します。リスト8.15のメソッドを追記しましょう。

リスト8.15　java/com.websarva.wings.android.menusample/MainActivity.java

```
@Override
public boolean onContextItemSelected(MenuItem item) {
    // 戻り値用の変数を初期値trueで用意。
    boolean returnVal = true;
    // 長押しされたビューに関する情報が格納されたオブジェクトを取得。
    AdapterView.AdapterContextMenuInfo info = (AdapterView.AdapterContextMenuInfo) ↵
item.getMenuInfo(); ――――――――――――――――――――――――――――――――― ❶
    // 長押しされたリストのポジションを取得。
    int listPosition = info.position; ―――――――――――――――――――――――― ❷
    // ポジションから長押しされたメニュー情報Mapオブジェクトを取得。
    Map<String, Object> menu = _menuList.get(listPosition);

    // 選択されたメニューのIDを取得。
    int itemId = item.getItemId();
    // IDのR値による処理の分岐。
    switch(itemId) {
        // [説明を表示] メニューが選択されたときの処理。
        case R.id.menuListContextDesc:
            // メニューの説明文字列を取得。
            String desc = (String) menu.get("desc");
            // トーストを表示。
            Toast.makeText(MainActivity.this, desc, Toast.LENGTH_LONG).show();
            break;
        // [ご注文] メニューが選択されたときの処理。
        case R.id.menuListContextOrder:
            // 注文処理。
            order(menu);
            break;
        // それ以外…
```

```
        default:
            // 親クラスの同名メソッドを呼び出し、その戻り値をreturnValとする。
            returnVal = super.onContextItemSelected(item); ──────────── ❸
            break;
    }
    return returnVal;
}
```

④ アプリを起動する

入力を終え、特に問題がなければ、この時点で一度アプリを実行してみましょう。コンテキストメニューを表示させ、それぞれのメニューを選択してください。説明が記述されたトーストが表示されたり、注文画面が表示されたりすることを確認してください。

8.4.4 コンテキストメニューでも処理の分岐はidのR値とswitch文

コンテキストメニューが選択されたときの処理は、onContextItemSelected()メソッドに記述します。基本的な記述方法はオプションメニューと同じで、引数であるitemのidのR値を取得し、switch文で分岐します。

ただし、その際に、リストビューのどの行を長押ししたかの情報を取得する必要があります（リスト8.15❶と❷）。この処理は、引数であるitemのgetMenuInfo()メソッドの戻り値をAdapterView.AdapterContextMenuInfo型にキャストすることで可能です。AdapterContextMenuInfoオブジェクトには、そのフィールドpositionにリストビューのどの行をタップしたかの値、つまりポジションが格納されています。これを取り出しているのがリスト8.15❷です。

戻り値に関しても、オプションメニューと同様に考えます。選択されたときの処理を行う場合は、trueをリターンします。一方、処理を行わない場合、つまり、default句の場合は、親クラスのonContextItemSelected()を実行し、その戻り値をリターンします（リスト8.15❸)。

このように、オプションメニューとコンテキストメニューを活用することで、アプリのユーザーに対してボタンを使わずにアクションを促すことが可能です。特にオプションメニューは、図8.5 p.198 のように「アイコンを使って常時アクションバーに表示させる」メニューを作成することで、アプリユーザーは常に次のアクションを起こすことができ、ユーザビリティが向上します。これらメニューは、今後のサンプルでも活用していきます。

Structureツールウィンドウ

Android Studioの画面左側の［Structure］ボタンをクリックすると、Structureツールウィンドウが表示されます（図8.B）。

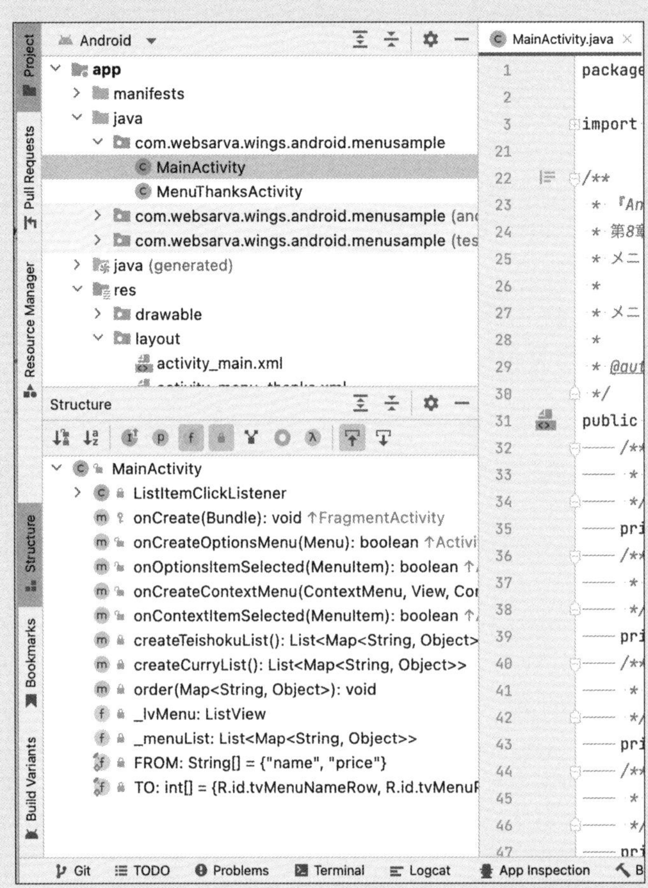

図8.B　MenuSampleプロジェクトでStructureツールウィンドウを表示させた状態

このツールウィンドウでは、その名の通り、現在エディタ領域に表示されているファイルの構造を素早く確認できます。また、表示されているメソッドなどをクリックすることで、ソースコード上でその記述位置までジャンプしてくれるため便利です。

第9章

フラグメント

前章でオプションメニューとコンテキストメニューについて学びました。メニューを使うことで、ボタンをあまり使わずに使い勝手のよいアプリを作成できます。

ところで、実際にアプリを利用するAndroid端末の画面サイズは、3、4インチの小さなものから10インチを超える大きなものまで様々です。これら様々な画面サイズの端末に対してすべて同じ画面のアプリを提供するとなると、端末によっては使い勝手の悪いアプリになってしまいます。そのため、Androidでは、フラグメントという機能が提供されており、これを利用すると、1つのアプリでさまざまな画面サイズに対応できるようになります。本章では、このフラグメントについて解説します。

9.1 フラグメントとは

サンプルの作成に入る前に、まずはフラグメントとは何かを説明しましょう。

9.1.1 前章までのサンプルをタブレットで使うと

前章までのサンプルは、スマホでの利用を前提としたものでした。たとえば、第7章で作成したIntentSampleを10インチタブレットで使用すると、図9.1のような画面になり、非常に使いづらいのがわかります。

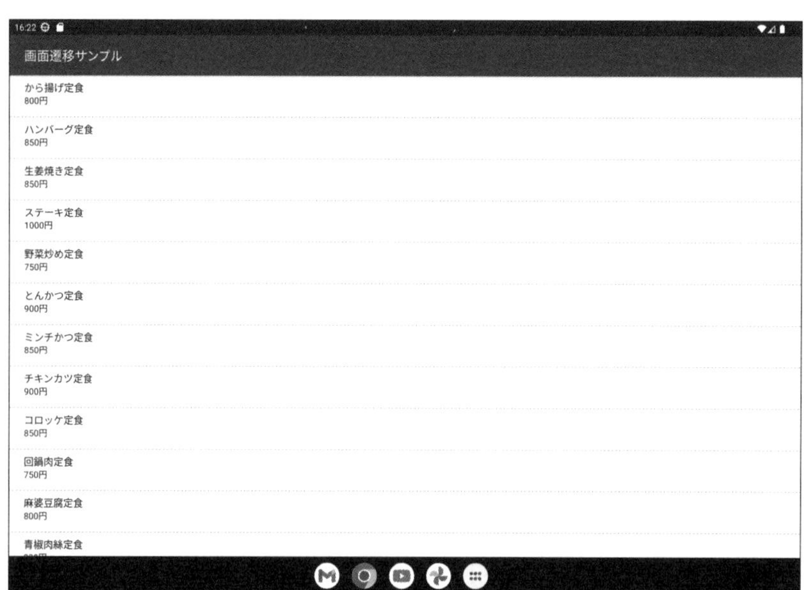

図9.1　IntentSampleを10インチタブレットで起動した画面

大画面タブレットは、スマホとは異なる画面構成が必要になります。一方で、画面サイズに応じて別のアプリを作成するのは非効率ですし、ユーザビリティも下がります。

そこでAndroidでは、**フラグメント**という仕組みが提供されています。フラグメントを利用すると、次のように同一のアプリでも、画面サイズによって画面構成を変えることができます。

- 表示領域の狭いスマホでは、IntentSampleと同様にリストと注文完了を2画面に分けて遷移表示する（図7.1 p.158 と図7.5 p.164）。
- 表示領域の広い10インチタブレットでは、リストを画面左側、注文完了を画面右側の1画面で表示する（図9.2）。

図9.2　10インチではリストと完了表示を1画面に収めた状態

本章ではIntentSampleをこのように改造しながら、フラグメントの基礎を解説していきます。

9.1.2 フラグメントによる画面構成

さて、図9.2の画面構成を考えてみましょう。図9.2では図9.3のように、左側にリスト表示のブロックが配置され、右側に注文完了表示のブロックが配置されています。

図9.3　10インチ画面での構成

もともとスマホサイズの画面では、リストブロックは第1画面として表示され、注文完了ブロックは第2画面として表示されていました。つまり、図9.3は画面＝アクティビティとしては1つでも、その中に独立した画面ブロックが配置された状態です。

このように、画面の一部を独立したブロックとして扱えるのが**フラグメント**であり、アクティビティ同様に画面構成を担う.xmlファイルと処理を担うJavaクラスのセットで成り立っています。

以降ではIntentSampleをベースに、それをフラグメント化したサンプルを作りつつ、フラグメントを解説していきます。その手順は大きく以下の4パートに分かれます。

- スマホサイズのメニューリスト画面のフラグメント化
- スマホサイズの注文完了画面のフラグメント化
- タブレットサイズ画面の作成
- タブレットに対応した処理コードの記述

9.2 スマホサイズのメニューリスト画面のフラグメント化

では、まず最初のパート――スマホサイズのメニューリスト画面をフラグメントで実現するところから始めましょう。

9.2.1  メニューリスト画面をフラグメントで実現する

これまでと同様、アプリの作成手順に従って作成していきます。

① フラグメントサンプルのプロジェクトを作成する

以下がプロジェクト情報です。この情報をもとにプロジェクトを作成してください。

Name	FragmentSample
Package name	com.websarva.wings.android.fragmentsample

② strings.xmlに文字列情報を追加する

次に、strings.xmlをリスト9.1の内容に書き換えましょう。

リスト9.1　res/values/strings.xml

```
<resources>
    <string name="app_name">フラグメントサンプル</string>
    <string name="tv_thx_title">注文完了</string>
    <string name="tv_thx_desc">以下のメニューのご注文を受け付けました。¥nご注文ありがとうございます。↵
</string>
    <string name="bt_thx_back">リストに戻る</string>
</resources>
```

③ メニューリスト用のフラグメントを追加する

フラグメントは.xmlファイルとJavaクラスのセットで成り立っているので、メニューリスト用のフラグメントの1セット（画面構成／Javaクラス）を追加します。[File] メニューから、

[New] → [Fragment] → [Fragment (Blank)]

を選択してください。図9.4のようなウィザード画面が表示されます。

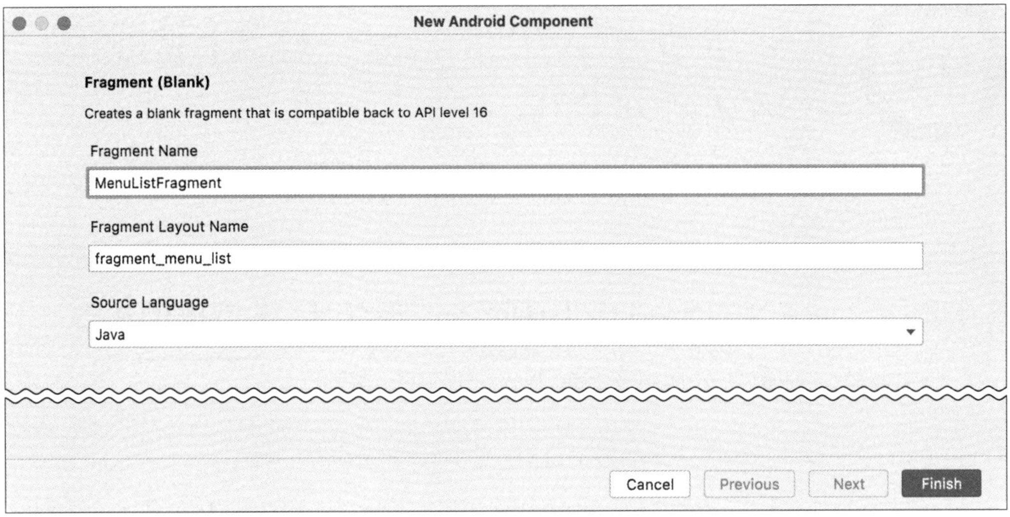

New Android Component

Fragment (Blank)

Creates a blank fragment that is compatible back to API level 16

Fragment Name

MenuListFragment

Fragment Layout Name

fragment_menu_list

Source Language

Java

Cancel Previous Next Finish

図9.4 Fragmentの追加画面

以下の情報を入力し、[Finish] をクリックしましょう。なお、[Fragment (Blank)] を選択する際、Projectツールウィンドウで選択されているものによっては、図9.4のウィザード画面上に [Target Source Set] ドロップダウンが表示される場合があります。その場合は、「main」を選択してください。

Fragment Name	MenuListFragment
Fragment Layout Name	fragment_menu_list
Source Language	Java

すると、所定の位置にMenuListFragmentクラスとfragment_menu_list.xmlファイルが追加されます。なお、このウィザードによって、strings.xmlにname属性がhello_blank_fragmentのstringタグが追記されている場合があります。その場合は、削除してもかまいません。

④ fragment_menu_list.xmlに画面構成を記述する

フラグメントを導入すると、画面構成と処理のほとんどをフラグメントに記述することになりますが、手順としてはアクティビティと同じです。まず、画面用の.xmlファイルに画面構成を記述します。fragment_menu_list.xmlをリスト9.2の内容に書き換えましょう。

リスト9.2 res/layout/fragment_menu_list.xml

```
<?xml version="1.0" encoding="utf-8"?>
<ListView
    xmlns:android="http://schemas.android.com/apk/res/android"
    android:id="@+id/lvMenu"
    android:layout_width="match_parent"
    android:layout_height="match_parent"/>
```

⑤ MenuListFragmentに処理を記述する

次に、MenuListFragmentの内容を書き換えます。手順③で追加したMenuListFragment.javaファイルにはあらかじめ様々なコードが記述されていますが、全てリスト9.3のコードに書き換えてください。

なお、「〜menuListデータ生成処理〜」は、定食メニューリストのデータ登録を行っている部分です。ここは、IntentSampleのMainActivityクラスのonCreate()に記述したものと同じなので、コピー&ペーストしてください。

リスト9.3 java/com.websarva.wings.android.fragmentsample/MenuListFragment.java

```
public class MenuListFragment extends Fragment {
    // コンストラクタ。
    public MenuListFragment() { ――――――――――――――――――――――――――――― ❶
        super(R.layout.fragment_menu_list); ――――――――――――――――――――― ❷
    }

    @Override
    public void onViewCreated(@NonNull View view, @Nullable Bundle savedInstanceState) { ―― ❸
        super.onViewCreated(view, savedInstanceState); ――――――――――――― ❹

        // 画面部品ListViewを取得
        ListView lvMenu = view.findViewById(R.id.lvMenu); ――――――――――― ❺
        // SimpleAdapterで使用するListオブジェクトを用意。
        List<Map<String, String>> menuList = new ArrayList<>();

        〜menuListデータの生成処理〜

        // このフラグメントが所属するアクティビティオブジェクトを取得。
        Activity parentActivity = getActivity(); ―――――――――――――――― ❻
        // SimpleAdapter第4引数from用データの用意。
        String[] from = {"name", "price"};
        // SimpleAdapter第5引数to用データの用意。
        int[] to = {android.R.id.text1, android.R.id.text2};
        // SimpleAdapterを生成。
        SimpleAdapter adapter = new SimpleAdapter(parentActivity, menuList, ↵
android.R.layout.simple_list_item_2, from, to); ――――――――――――――――― ❼
        // アダプタの登録。
        lvMenu.setAdapter(adapter);
    }
}
```

⑥ アクティビティへフラグメントを埋め込む

アクティビティにフラグメントを埋め込むために、activity_main.xmlをリスト9.4の内容に書き換えましょう。

リスト9.4 res/layout/activity_main.xml

```
<?xml version="1.0" encoding="utf-8"?>
<androidx.fragment.app.FragmentContainerView ❶
    xmlns:android="http://schemas.android.com/apk/res/android"
    android:id="@+id/fragmentMainContainer"
    android:layout_width="match_parent"
    android:layout_height="match_parent"
    android:name="com.websarva.wings.android.fragmentsample.MenuListFragment"/> ❷
```

なお、MainActivityはプロジェクト作成時のままでかまいません。

⑦ アプリを起動する

入力を終え、特に問題がなければ、この時点で一度アプリを実行してみてください。IntentSampleと同様の図9.5の画面が表示されます。

図9.5 フラグメントを使って表示された定食メニュー画面

9.2.2 フラグメントはアクティビティ同様にXMLとJavaクラス

9.1節で解説した通り、フラグメントは画面構成と処理を1セットで部品化したものです。そのため、フラグメントの作り方もアクティビティ同様に画面構成用の.xmlファイルと処理用のJavaクラスが1セットとなっています。さらに、その1セットを所定の位置に自動生成してくれるウィザードが、Android Studioには備わっています。それが手順③ p.219-220 です。

さらに、自動生成されたMenuListFragmentを見てください。クラス宣言の部分が、

```
public class MenuListFragment extends Fragment
```

となっています。フラグメントのJavaクラスは、その名の通りFragmentクラスを継承して作ります。

なお、手順③では［Fragment（Blank)］メニューを使用しましたが、この他に［Fragment（List)］や［Fragment（with ViewModel)］、［Fullscreen Fragment］などがあります。これらを選択すると、あらかじめ様々な処理が記述された状態でフラグメントを作成してくれます。ただし、Android Studioによって自動生成されたソースコードの意味が理解できるようになるまでは使用を控えたほうがよいでしょう。

9.2.3 表示画面の指定はコンストラクタを利用

前項で紹介したように、フラグメントは、画面構成のレイアウトxmlファイルとJavaクラスで1セットとなります。そして、そのセットとなるレイアウトxmlファイルをJavaクラスから指定します。それが、リスト9.3❶のコンストラクタです。具体的には、そのコンストラクタ内で、❷のようにsuper()と親クラスのコンストラクタを呼び出します。その際の引数として、表示するレイアウトxmlファイルのR値を渡します。このコードにより、フラグメントが表示された際に、指定されたレイアウトxmlファイルの画面が表示されるようになります。

9.2.4 フラグメントのライフサイクル

リスト9.3では、コンストラクタの他にもうひとつ、❸のonViewCreated()メソッドを記述しました。このメソッドには@Overrideが記述されていることからわかるように、親クラスであるFragmentに記述されているメソッドです。

フラグメントは画面の一部をブロック化したものなので、アクティビティ同様にライフサイクルを持っており、フラグメントのライフサイクルそれぞれに応じたコールバックメソッドがあります。これを図にすると、図9.6のようになります。リスト9.3❸のonViewCreated()メソッドは、このライフサイクルコールバックメソッドのひとつです。

図9.6を見ると、アクティビティと同じ名称のコールバックメソッドがある一方で、フラグメント独特のメソッドもあります。それらについて補足しておきます。

● onCreateView()

メソッド名の通り、このフラグメントで表示する画面構成を作成する際に呼び出されます。このメソッドの実行結果として、表示画面のViewインスタンスが生成されます。Javaコードを駆使して表示画面のViewインスタンスを生成する場合は、このメソッドをオーバーライドして記述します。ただし、9.2.3項で紹介したように、コンストラクタを利用して、レイアウトxmlファイルのR値を渡す方法を採用する場合は、表示画面のViewインスタンスの生成は自動化され、このメソッドのオーバーライドは特に必要がありません。

●onViewCreated()

このメソッドもその名称通りの実行タイミングを表し、表示画面のViewインスタンスの生成が完了した際に呼び出されるメソッドです。onCreateView()メソッド内の処理やレイアウトxmlファイルから生成されたViewインスタンスに対して、動的にデータを加えたり、リスナを設定したりなど、何か処理を追加したい場合は、このメソッドをオーバーライドして記述します。

●onViewStateRestored()とonSaveInstanceState()

フラグメントが非表示状態になり、もう一度再表示される際に、以前の状態を復元したい場合があります。その際に利用するのがこの両メソッドです。onSaveInstanceState()の引数として渡されるBundleオブジェクトに、復元に必要なデータを格納しておきます。すると、再表示時にonViewStateRestored()メソッドが呼び出されたタイミングで、そのBundleオブジェクトが引数として渡されます。これを利用して、onViewStateRestored()内には、表示内容の復元コードを記述します。

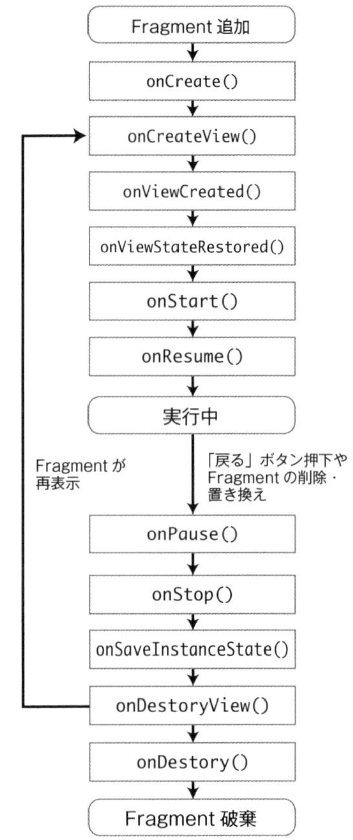

図9.6 フラグメントのライフサイクル

●onDestroyView()

フラグメント本体が破棄される前、すなわち、onDestroy()が実行される前に、このフラグメントで利用されるViewインスタンスが破棄されます。そのタイミングで呼び出されるのが、このメソッドです。

なお、図9.6を見てもわかるように、フラグメントが再表示される際でも、onDestroyView()によって表示画面のViewインスタンスはいったん破棄されます。その上でもう一度onCreateView()からライフサイクルが再開される点は意識しておいてください。

9.2.5 onViewCreated()の記述方法

前項で説明したとおり、レイアウトxmlファイルをもとに生成された画面、つまり、Viewインスタンスに対してデータやリスナの設定を行う場合は、onViewCreated()メソッドをオーバーライドして、その中に記述することになります。それが、リスト9.3❸であり、内部のコードは、IntentSampleの

MainActivityのonCreate()に記述していたものとほぼ変わりません。このように、フラグメントを利用する場合、今までアクティビティのonCreate()に記述していたようなコードを、このonViewCreated()メソッド内に記述していくような形になります。

ただし、❹のように、まず、親クラスのonViewCreated()メソッドの呼び出しを行っておく必要があります。もっとも、これはアクティビティのonCreate()も同様です。

アクティビティのonCreate()と決定的に違うところは、❺のコードです。❺ではアダプタを設定するためにfindViewById()メソッドを使ってListViewを取得しています。ただし、アクティビティ中で画面部品を取得してきたように、単に、以下のように記述するとコンパイルエラーとなります。

```
ListView lvMenu = findViewById(R.id.lvMenu);
```

これは、FragmentクラスにfindViewById()メソッドがないからです。代わりに、onViewCreated()メソッドの第1引数を利用します。この第1引数viewは、まさにこのフラグメントで表示させるViewインスタンスです。このviewに対してfindViewById()メソッドを実行することで、その内部の画面部品を取得することができます。

9.2.6 フラグメントでのコンテキストの扱い

Androidアプリ開発では、コンテキストの指定がいろいろなところで登場します。その際、今までは「…Activity.this」のようにアクティビティオブジェクトを指定してきました。では、フラグメント内ではどのように記述すればよいのでしょうか。注意すべきなのは、フラグメントはコンテキストにはなりえないという点です（FragmentクラスはContextクラスを継承していないからです）。そこで、FragmentクラスのgetActivity()メソッドを使用し、現在のフラグメントが所属しているアクティビティを取得して使います。それが、リスト9.3❻で、ここでは変数parentActivityとしています。

そして、リスト9.3❼でSimpleAdapterをnewするときに、第1引数としてコンテキストを指定する部分にこのparentActivityを使っています。

9.2.7 フラグメントのアクティビティへの埋め込み

フラグメントはあくまで画面の一部です。フラグメントを作成しただけでは、画面表示されません。というのは、実際の画面はあくまでアクティビティ単位だからです。そのため、アクティビティにフラグメントを組み込む必要があります。手順⑥ p.221-222 がこれに該当し、レイアウトXMLファイルにandroidx.fragment.app.FragmentContainerViewタグを記述します（リスト9.4❶）。このFragmentContainerViewタグに、android:name属性として、組み込むFragmentクラスの完全修飾名を指定します（リスト9.4❷）。

9.3 スマホサイズの注文完了画面のフラグメント化

スマホサイズのメニューリスト画面をフラグメントで実現できたところで、次の手順に入りましょう。続いて、スマホサイズの注文完了画面をフラグメントで実現します。

9.3.1  手順 注文完了画面をフラグメントで実現する

① ファイルを追加する

最初に、フラグメントに関するファイル1セット（画面構成／Javaクラス）の2ファイルを追加します。

9.2.1項 手順③ p.219-220 を参考に以下のフラグメントを追加してください。なお、下記の記載事項以外のウィザードでの設定項目は、9.2.1項 手順③と同様です。

Fragment Name	MenuThanksFragment
Fragment Layout Name	fragment_menu_thanks

② fragment_menu_thanks.xmlに画面構成を記述する

IntentSampleのactivity_menu_thanks.xmlの内容をfragment_menu_thanks.xmlにコピーし、idがbtThxBackのButtonタグのandroid:onClick属性を削除してください。また、ConstraintLayoutタグのtools:contextの値をリスト9.5の太字のように変更してください。

リスト9.5　res/layout/fragment_menu_thanks.xml

```
<?xml version="1.0" encoding="utf-8"?>
<androidx.constraintlayout.widget.ConstraintLayout
    ～省略～
    tools:context=".MainActivity">
    ～省略～
    <Button
        android:id="@+id/btThxBack"
        ～省略～
        android:layout_marginEnd="8dp"
        android:onClick="onBackButtonClick"
        ～省略～
        app:layout_constraintTop_toBottomOf="@+id/tvMenuName" />
</androidx.constraintlayout.widget.ConstraintLayout>
```

③ MenuThanksFragmentに処理を記述する

MenuListFragmentと同様に、MenuThanksFragmentにあらかじめ記述されているソースコードを削除し、コンストラクタとonViewCreated()メソッド、さらに、［リストに戻る］ボタン用のリスナメンバクラスを追加します。

リスト9.6 java/com.websarva.wings.android.fragmentsample/MenuThanksFragment.java

```
public class MenuThanksFragment extends Fragment {
    // コンストラクタ。
    public MenuThanksFragment() {
        super(R.layout.fragment_menu_thanks);
    }

    @Override
    public void onViewCreated(@NonNull View view, @Nullable Bundle savedInstanceState) {
        super.onViewCreated(view, savedInstanceState);

        // このフラグメントに埋め込まれた引き継ぎデータを取得。
        Bundle extras = getArguments(); ――――――――――――――――――――――――――― ❶
        // 注文した定食名と金額変数を用意。引き継ぎデータがうまく取得できなかった時のために""で初期化。
        String menuName = ""; ―――――――――――――――――――――――――――――――┐
        String menuPrice = ""; ――――――――――――――――――――――――――――――┘❷
        // 引き継ぎデータ(Bundleオブジェクト)が存在すれば…
        if(extras != null) { ――――――――――――――――――――――――――――――― ❸
            // 定食名と金額を取得。
            menuName = extras.getString("menuName"); ―――――――――――――――――┐
            menuPrice = extras.getString("menuPrice"); ――――――――――――――――┘❹
        }
        // 定食名と金額を表示させるTextViewを取得。
        TextView tvMenuName = view.findViewById(R.id.tvMenuName);
        TextView tvMenuPrice = view.findViewById(R.id.tvMenuPrice);
        // TextViewに定食名と金額を表示。
        tvMenuName.setText(menuName);
        tvMenuPrice.setText(menuPrice);

        // 戻るボタンを取得。
        Button btBackButton = view.findViewById(R.id.btThxBack);
        // 戻るボタンにリスナを登録。
        btBackButton.setOnClickListener(new ButtonClickListener());
    }

    // ［リストに戻る］ボタンが押されたときの処理が記述されたメンバクラス。
    private class ButtonClickListener implements View.OnClickListener {
        @Override
        public void onClick(View view) {
            // フラグメントマネージャーを取得。
            FragmentManager manager = getParentFragmentManager(); ―――――――――― ❺
            // バックスタックのひとつ前の状態に戻る。
            manager.popBackStack(); ―――――――――――――――――――――――――――― ❻
        }
    }
}
```

④ メニューリストタップのリスナクラスを追加する

メニューリストをタップしたら注文完了画面が起動する処理を記述します。これは、リスト9.7のListItemClickListenerメンバリスナクラスです。このクラスをMenuListFragmentに追加してください。

リスト9.7 java/com.websarva.wings.android.fragmentsample/MenuListFragment.java

```
private class ListItemClickListener implements AdapterView.OnItemClickListener {
    @Override
    public void onItemClick(AdapterView<?> parent, View view, int position, long id) {
        // タップされた行のデータを取得。SimpleAdapterでは1行分のデータはMap型！
        Map<String, String> item = (Map<String, String>) parent.getItemAtPosition(position);
        // 定食名と金額を取得。
        String menuName = item.get("name");
        String menuPrice = item.get("price");

        // 引き継ぎデータをまとめて格納できるBundleオブジェクト生成。
        Bundle bundle = new Bundle(); ―――――――――――――――― ❶
        // Bundleオブジェクトに引き継ぎデータを格納。
        bundle.putString("menuName", menuName); ――――――――┐
        bundle.putString("menuPrice", menuPrice); ―――――――┴ ❷

        // フラグメントマネージャーの取得。
        FragmentManager manager = getParentFragmentManager(); ―――― ❸
        // フラグメントトランザクションの開始。
        FragmentTransaction transaction = manager.beginTransaction(); ―― ❹
        // フラグメントトランザクションが正しく動作するように設定。
        transaction.setReorderingAllowed(true); ――――――――――― ❺
        // 現在の表示内容をバックスタックに追加。
        transaction.addToBackStack("Only List"); ――――――――――― ❻
        // fragmentMainContainerのフラグメントを注文完了フラグメントに置き換え。
        transaction.replace(R.id.fragmentMainContainer, MenuThanksFragment.class, bundle); ― ❼
        // フラグメントトランザクションのコミット。
        transaction.commit(); ――――――――――――――――――――― ❽
    }
}
```

⑤ リスナクラスを登録する

手順④で追加したメンバリスナクラスをListViewに登録します。MenuListFragmentのonViewCreated()メソッドの末尾に、リスト9.8の1行（太字部分）を追加しましょう。

リスト9.8 java/com.websarva.wings.android.fragmentsample/MenuListFragment.java

```
@Override
public void onViewCreated(@NonNull View view, @Nullable Bundle savedInstanceState) {
    ～省略～
    // リスナの登録。
    lvMenu.setOnItemClickListener(new ListItemClickListener());
}
```

⑥ アプリを起動する

入力を終え、特に問題がなければ、この時点で一度アプリを実行してみてください。リストをタップすると、IntentSampleと同様の図9.7の注文完了画面が表示されます。

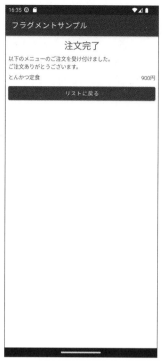

図9.7 フラグメントを使って表示された注文完了画面

9.3.2 フラグメントを利用した画面遷移

前項で、IntentSampleと同じ動作を、フラグメントを利用して実現できたことになります。ただし、同じように見えても、実際の動作は、IntentSampleとは全く違います。ここで実現した動作を図にすると、図9.8のようになります。

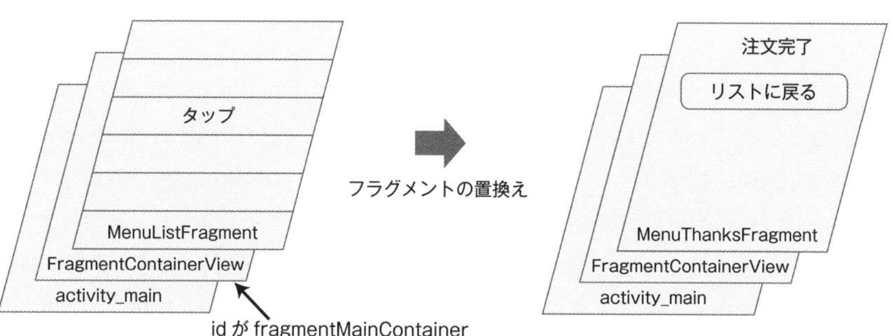

図9.8 FragmentSampleにおけるスマホサイズでの動き

MainActivityのレイアウトファイルであるactivity_main.xmlに定義されたidがfragmentMainContainerのFragmentContainerView（フラグメントコンテナ）の上に、初めはMenuListFragmentが載っています。そのため、MenuListFragmentで生成されたリスト画面が表示されています。

その後、リストをタップすると、このfragmentMainContainerの上に載っているフラグメントが、MenuThanksFragmentに置き換わります。結果、注文完了画面が表示されるような動きとなっています。

このように、アクティビティをひとつだけ用意し、その上に載っているフラグメントを入れ替えていく画面遷移の方法を、シングルアクティビティアーキテクチャ（Single-Activity Architecture）といいます。

9.3.3 フラグメントを利用した遷移のキモはFragmentManager

フラグメントを利用したアプリを作成する場合、今回のサンプルで行ったように、アクティビティの上に載っているフラグメントを置き換えたり、別のフラグメントを上に載せたり、今表示しているフラグメントを削除したりといった処理が必要になってきます。そのような処理を行うオブジェクトが、FragmentManagerです。このクラス名が表すように、まさにフラグメントの管理を行うオブジェクトです。従って、フラグメントの置き換えなどの配置処理を行おうとするならば、まず、FragmentManagerオブジェクトを取得しておく必要があります。

このFragmentManagerを取得するメソッドは以下の3種類あり、それぞれ、どのFragmentManagerを取得するかによって変わってきます。

● getSupportFragmentManager()

アクティビティが、自分の配下にあるフラグメントを管理するために、FragmentManagerを取得する場合のメソッド

● getParentFragmentManager()

フラグメントが、自分自身を配置した親にあたるFragmentManagerを取得する場合のメソッド

● getChildFragmentManager()

フラグメントが、自分の配下に別のフラグメントを配置する際に利用するFragmentManagerを取得する場合のメソッド

ここで、リスト9.7のコードを見ていきましょう。リスト9.7のListItemClickListenerは、MenuListFragmentに追記したクラスです。そして、このリスナ内の処理でもって、MenuListFragmentがMenuThanksFragmentに置き換わります。その処理を担うFragmentManagerを取得しているコードが❸です。ここでは、getParentFragmentManager()メソッドを使っています。というのは、MenuListFragmentからすると、そもそも自分自身を配置しているFragmentManagerは親にあたるアクティビティ（MainActivity）に属しています。ということは、自分自身であるMenuListFragmentを別のフラグメントであるMenuThanksFragmentに置き換える処理は、この親に属するFragmentManagerに行ってもらう必要があります（図9.9）。そのため、getParentFragmentManager()メソッドにてFragmentManagerを取得しています。

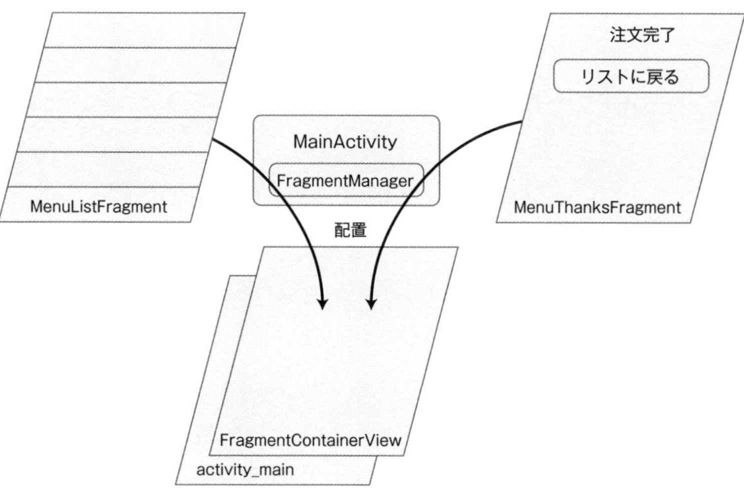

図9.9 MenuListFragmentの親アクティビティに属するFragmentManagerが配置を行う

9.3.4 フラグメントトランザクション

さて、FragmentManagerが取得できたところで、フラグメントを置き換えたり、追加したり、削除したり、つまり、配置する方法を解説しておきます。フラグメントを配置する場合、データベースのデータの追加や削除と似た、フラグメントトランザクションという考え方を採用しています。

> **Note トランザクション**
>
> **トランザクション**とは、複数のデータ処理を1セットとする考え方です。たとえば、AさんからBさんに3万円を振り込む処理を考えます。この場合、実際には、
>
> - Aさんから3万円を出金
> - Bさんに3万円を入金
>
> という2個のデータ処理をワンセットとしなければ成り立ちませんし、どちらかが欠けても成り立ちません。このような考え方をトランザクションと呼びます。

具体的には、以下の手順を踏みます。

1. FragmentManagerからFragmentTransactionオブジェクトを取得する
2. フラグメントの追加／削除／置き換え処理を行う
3. コミットする

以下、順に解説していきます。

① FragmentManagerからFragmentTransactionオブジェクトを取得する

リスト9.7❹が該当します。

フラグメントトランザクションを制御するクラスがFragmentTransactionです。このオブジェクトは、FragmentManagerのbeginTransaction()メソッドで取得します。

② フラグメントの追加／削除／置き換え処理を行う

リスト9.7❼が該当します。

この処理には、FragmentTransactionクラスのメソッドを使います。追加する場合はadd()、削除する場合はremove()です。この削除と追加を同時に行う処理、つまり置き換え処理がreplace()です。add()もreplace()も、少なくとも2個の引数を必要とし、第1引数は追加先のレイアウト画面部品、すなわち、フラグメントコンテナのR値です。第2引数は、追加するFragmentクラスです。

remove()の引数は、削除するFragmentオブジェクトのみです。

リスト9.7では置き換えを行うのでreplace()を使い、以下のように記述しています。ただし、第3引数が記述されています。こちらに関しては、次項で紹介します。

```
transaction.replace(R.id.fragmentMainContainer, MenuThanksFragment.class, bundle);
```

まず、第1引数のフラグメントコンテナとしては、activity_main.xmlに定義されているFragmentContainerViewであるfragmentMainContainerのR値を渡しています。第2引数は、MenuThanksFragmentクラスです。これにより、idがfragmentMainContainerのFragmentContainerViewに現在表示されているフラグメントがMenuThanksFragmentに置き換わります。

③ コミットする

リスト9.7❽が該当します。

コミットするには、FragmentTransactionクラスのメソッドcommit()を使います。この項の最初に説明した通り、フラグメント処理はトランザクションという考え方を採用しているので、このcommit()メソッドが実行されるまで、フラグメントの状態は反映されません。

9.3.5 フラグメント間のデータ引き継ぎはBundle

7.2.6項で紹介したように、アクティビティ間でデータの引き継ぎを行う場合、Intentのextraの仕組み、すなわち、Intent内のBundleオブジェクトを利用します。実は、フラグメント間でデータの引き継ぎを行う場合も、このBundleオブジェクトが活躍し、直接Bundleオブジェクトをやり取りします。そのメソッドが、FragmentクラスのsetArguments()メソッドとgetArguments()メソッドです。

このうち、setArguments()が引き継ぎデータ、すなわち、Bundleオブジェクトを渡すメソッドであり、引数として引き継ぎデータが格納されたBundleオブジェクトを渡します。

ただし、新規にフラグメントを追加、あるいは置き換える場合は、FragmentTransactionのadd()メソッド、あるいは、replace()メソッドの第3引数としてBundleオブジェクトを渡します。それが、リスト9.7❼の第3引数の意味です。もちろん、事前に❶でBundleオブジェクトを生成しておき、❷でデータを格納しておきます。

一方、引き継ぎデータを取得するには、getArguments()を利用します。それが、リスト9.6❶です。一度取得したBundleオブジェクトから、その中に格納されたデータを取得する場合は、❹のget○●()メソッドを利用します。❹では、文字列を取得するために、getString()となっています。ただし、getArguments()で取得したBundleオブジェクトは、nullの可能性があります。そのため、❷のように取得データの初期値をあらかじめ設定し、❸のnullチェックを行った上で、❹の実際のデータ取得を行うコードパターンとする必要があります。このコードパターンについては、7.2.6項で解説した通りです。

Note DialogFragmentはフラグメント

気づいた方もいるかもしれませんが、第5章で紹介したDialogFragmentは名前の通りフラグメントの一種です。したがって、アクティビティからDialogFragmentにデータを渡すにはsetArguments()を使い、DialogFragment側でデータを取得するにはgetArguments()を使います。そうすることで、ダイアログメッセージを動的に変更することも可能になります。

9.3.6 バックスタックへの追加

ところで、リスト9.7❺と❻について、まだ解説を行っていません。こちらを解説する前に、ひとつ、実験を行ってみましょう。まず、リスト画面が表示されている状態で、何か定食をクリックし、注文完了画面を表示させてください。その状態で、［リストに戻る］ボタンではなくバックジェスチャー、あるいは、AVDのツールバーのバックボタンをクリックしてください※1。問題なく、リスト画面に戻ります。これは、このアプリのユーザーからすると、ごく当たり前の動作に思えます。

次に、リスト9.7❺と❻の2行をコメントアウトして、アプリを再実行してみてください。その上で、先と同じ操作、すなわち、リスト画面から注文完了画面の表示、さらにバックボタンのクリックを行ってください。すると、今度は、アプリそのものが終了してしまいます。

このカラクリを理解するために、Androidアプリの仕組みのひとつである、**バックスタック**というのを理解しておく必要があります。誤解を恐れずに言えば、バックスタックというのは、状態の履歴といえます。例えば、IntentSampleでリスト画面が表示された状態で、リストをタップすると、MenuThanksActivityが起動し、注文完了画面が表示されます。その際、7.2.3項で説明したように、MainActivityは、そのままの状態を保持したまま、裏に隠れることになります。実は、この時、自動的に、

※1 以降は、バックボタンのみの記載でバックジェスチャーについては省略します。

MenuThanksActivityが表示される前のMainActivityの状態が履歴として記録されます。このことを、**バックスタックに追加**される、と表現します。さらに、MenuThanksActivityが消滅し、MainActivityが再び表（**フォアグラウンド**）に出てくることを、**バックスタックからポップ**すると表現します（図9.10）。そして、バックボタンというのは、このバックスタックからポップさせる処理なのです。

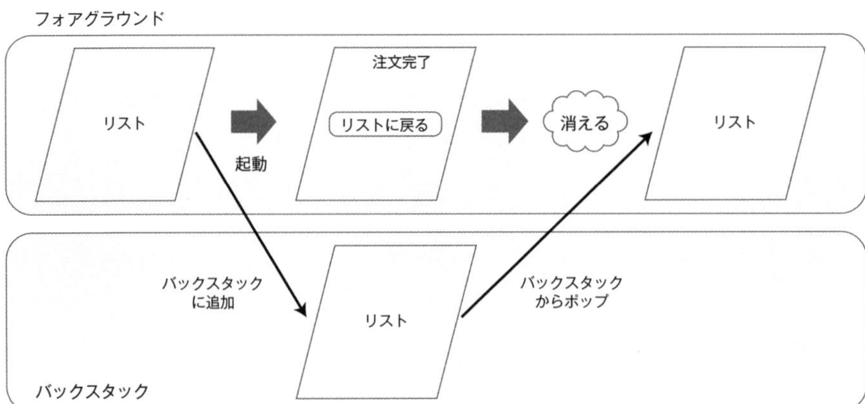

図9.10　裏に隠れたアクティビティはバックスタックに追加される

　このように、バックスタックに追加されたりポップされたりというのが自動化されるのは、アクティビティだからであり、フラグメントは自動化されていません。今回のサンプルのように、MainActivityの上のフラグメントを置き換えるという動作は、アクティビティに注目すると、常にフォアグラウンドに居続ける状態となります（図9.11）。

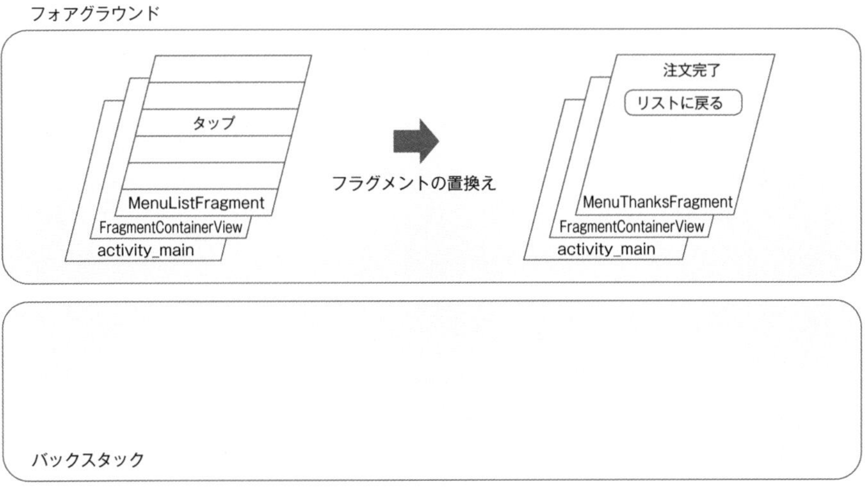

図9.11　フラグメントの置き換えだけではアクティビティは常にフォアグラウンド

そのため、バックボタンをタップすると、バックスタックに何もない状態のため、フォアグラウンドにいるMainActivityが終了してしまう挙動となってしまいます。

これを、フラグメントを含めてバックスタックに追加するには、コードとして記述する必要があります。それが、リスト9.7❻です。FragmentTransactionの**addToBackStack()**メソッドを実行することで、フラグメントを含めた現在の状態がバックスタックに追加されます（図9.12）。その際、引数として状態を表す文字列を渡します。こちらは、任意の文字列でかまいません。ただし、このバックスタックへの追加やポップ、さらには、フラグメントのトランザクションを正しく動作させるためには、事前に❺のコード、すなわち、FragmentTransactionの**setReorderingAllowed()**メソッドにtrueを渡しておく必要があります。この点には注意しておいてください。

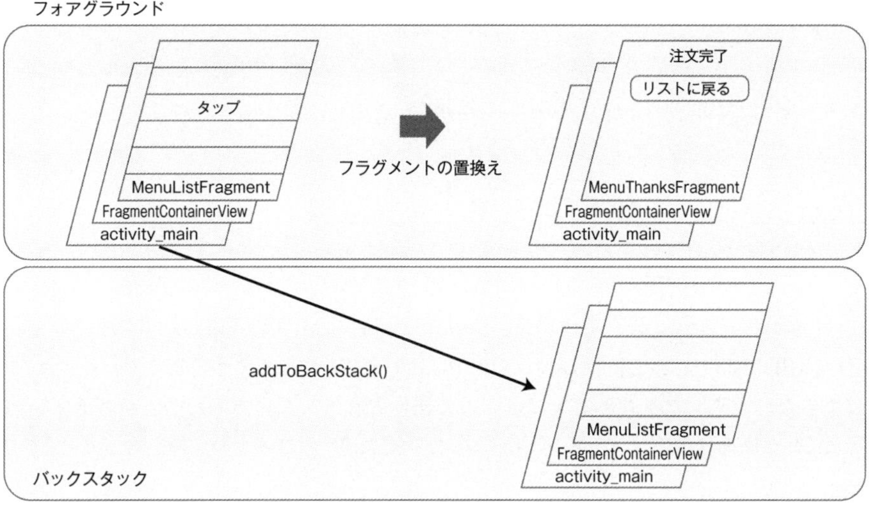

図9.12　addToBackStack()でバックスタックに追加される

9.3.7　バックスタックからポップ

リストフラグメントが表示されている状態を、バックスタックに追加したことによって、バックボタンの挙動が正しくなりました。それだけではなく、実は、注文完了画面からリスト画面に戻る際の［リストに戻る］ボタンの動作にも、このバックスタックからのポップを活用しています。リスト9.6の［リストに戻る］ボタンのリスナクラスであるButtonClickListenerのonClick()メソッド内のコードを見てください。フラグメントの置き換えコードでもなければ、ましてや、アクティビティのfinish()でもありません。ここに記述したコードが、まさにバックスタックからポップしているコードです。

バックスタックからポップする場合、FragmentManagerを利用します。そのため、まず、❺でFragmentManagerを取得しておきます。取得メソッドがgetParentFragmentManager()なのは、MenuListFragmentのリスト9.7❸がgetParentFragmentManager()なのと同様です。

その後、FragmentManagerの**popBackStack()**メソッドを実行することで、バックスタックからポップされ、注文完了画面が表示される前のリスト画面が表示されるようになります（図9.13）。

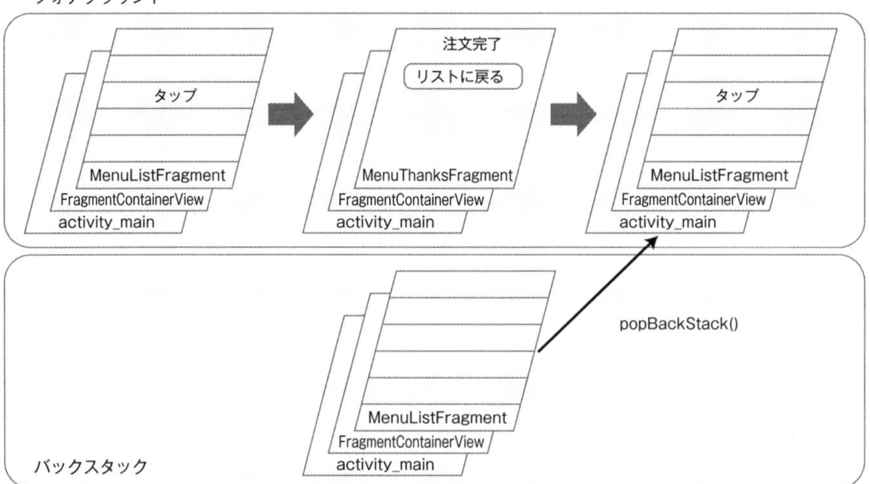

図9.13　popBackStack()でバックスタックからポップされる

なお、［リストに戻る］ボタンの処理は、IntentSampleのMenuThanksActivityではandroid:onClick属性を使用していました。このandroid:onClick属性は対象メソッドをアクティビティに記述しなければならないため、フラグメントではこの方法はとれません。そのため、リスト9.5 p.226 ではandroid:onClick属性は削除し、リスト9.6 p.227 では従来通りにリスナの登録を行っているのです。

Note　フラグメントでオプションメニューを使うには

FragmentSampleでは、あえてIntentSampleをベースにフラグメント化しています。もちろん、第8章のMenuSampleをフラグメント化したサンプルを作成することも可能です。ただし、その場合はオプションメニューを扱うぶん、ソースコードが複雑になってしまいます。これが、IntentSampleをベースにした理由です。

とはいえ、フラグメントでもアクティビティと同様にオプションメニューが扱えます。Fragmentクラスにはon CreateOptionsMenu()メソッドもonOptionsItemSelected()メソッドもあるので、これらをオーバーライドすればアクティビティと同じように処理が記述できます。ただし、1点だけ注意点があります。それは、フラグメントクラスのonCreate()メソッド内に、

```
setHasOptionsMenu(true);
```

の1行を記述しておく必要があることです。

9.4 タブレットサイズ画面を作成する

ここまでで、フラグメントを利用した画面遷移を理解できたはずです。ところが、今のままでは、10インチタブレットで表示しても図9.1 p.216 と同じ画面になってしまいます。ここから、10インチでは図9.2 p.217 のように左右に分割した画面となるように改造していきます。

9.4.1  メニューリスト画面を10インチに対応する

① レイアウトファイルを追加する

ここまで説明してきた通り、フラグメントのアクティビティへの組み込みはレイアウトXMLファイルに記述します。AndroidではレイアウトXMLファイルを画面サイズごとに用意できる仕組みが備わっているので、この仕組みを利用して現在のアプリを10インチ画面に対応させます。

プロジェクトツールウィンドウのresフォルダを右クリックし、表示されたメニューから、

[New] → [Android Resource File]

を選択してください。図9.14のようなウィザード画面が表示されます。

New Resource File

File name: activity_main.xml

Resource type: Layout

Root element: androidx.constraintlayout.widget.ConstraintLayout

Source set: main *src/main/res*

Directory name: layout-xlarge

Available qualifiers:

Country Code
Network Code
Locale
Layout Direction
Smallest Screen Width
Screen Width
Screen Height
Size
Ratio
Orientation

>>
<<

Chosen qualifiers:

Nothing to show

? Cancel OK

図9.14 リソースファイルの追加画面

下記の情報を入力し、[OK] をクリックしましょう。

File Name	activity_main.xml
Resource type	Layout
Root element	androidx.constraintlayout.widget.ConstraintLayout
Source Set	main
Directory name	layout-xlarge

すると、ファイルが作られ、プロジェクトツールウィンドウのresフォルダが図9.15のようになります。

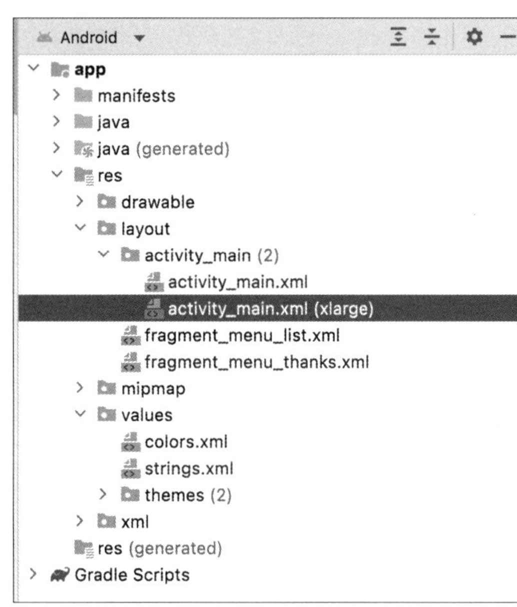

図9.15 追加されたactivity_main.xml (xlarge)

② activity_main.xml (xlarge) に対して画面構成を作成する

次に、activity_main.xml(xlarge)に対して、レイアウトエディタのデザインモードを使い、画面を作成していきます。ただし、ここで作成する画面は、10インチタブレットを前提とするので、事前にデザインモードの端末を変更しておきましょう。3.3.2項 p.71 を参考に、ツールバーの③の端末のタイプとサイズを変更するドロップダウンリストから [Pixel C] を選択し※2、②の端末の向きを選択するドロップダウンリストから [Landscape] を選択しておきます。すると、レイアウトエディタの画面は、図9.16のようになります。ここから画面部品を配置していきます。

※2 Googleは2019年にタブレット端末の開発から撤退していましたが、新しいタブレットであるPixel Tabletの発売を2022年10月に発表しています。ただし、発売そのものは2023年であり、原稿執筆時点では、AVDのタブレットのハードウェアプロファイルは古いものしか用意されていません。ここでは、その中でも比較的最近のPixel Cを利用することにします。

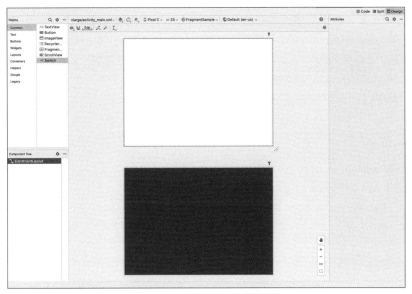

図9.16 表示端末をPixel Cに最適化したレイアウトエディタの画面

③ ガイドラインの配置

6.5節を参考に、[Vertical Guideline] を選択し、左部から40%の位置に配置してください。idは、glListとしておきます（図9.17）。

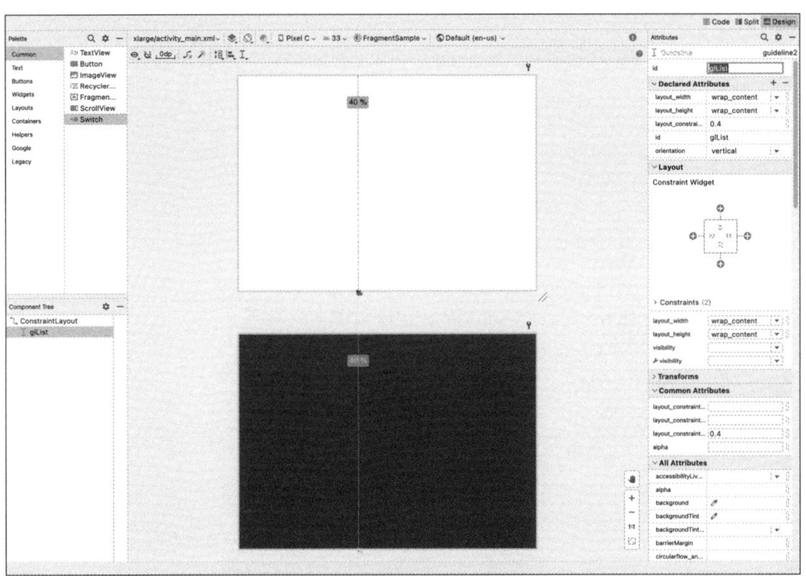

図9.17 ガイドラインを配置したレイアウトエディタ上の表示

④ リスト用のフラグメントコンテナの配置

パレットからFragmentContainerViewをドラッグ&ドロップすると、図9.18のダイアログが表示されます。これは、このフラグメントコンテナに埋め込むフラグメントを選択するダイアログです。ダイアログ上からMenuListFragmentを選択し、［OK］ボタンをクリックしてください。すると、name属性に自動的にMenuListFragmentが適用されます。

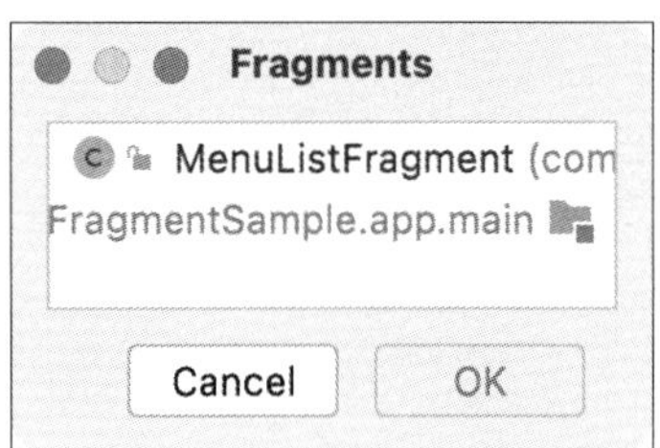

図9.18　フラグメントを選択するダイアログ

Palette	FragmentContainerView（Containersカテゴリ）	
Attributes	id	fragmentListContainer
	layout_width	0dp
	layout_height	0dp
	name	com.websarva.wings.android.fragmentsample.MenuListFragment
制約ハンドル	上	parent(0dp)
	下	parent(0dp)
	左	parent(0dp)
	右	glList(8dp)

⑤ 注文完了表示用フラグメントコンテナの配置

手順②と同様に、フラグメントを選択するダイアログが表示されます。こちらで、いったん好きな方を選択し、［OK］ボタンをクリックします。その後、name属性を削除します。

Palette	FragmentContainerView（Containersカテゴリ）	
Attributes	id	fragmentThanksContainer
	layout_width	0dp
	layout_height	0dp
	name	空欄
制約ハンドル	上	parent(0dp)
	下	parent(0dp)
	左	glList(8dp)
	右	parent(0dp)

すべての画面部品を配置し終えると、レイアウトエディタ上では、図9.19のように表示されます。

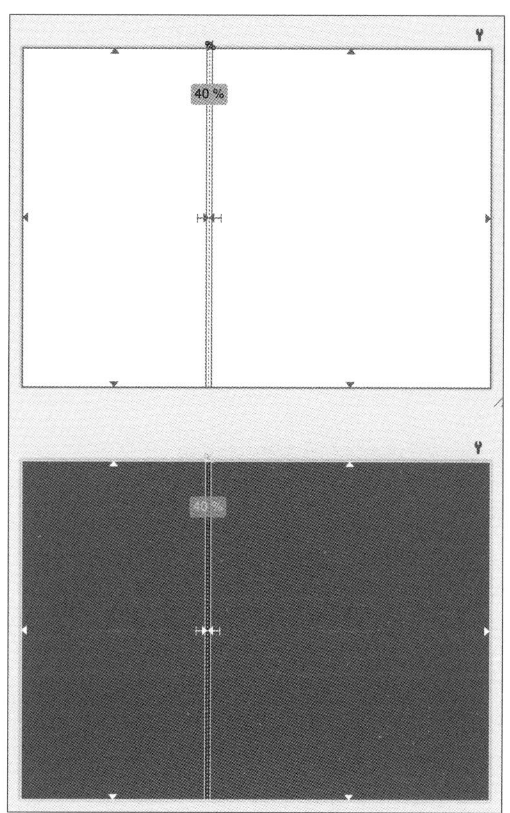

図9.19 完成したactivity_main.xml(xlarge)画面のレイアウトエディタ上の表示

⑥ アプリを起動する

入力を終え、特に問題がなければ、この時点で10インチのAVD（あるいは実機）で一度アプリを実行してみてください。図9.20のような画面が表示されます（参考として図内にidとその範囲枠を記載しています）。なお、10インチのAVDは、2.2.1項の手順② p.38 で、

［Tablet］→［Pixel C］

を選択すれば作成できます。

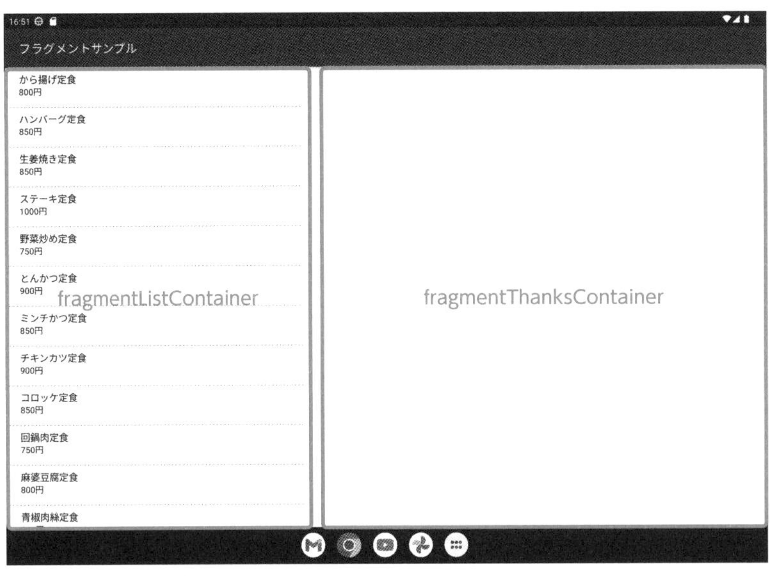

図9.20　xlargeのレイアウトXMLファイルが適用された画面

9.4.2 画面サイズごとに自動でレイアウトファイルを切り替えてくれるlayout-##

手順①でレイアウトファイルのみを追加しましたが、その際、[Directory name] として「layout-xlarge」を指定しました。すると、activity_main.xmlがフォルダのようなアイコンに変わり、その中に2つのファイルが格納されていました。手順①で追加したファイルはactivity_main.xmlとは別に、「activity_main.xml(xlarge)」という表記になっています。

Android Studioのプロジェクトツールウィンドウにおけるこの表記の意味するところは、実際のフォルダ構成をファイルシステムで見ると仕組みがはっきりします（図9.21）。

layoutフォルダとは別に、layout-xlargeというフォルダが作られています。これは、リソースファイル追加画面の「Directory name」で指定したフォルダです。先ほど作成したactivity_main.xmlは、このフォルダの中に格納されています。

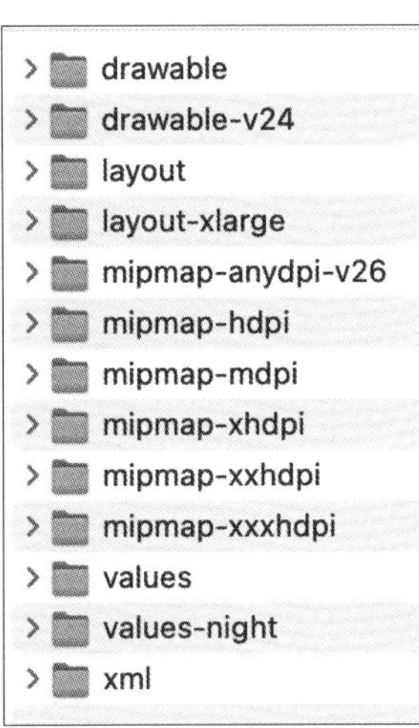

図9.21　ファイルシステムで見たresフォルダ内

Androidでは、layoutフォルダに**修飾子**を付けることで、どの画面用のレイアウトXMLファイルかを指定することができ、OS側で画面サイズに応じて自動的に切り替えてくれる仕組みが用意されています。たとえば、以下のような修飾子があります。

- layout-land　横向き表示用
- layout-large　7インチ画面用
- layout-xlarge　10インチ画面用

さらには、layout-w600dpのように、画面の利用可能な幅を数値指定する修飾子も可能です。

なお、Android Studioでは同一ファイルのフォルダ違いは意識しなくて済むように、「activity_main.xml(xlarge)」といった表記になっているのです。

9.4.3　10インチの画面構成

10インチの画面構成を図解すると、図9.22のようになります。

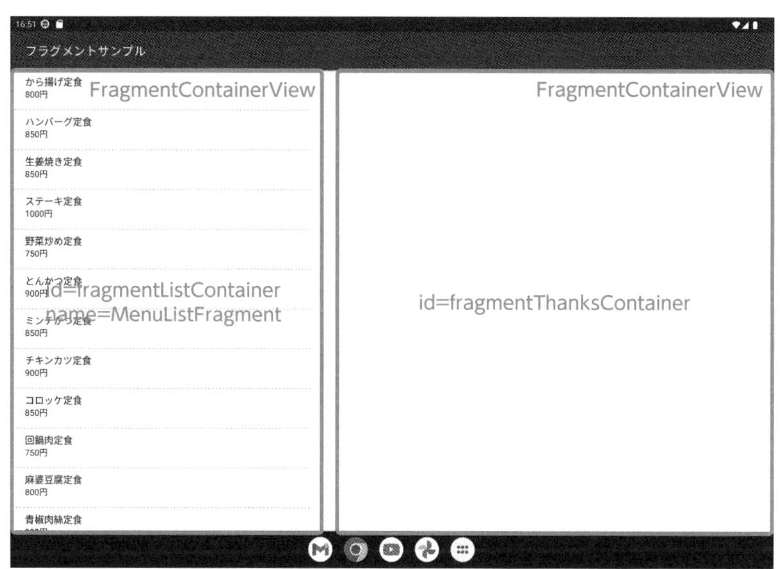

図9.22　10インチ画面での構成

左側40%にidが「fragmentListContainer」のFragmentContainerViewが配置され、そのフラグメントコンテナにMenuListFragmentフラグメントが埋め込まれています。一方、残り右側60%にidが「fragmentThanksContainer」のFragmentContainerViewが配置されています。その右側にはname属性が指定されていないので、何もフラグメントが埋め込まれていません。対して、左側はフラグメントが配置されているので、独立して処理されます。実際、左側のリストのみでスクロールが可能な状態となっていることを確認してください。

9.5 タブレットに対応した処理コードの記述

ここまでで、タブレット用の画面構成が完了しました。しかし、リストをタップすると、例外が発生し、アプリが終了してしまいます。これは、タブレットの画面構成に対応した処理コードが記述されていないからです。最後の作業として、その処理コードを記述していきましょう。

9.5.1 スマホサイズとタブレットサイズの処理の違い

タブレット対応コードの記述に入る前に、スマホサイズとタブレットサイズの処理の違いを見ておきましょう。スマホサイズの処理については、9.3.2項で解説しています。idがfragmentMainContainerのFragmentContainerView（フラグメントコンテナ）の上に、MenuListFragmentとMenuThanksFragmentが相互に置き換わり、画面が遷移します。

一方、タブレットサイズの場合は、初期状態では9.4.3項で解説した通り、フラグメントコンテナが2個存在し、idがfragmentListContainerのフラグメントコンテナにはMenuListFragmentが埋め込まれています。一方、idがfragmentThanksContainerのフラグメントコンテナは空の状態です（図9.23）。

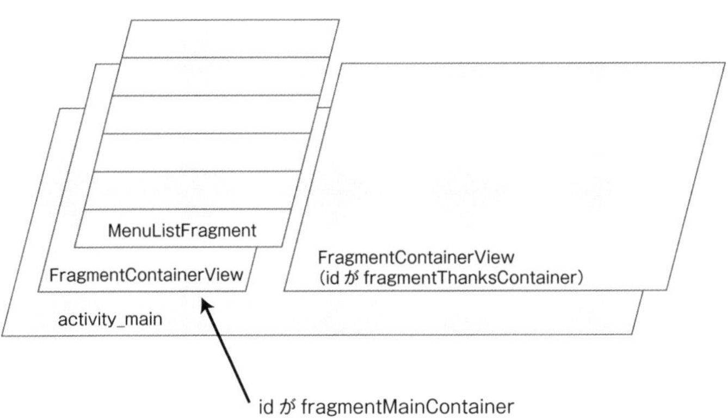

図9.23 タブレットサイズでの初期表示

この状態からリストをタップすると、空のfragmentThanksContainerにMenuThanksFragmentを追加することで、左側に注文完了メッセージが表示される動作となります（図9.24）。

これで、処理の大きな流れがわかったと思いますが、ポイントは、「フラグメント内で、画面サイズに応じて分岐が生じる」という点です。例えば、リストフラグメントでは、タップされた際に、スマホサイズ画面の場合は、フラグメントの置き換えとなる一方で、タブレットサイズの場合はフラグメントを追加する必要があります。また、注文完了フラグメントでも同様の分岐が生じます。その分岐の判断材

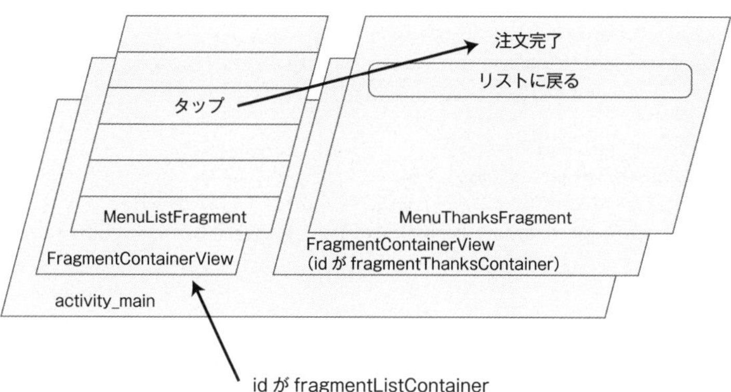

図9.24　タブレットサイズでMenuThanksFragmentが追加された状態

料となるのが、フラグメントコンテナの有無です。その辺りを意識しながら、次項でソースコードの追記を行っていきましょう。

9.5.2  フラグメント内のコードをタブレットに対応させる

① MenuListFragmentを改造する

リストフラグメントでは、リストをタップした時の処理に分岐が生じます。そのため、MenuListFragment内のListItemClickListener内のコードの変更となります。リスト9.9の太字の部分を追記してください。

リスト9.9　java/com.websarva.wings.android.fragmentsample/MenuListFragment.java

```
private class ListItemClickListener implements AdapterView.OnItemClickListener {
    @Override
    public void onItemClick(AdapterView<?> parent, View view, int position, long id) {
        ～省略～
        FragmentManager manager = getParentFragmentManager();
        FragmentTransaction transaction = manager.beginTransaction();
        transaction.setReorderingAllowed(true);
        // このフラグメントが所属するアクティビティオブジェクトを取得。
        Activity parentActivity = getActivity(); ――――――――――――― ❶
        // 自分が所属するアクティビティからfragmentMainContainerを取得。
        View fragmentMainContainer = parentActivity.findViewById↵
(R.id.fragmentMainContainer); ――――――――――――――――――――― ❷
        // 自分が所属するアクティビティからfragmentThanksContainerを取得。
        View fragmentThanksContainer = parentActivity.findViewById↵
(R.id.fragmentThanksContainer); ―――――――――――――――――――― ❸
```

```
        // fragmentMainContainerが存在するなら…
        if(fragmentMainContainer != null) { ──────────────────────────┐
            transaction.addToBackStack("Only List");                  ├ ❹
            transaction.replace(R.id.fragmentMainContainer, MenuThanksFragment.class, ↵
bundle);                                                              │
        } ────────────────────────────────────────────────────────────┘
        // fragmentThanksContainerが存在するなら…
        else if(fragmentThanksContainer != null) { ─────────────────── ❺
            // fragmentThanksContainerのフラグメントを注文完了フラグメントに置き換え。
            transaction.replace(R.id.fragmentThanksContainer, MenuThanksFragment.class, ↵
bundle); ─────────────────────────────────────────────────────────── ❻
        }
        transaction.commit();
    }
}
```

② MenuThanksFragmentを改造する

注文完了フラグメントでは、［リストに戻る］ボタンをタップした時の処理に分岐が生じます。そのため、ButtonClickListener内のコードの変更となります。リスト9.10の太字の部分を追記してください。

リスト9.10　java/com.websarva.wings.android.fragmentsample/MenuThanksFragment.java

```
private class ButtonClickListener implements View.OnClickListener {
    @Override
    public void onClick(View view) {
        FragmentManager manager = getParentFragmentManager();
        // このフラグメントが所属するアクティビティオブジェクトを取得。
        Activity parentActivity = getActivity(); ──────────────────── ❶
        // 自分が所属するアクティビティからfragmentMainContainerを取得。
        View fragmentMainContainer = parentActivity.findViewById↵
(R.id.fragmentMainContainer); ─────────────────────────────────────── ❷
        // 自分が所属するアクティビティからfragmentThanksContainerを取得。
        View fragmentThanksContainer = parentActivity.findViewById↵
(R.id.fragmentThanksContainer); ───────────────────────────────────── ❸
        // fragmentMainContainerが存在するなら…
        if(fragmentMainContainer != null) { ──────────────────────────┐
            manager.popBackStack();                                   ├ ❹
        } ────────────────────────────────────────────────────────────┘
        // fragmentThanksContainerが存在するなら…
        else if(fragmentThanksContainer != null) { ─────────────────── ❺
            // フラグメントトランザクションの開始。
            FragmentTransaction transaction = manager.beginTransaction(); ── ❻
            // フラグメントトランザクションが正しく動作するように設定。
            transaction.setReorderingAllowed(true); ────────────────── ❼
            // 自分自身を削除。
            transaction.remove(MenuThanksFragment.this); ───────────── ❽
            // フラグメントトランザクションのコミット。
            transaction.commit(); ──────────────────────────────────── ❾
        }
    }
}
```

③ アプリを起動する

入力を終え、特に問題がなければ、10インチのAVD（あるいは実機）でアプリを実行してみてください。左側のリストをタップすると、図9.2 p.217 のような画面になります。さらに、［リストに戻る］ボタンをタップすると、図9.20 p.242 のような左側にリストだけの画面に戻ります。さらに、スマホサイズのAVDでも実行して、これまで同様にフラグメントの置き換えで動作することを確認してください。

9.5.3 処理分岐はフラグメントコンテナの有無がキモ

リスト9.9、および、リスト9.10でスマホサイズかタブレットサイズかの処理の分岐を行っています。その判断基準は、フラグメントコンテナの有無です。図9.8の通り、スマホサイズの場合のフラグメントコンテナは、idがfragmentMainContainerです。一方、タブレットサイズの場合は、図9.23の通り、フラグメントコンテナはidがfragmentListContainerとidがfragmentThanksContainerの2個です。この違いを使って分岐を行います。

そのためには、これらのコンテナが存在するかどうかをチェックするために、いったん取得します。もっとも、9.2.5項 p.225 で解説した通り、フラグメント内ではfindViewById()は直接使えません。そこで、これらのフラグメントコンテナが埋め込まれたアクティビティを経由して取得します。それが、リスト9.9❶〜❸、および、リスト9.10❶〜❸です。

まず、❶で、9.2.6項 p.225 で紹介したgetActivity()メソッドを実行して所属アクティビティを取得します。その後、そのparentActivityのfindViewById()を使って、❷でfragmentMainContainerを、❸でfragmentThanksContainerを取得します。

そして、このうち❷で取得したfragmentMainContainerがnullでないならば、fragmentMainContainerのフラグメントコンテナが存在するとし、スマホサイズの画面と判断します。それが、❹のifブロックです。このifブロック内のコードは、すでに記述されていたコードですので、今まで通りスマホサイズの挙動となります。

一方、fragmentMainContainerがnullならば、スマホサイズではないことになります。そのため、❺をelseと記述してもよいのですが、念のために、else ifでfragmentThanksContainerが存在することをチェックしておきます。fragmentThanksContainerが存在するならば、確実にタブレットと判断できます。

9.5.4 タブレットサイズでの注文完了表示もreplace()

前項の説明の通り、リスト9.9もリスト9.10も、❺のelse ifブロック内がタブレットサイズの場合の処理内容です。まず、リスト9.9のMenuListFragmentでは、❻の1行だけであり、FragmentTransactionのreplace()メソッドによるフラグメントの置き換え処理を行っています。すなわち、スマホサイズと処理内容はそれほど変わりません。違うのは、置き換え先のフラグメントコンテナがfragmentThanksContainerになっているだけです。

ただし、1点注意すべきことがあります。それは、この❻でadd()を利用してはダメだということです。確かに、図9.24をみると、空のfragmentThanksContainerにMenuThanksFragmentを追加するイメージなので、add()でも大丈夫そうです。しかし、例えば、図9.2 p.217 のように、何かの注文完了が表示された状態のまま、さらにリストをタップすると、すでに表示されているMenuThanksFragmentの上に、もうひとつ別のMenuThanksFragmentが載るようになってしまいます（図9.25）。この状態を避けるために、replace()を使います。

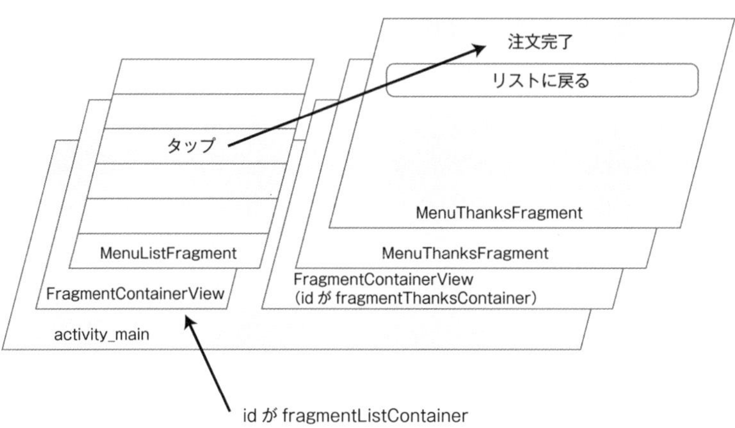

図9.25　add()の場合はさらにフラグメントが追加される

9.5.5 タブレットサイズでの戻るボタンは自分自身の削除

では、表示されたMenuThanksFragmentの［リストに戻る］ボタンをタップした時の処理は、どうかというと、MenuThanksFragmentが消えることです。といっても、その処理をMenuThanksFragment自身に記述することになるので、これは自分自身を削除する処理となります。それが、リスト9.10❽のFragmentTransactionの**remove()**メソッドのコードです。remove()については、9.3.4項 p.232 で紹介しています。ここでのポイントは、引数です。MenuThanksFragment.thisと自分自身のインスタンスを渡しています。これにより、フラグメントが、自分自身を削除することができます。

もちろん、事前に❻でFragmentTransactionを取得しておき、❼でsetReorderingAllowed(true)を実行しておきます。さらに、最後には、❾でコミットを行います。

ここまで解説してきたように、フラグメントを利用することで、ひとつのアプリに様々な画面サイズを適用できるようになり、画面サイズごとにアプリを用意する必要がなくなります。さらに、画面遷移もアクティビティを利用するよりも、軽く動作します。今後のアプリ開発では、このフラグメントの利用は必須と言えるでしょう。

第 10 章

データベースアクセス

前章でフラグメントを学び、かなりアプリらしいものが作れるようになりました。ところが、今までのサンプルでは、アプリとして決定的に欠けているものがあります。それはデータの扱いです。これまでの定食メニューにしてもカレーメニューにしても、データはすべて固定データです。アプリとしては、やはり入力されたデータを登録したり、更新したりなどのデータ処理を行いたいものです。そうなるとデータベースが欠かせません。

本章では、Android OS内にあらかじめ備わっているデータベースとやり取りする方法を解説します。

10.1 Androidのデータ保存

まず、サンプルの作成に入る前に、Androidでデータ保存を行う方法を概観しておきましょう。Androidでデータを保存するには、表10.1の4種類の方法があります。

表10.1　Androidのデータ保存

方法	内容
SQLiteデータベース	Android OSにあらかじめ備わっているSQLiteデータベースにデータを保存する
プレファレンス	簡易データをキーと値のペアで保存する。アプリの設定値の保存に向いている
アプリ固有ストレージ	そのアプリ専用の保存領域にファイル形式で保存する
共有ストレージ	他のアプリと共有の保存領域にファイル形式で保存する

ここで紹介した4種類の方法は、あくまで1つの端末内にデータを保存する場合についてです。もし、端末間でデータを共有する必要がある場合は、クラウドとやり取りする必要があります。ただ、この方法はWebインターフェースを用意する必要があるために、Androidの知識とは別にサーバーサイドWeb開発のスキルが必要です。こちらに関しては、あらかじめ用意されたWebインターフェースを使ってやり取りするものを次章で扱います。

一方、1つのAndroid端末内で完結するデータの場合は、表10.1の4種類の方法のうち、OS内にあらかじめ備わっているSQLiteデータベースを使うと、複雑なデータ構造にも対応でき、便利です。**SQLite**は、オープンソースのファイル形式の簡易リレーショナルデータベース（RDB）です。簡易とはいっても、基本的なRDBの機能はすべて備わっています。

```
https://www.sqlite.org/
```

なお、本章ではデータベースを扱うため、RDBやSQLの基本的な知識を持っていることを前提として解説していきます。

10.2 Androidのデータベース利用手順

それでは、さっそくサンプルを作成しながらAndroidのデータベースの利用手順を学んでいきましょう。今回のサンプルは、図10.1のように、上部にカクテルリストが、下部にそのカクテルの感想の入力欄が表示されています。ただし、アプリ起動直後では、カクテル名には「未選択」が表示され、[保存]ボタンがタップできないようになっています。

上部リストからカクテル名をタップすると図10.2のように選択されたカクテル名が表示され、[保存]ボタンがタップできるようになります。その際、データベースにすでに保存されたデータがある場合は、それを表示します。

感想を入力して[保存]ボタンをタップすると入力内容がデータベースに保存され、図10.1の表示に戻ります。

図10.1　アプリ起動直後の画面

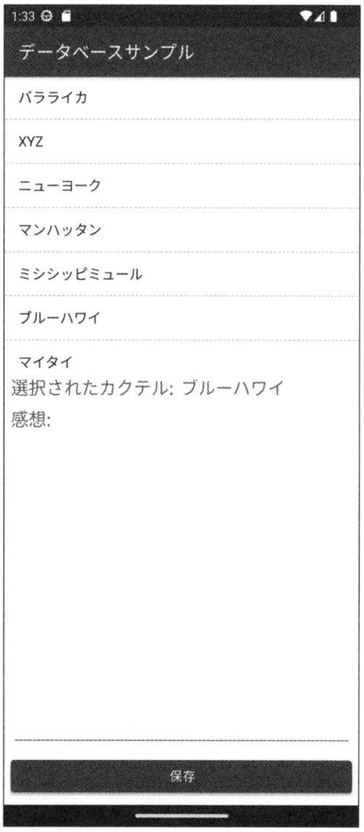

図10.2　カクテルを選択した後の画面

10.2.1  カクテルのメモアプリを作成する

では、アプリ作成手順に従って作成していきましょう。この手順では、データベース処理以外の部分をまず作成します。すべてがこれまでの復習となるので、コメントなどを確認しながら入力していってください。

① データベースサンプルのプロジェクトを作成する

以下がプロジェクト情報です。この情報をもとにプロジェクトを作成してください。

Name	DatabaseSample
Package name	com.websarva.wings.android.databasesample

② strings.xmlに文字列情報を追加する

次に、res/values/strings.xmlをリスト10.1の内容に書き換えましょう。なお、lv_cocktaillistは第3章のViewSampleのstrings.xmlに記述したものと同じです。

リスト10.1　res/values/strings.xml

```
<resources>
    <string name="app_name">データベースサンプル</string>
    <string-array name="lv_cocktaillist">
        <item>ホワイトレディー</item>
        <item>バラライカ</item>
        <item>XYZ</item>
        <item>ニューヨーク</item>
        <item>マンハッタン</item>
        <item>ミシシッピミュール</item>
        <item>ブルーハワイ</item>
        <item>マイタイ</item>
        <item>マティーニ</item>
        <item>ブルームーン</item>
        <item>モヒート</item>
    </string-array>
    <string name="tv_lb_name">選択されたカクテル:</string>
    <string name="tv_name">未選択</string>
    <string name="tv_lb_note">感想:</string>
    <string name="btn_save">保存</string>
</resources>
```

③ レイアウトファイルを編集する

次に、activity_main.xmlに対して、レイアウトエディタのデザインモードを使い、画面を作成していきます。

❶ガイドラインの配置

6.5節を参考に、[Horizontal Guideline] を選択し、上部から40%の位置に配置してください。id

は、glLvCocktailとしておきます（図10.3）。

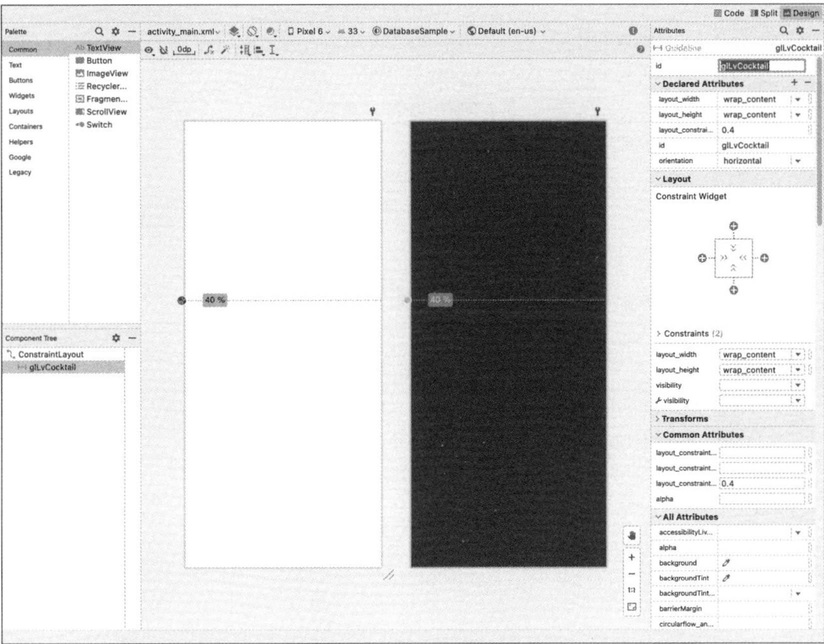

図10.3 ガイドラインを配置したレイアウトエディタ上の表示

❷カクテルリストを表示するListViewの配置

Palette	ListView（Legacyカテゴリ）	
Attributes	id	lvCocktail
	layout_width	0dp
	layout_height	0dp
	entries	@array/lv_cocktaillist
制約ハンドル	上	parent(0dp)
	下	glLvCocktail(0dp)
	左	parent(0dp)
	右	parent(0dp)

❸「選択されたカクテル:」というラベルを表示するTextViewの配置

Palette	TextView	
Attributes	id	tvLbName
	layout_width	wrap_content
	layout_height	wrap_content
	text	@string/tv_lb_name
	textSize	20sp
制約ハンドル	上	glLvCocktail(8dp)
	左	parent(8dp)

❹選択されたカクテル名を表示するTextViewの配置

Palette	TextView	
Attributes	id	tvCocktailName
	layout_width	wrap_content
	layout_height	wrap_content
	text	@string/tv_name
	textSize	20sp
制約ハンドル	上	glLvCocktail(8dp)
	左	tvLbNameの右ハンドル(0dp)

❺「感想:」というラベルを表示するTextViewの配置

Palette	TextView	
Attributes	id	tvLbNote
	layout_width	wrap_content
	layout_height	wrap_content
	text	@string/tv_lb_note
	textSize	20sp
制約ハンドル	上	tvLbNameの下ハンドル(8dp)
	左	parent(8dp)

❻［保存］ボタンの配置

Palette	Button	
Attributes	id	btnSave
	layout_width	0dp
	layout_height	wrap_content
	text	@string/btn_save
	enabled	false
	onClick	onSaveButtonClick
制約ハンドル	左	parent(8dp)
	右	parent(8dp)
	下	parent(8dp)

❼感想を入力するEditTextの配置

Palette	Multiline Text	
Attributes	id	etNote
	layout_width	0dp
	layout_height	0dp
制約ハンドル	上	tvLbNoteの下ハンドル(8dp)
	下	btnSaveの上のハンドル(8dp)
	左	parent(8dp)
	右	parent(8dp)

すべての画面部品を配置し終えると、レイアウトエディタ上では、図10.4のように表示されます。

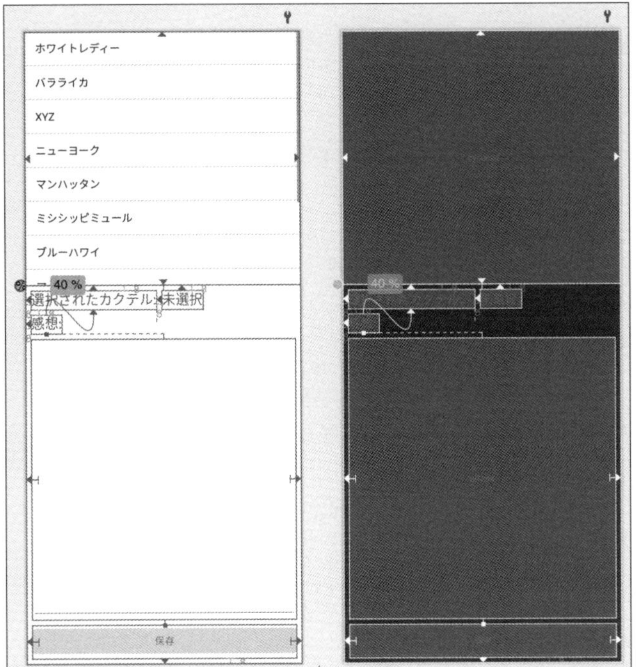

図10.4　完成したactivity_main.xml画面のレイアウトエディタ上の表示

④ アクティビティにデータベース処理以外のコードを記述する

MainActivityをリスト10.2のように記述しましょう。

リスト10.2　java/com.websarva.wings.android.databasesample/MainActivity.java

```
public class MainActivity extends AppCompatActivity {
    // 選択されたカクテルの主キーIDを表すフィールド。
    private int _cocktailId = -1;
    // 選択されたカクテル名を表すフィールド。
    private String _cocktailName = "";

    @Override
    protected void onCreate(Bundle savedInstanceState) {
        super.onCreate(savedInstanceState);
        setContentView(R.layout.activity_main);

        // カクテルリスト用ListView(lvCocktail)を取得。
        ListView lvCocktail = findViewById(R.id.lvCocktail);
        // lvCocktailにリスナを登録。
        lvCocktail.setOnItemClickListener(new ListItemClickListener());
    }
```

```
    // 保存ボタンがタップされたときの処理メソッド。
    public void onSaveButtonClick(View view) {
        // 感想欄を取得。
        EditText etNote = findViewById(R.id.etNote);
        // 感想欄の入力値を消去。
        etNote.setText("");
        // カクテル名を「未選択」に変更。
        TextView tvCocktailName = findViewById(R.id.tvCocktailName);
        tvCocktailName.setText(getString(R.string.tv_name));
        // ［保存］ボタンをタップできないように変更。
        Button btnSave = findViewById(R.id.btnSave);
        btnSave.setEnabled(false);
    }

    // リストがタップされたときの処理が記述されたメンバクラス。
    private class ListItemClickListener implements AdapterView.OnItemClickListener {
        @Override
        public void onItemClick(AdapterView<?> parent, View view, int position, long id) {
            // タップされた行番号をフィールドの主キーIDに代入。
            _cocktailId = position;
            // タップされた行のデータを取得。これがカクテル名となるので、フィールドに代入。
            _cocktailName = (String) parent.getItemAtPosition(position);
            // カクテル名を表示するTextViewに表示カクテル名を設定。
            TextView tvCocktailName = findViewById(R.id.tvCocktailName);
            tvCocktailName.setText(_cocktailName);
            // ［保存］ボタンをタップできるように設定。
            Button btnSave = findViewById(R.id.btnSave);
            btnSave.setEnabled(true);
        }
    }
}
```

⑤ アプリを起動する

入力を終え、特に問題がなければ、この時点で一度アプリを実行してみてください。図10.1 p.251 の画面が表示され、リストをタップすると、図10.2の画面が表示されます。さらに、［保存］ボタンをタップしたら、元の図10.1に戻ります。

10.2.2 Androidのデータベースの核となるヘルパークラス

ただし、この時点ではまだデータベース処理は入っていません。次に記述していきますが、その前にAndroidのデータベースを利用する手順を概観しておきましょう。Androidのデータベース利用方法を図にすると図10.5のようになります。

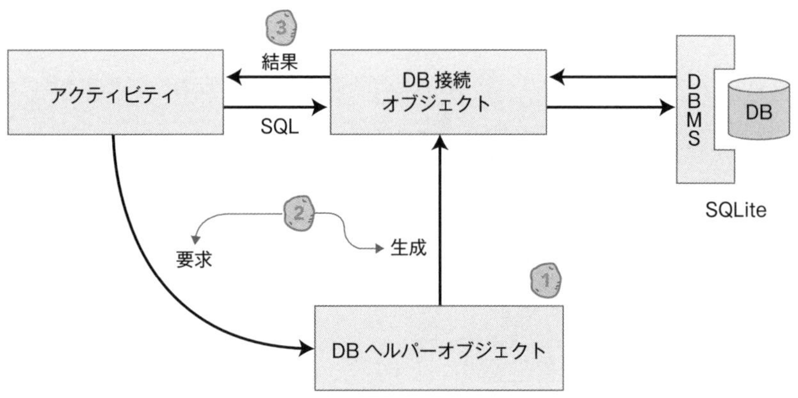

図10.5 Androidのデータベース利用方法

利用手順は以下の3つです。

1. データベースヘルパークラスを作成し、それをnewすることでデータベースヘルパーオブジェクトを生成する。
2. アクティビティでデータベースヘルパーオブジェクトからデータベース接続オブジェクト(SQLiteDatabaseオブジェクト)を取得する。
3. データベース接続オブジェクト(SQLiteDatabaseオブジェクト)を使ってSQLを実行、結果を取得する。

つまり、Androidでデータベースを利用しようとすると、なにはともあれ、データベースヘルパークラスなるものが必要なのです。

10.2.3 手順 データベース処理を追加する

では、実際に処理を記述していきましょう。

① データベースヘルパークラスを作成する

まず、核となるクラスであるデータベースヘルパークラスを作りましょう。これは新規のJavaクラスを追加するところから始めます。プロジェクトツールウィンドウから、

[java] → [com.websarva.wings.android.databasesample]

を右クリックし、

[New] → [Java Class]

を選択します。表示された新規クラス作成画面に、クラス名としてDatabaseHelperを入力してクラス

を作成してください。

クラスが追加されたら、リスト10.3のコードを記述していきましょう。なお、クラス宣言にextends SQLiteOpenHelperが追記されているところに注意してください。

リスト10.3　java/com.websarva.wings.android.databasesample/DatabaseHelper.java

```
public class DatabaseHelper extends SQLiteOpenHelper {
    // データベースファイル名の定数フィールド。
    private static final String DATABASE_NAME = "cocktailmemo.db";
    // バージョン情報の定数フィールド。
    private static final int DATABASE_VERSION = 1;

    // コンストラクタ。
    public DatabaseHelper(Context context) { ―――― ❶-1
        // 親クラスのコンストラクタの呼び出し。
        super(context, DATABASE_NAME, null, DATABASE_VERSION); ―――― ❶-2
    }

    @Override
    public void onCreate(SQLiteDatabase db) { ―――― ❷-1
        // テーブル作成用SQL文字列の作成。
        StringBuilder sb = new StringBuilder();
        sb.append("CREATE TABLE cocktailmemos (");
        sb.append("_id INTEGER PRIMARY KEY,");
        sb.append("name TEXT,");
        sb.append("note TEXT");
        sb.append(");");
        String sql = sb.toString();

        // SQLの実行。
        db.execSQL(sql); ―――― ❷-2
    }

    @Override
    public void onUpgrade(SQLiteDatabase db, int oldVersion, int newVersion) { ―――― ❸
    }
}
```

② ヘルパーオブジェクトの生成、解放処理を記述する

次に、手順①で作成したデータベースヘルパークラスをnewしてヘルパーオブジェクトを生成、解放する処理を追記します。これは、MainActivityへのフィールドの追加とonCreate()メソッドへの追記、onDestroy()メソッドの追加です。リスト10.4の太字部分を追記してください。

リスト10.4　java/com.websarva.wings.android.databasesample/MainActivity.java

```
public class MainActivity extends AppCompatActivity {
    ～省略～
    // データベースヘルパーオブジェクト
    private DatabaseHelper _helper; ―――― ❶
```

```
    @Override
    protected void onCreate(Bundle savedInstanceState) {
        ～省略～
        // DBヘルパーオブジェクトを生成。
        _helper = new DatabaseHelper(MainActivity.this); ――――――――― ❷
    }

    @Override
    protected void onDestroy() {
        // DBヘルパーオブジェクトの解放。
        _helper.close(); ――――――――――――――――――――――――― ❸
        super.onDestroy();
    }
    ～省略～
}
```

③ データ保存処理を記述する

次に、データ保存処理をMainActivityに記述しましょう。これは、onSaveButtonClick()メソッドに記述します。リスト10.5の太字部分を追記してください。

リスト10.5　java/com.websarva.wings.android.databasesample/MainActivity.java

```
public void onSaveButtonClick(View view) {
    // 入力された感想を取得。
    EditText etNote = findViewById(R.id.etNote);
    String note = etNote.getText().toString();

    // データベースヘルパーオブジェクトからデータベース接続オブジェクトを取得。
    SQLiteDatabase db = _helper.getWritableDatabase(); ―――――――― ❶-1

    // まず、リストで選択されたカクテルのメモデータを削除。その後インサートを行う。
    // 削除用SQL文字列を用意。
    String sqlDelete = "DELETE FROM cocktailmemos WHERE _id = ?"; ――― ❶-2
    // SQL文字列を元にプリペアドステートメントを取得。
    SQLiteStatement stmt = db.compileStatement(sqlDelete); ―――――― ❶-3
    // 変数のバインド。
    stmt.bindLong(1, _cocktailId); ――――――――――――――――――― ❶-4
    // 削除SQLの実行。
    stmt.executeUpdateDelete(); ―――――――――――――――――――― ❶-5

    // インサート用SQL文字列の用意。
    String sqlInsert = "INSERT INTO cocktailmemos (_id, name, note) VALUES (?, ?, ?)"; ―― ❷-2
    // SQL文字列を元にプリペアドステートメントを取得。
    stmt = db.compileStatement(sqlInsert); ――――――――――――――― ❷-3
    // 変数のバインド。
    stmt.bindLong(1, _cocktailId);        ┐
    stmt.bindString(2, _cocktailName);    ├ ❷-4
    stmt.bindString(3, note);             ┘
```

```
    // インサートSQLの実行。
    stmt.executeInsert(); ───────────────────────────── ❷-5

    // 感想欄の入力値を消去。
    etNote.setText("");
    ～省略～
}
```

④ データ取得処理を記述する

カクテルリストをタップしたときに、データベースにすでにデータがある場合は、その内容を表示するように改造します。この処理は、ListItemClickListenerメンバクラスのonItemClick()の続きに記述します。リスト10.6の太字部分を追記してください。

リスト10.6　java/com.websarva.wings.android.databasesample/MainActivity.java

```
public void onItemClick(AdapterView<?> parent, View view, int position, long id) {
    ～省略～
    btnSave.setEnabled(true);

    // データベースヘルパーオブジェクトからデータベース接続オブジェクトを取得。
    SQLiteDatabase db = _helper.getWritableDatabase(); ─────────── ❶
    // 主キーによる検索SQL文字列の用意。
    String sql = "SELECT * FROM cocktailmemos WHERE _id = " + _cocktailId; ── ❷
    // SQLの実行。
    Cursor cursor = db.rawQuery(sql, null); ───────────────── ❸
    // データベースから取得した値を格納する変数の用意。データがなかったときのための初期値も用意。
    String note = "";
    // SQL実行の戻り値であるカーソルオブジェクトをループさせてデータベース内のデータを取得。
    while(cursor.moveToNext()) { ─────────────────────── ❹
        // カラムのインデックス値を取得。
        int idxNote = cursor.getColumnIndex("note"); ─────────── ❺-1
        // カラムのインデックス値を元に実際のデータを取得。
        note = cursor.getString(idxNote); ───────────────── ❺-5
    }

    // 感想のEditTextの各画面部品を取得しデータベースの値を反映。
    EditText etNote = findViewById(R.id.etNote);
    etNote.setText(note);
}
```

⑤ アプリを起動する

入力を終え、特に問題がなければ、この時点で一度アプリを実行してみてください。適当なカクテルを選択し、感想を入力して［保存］ボタンをタップしてみましょう。図10.1の画面に戻りますが、もう一度同じカクテルをタップしてください。先ほど入力したデータが表示されます。さらに、アプリを終了させても、このデータは残っています。試してみてください。

10.2.4 データベースヘルパークラスの作り方

手順① p.257-258 でデータベースヘルパークラスを作成しています。データベースヘルパークラスは、SQLiteOpenHelperクラスを継承して作ります。その際、以下の3つのメソッドを実装する必要があります。

① コンストラクタ
② onCreate()
③ onUpgrade()

以下、順に解説していきます。なお、SQLiteOpenHelperクラスは抽象クラスです。上記の② onCreate()と③ onUpgrade()は抽象メソッドとして定義されているため、これらのメソッドを実装しないとコンパイルエラーとなるので注意してください。

① コンストラクタ

親クラスであるSQLiteOpenHelperには、引数なしのコンストラクタが定義されていません。そのため、SQLiteOpenHelperを継承したクラスでは、必ずコンストラクタを定義し、super()と親クラスのコンストラクタを呼び出す必要があります（リスト10.3❶-2）。

super()に記述する引数、つまり、SQLiteOpenHelperのコンストラクタに定義された引数は、表10.2の4個です（引数5個のコンストラクタも存在しますが、4個で問題ありません）。

表10.2　SQLiteOpenHelperのコンストラクタの引数

	引数の型と名称	内容
第1引数	Context context	コンテキスト。このヘルパークラスを使うActivityオブジェクト
第2引数	String name	使用するデータベース名
第3引数	SQLiteDatabase.CursorFactory factory	カーソルファクトリオブジェクト。SELECT文の実行結果を格納するカーソルオブジェクト※を生成するファクトリを自作する際に指定する。通常はnullでよい
第4引数	int version	データベースのバージョン番号。1から始まる整数を指定する

※カーソルオブジェクトについては10.2.7項で解説します。

第1引数と第4引数について少し補足しておきましょう。

第1引数 コンテキストは他の引数と違い、DatabaseHelperクラス内では用意できません。したがって、DatabaseHelperのコンストラクタの引数として定義しておく必要があり、リスト10.3では、❶-1のように引数にコンテキストを記述しています。

第4引数 Androidでは内部のデータベースがバージョン番号とともに管理されており、第4引数で渡す番号より内部の番号が若い（小さい）場合はリスト10.3❸のonUpgrade()メソッドが自動で実行される仕組みとなっています。

なお、第2引数のデータベース名や第4引数のバージョン番号は、このクラスの定数として記述しておくと管理が楽です。そのため、リスト10.3では定数フィールドを用意しています。

2 onCreate()

Android端末内部に 1 で指定したデータベース名のデータベースが存在しないとき、つまり初期状態に1回だけ実行されるのがonCreate()メソッドです（リスト10.3❷）。したがって、CREATE TABLEなど、初期設定に必要なSQLは、このonCreate()で実行しておきます。

> **Note 開発中はアプリをアンインストールする**
>
> このonCreate()関係で開発中によくあるのは、onCreate()内の記述ミスを修正しても、それがアプリ実行時に反映されないという問題です。たとえば、onCreate()内のCREATE TABLE文のカラム名を記述ミスし、アクティビティでデータを取得できなかったとします。この場合、カラム名を修正してアプリを再実行しても、アクティビティでデータを取得できません。
>
> これは先述の通り「onCreate()メソッドはデータベースが存在しないときに1回だけ実行される」ことに起因しています。すでにデータベースが存在している状態では、いくらonCreate()内を修正しても、そもそもこのメソッドが実行されません。そのため、onCreate()内の記述を修正した場合は、データベースそのものを削除する必要があります。このデータベースの削除方法として、手っ取り早いのは、アプリそのものをアンインストールすることです。ただし、Google以外のメーカーの端末では、アプリをアンインストールしても端末内にデータが残っていることもあります。その場合は、アプリデータの削除で対応してください。

このonCreate()の引数は、データベース接続オブジェクト（SQLiteDatabaseオブジェクト）そのものです（リスト10.3❷-1）。このクラスのexecSQL()メソッドは、CREATE TABLE文などのDDL文※1を実行するためのメソッドであり、引数としてSQL文字列を渡します。リスト10.3❷-2では、その前に生成したcocktailmemosテーブルを作成するSQL文を実行しています。なお、ここで作成したcocktailmemosテーブル構造は表10.3の通りです。

表10.3 cocktailmemosテーブルの構造

カラム名	内容	データ型
_id	カクテルリストビュー上の行番号	INTEGER（主キー）
name	カクテル名	TEXT
note	感想	TEXT

※1 DDLはData Definition Languageの略。データベースの構造や構成を定義するためのSQL文です。

> **Note　Android内データベースの主キーは_id**
>
> リスト10.3❷に記述したcocktailmemosテーブルの主キーは「_id」となっています。Androidでは、カラム名に「_id」と記述することで、OSが自動的に主キーと判定する仕組みがあります。そのため、特に問題がない限り、主キーは「_id」というカラム名にします。

③ onUpgrade()

onUpgrade()メソッドの引数は表10.4の3個です。

表10.4　onUpgrade()メソッドの引数

	引数の型と名称	内容
第1引数	SQLiteDatabase db	データベース接続オブジェクト
第2引数	int oldVersion	内部データベースの現在のバージョン番号
第3引数	int newVersion	コンストラクタで設定されたバージョン番号

①のコンストラクタの引数の説明の通り、内部のデータベースのバージョン番号とコンストラクタの引数で渡されるバージョン番号に違いがある場合はonUpgrade()が自動実行されます。したがって、第2引数と第3引数の違いを利用して、ALTER TABLEなどのデータベースの変更処理を記述します。

リスト10.3❸では、特に処理する必要がないので、何も記述していません。ただし、このメソッドは抽象メソッドなので、処理が不要でもメソッドそのものは記述しておく必要があります。

10.2.5　ヘルパーオブジェクトの生成、解放処理

手順② p.258-259 でヘルパーオブジェクトの生成、解放処理を追記しました。このヘルパーオブジェクトは、アクティビティ内の様々な処理で使われるため、データ処理の直前ではなく、あらかじめ生成しておく必要があります。そのため、アクティビティクラスのフィールドとして用意します（リスト10.4❶）。

用意したフィールドに対して、実際にDatabaseHelperクラスをnewしてヘルパーオブジェクトを生成する処理は、onCreate()メソッドに記述します（リスト10.4❷）。その際、引数としてコンテキストを渡す必要がある点に注意してください。

次に、解放処理についてです。ヘルパーオブジェクトの解放処理を行うには、close()メソッドを実行します。そのclose()メソッドの実行タイミングとして最適なのは、アクティビティの終了時です。7.3.1項で解説したアクティビティのライフサイクルを思い出してください。図7.12 p.178 にあるように、アクティビティが終了するときに実行されるメソッドはonDestroy()です。そのため、リスト10.4❸のように、onDestroy()メソッド中でclose()メソッドを実行しています。その際、super.onDestroy()として親クラスのonDestroy()メソッドを実行するより前にclose()処理を行う点に注意してください。

10.2.6 データ更新処理

手順③ p.259-260 でMainActivityクラスにカクテルメモデータの更新処理を追記しています。ここでの処理は、入力されたカクテルメモに該当するデータがデータベースにすでに存在するかどうかによってデータ処理が変わってきます。

もし存在しないならば登録処理（INSERT）、存在するならば更新処理（UPDATE）となります。すると、存在チェック（SELECT）、INSERT、UPDATEの3個のSQLを記述する必要が出てきます。この通りに処理を記述してもよいのですが、こういった場合、いったんデータを削除し再度登録する、という方法もあります。このほうがシンプルに記述できます。そこで、MainActivityでは、

リスト10.5❶：該当カクテルメモの削除（DELETE）

リスト10.5❷：入力されたカクテルメモの登録（INSERT）

という流れになっています。

ただし、Androidのデータ処理という視点では、INSERT/UPDATE/DELETEのデータ更新処理はいずれも同じ手順となり、以下の通りです。

① ヘルパーオブジェクトからデータベース接続オブジェクトをもらう。
② SQL文字列を作成する。
③ ステートメントオブジェクトをもらう。
④ 変数をバインドする。
⑤ SQLを実行する。

順に説明していきます。

① ヘルパーオブジェクトからデータベース接続オブジェクトをもらう

リスト10.5❶-1が該当します。フィールドとして保持したヘルパーオブジェクト（_helper）のgetWritableDatabase()メソッドを使います。戻り値がSQLiteDatabaseオブジェクトであり、これがデータベース接続オブジェクトです。

なお、同じようなメソッドとしてgetReadableDatabase()があります。違いは、もし内部ストレージがいっぱいなどの理由でデータベースにデータが書き込めない場合の挙動です。getWritableDatabase()メソッドはエラーとなりますが、getReadableDatabase()は読み取り専用としてデータベースを開きます。

なお、①はデータ処理全体で一度だけすればよいので、リスト10.5❷のINSERT処理では①は必要ありません。リスト10.5❶-1で取得したデータベース接続オブジェクト（db）を再利用します。

② SQL文字列を作成する

リスト10.5❶-2と❷-2が該当します。このとき、変数によって値が変わるところは「?」と記述します。

③ ステートメントオブジェクトをもらう

リスト10.5❶-3と❷-3が該当します。ステートメントというのは、SQL文を実行するオブジェクトです。これは、データベース接続オブジェクト（db）のcompileStatement()メソッドを使います。引数としては②で作成したSQL文字列を渡します。戻り値は、SQLiteStatementオブジェクトです。

④ 変数をバインドする

リスト10.5❶-4や❷-4が該当します。③で取得したSQLiteStatementオブジェクト（stmt）のbind●○()メソッドを使って②のSQL文中に記述した「?」に変数を埋め込みます。「●○」の部分は、データ型によって名称が変わってきます。メソッドの引数は2個で、第1引数は「?」の順番で、第2引数は埋め込む値です。この変数のバインドについては、JavaのWeb開発などでよく使われるPreparedStatementと同じ処理です。

なお、②のSQL文中に「?」がない場合は、この手順は不要です。

⑤ SQLを実行する

リスト10.5❶-5や❷-5が該当します。③で取得したSQLiteStatementオブジェクト（stmt）のメソッドを使いますが、SQL文によって使うメソッドが以下のように変わります。

- INSERT文 ➡ executeInsert()。戻り値はINSERTされた行の主キーの値
- UPDATE/DELETE文 ➡ executeUpdateDelete()。戻り値は実行件数

Note 非同期でデータベース接続オブジェクトの取得

リスト10.5やリスト10.6では、getWritableDatabase()メソッドを使ってSQLiteDatabaseオブジェクトを取得する処理を、アクティビティ中にそのまま記述しています。ところが、このSQLiteDatabaseを取得する処理とは、非常に重たい処理であり、Androidの公式ドキュメントでは、非同期処理で取得することを勧めています。非同期でSQLiteDatabaseオブジェクトを取得する処理は本書の範囲を超えますが、「非同期処理とは何か」については第11章で解説します。

10.2.7 データ取得処理

手順④ p.260 でMainActivityクラスにデータベースからカクテルメモデータの取得処理を追記しています。データの取得なので、SQL文としてはSELECT文になります。

Androidでのデータ取得処理は、以下の手順を踏みます。

1. ヘルパーオブジェクトからデータベース接続オブジェクトをもらう。
2. SQL文字列を作成する。
3. SQLを実行する。
4. カーソルをループさせる。
5. カーソルループ内で各行のデータを取得する。

順に説明しますが、①はデータ更新処理と同じ内容で、リスト10.6❶に対応しています。ここでは②から説明していきます。

② SQL文字列を作成する

リスト10.6❷が該当します。ここで注意したいのは、AndroidでSELECT文を実行するメソッドでは変数のバインドが使いづらいため、変数を文字列結合したSQL文字列を作成するという点です。

③ SQLを実行する

リスト10.6❸が該当します。SELECT文を実行するには、SQLiteDatabaseクラスのrawQuery()メソッドを使います。引数は2個で、第1引数にSQL文字列を渡します。第2引数はバインド変数用のString配列ですが、バインド変数を使わない場合はnullです。戻り値は、Cursorオブジェクトになります。このCursorオブジェクトは、JavaのWeb開発などでよく使われるResultSetと同じように、SELECT文の実行結果表がまるごと格納されているオブジェクトです。

Note rawQuery()でバインド変数を使う方法

rawQuery()でバインド変数を使う場合は、②（リスト10.6❷）のSQL文字列中に、

```
String sql = "SELECT * FROM cocktailmemo WHERE _id = ?";
```

のように「?」を記述した上で、?に埋め込む変数をrawQuery()の第2引数として渡します。ところが、この第2引数はString配列です。リスト10.6のように埋め込む変数がString以外の場合は、以下のようにStringに変換した上で配列にする必要があります。

```
String[] params = {String.valueOf(_cocktailId)};
Cursor cursor = db.rawQuery(sql, params);
```

これが、AndroidでSELECT文を実行する際のバインド変数を使いづらくしています。

 カーソルをループさせる

リスト10.6❹が該当します。Cursorオブジェクトは先述の通り、SELECTの結果表がまるごと格納されたオブジェクトです。ここでの挙動を図にすると図10.6のようになります。

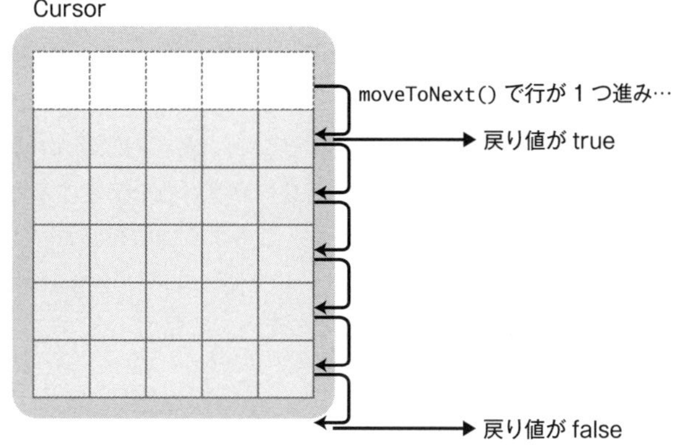

図10.6　カーソルのループ処理イメージ

はじめ、カーソル内では結果表の0行目に位置しています。そこから**moveToNext()**メソッドを実行すると行が1つ進みます。このとき、進んだ先にデータ行が存在する場合、戻り値としてtrueを返します。一方、データ行がない場合はfalseを返します。したがって、リスト10.6❹のように、

```
while(cursor.moveToNext()) {…}
```

とすることで、行データを次々取得することができます。この使い方も、ResultSetとほぼ同じです。

なお、主キーでの検索など、SELECT文の結果表が明らかに1行か0行とわかる場合は、whileループの代わりにifブロックを利用することもできます。その場合は、次のコードのように記述します。

```
if(cursor.moveToFirst()) {…}
```

ポイントは、実行するcursorのメソッドです。もちろん、whileループで利用したmoveToNext()も利用できます。一方、Cursorクラスには、先頭行を表示させるmoveToFirst()というメソッドがあり、結果表が明らかに1行か0行の場合は、このメソッドを使ったほうがよいでしょう。

Note　SQL文を使わない方法

SQLiteDatabaseクラスには、SQL文を直接記述せずにデータ処理ができるメソッドがあらかじめ用意されています。たとえば、リスト10.6❷と❸の代わりとなるコードは以下のようになります。

```
String[] params = {String.valueOf(_cocktailId)};
Cursor cursor = db.query("cocktailmemos", null, "_id = ?", params, null, null, null);
```

INSERT/UPDATE/DELETEについても、同じようにそれぞれのメソッドが用意されています。これらのメソッドを利用するのも1つの方法ですが、SQLに慣れている場合はSQL文を記述したほうが早いです。

⑤ カーソルループ内で各行のデータを取得する

リスト10.6❺が該当します。ResultSetの場合は、カラム名を引数で指定することでデータを取り出すことができましたが、Cursorクラスにはカラム名でデータを取得するメソッドは存在しません。代わりにカラムのインデックスを指定する必要があります。ところが、カラムのインデックスはSELECT文の書き方で変わってきます。そこで、getColumnIndex()メソッドを使います。

getColumnIndex()は、引数にカラム名を指定するとそのカラムのインデックスを取得してくれます。それがリスト10.6❺-1です。このように取得したインデックスを引数として使って、リスト10.6❺-2のようにget●○()メソッドを使ってデータを取得します。この「●○」の部分は、getString()やgetInt()などデータ型によって変わります。

Note　Room

本章で紹介したデータベース処理は単純なものでした。しかし、実際のアプリケーションでは、本章で紹介した内容に加え、10.2.6項末のNoteで紹介したような非同期処理、さらには、データの取得や更新そのものも非同期で行う必要がある場合もあります。場合によっては、データの更新内容を即時に画面に反映させることも考えなければならない場合もあります。そのような複雑なデータ処理に便利なライブラリがAndroidにはあり、それがRoomです。GoogleもRoomの利用を勧めています。Roomの解説は本書で扱う範囲を超えるため、詳細は別媒体に譲りますが、本書を終えられたあと、Roomの利用も視野に入れたほうがよいでしょう。

● **Androidデベロッパーサイトでの Roomの解説ページ**
https://developer.android.com/training/data-storage/room

このように、Android内のデータベースを利用することで、かなり自由度の高いアプリを作成することができます。

第 11 章

非同期処理と Web API連携

前章でデータベース接続を学びました。データベースを扱えるようになると、アプリの自由度がぐっと広がります。ただし、前章で扱ったデータベースはあくまで1つの端末内のデータベースです。端末間でデータを共有しようとすると、どうしてもネット上にサーバー（データベース）を置き、サーバーとやり取りする必要があります。本章ではそのやり取りの基礎――インターネットに接続してWeb APIと連携する方法を解説します。

11.1 AndroidのWeb連携

11.1.1 AndroidのWeb連携の仕組み

前章までのサンプルでは、Android端末がインターネットに接続されていなくても動作するものでした。しかし、スマートフォンやタブレットの真骨頂はやはり、インターネットに接続し、インターネット上のデータベースとデータのやり取りをしてこそです。

Androidでも、このインターネットとのやり取りにはHTTP（もしくは、HTTPS）プロトコルを使います。ということは、インターネット上のデータベースには直接接続するのではなく、あくまでWebインターフェースを通して接続します。よくあるパターンとしては、PHPやJava、Rubyなどのサーバーサイド Webアプリを作成し、実際にデータベースに接続してデータを取得したり、更新したりする処理は、これらサーバーサイドWebアプリに任せます。Androidからは、通常のブラウザと同じようにWebアプリに接続し、データを取得したり更新したりします（図11.1）。

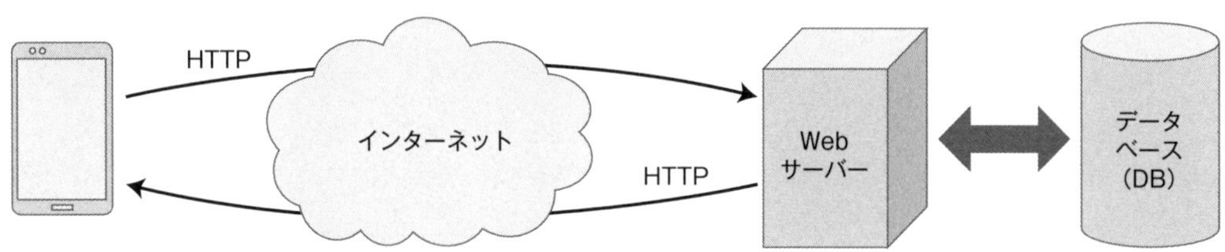

図11.1　AndroidのWeb連携の仕組み

この仕組みを独自に実装しようとすると、サーバーサイドWebアプリを用意しなければなりませんが、それは本書の範囲を超えます。そこで、今回は全世界の天気情報を提供するOpenWeatherというWebサービス※1からデータを取得して表示するサンプルを作成し、AndroidのWeb API連携の方法を解説していきます。

※1　https://openweathermap.org/

11.1.2 OpenWeatherの利用準備

AndroidからOpenWeatherを利用する場合、あらかじめ登録の上、APIキーを取得しておく必要があります。OpenWeatherのTOPページにアクセスしてください。URLは次の通りです。

https://openweathermap.org/

図11.2の画面が表示されます。

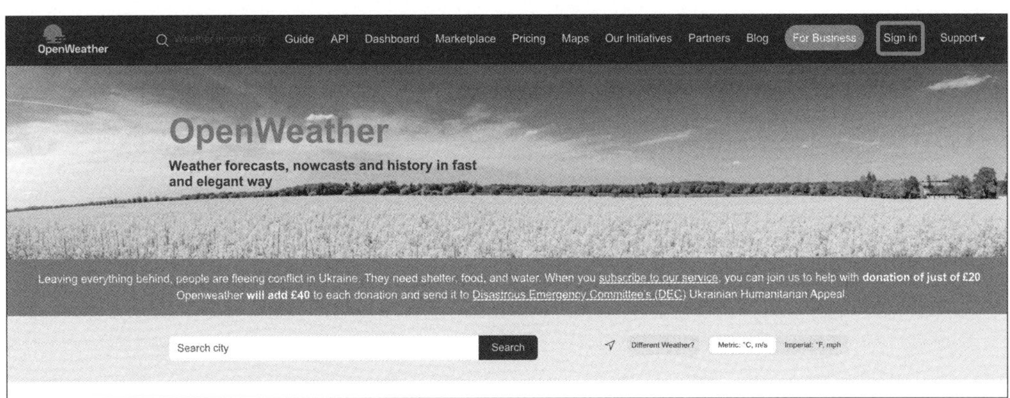

図11.2 OpenWeatherのTOPページ

グローバルナビゲーションにはアカウント作成のリンクがないため、右上の［Sign in］をクリックします。サインイン画面（図11.3）が表示されたら、画面下部の［Create an Account.］リンクをクリックしてアカウント作成画面を表示します（図11.4）。

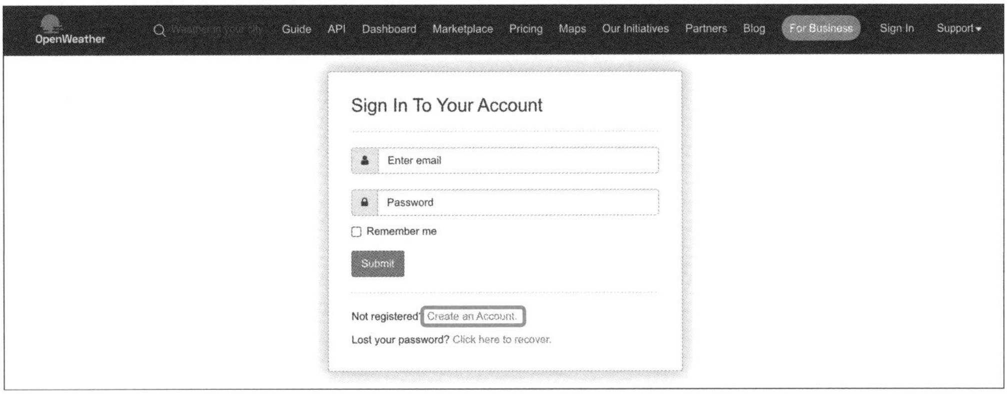

図11.3 OpenWeatherのサインインページ

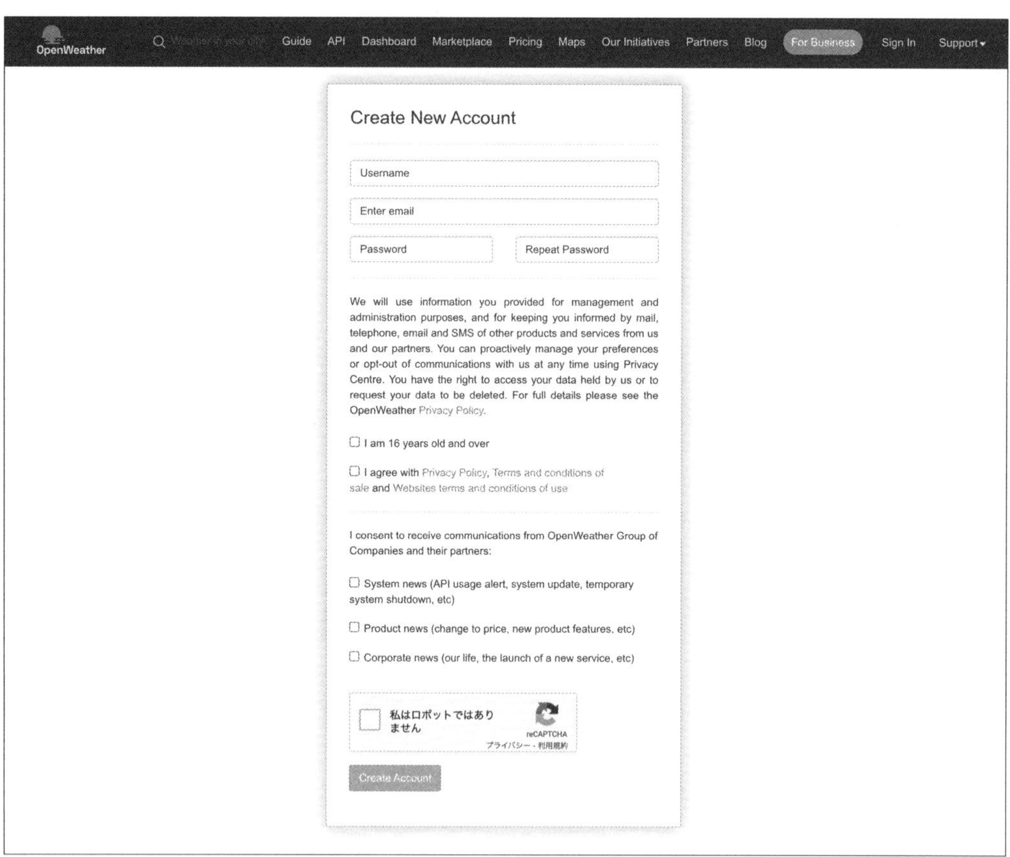

図11.4　OpenWeatherのアカウント作成ページ

このアカウント作成ページのURLは次の通りです。こちらを直接入力してもかまいません。

https://home.openweathermap.org/users/sign_up

必要事項を入力の上、［Create Account］をクリックし、送信されてきたメールの指示に従って認証を済ませてください。無事アカウントが作成されたら、図11.5のようなAPIキーが記載されたメールが送信されてきます。

OpenWeather

Dear Customer!

Thank you for subscribing to Free OpenWeatherMap!

API key:
- Your API key is [illegible]
- Within the next couple of hours, it will be activated and ready to use
- You can later create more API keys on your account page
- Please, always use your API key in each API call

図11.5 OpenWeatherから送信されてきたAPIキー記載のメール

こちらのAPIキーは各々違います。この文字列を以降のサンプルのソースコード中にコピーして使うので、このメールは大切に保管しておいてください。もちろん、OpenWeatherにサインインすることで、後からでも確認できます。

11.1.3 OpenWeatherのWeb API仕様

APIキーを取得したら、OpenWeatherのWeb APIが利用できます。OpenWeatherでは、様々な天気情報を取得でき、それらの取得方法は公式ドキュメント※2で確認できます。これらのWeb APIを無料で利用する場合は、一定の制限があります。本章の内容では無料枠で十分ですが、それを超えて利用する場合には有料となります。

本章で利用するデータは、現在の天気情報です。現在の天気だけでも様々な取得方法があり、取得方法によってURLのパラメータとレスポンスのJSONデータ構造が変わってきます。詳細は公式ドキュメント※3に譲りますが、本章のサンプルでは次のURLを利用します。

https://api.openweathermap.org/data/2.5/weather?lang=ja&q=都市名&appid=APIキー

パラメータとして、lang、q、appidの3個を記載しています。これらについて補足しておきましょう。

- lang ：表示言語を指定。日本語表示なので、jaを指定する。
- q ：天気情報を表示させる都市名をアルファベットで指定する。
- appid ：アカウント作成で取得したAPIキー文字列を指定する。

※2 https://openweathermap.org/api
※3 https://openweathermap.org/current

これらのパラメータに実際の値を埋め込むと、たとえば、次のようなURLとなります。

https://api.openweathermap.org/data/2.5/weather?lang=ja&q=Himeji&appid=…

最後の「…」部分にメール記載の各自のAPIキーをコピー&ペーストしてこのURLにアクセスすると、姫路市の現在の天気情報として、次のJSONデータを返してくれます。

```
{
    "coord": {
        "lon": 134.7,  ――――――――――――――――――――――――― ❶
        "lat": 34.82  ――――――――――――――――――――――――― ❷
    },
    "weather": [
        {
            "id": 803,
            "main": "Clouds",
            "description": "曇",  ――――――――――――――――― ❸
            "icon": "04d"
        }
    ],
    "base": "stations",
    ～省略～
    "timezone": 32400,
    "id": 1862627,
    "name": "姫路市",  ――――――――――――――――――――――――― ❹
    "cod": 200
}
```

様々な情報が表示されており、これらすべてを紹介するわけにはいかないので、詳細は公式ドキュメントを参照してください。本章のサンプルでは、❶の経度、❷の緯度、❸の現在の天気、❹の都市名を利用することにします。

11.2 非同期処理

OpenWeatherのAPIキーが取得できたので、さっそくサンプルの作成に入りたいところですが、その前に、インターネット接続で必須の考え方である非同期処理について解説していきます。

11.2.1 Java言語のメソッド連携は同期処理

まず、図11.6を参照してください。

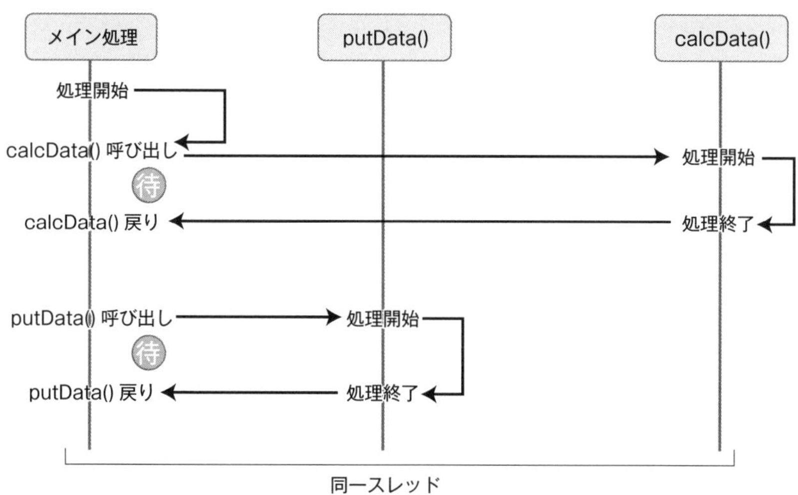

図11.6 Javaの処理は1つのスレッドで行われる

この図は、Javaのメソッド連携とスレッドの関係を表しています。Javaで何かの処理が起動したとき、それをメイン処理とします。代表的なのは、main()メソッドを実行した場合でしょう。Javaでは、処理の一連の流れを**スレッド**という単位で扱っており、このメイン処理が1つ開始されることで、スレッドが1つ起動します。

そして、そのメイン処理から呼び出されるメソッドは、同じスレッド上で動作します。図11.6では、メイン処理が開始されてから次にcalcData()メソッドを呼び出し、その後、putData()メソッドを呼び出している様子を図式化しており、これら一連の処理の流れがすべて同一スレッド上で実行されることを表しています。

ということは、メイン処理からcalcData()を呼び出した時点で、スレッドはcalcData()の実行に使われることになり、calcData()の処理が終了してはじめてメイン処理に処理が戻ることになります。この間、メイン処理は待ち状態となります。putData()に関しても同様です。

このように、呼び出した先のメソッドの処理終了がすなわち元の処理の再開を意味する処理の流れを、**同期処理**といいます。これは、戻りと再開のタイミングが同期していることを意味します。そして、Javaは、様々なメソッドを呼び出したとしても、それらが同一スレッド上で動作されることから、同期処理を基本とします。

11.2.2 非同期処理の必要性

ここで、calcData()に注目してください。このcalcData()が時間のかかる処理だとします。その場合、メイン処理はずっと待ったままということになります。そして、たとえば、このメイン処理が画面表示処理だとすると、そのアプリケーションを利用しているユーザーからは処理がフリーズしたように思えます。これは、当然ですが、好ましい状況とはいえません。

この状況を避けるためには、calcData()の処理終了を待たないように、つまりcalcData()の処理終了とメイン処理の処理再開が同期しないようにcalcData()を呼び出す必要があります。これが**非同期処理**であり、時間のかかる処理、何かエラーの可能性が多々ある処理を呼び出す場合は、非同期処理で行うことを基本とします（図11.7）。

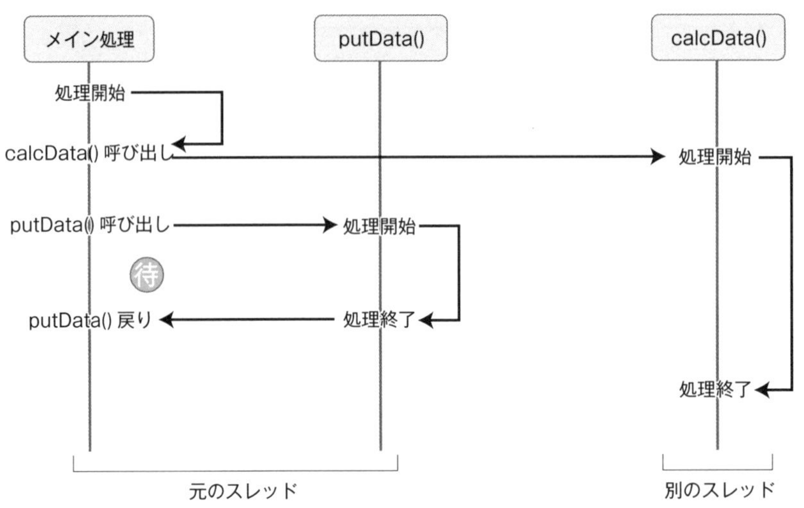

図11.7　時間のかかる処理は非同期処理とする

そして、Javaで非同期処理を実現するためには、それらの処理を別スレッドで行う必要があります。

> **Note　UIスレッドとワーカースレッド**
>
> Androidアプリで一番中心となるスレッドは、Activityが実行される画面スレッドです。そして、このスレッドのことを**UIスレッド**といいます。一方、非同期で行う別スレッドのことを**ワーカースレッド**といいます。

11.3 サンプルアプリの基本部分の作成

では、サンプルを作成しつつ、非同期処理の記述方法、および、Web APIへのアクセス方法を解説していきます。本節では、それら非同期処理コードやWeb APIへのアクセスコードを記述する前の段階、サンプルアプリの基本部分までを作成しましょう。このサンプルは、初期表示では図11.8のように、都市のリストが画面の上半分に表示されています。

この都市をタップすると、OpenWeatherのWebサービスから現在の天気情報を取得し、図11.9のように下半分に情報を表示するようにしていきます。

図11.8　お天気情報サンプルの初期画面

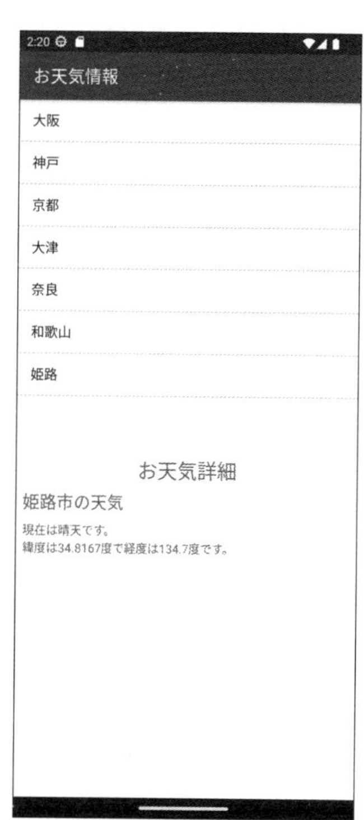

図11.9　お天気情報が表示された画面

11.3.1  お天気情報アプリを作成する

では、まず、アプリの作成手順に従って、作成していきましょう。

(1) お天気情報サンプルのプロジェクトを作成する

以下がプロジェクト情報です。この情報をもとにプロジェクトを作成してください。

Name	AsyncSample
Package name	com.websarva.wings.android.asyncsample

(2) strings.xmlに文字列情報を追加する

次に、strings.xmlをリスト11.1の内容に書き換えましょう。

リスト11.1 res/values/strings.xml

```
<resources>
    <string name="app_name">お天気情報</string>
    <string name="tv_winfo_title">お天気詳細</string>
</resources>
```

(3) レイアウトファイルを編集する

次に、activity_main.xmlに対して、レイアウトエディタのデザインモードを使い、画面を作成していきます。

❶ガイドラインの配置

10.2.1項の手順(3)同様に、[Horizontal Guideline] を選択し、上部から50%の位置に配置してください。idは、glLvCityListとしておきます。

❷都市リストを表示するListViewの配置

Palette	ListView（Legacyカテゴリ）	
Attributes	id	lvCityList
	layout_width	0dp
	layout_height	0dp
制約ハンドル	上	parent(0dp)
	下	glLvCityList(0dp)
	左	parent(0dp)
	右	parent(0dp)

❸「お天気詳細」と表示するTextViewの配置

Palette	TextView	
Attributes	id	tvWinfoTitle
	layout_width	wrap_content
	layout_height	wrap_content
	text	@string/tv_winfo_title
	textSize	24sp
制約ハンドル	上	glLvCityList(8dp)
	左	parent(8dp)
	右	parent(8dp)

❹「○○の天気」と表示するTextViewの配置

Palette	TextView	
Attributes	id	tvWeatherTelop
	layout_width	wrap_content
	layout_height	wrap_content
	text	空欄
	textSize	20sp
制約ハンドル	上	tvWinfoTitleの下ハンドル(8dp)
	左	parent(8dp)

❺天気の詳細情報を表示するTextViewの配置

Palette	TextView	
Attributes	id	tvWeatherDesc
	layout_width	0dp
	layout_height	0dp
	text	空欄
制約ハンドル	上	tvWeatherTelopの下ハンドル(8dp)
	左	parent(8dp)
	右	parent(8dp)
	下	parent(8dp)

すべての画面部品を配置し終えると、レイアウトエディタ上では、図11.10のように表示されます。

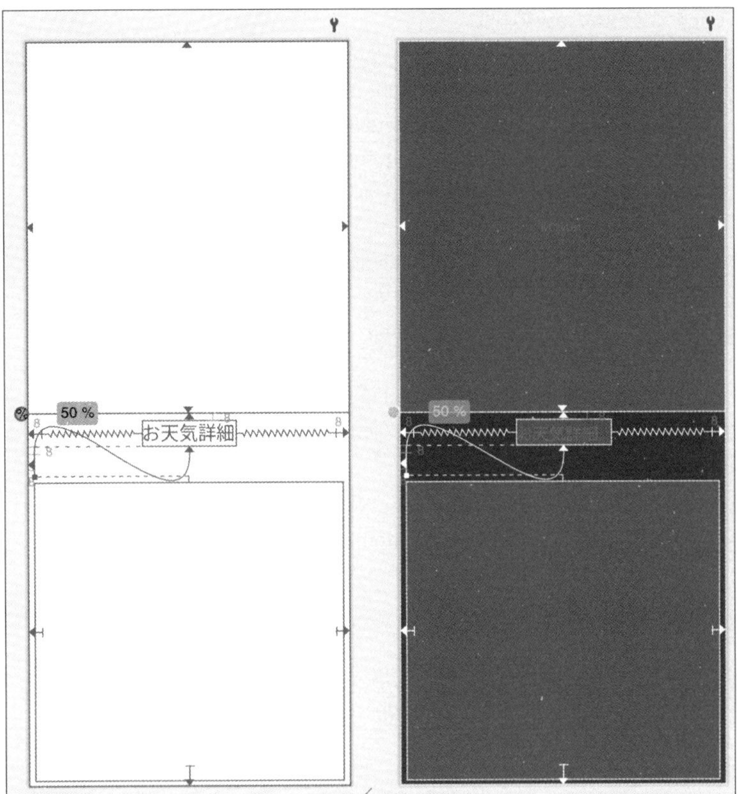

図11.10　完成したactivity_main.xml画面のレイアウトエディタ上の表示

④ アクティビティに処理を記述する

次に、アクティビティに記述していきましょう（リスト11.2)。「～繰り返し～」と記載している部分は、❹の4行を繰り返しながら都市データをリストに登録している処理です。リスト11.2では2都市しか記述していませんが、ダウンロードサンプルでは近畿圏から7都市を登録しています。また、任意の都市データを追加してもかまいません。

リスト11.2　java/com.websarva.wings.android.asyncsample/MainActivity.java

```
public class MainActivity extends AppCompatActivity {
    // ログに記載するタグ用の文字列。
    private static final String DEBUG_TAG = "AsyncSample"; ──❶
    // お天気情報のURL。
    private static final String WEATHERINFO_URL = "https://api.openweathermap.org/data/↵
2.5/weather?lang=ja"; ──❷
    // お天気APIにアクセスするためのAPIキー。
    private static final String APP_ID = "…"; ──❸
    // リストビューに表示させるリストデータ。
    private List<Map<String, String>> _list;
```

```
    @Override
    protected void onCreate(Bundle savedInstanceState) {
        super.onCreate(savedInstanceState);
        setContentView(R.layout.activity_main);

        _list  = createList();

        ListView lvCityList = findViewById(R.id.lvCityList);
        String[] from = {"name"};
        int[] to = {android.R.id.text1};
        SimpleAdapter adapter = new SimpleAdapter(getApplicationContext(), _list, ↵
android.R.layout.simple_list_item_1, from, to);
        lvCityList.setAdapter(adapter);
        lvCityList.setOnItemClickListener(new ListItemClickListener());
    }

    // リストビューに表示させる天気ポイントリストデータを生成するメソッド。
    private List<Map<String, String>> createList() {
        List<Map<String, String>> list = new ArrayList<>();

        Map<String, String> map = new HashMap<>();
        map.put("name", "大阪");
        map.put("q", "Osaka");
        list.add(map);
        map = new HashMap<>();          ┐
        map.put("name", "神戸");         ├ ❹
        map.put("q", "Kobe");           │
        list.add(map);                  ┘
        ～繰り返し～

        return list;
    }

    // お天気情報の取得処理を行うメソッド。
    private void receiveWeatherInfo(final String urlFull) {  ❺
        // ここに非同期で天気情報を取得する処理を記述。  ❻
    }

    // リストがタップされたときの処理が記述されたリスナクラス。
    private class ListItemClickListener implements AdapterView.OnItemClickListener {
        @Override
        public void onItemClick(AdapterView<?> parent, View view, int position, long id) {
            Map<String, String> item = _list.get(position);
            String q = item.get("q");  ❼
            String urlFull = WEATHERINFO_URL + "&q=" + q + "&appid=" + APP_ID;  ❽

            receiveWeatherInfo(urlFull);  ❾
        }
    }
}
```

⑤ アプリを起動する

入力を終え、特に問題がなければ、この時点で一度アプリを実行してみてください。図11.8 p.277 の画面が表示されます。ただし、リストをタップしても何も変化はありません。これは、リストをタップしたときのリスナクラス内の処理として、特別な処理を何も記述していないからです。

11.3.2 リスト11.2のポイント

リスト11.2のソースコードには、OpenWeatherから天気情報を取得するコードはおろか、非同期処理コードすらまだ記述されていません。そのリスト11.2では、非同期処理コードを❺のreceiveWeatherInfo()メソッドとしてまとめておくようにし、次の11.4節で、その内部の❻に非同期処理コードを記述していきます。その際、非同期でOpenWeatherから天気情報を取得してきます。ということは、11.1.3項 p.273-274 で解説した通りWeb APIにアクセスするためのURLが必要です。リスト11.2❺のように、receiveWeatherInfo()メソッドでは、そのURLを引数として受け取れるようにしています。なお、引数にfinalが記述されている点については後述します。

そのreceiveWeatherInfo()処理は、リストをタップしたときに実行します。そのため、リスト11.2では❾の位置に記述しています。その際、あらかじめURL文字列を❽で生成しています。そのコードからわかるように、リスト11.2では、URLを以下の3要素に分けており、それらを文字列結合しています。

URLの基本部分

11.1.3項 p.273-274 で解説したURLのlang=jaまでの部分が該当し、リスト11.2では❷の定数WEATHERINFO_URLとして定義しています。

都市名を表すパラメータ

createList()メソッド内で生成したリストデータの、各Mapのキーqの値が該当します。リストがタップされたときにその値を取り出しているのが、リスト11.2❼です。なお、このリストデータを取り出しやすいように、リストデータそのものをあらかじめフィールドとして定義しています。

APIキー

リスト11.2❸の定数APP_IDが該当します。実際のコーディングでは、この「…」に各自が取得した値をコピー&ペーストしてください。

なお、リスト11.2❶の定数DEBUG_TAGは、次節以降のコーディングでログへの書き出し処理コード中で利用します。

11.4 Androidの非同期処理

前節で、AsyncSampleの基本部分ができました。ここからMainActivityに実際に非同期処理コードを記述していきましょう。

11.4.1  非同期処理の基本コードを記述する

リスト11.2で記述したMainActivityのreceiveWeatherInfo()内の❻の位置にリスト11.3の太字部分のコード、および、そのコード中で利用するWeatherInfoBackgroundReceiverクラスをprivateメンバクラスとして追記しましょう。

リスト11.3 java/com.websarva.wings.android.asyncsample/MainActivity.java

```
public class MainActivity extends AppCompatActivity {
    ～省略～
    private void receiveWeatherInfo(final String urlFull) {
        WeatherInfoBackgroundReceiver backgroundReceiver = ↵
new WeatherInfoBackgroundReceiver();  ❶
        ExecutorService executorService  = Executors.newSingleThreadExecutor();  ❷
        Future<String> future = executorService.submit(backgroundReceiver);  ❸
    }

    // 非同期でお天気情報APIにアクセスするためのクラス。
    private class WeatherInfoBackgroundReceiver implements Callable<String> {  ❹
        @Override
        public String call() {
            String result = "";

            // ここにWeb APIにアクセスするコードを記述  ❺

            return result;
        }
    }
    ～省略～
}
```

11.4.2 非同期処理の中心であるExecutor

Javaには、マルチスレッドを効率よく扱うパッケージとしてjava.util.concurrentが用意されています。11.2.2項 p.276 での解説の通り、Javaでの非同期処理は、すなわちマルチスレッド処理です。そのため、このjava.util.concurrentパッケージのクラス群を利用することになります。その中心となるのがExecutorです。

ただし、Executorはインターフェースなので、実際にはExecutorを実装したクラスを利用します。実装クラスは自作することも可能ですが、通常はもちろんjava.util.concurrentに用意されたクラスの中から用途に合わせたものを利用します。

さらに、利用する際も、該当クラスをnewするのではなく、Executorを実装したインスタンスを生成するファクトリクラスであるExecutorsの各メソッドを利用して、作成されたインスタンスを利用します。Executorsのインスタンス生成メソッドとして、主なものを以下に列挙します。

- newSingleThreadExecutor()：単純に別スレッドで動作するインスタンスを生成する。
- newFixedThreadPool()：指定のスレッド数を確保した上で処理を実行できるインスタンスを生成する。
- newCachedThreadPool()：スレッドをキャッシュした上で再利用できるインスタンスを生成する。
- newScheduledThreadPool()：別スレッドで指定時間おきに処理を実行できるインスタンスを生成する。

リスト11.3では、単純に別スレッドにするだけで問題なく動作するので、❷のように、newSingleThreadExecutor()を利用しています。

リスト11.3❷を見てもわかるように、そのExecutorsのnewSingleThreadExecutor()メソッドの戻り値は、ExecutorServiceインスタンスです。ExecutorServiceは、Executorインターフェースの子インターフェースであり、このExecutorServiceインスタンスが、Javaで非同期処理を行うには便利です。

具体的には、ExecutorServiceのsubmit()メソッドを実行することで、別スレッドで処理を実行、つまり、非同期処理が行われます（リスト11.3❸）。

11.4.3 非同期処理の実態はrun()かcall()メソッド内の処理

ExecutorServiceのsubmit()メソッドは、引数として次のどちらかのインスタンスを必要とします。

Runnableインスタンス

Runnableインターフェースを実装したクラスを用意し、run()メソッドをオーバーライドします。このrun()メソッド内に非同期処理を記述します。

Callableインスタンス

Callableインターフェースを実装したクラスを用意し、call()メソッドをオーバーライドします。このcall()メソッド内に非同期処理を記述します。

これらの違いは、非同期処理終了後、非同期処理の結果として何かのデータを元のスレッドに戻す必要があるかどうかです。Runnableを利用した場合は、図11.11のような処理の流れとなります。たとえば、「ネット上から画像ファイルをダウンロードしてストレージに格納する処理」のような、バックグラウンド処理の後、特に何も行わない、つまり、処理がバックグラウンドのみで完結するならば、Runnableインスタンスを利用します。なお、Runnableインスタンスを利用した場合については、11.7節で紹介します。

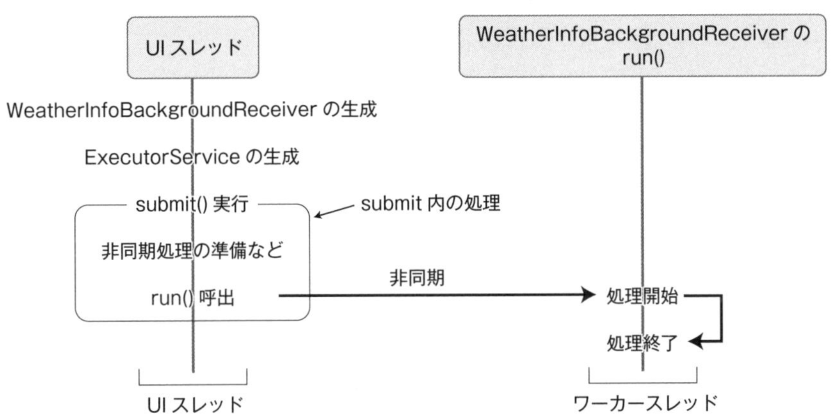

図11.11　Runnableインスタンスを利用した非同期処理

11.4.4 Callableではcall()の戻り値の型を指定

一方、本章が題材にしている、「天気情報をWeb APIから取得して、その内容を画面に表示する処理」のように、バックグラウンド処理の終了後、その結果をもとにUIスレッドで何か処理を行わないといけない場合は、Callableインスタンスを利用します。このCallableインスタンスを利用した場合の処理の流れは、図11.12のようになります。

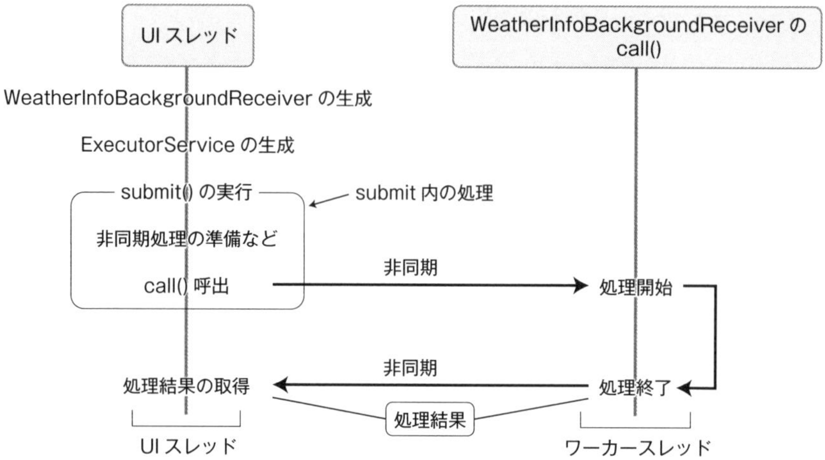

UIスレッド
WeatherInfoBackgroundReceiver の call()
WeatherInfoBackgroundReceiver の生成
ExecutorService の生成
submit() の実行
submit 内の処理
非同期処理の準備など
call() 呼出
非同期
処理開始
非同期
処理結果の取得
処理終了
処理結果
UIスレッド
ワーカースレッド

図11.12　Callableインスタンスを利用した非同期処理

call()メソッド内の終了後、その結果を戻り値とします。そうすることで、その戻り値が非同期で元のスレッドに戻されます。ただし、この戻り値がどのようなデータなのかは、非同期処理の内容、および、それを受け取る元スレッドとのやり取りをどのようにするかによって変わってきます。

そこで、この戻り値のデータ型を、ジェネリクスとして型指定します。リスト11.3❹のimplementsの次、インターフェースを指定するコードがCallable<String>となっているのはそのためです。AsyncSampleでは、非同期処理の結果、天気情報データとしてJSON文字列を取得します。そのため、型指定は、Stringとしています。

さらに、このジェネリクスで指定したデータ型が、そのままcall()の戻り値のデータ型となります。リスト11.5❺において、戻り値のデータ型がStringとなっており、さらに、空文字のresultを用意し、それをリターンしているのは、そのためです。

最終的には、リスト11.3ではコメントとして記述している部分に、11.5節でWeb APIにアクセスする処理を記述し、このresultを実際の天気情報JSON文字列としていきます。

11.4.5　Callableを実行したsubmitの戻り値はFutureオブジェクト

前項で、実際のWeb APIアクセスは行っていないものの、非同期で取得した文字列をUIスレッドに戻す仕組みができました。次は、UIスレッド側でこの戻り値を受け取る方法を理解しておく必要があります。それが、リスト11.3❸の戻り値です。

実は、Callableオブジェクトのcall()メソッドの戻り値がそのままsubmit()メソッドの戻り値となるわけではありません。call()の戻り値は、**Future**オブジェクトの中に格納された状態で元のスレッドに渡されます。そのため、submit()メソッドの直接の戻り値は、Futureオブジェクトです。そして、本来のcall()の戻り値が、この中に格納されるため、型宣言には、リスト11.3❸のFuture<String>のように、ジェネリクスでcall()の戻り値の型と同じものを型指定する必要があります。

11.4.6 Futureオブジェクトからのデータ取得はget()メソッド

では、このFutureオブジェクトから本来の戻り値を取得するコードをリスト11.3❸の続きに記述しましょう。receiveWeatherInfo()メソッドに、リスト11.4の太字の部分を追記してください。

リスト11.4 java/com.websarva.wings.android.asyncsample/MainActivity.java

```
private void receiveWeatherInfo(final String urlFull) {
    ～省略～
    Future<String> future = executorService.submit(backgroundReceiver);
    String result = "";                                                    ❶
    try {
        result = future.get();                                             ❷
    }
    catch(ExecutionException ex) {
        Log.w(DEBUG_TAG, "非同期処理結果の取得で例外発生: ", ex);              ❸
    }
    catch(InterruptedException ex) {
        Log.w(DEBUG_TAG, "非同期処理結果の取得で例外発生: ", ex);              ❹
    }
}
```

リスト11.4のポイントは、❷です。Futureオブジェクトから、その中に格納された本来の戻り値を取得するには、get()メソッドを利用します。ただし、2点注意する必要があります。まず、ExecutionExceptionとInterruptedExceptionが発生するので、例外処理を行う必要があります。❸がExecutionException、❹がInterruptedExceptionの例外処理であり、ここでは単にログへの記録にとどめています。さらに、例外処理に伴い、get()メソッドの実行がtryブロック内となるため、❶であらかじめget()の戻り値を格納する変数を初期値とともに宣言しておきます。

もう1点注意すべきところは、このget()メソッド、もっというならば、Futureオブジェクトの処理の流れです。この処理の流れを図にすると、図11.13のようになります。

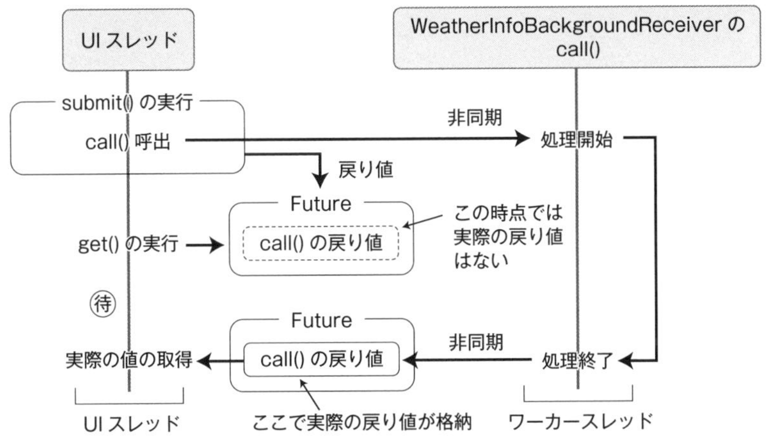

図11.13 Futureオブジェクトのデータ取得の流れ

executorServiceのsubmit()メソッドが実行された後、非同期処理ゆえに、WeatherInfoBackgroundReceiverのcall()の処理終了どころか、処理開始を待たずにすぐにFutureオブジェクトが戻り値としてリターンされます。ただし、この時点では、本来の戻り値、すなわち、call()の戻り値は内部にはありません。この内部に値がない状態で、リスト11.4❷のget()が実行されます。実行するといっても内部に値がないため、get()の実行そのものは、待ち状態となります。その後、非同期で実行されているcall()内の処理が無事終了し、その戻り値がFutureオブジェクト内に格納されたのちに、get()の戻り値がリターンされます。

このget()の実行の際に、待ちが発生することを理解せずにコーディングを行うと、場合によっては思わぬバグを生むことになるので注意しておいてください。

11.4.7  アノテーションの追記

リスト11.4で、バックグラウンド処理、および、そのバックグラウンドの結果をUIスレッドで受け取るコードが記述できました。これらを受けて、もう一段階進めて完成に近づけていきます。

Androidでは、ここまで説明したように、UIスレッドとバックグラウンド処理であるワーカースレッドとのやり取りを想定したSDK設計になっています。そのため、それぞれの処理を記述したソースコードには、それぞれに対応したアノテーションを付与できるようになっています。

リスト11.3、および、リスト11.4では、receiveWeatherInfo()メソッドがUIスレッドでの処理となります。一方、WeatherInfoBackgroundReceiverのcall()メソッドはワーカースレッドです。これらをアノテーションとして明記すると、リスト11.5のようになります。太字部分のアノテーションを追記してください。

リスト11.5　java/com.websarva.wings.android.asyncsample/MainActivity.java

```
public class MainActivity extends AppCompatActivity {
    ～省略～
    @UiThread ―――――――――――――――――――――――――――――――― ❶
    private void receiveWeatherInfo(final String urlFull) {
        ～省略～
    }

    private class WeatherInfoBackgroundReceiver implements Callable<String> {
        @WorkerThread ―――――――――――――――――――――――――― ❷
        @Override
        public String call()
            ～省略～
        }
    }

    ～省略～
}
```

11.4.8 UIスレッドとワーカースレッドを保証してくれるアノテーション

先述のように、receiveWeatherInfo()メソッドがUIスレッドで動作する処理なので、リスト11.5❶のように@UiThreadというアノテーションを付与しています。これによって、このメソッドがUIスレッドで実行されることがコンパイラによって保証されます。もし不都合があるならば、コンパイルエラーの形で教えてくれます。

一方、WeatherInfoBackgroundReceiverクラスのcall()メソッドは、バックグラウンド処理であるワーカースレッドで実行されるため、リスト11.5❷のように@WorkerThreadアノテーションを付与しています。

ここで注意してほしいのは、アノテーションを付与するのは、あくまでメソッドに対してである、ということです。たとえば、WeatherInfoBackgroundReceiverクラスに対して@WorkerThreadアノテーションを付与することも可能ですし、現段階ではコンパイルエラーにはなりません。しかし、次節でこのWeatherInfoBackgroundReceiverにコンストラクタを記述します。そして、そのコンストラクタは、UIスレッドで実行される処理であるため、コンパイルエラーとなります。そのため、確実に、UIスレッドで処理が行われるメソッドに対して@UiThreadアノテーションを、バックグラウンド処理が行われるメソッドに対して@WorkerThreadアノテーションを付与するようにしましょう。

Note AsyncTask

Androidの非同期処理に関して、これまで推奨されてきた方法は、AsyncTaskの利用でした。実際、本章の初版では、このAsyncTaskを利用したWeb APIアクセスの方法を紹介しています。

ところが、このAsyncTaskクラスは、Android 11（APIレベル30）で非推奨となりました。AsyncTaskの代わりに、Googleが推奨しているのが、ここで紹介したExecutorを利用したコードです。

11.5 HTTP接続

これで非同期処理の準備が整いました。いよいよインターネットに接続して天気情報を取得する処理を記述しましょう。

11.5.1 手順 天気情報の取得処理を記述する

① フィールドとコンストラクタを追記する

WeatherInfoBackgroundReceiverでは、Web APIにアクセスするためのURL文字列を事前に取得しておく必要があります。これに対応するために、コンストラクタでURL文字列を受け取り、フィールドに格納しておく必要があります。そのコードも追記しましょう。これは、receiveWeatherInfo()内のWeatherInfoBackgroundReceiverをnewするコードの変更と、WeatherInfoBackgroundReceiverクラス内へのコードの追記です。リスト11.6の太字のコードを追記してください。

リスト11.6　java/com.websarva.wings.android.asyncsample/MainActivity.java

```
public class MainActivity extends AppCompatActivity {
    ～省略～
    @UiThread
    private void receiveWeatherInfo(final String urlFull) {
        WeatherInfoBackgroundReceiver backgroundReceiver = new WeatherInfoBackgroundReceiver↵
(urlFull);
        ～省略～
    }

    private class WeatherInfoBackgroundReceiver implements Callable<String> {
        // お天気情報を取得するURL。
        private final String _urlFull;

        // コンストラクタ。
        public WeatherInfoBackgroundReceiver(String urlFull) {
            _urlFull = urlFull;
        }

        @WorkerThread
        @Override
        public String call() {
            ～省略～
        }
    }
    ～省略～
}
```

② インターネットに接続する処理を記述する

インターネットに接続して天気情報を取得する処理は、バックグラウンドで行うため、WeatherInfoBackgroundReceiverのcall()メソッド内に記述します。「// ここにWeb APIにアクセスするコードを記述」の部分にリスト11.7の太字部分のコードを追記しましょう。

リスト11.7 java/com.websarva.wings.android.asyncsample/MainActivity.java

```
public class MainActivity extends AppCompatActivity {
    ～省略～
    private class WeatherInfoBackgroundReceiver implements Callable<String> {
        ～省略～
        @WorkerThread
        @Override
        public String call() {
            String result = "";
            // HTTP接続を行うHttpURLConnectionオブジェクトを宣言。finallyで解放するためにtry外で宣言。
            HttpURLConnection con = null;
            // HTTP接続のレスポンスデータとして取得するInputStreamオブジェクトを宣言。同じくtry外で宣言。
            InputStream is = null;
            try {
                // URLオブジェクトを生成。
                URL url = new URL(_urlFull); ――――――――――――――――――――― ❶
                // URLオブジェクトからHttpURLConnectionオブジェクトを取得。
                con = (HttpURLConnection) url.openConnection(); ―――――――――― ❷
                // 接続に使ってもよい時間を設定。
                con.setConnectTimeout(1000); ―――――――――――――――――――― ❽
                // データ取得に使ってもよい時間。
                con.setReadTimeout(1000); ―――――――――――――――――――――― ❾
                // HTTP接続メソッドをGETに設定。
                con.setRequestMethod("GET"); ――――――――――――――――――――― ❸
                // 接続。
                con.connect(); ――――――――――――――――――――――――――――― ❹
                // HttpURLConnectionオブジェクトからレスポンスデータを取得。
                is = con.getInputStream(); ――――――――――――――――――――――― ❺
                // レスポンスデータであるInputStreamオブジェクトを文字列に変換。
                result = is2String(is); ―――――――――――――――――――――――― ❼
            }
            catch(MalformedURLException ex) {
                Log.e(DEBUG_TAG, "URL変換失敗", ex);
            }
            // タイムアウトの場合の例外処理。
            catch(SocketTimeoutException ex) { ――――――――――――――――――――― ❿
                Log.w(DEBUG_TAG, "通信タイムアウト", ex);
            }
            catch(IOException ex) {
                Log.e(DEBUG_TAG, "通信失敗", ex);
            }
            finally {
                // HttpURLConnectionオブジェクトがnullでないなら解放。
                if(con != null) {
                    con.disconnect(); ―――――――――――――――――――――――――― ❻
                }
```

▼

```
                    // InputStreamオブジェクトがnullでないなら解放。
                    if(is != null) {
                        try {
                            is.close();
                        }
                        catch(IOException ex) {
                            Log.e(DEBUG_TAG, "InputStream解放失敗", ex);
                        }
                    }
                }
                return result;
            }
        }
        ～省略～
}
```

③ InputStreamオブジェクトを文字列に変換するメソッドを追加する

InputStreamオブジェクトを文字列に変換するprivateメソッド（リスト11.8の太字部分）をWeatherInfoBackgroundReceiverクラスに追記しましょう。この処理はAndroidであるか否かに関係なく、InputStreamをStringに変換するJavaの定型処理であり、インターネットで検索するとすぐに見つかるソースコードです。

リスト11.8　java/com.websarva.wings.android.asyncsample/MainActivity.java

```
public class MainActivity extends AppCompatActivity {
    ～省略～
    private class WeatherInfoBackgroundReceiver implements Callable<String> {
        ～省略～
        @WorkerThread
        @Override
        public String call() {
            ～省略～
        }

        private String is2String(InputStream is) throws IOException {
            BufferedReader reader = new BufferedReader(
                new InputStreamReader(is, StandardCharsets.UTF_8));
            StringBuffer sb = new StringBuffer();
            char[] b = new char[1024];
            int line;
            while(0 <= (line = reader.read(b))) {
                sb.append(b, 0, line);
            }
            return sb.toString();
        }
    }
    ～省略～
}
```

④ AndroidManifestにタグを追記する

Androidでは、アプリがインターネットに接続するには、その許可をアプリに与える必要があります。AndroidManifest.xmlにリスト11.9の太字の2行を追記します。

リスト11.9 manifests/AndroidManifest.xml

```
<manifest …>
    <uses-permission android:name="android.permission.INTERNET" />
    <uses-permission android:name="android.permission.ACCESS_NETWORK_STATE" />
    <application
        ～省略～
```

11.5.2 AndroidのインターネットI接続はHTTP接続

Androidでもインターネットに接続するにはHTTPプロトコルを使うため、HTTP接続と呼ぶことができます。AndroidでHTTP接続を行うには、HttpURLConnectionクラスを使います。使い方は以下の手順です。

1. url文字列からURLオブジェクトを作成する。
2. URLオブジェクトからHttpURLConnectionオブジェクトを取得する。
3. HTTPメソッドを指定する。
4. HTTP接続を行う。
5. レスポンスデータを取得する。
6. HttpURLConnectionオブジェクトを解放する。

順に説明していきます（リスト11.7 p.291-292）。

① url文字列からURLオブジェクトを作成する

リスト11.7❶が該当します。url文字列からURLオブジェクトを作成するには、URLクラスをnewする際にurl文字列を渡します。リスト11.7では、リスト11.6で追記したコードの通り、フィールドに_urlFullとしてurl文字列を保持しているので、それをもとにURLクラスをnewしています。

② URLオブジェクトからHttpURLConnectionオブジェクトを取得する

リスト11.7❷が該当します。URLオブジェクトからHttpURLConnectionオブジェクトを取得するには、URLオブジェクトのopenConnection()メソッドを使います。ただし、このメソッドの戻り値の型は、URLConnectionなので、HttpURLConnectionにキャストする必要があります。

③ HTTPメソッドを指定する

リスト11.7❸が該当します。HTTPメソッドを指定するには、HttpURLConnectionのsetRequestMethod()メソッドに引数として「POST」か「GET」の文字列を渡します。本章のようにWeb APIからデータを取得する場合はGETが基本なので、GETを指定しています。

④ HTTP接続を行う

リスト11.7❹が該当します。HTTP接続を行うには、HttpURLConnectionのconnect()メソッドを使います。このメソッドを実行したときに、接続を行い、レスポンスデータの取得まで行います。したがって、メソッド実行後にはHttpURLConnectionオブジェクト内にレスポンスデータが格納されています。

⑤ レスポンスデータを取得する

リスト11.7❺が該当します。この格納されたレスポンスデータを取得します。ただし、これはInputStreamオブジェクトとして格納されているので、getInputStream()メソッドを実行して取得します。

⑥ HttpURLConnectionオブジェクトを解放する

リスト11.7❻が該当します。オブジェクトの解放には、disconnect()メソッドを使いますが、このような接続関係のオブジェクトはリソースを必要とします。したがって、確実に解放するために、finallyブロック内で行います。その際、未接続の状態でfinallyブロックが実行される可能性もあるので、あらかじめcon（HttpURLConnectionオブジェクト）のnullチェックを行っています。

あとは、取得したInputStreamオブジェクトを必要な形に変換して、必要なデータを取り出したり、ファイルとして保存したりします。今回はレスポンスデータがJSON文字列なので、InputStreamオブジェクトを文字列に変換します。それが、リスト11.8 p.292 のis2String()メソッドであり、これを呼び出しているのがリスト11.7❼ p.291 です。なお、InputStreamオブジェクトも確実に解放する必要があるので、finallyブロックでclose()を行っています。

11.5.3 HTTP接続の許可

以上で、アプリでHTTP接続を行う処理の記述が一通り終わりました。ただし、アプリ内でHTTP接続を行う場合、そもそもそのアプリそのものにHTTP接続の許可（パーミッション）を与えておく必要があります。AndroidManifest.xmlにHTTP接続の許可を与えるタグをあらかじめ追記しておきます。それが、手順④ p.293 のリスト11.9です。

Note HTTP接続がPOSTの場合

今回のHTTP接続は、GETで行いました。もし、サーバー側にデータを格納、つまり、サーバーサイドでデータベースのINSERT/UPDATE/DELETEを行う場合、Androidからは必要なデータをPOSTします。その場合は、HttpURLConnectionを取得した後、以下の手順でPOSTします。

① リクエストパラメータ文字列を作成する。

```
String postData = "name=" + name + "&comment=" + comment;
```

② HTTPメソッドを指定する。

```
con.setRequestMethod("POST");
```

③ POST出力可能に設定する。

```
con.setDoOutput(true);
```

④ OutputStreamを取得する。

```
OutputStream os = con.getOutputStream();
```

⑤ リクエスト文字列のバイト列を送信する。

```
os.write(postData.getBytes());
```

⑥ OutputStreamを解放する。

```
os.flash()
os.close();
```

⑦ HttpURLConnectionオブジェクトを解放する。

```
con.disconnect();
```

11.5.4 HttpURLConnectionクラスのその他のメソッド

HttpURLConnectionクラスには以下のメソッドもあります。それを実装しているのが、リスト11.7❽と❾です。

- setConnectTimeout()：リスト11.7❽が該当し、接続に使ってもよい時間を設定する。
- setReadTimeout()：リスト11.7❾が該当し、データ取得に使ってもよい時間を設定する。

これらのメソッドは、引数としてミリ秒数を指定します。指定時間を過ぎると、SocketTimeoutExceptionが発生するので、この例外を処理することでアプリのユーザーに再接続のダイアログなどを表示することが可能です（リスト11.7⑩）。

また、getResponseCode()メソッドを使うと、HTTPステータスコードを取得できます。取得したステータスコードで分岐を行い、場合によってはアプリのユーザーにメッセージを表示することもできます。

11.5.5 finalの役割とスレッドセーフ

ところで、リスト11.6で追記したWeatherInfoBackgroundReceiverのフィールド_urlFullにもfinalがついています。11.3.2項でも少し言及しましたが、receiveWeatherInfo()メソッドの引数にもfinalが付与されています。このfinalキーワードは、一度代入された値を変更できないようにするものです。ということは、receiveWeatherInfo()メソッドの引数も、WeatherInfoBackgroundReceiverのフィールド_urlFullも一度値が代入されたら、その後、値が変更できないようになっています。

ここで、もう一度、スレッド間のやり取りに注目します。receiveWeatherInfo()メソッドは、UIスレッドで実行されます。ということは、その引数urlFullもUIスレッドで利用されます。そして、WeatherInfoBackgroundReceiverのフィールド_urlFullへの値の代入も、WeatherInfoBackgroundReceiverのnewの処理、すなわち、コンストラクタの実行が、receiveWeatherInfo()メソッド内で行われていることを考えれば、UIスレッドで行われます。

一方、実際にこのフィールド_urlFullが利用されるのはワーカースレッドで動作するcall()メソッド内です。

このように、複数のスレッドをまたいで利用される変数は、各スレッドから値の書き換えが起きる可能性があります。そこで、finalキーワードを付与して、値の書き換えを防ぎ、複数スレッドで問題なく動作するようにしておきます。このことを、スレッドセーフといいます。

11.6 JSONデータの扱い

前節までで、Web APIに非同期でアクセスを行い、天気情報のJSONデータの取得まで行うことができました。とはいえ、そのレスポンスデータであるJSONデータを解析して、画面に表示するまでには至っていません。本節では、この処理を記述していくことにしましょう。

11.6.1  JSONデータの解析処理の追記

① JSONデータの解析と表示処理を記述する

リスト11.7の追記で、Web APIから天気情報JSONデータを取得できるようになりました。その結果が❼のresultです。このresultがcall()メソッドの戻り値としてUIスレッドに渡されます。そして、リスト11.4❷のコードを経て、receiveWeatherInfo()中の変数result（リスト11.4❶）として利用できるようになります。次に、このJSON文字列であるresultを解析し、表示させるコードを記述しましょう。

実際のJSONデータの解析処理と、その結果取得した天気情報を画面に表示させる処理をshowWeatherInfo()メソッドとしてまとめ、引数をJSON文字列のresultとします。そして、receiveWeatherInfo()末で、このshowWeatherInfo()を実行します。これは、リスト11.10の太字のコードとなります。

リスト11.10　java/com.websarva.wings.android.asyncsample/MainActivity.java

```
public class MainActivity extends AppCompatActivity {
    ～省略～
    @UiThread
    private void receiveWeatherInfo(final String urlFull) {
        ～省略～
        showWeatherInfo(result);
    }

    @UiThread
    private void showWeatherInfo(String result) {
        // 都市名。
        String cityName = "";
        // 天気。
        String weather = "";
        // 緯度
        String latitude = "";
        // 経度。
        String longitude = "";
        try {
```

```
                // ルートJSONオブジェクトを生成。
                JSONObject rootJSON = new JSONObject(result); ❶
                // 都市名文字列を取得。
                cityName = rootJSON.getString("name"); ❷
                // 緯度経度情報JSONオブジェクトを取得。
                JSONObject coordJSON = rootJSON.getJSONObject("coord"); ❸
                // 緯度情報文字列を取得。
                latitude = coordJSON.getString("lat"); ❹
                // 経度情報文字列を取得。
                longitude = coordJSON.getString("lon"); ❺
                // 天気情報JSON配列オブジェクトを取得。
                JSONArray weatherJSONArray = rootJSON.getJSONArray("weather"); ❻
                // 現在の天気情報JSONオブジェクトを取得。
                JSONObject weatherJSON = weatherJSONArray.getJSONObject(0); ❼
                // 現在の天気情報文字列を取得。
                weather = weatherJSON.getString("description"); ❽
            }
            catch(JSONException ex) { ❾
                Log.e(DEBUG_TAG, "JSON解析失敗", ex);
            }

            // 画面に表示する「○○の天気」文字列を生成。
            String telop = cityName + "の天気";
            // 天気の詳細情報を表示する文字列を生成。
            String desc = "現在は" + weather + "です。¥n緯度は" + latitude + "度で経度は" + ↵
longitude + "度です。";
            // 天気情報を表示するTextViewを取得。
            TextView tvWeatherTelop = findViewById(R.id.tvWeatherTelop);
            TextView tvWeatherDesc = findViewById(R.id.tvWeatherDesc);
            // 天気情報を表示。
            tvWeatherTelop.setText(telop);
            tvWeatherDesc.setText(desc);
        }
        ～省略～
}
```

② アプリを起動する

入力を終え、特に問題がなければ、この時点で一度アプリを実行してみてください。図11.8 p.277 の画面が表示され、リストをタップすると、図11.9の画面が表示されます。

11.6.2 JSON解析の最終目標はgetString()

リスト11.10のうち、JSON解析コードは、❶～❽です。この解析中に例外としてJSONExceptionが発生するので、それを例外処理しているのが、11.10❾です。

JSON文字列の解析処理の基本手順は以下の2ステップです。

① JSON文字列をもとに、JSONObjectを生成する。
② 生成したJSONObjectを操作しながら、getString()に引数としてキー文字列を渡して必要なデータを取得する。

① JSON文字列をもとに、JSONObjectを生成する

リスト11.10❶が該当します。これは、単純にJSON文字列を引数にJSONObjectをnewするだけです。リスト11.10では、これをrootJSONとしています。

② 生成したJSONObjectを操作しながら、getString()に引数としてキー文字列を渡して必要なデータを取得する

リスト11.10❷、❹、❺、❽が該当します。実際のJSONデータをもとに、どのコードがどのデータを取得しているのかを図にしたものが図11.14です。

```
❶JSONObject rootJSON = new JSONObject(result);

{                               ❸JSONObject coordJSON = rootJSON.getJSONObject("coord");
  "coord": {
      "lon": 134.7,   ← ❺coordJSON.getString("lon")
      "lat": 34.82    ← ❹coordJSON.getString("lat")
  },
  "weather": [
      {
          "id": 803,
          "main": "Clouds",
          "description": "曇",   ← ❽weatherJSON.getString("description")
          "icon": "04d"
      },
  ],                  ← ❻JSONArray weatherJSONArray = rootJSON.getJSONArray("weather");
                        ❼JSONObject weatherJSON = weatherJSONArray.getJSONObject(0);
    :
    :
  "timezone": 32400,
  "id": 1862627,
  "name": "姫路市",   ← ❷rootJSON.getString("name")
  "cod": 200
}
```

図11.14 JSONデータと解析コードの対応関係

都市名（キーがname）のように、rootJSON直下の値の場合、rootJSONに対して直接getString()メソッドを実行すれば値が取り出せます（リスト11.10❷）。引数として、キーであるnameを渡します。

一方、緯度経度情報のように、rootJSON配下のJSONオブジェクトの入れ子になっている場合は、いったん配下のJSONオブジェクトを取得する必要があります。緯度経度情報を表すキーはcoordです。これを引数として、rootJSONに対してgetJSONObject()メソッドを実行することで、配下のJSONObjectを取得できます。リスト11.10❸が該当し、取得した緯度経度情報JSONオブジェクトをcoordJSONとしています。このcoordJSONに対して、getString()メソッドを実行すれば緯度と経度データが取り出せます（リスト11.10❹と❺）。

また、キーweatherで指定できる天気情報そのものは、JSON配列のデータ構造となっています。となると、いったん配列として取り出す必要があります。そのJSON配列を取り出すメソッドが、getJSONArray()です。戻り値のデータ型もJSONArrayであり、リスト11.10❻では変数weatherJSONArrayとしています。そのJSONArrayオブジェクトに対して、各々のJSONObjectを取得するメソッドは、同じくgetJSONObject()です。ただし、引数として渡すのは配列のインデックスです。図11.14にあるように、元になるJSONデータでは、配列内に1つしかJSONオブジェクトがないため、リスト11.10❼ではweatherJSONArrayに対してインデックス0を指定して天気情報を表すJSONObjectを取得しています。これを、weatherJSONとし、最終的にこのweatherJSONに対してgetString()メソッドを実行することで、天気情報を取得しています（リスト11.10❽）。

ここまでの内容で、インターネットとのやり取りができるようになりました。これで、よりスマートフォン・タブレットらしいアプリの作成が可能となります。

Note　ViewModel

本章では、Web APIからデータを取得する処理を、アクティビティに記述しています。第10章のデータベース処理も、同様にアクティビティに処理を記述しています。Web APIもデータベースもデータの提供元と考えれば、データソースとしてまとめて考えることができます。そして、これらデータソースとデータのやり取りを行う処理をアクティビティに記述していると、どうしてもアクティビティ中のソースコードが煩雑になってしまいます。また、これらデータソースのライフサイクルは、7.3節で紹介したアクティビティのライフサイクルと一致しないことが多く、それゆえ、さらにコードが煩雑になることが多いです。

これらの問題を解決するために、Androidには、ViewModelというクラスが用意されています。ViewModelの詳細解説は、本書の範囲を超えるため、別媒体に譲りますが、画面表示用のデータは、アクティビティではなく、このViewModelに管理を任せたほうが、効率の良いアプリケーションが作成できます。

● **AndroidデベロッパーサイトでのViewModelの解説ページ**
https://developer.android.com/topic/libraries/architecture/viewmodel

11.7 ワーカースレッドからの通知

非同期処理を利用した上でのWeb API連携については、前節までで一通り終了したことになります。Web APIから非同期でJSONデータを取得して、その結果をUIスレッドで利用するだけならば、前節までの方法で問題ありません。一方、ワーカースレッドの処理途中で、その途中経過をUIスレッドに表示しようとなると、もう一工夫必要です。本節では、そのような処理を見ていくことにしましょう。

11.7.1 ワーカースレッドからUIスレッドに通知を行うHandler

本節で作成するアプリは、前節までで完成させたAsyncSampleとほぼ同じです。ただし、図11.8の初期画面の都市リストをタップしてから、図11.9の天気情報を表示させるまでの間に図11.15の画面が表示されます。天気の詳細情報が表示されるTextView（idがtvWeatherDesc）に処理の進行情報が表示されます。

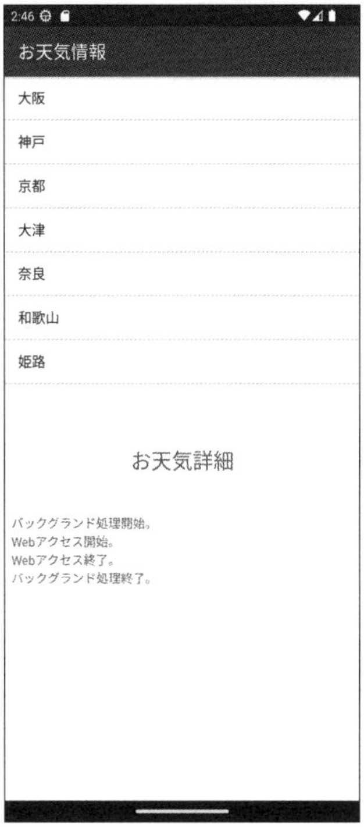

図11.15　処理の途中経過が表示された画面

この処理の流れは、図11.16のようになります。ワーカースレッド内の処理、すなわち、WeatherInfoBackgroundReceiverのcall()/run()メソッド内で、その処理途中にUIスレッドに通知を行い、その内容を画面に表示するというものです。

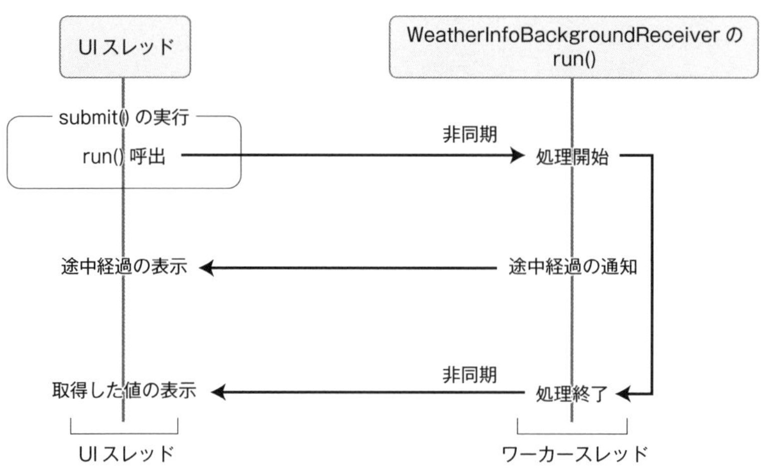

図11.16　ワーカースレッドの処理途中経過をUIスレッドに通知

そして、このようなワーカースレッド途中で、UIスレッドで画面操作するような場合、ピュアJavaのクラス群の利用だけでは難しく、Android SDKに用意された仕組みを利用します。それが、Handlerクラスです。

11.7.2 手順 サンプルプロジェクトの作成

さて、そのようなHandlerを利用したサンプルを作成していきましょう。

① サンプルプロジェクトの作成

以下がプロジェクト情報です。この情報をもとにプロジェクトを作成してください。

Name	AsyncHandlerSample
Package name	com.websarva.wings.android.asynchandlersample

② AsyncSampleからコードをまるごとコピーする

string.xml、activity_main.xmlは、AsyncSampleプロジェクトと同じなので、内容をそのままコピー&ペーストしてください。

③ MainActivityの必要コードをAsyncSampleからコピーする

AsyncSampleプロジェクトのMainActivityに記述されているフィールド、onCreate()メソッド内の処理、createList()メソッド、ListItemClickListenerメンバクラスを、AsyncHandlerSampleプロジェクトのMainActivityにコピー&ペーストしてください。ただし、この時点では、receiveWeatherInfo()メソッドが存在しないため、ListItemClickListenerクラス内にコンパイルエラーが発生します。

④ receiveWeatherInfo()と WeatherInfoBackgroundReceiverを追加する

receiveWeatherInfo()とWeatherInfoBackgroundReceiverをMainActivityに追記します。これらのコードは、AsyncSampleプロジェクトとほぼ同じです。ただし、理由は11.7.7項で説明しますが、WeatherInfoBackgroundReceiverは、Callableインターフェースではなく、Runnableインターフェースを実装したものとし、それに合わせて、receiveWeatherInfo()内のコードも変わります。結果、リスト11.11のようなコードとなります。AsyncSampleプロジェクトとの違いは、太字の部分です。適宜、AsyncSampleプロジェクトからソースコードをコピー&ペーストしながら、追記してください。

リスト11.11 java/com.websarva.wings.android.asynchandlersample/MainActivity.java

```
public class MainActivity extends AppCompatActivity {
    ～省略～
    @UiThread
    private void receiveWeatherInfo(final String urlFull) {
        WeatherInfoBackgroundReceiver backgroundReceiver = new WeatherInfoBackgroundReceiver⏎
(urlFull);
        ExecutorService executorService  = Executors.newSingleThreadExecutor();
        executorService.submit(backgroundReceiver);
    }

    private class WeatherInfoBackgroundReceiver implements Runnable {
        private final String _urlFull;

        public WeatherInfoBackgroundReceiver(String urlFull) {
            _urlFull = urlFull;
        }

        @WorkerThread
        @Override
        public void run() {
            String result = "";
            HttpURLConnection con = null;
            InputStream is = null;
            try {
                ～AsyncSampleと同じ～
            }
            ～AsyncSampleと同じ～
            finally {
                ～AsyncSampleと同じ～
            }
        }
        private String is2String(InputStream is) throws IOException {
            ～AsyncSampleと同じ～
        }
    }
    ～省略～
}
```

5 AndroidManifestにタグを追記する

リスト11.9と同じ2行をAndroidManifest.xmlに追記してください。

11.7.3  Handlerを利用したコードを追記する

前項で、JSONデータ処理、および、画面への天気情報表示処理コード以外の部分はAsyncSampleから移植できました。ここから、Handlerを利用してワーカースレッドの途中経過をUIスレッドに表示する処理コードを追記していきます。

1 tvWeatherDescに途中経過メッセージを表示するメソッドを追加

tvWeatherDescのTextViewに引数で受け取った途中経過メッセージを表示するメソッドとして、addMsg()をMainActivityに追加しましょう。リスト11.12にその内容を示します。UiThreadアノテーションが記述されている点に注意してください。

リスト11.12　java/com.websarva.wings.android.asynchandlersample/MainActivity.java

```
public class MainActivity extends AppCompatActivity {
    ～省略～
    @UiThread
    private void addMsg(String msg) {
        // tvWeatherDescのTextViewを取得。
        TextView tvWeatherDesc = findViewById(R.id.tvWeatherDesc);
        // 現在表示されているメッセージを取得。
        String msgNow = tvWeatherDesc.getText().toString();
        // 現在表示されているメッセージが空でなければ、改行を追加。
        if(!msgNow.equals("")) {
            msgNow += "¥n";
        }
        // 引数のメッセージを追加。
        msgNow += msg;
        // 追加されたメッセージをTextViewに表示。
        tvWeatherDesc.setText(msgNow);
    }
    ～省略～
}
```

2 Handlerオブジェクトの取得と格納に関するコードを追記する

receiveWeatherInfo()メソッド内でHandlerオブジェクトを取得して、それをWeatherInfoBackgroundReceiverに渡すコードを追記します。また、天気情報を表示するTextViewに表示されている文字列を削除するコードも追記します。これは、リスト11.13の太字の部分です。

リスト11.13 java/com.websarva.wings.android.asynchandlersample/MainActivity.java

```
public class MainActivity extends AppCompatActivity {
    ～省略～
    @UiThread
    private void receiveWeatherInfo(final String urlFull) {
        // 天気情報表示TextView内の表示文字列をクリア。
        TextView tvWeatherTelop = findViewById(R.id.tvWeatherTelop);
        tvWeatherTelop.setText("");
        TextView tvWeatherDesc = findViewById(R.id.tvWeatherDesc);
        tvWeatherDesc.setText("");

        Looper mainLooper = Looper.getMainLooper(); ―――――――――――― ❶
        Handler handler = HandlerCompat.createAsync(mainLooper); ――――― ❷
        WeatherInfoBackgroundReceiver backgroundReceiver = new WeatherInfoBackgroundReceiver↵
(handler, urlFull); ―――――――――――――――――――――――――――――― ❸
        ExecutorService executorService  = Executors.newSingleThreadExecutor();
        executorService.submit(backgroundReceiver);
    }

    private class WeatherInfoBackgroundReceiver implements Runnable {
        private final Handler _handler; ――――――――――――――――――― ❹
        private final String _urlFull;

        public WeatherInfoBackgroundReceiver(Handler handler, String urlFull) {
            _handler = handler; ――――――――――――――――――――――――― ❺
            _urlFull = urlFull;
        }

        @WorkerThread
        @Override
        public void run() {
            ～省略～
        }
        ～省略～
    }
    ～省略～
}
```

③ Handlerオブジェクトを利用して途中経過を通知するコードを追記する

WeatherInfoBackgroundReceiverのrun()メソッド内にUIスレッドに途中経過を通知するコードを追記します。また、そのコード中で利用するprivateなメンバクラスとしてProgressUpdateExecutorも追記します。これは、リスト11.14の太字の部分です。

リスト11.14 java/com.websarva.wings.android.asynchandlersample/MainActivity.java

```
public class MainActivity extends AppCompatActivity {
    ～省略～
    private class WeatherInfoBackgroundReceiver implements Runnable {
        ～省略～
```

```
        @WorkerThread
        @Override
        public void run() {
            ProgressUpdateExecutor progressUpdate = new ProgressUpdateExecutor↵
("バックグラウンド処理開始。"); ―――――――――――――――――――――――――――――― ❶
            _handler.post(progressUpdate); ―――――――――――――――――――――――― ❷

            String result = "";
            HttpURLConnection con = null;
            InputStream is = null;
            try {
                progressUpdate = new ProgressUpdateExecutor("Webアクセス開始。"); ―― ❸
                _handler.post(progressUpdate); ―――――――――――――――――――――― ❹

                URL url = new URL(_urlFull);
                ～省略～
                result = is2String(is);

                progressUpdate = new ProgressUpdateExecutor("Webアクセス終了。"); ―― ❺
                _handler.post(progressUpdate); ―――――――――――――――――――――― ❻
            }
            ～省略～
            }
            finally {
                ～省略～
            }

            progressUpdate = new ProgressUpdateExecutor("バックグラウンド処理終了。"); ―― ❼
            _handler.post(progressUpdate); ――――――――――――――――――――――――― ❽
        }
        ～省略～
    }

    // バックグラウンドスレッドの途中経過をUIスレッドで表示するクラス。
    private class ProgressUpdateExecutor implements Runnable { ――――――――――― ❾
        // 追加メッセージを表す文字列。
        private String _msg; ――――――――――――――――――――――――――――――― ❿

        // コンストラクタ。
        public ProgressUpdateExecutor(String msg) { ―――――――――――――――――― ⓫
            _msg = msg;
        }

        @UiThread
        @Override
        public void run() { ――――――――――――――――――――――――――――――――― ⓬
            addMsg(_msg); ―――――――――――――――――――――――――――――――――― ⓭
        }
    }
    ～省略～
}
```

④ アプリを起動する

入力を終え、特に問題がなければ、この時点で一度アプリを実行してみてください。図11.8の画面が表示され、リストをタップすると、図11.15の画面が表示されます。これにより、バックグラウンド処理の途中経過が画面に表示されるのがわかります。一方、いつまで経っても、図11.9の画面に変わりません。これは、JSONデータに関する処理が追記されていないからです。これについては、11.7.6項で追記します。

11.7.4  スレッド間通信を行うには Handlerのpost()メソッドを利用

11.7.1項で紹介したように、ワーカースレッドの途中で、UIスレッドで画面操作を行う場合は、Handlerオブジェクトを利用します。具体的には、リスト11.14❷、❹、❻、❽のように、Handlerオブジェクトのpost()メソッドを実行することで、post()メソッドが実行された順番通りに、引数として渡された処理がUIスレッドで実行されます。

そのpost()メソッドの引数としては、これまたRunnableインスタンスを渡すことになっています。リスト11.14では❾のProgressUpdateExecutorが該当し、このクラス内に記述された⓬のrun()メソッド内の処理が、実際には、UIスレッドで実行されます。そのため、このメソッドには、UiThreadアノテーションが記述されています。run()内の処理は、リスト11.12で追記したaddMsg()メソッドの実行です。これにより、idがtvWeatherDescのTextViewに途中経過のメッセージが表示されるようになります。

では、そのメッセージはどのようにして受け取るかというと、コンストラクタとフィールドを利用するしかありません。それが、リスト11.14❿と⓫です。また、コンストラクタの引数が途中経過メッセージということは、このProgressUpdateExecutorクラスをnewする時に渡す文字列が、すなわち途中経過メッセージとなります。そのため、リスト11.14❶、❸、❺、❼のpost()の引数を用意するためにProgressUpdateExecutorクラスをnewする段階で、そのタイミングにふさわしいメッセージを渡しています。図11.15の画面では、その通りに表示されているのがわかります。

11.7.5 Handlerオブジェクトの用意にはLooperが必要

では、その肝心のHandlerオブジェクトはどのように用意すればいいのでしょうか。

リスト11.14❷、❹、❻、❽では、_handlerという変数名からわかるように、WeatherInfoBackgroundReceiverのフィールドとして用意したものです。それがリスト11.13❹で追記したフィールドであり、その内容は、コンストラクタ経由で❺で受け取ったものです。

コンストラクタの引数がAsyncSampleから1つ増えたために、receiveWeatherInfo()メソッド内では、リスト11.13❸の太字のように、Handlerオブジェクトhandlerを渡しています。そのhandlerを用意しているコードが❷です。Handlerオブジェクトを用意するには、HandlerCompatのstaticメソッドであるcreateAsync()を実行します。

ただし、このcreateAsync()は引数としてLooperオブジェクトを必要とします。コードとしては、リスト11.13❶のように、LooperクラスのgetMainLooper()メソッドを実行した戻り値（mainLooper）を渡しています。

このカラクリを少し解説します。実は、Handlerオブジェクトは、スレッド間通信を行うためのオブジェクトであって、その通信相手は、必ずしも、ワーカースレッド→UIスレッドとは限りません。post()メソッドが実行されたスレッドがワーカースレッドなので、通信元はワーカースレッドとなりますが、通信先がUIスレッドとするには、その通信先がUIスレッドであることを判定するための材料が必要となります。それが、Looperです。

Handlerオブジェクトの取得をUIスレッドで行い、しかも、その際の引数として、UIスレッドで取得したmainLooperを利用することで、Handlerオブジェクトの通信先が確実にUIスレッドを表すことになります。そのHandlerオブジェクトのpost()メソッドを実行すると、その引数のRunnableオブジェクトのrun()メソッドがUIスレッドで実行される仕組みです（図11.17）。

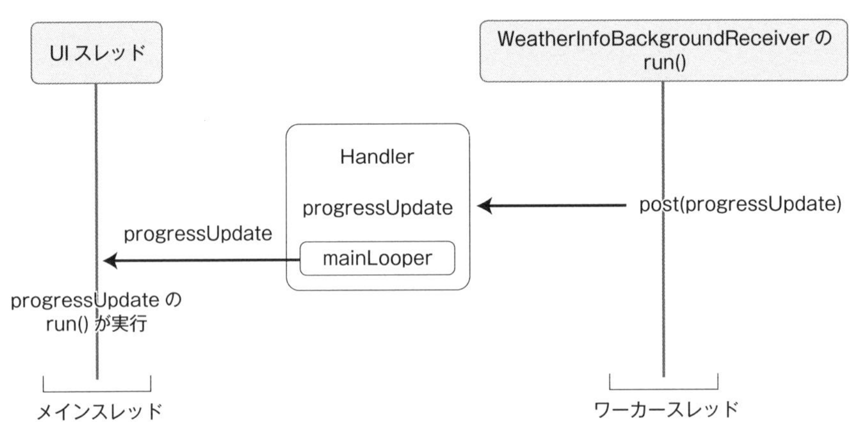

図11.17　Handlerオブジェクト内のmainLooperがUIスレッドを特定する

11.7.6 手順 JSON処理に関するコードを追記する

前項までで、ワーカースレッドの途中経過が表示されるようになりましたが、肝心の天気情報が表示されません。最後に、JSON処理に関するコードを追記して、天気情報を表示させるようにしましょう。

① 天気情報表示のRunnableクラスを追記する

AsyncHandlerSampleプロジェクトでは、天気情報を表示する処理もHandlerのpost()メソッドを利用します。そのため、post()の引数として渡すWeatherInfoReceivePostExecutorクラスを追記し、そのrun()メソッド内にJSONデータの解析処理、および、表示処理を記述します。これは、リスト11.15のようになります。ただし、run()メソッド内の処理は、太字の部分以外はAsyncSampleプロジェクトのshowWeatherInfo()メソッド内の処理と同じなので、省略しています。AsyncSampleプロジェクトからコピー&ペーストしてください。

リスト11.15 java/com.websarva.wings.android.asynchandlersample/MainActivity.java

```
public class MainActivity extends AppCompatActivity {
    ～省略～
    private class WeatherInfoReceivePostExecutor implements Runnable {
        // 取得した天気情報JSON文字列。
        private final String _result;

        // コンストラクタ。
        public WeatherInfoReceivePostExecutor(String result) {
            _result = result;
        }

        @UiThread
        @Override
        public void run() {
            String cityName = "";
            String weather = "";
            String latitude = "";
            String longitude = "";
            try {
                JSONObject rootJSON = new JSONObject(_result);
                ～省略～
            }
            ～省略～
        }
    }
    ～省略～
}
```

② WeatherInfoReceivePostExecutorの実行コードを追記する

WeatherInfoBackgroundReceiverのrun()メソッドの末尾に_handlerのpost()を利用してWeatherInfoReceivePostExecutorをUIスレッドで実行するコードを追記します。これは、リスト11.16の太字の部分となります。

リスト11.16 java/com.websarva.wings.android.asynchandlersample/MainActivity.java

```
public class MainActivity extends AppCompatActivity {
    ～省略～
    private class WeatherInfoBackgroundReceiver implements Runnable {
        ～省略～
        @WorkerThread
        @Override
        public void run() {
            ～省略～
```

```
                progressUpdate = new ProgressUpdateExecutor("バックグラウンド処理終了。");
                _handler.post(progressUpdate);

                WeatherInfoReceivePostExecutor postExecutor = new WeatherInfoReceivePostExecutor↵
(result);
                _handler.post(postExecutor);
            }
            ～省略～
        }
        ～省略～
}
```

③ アプリを起動する

入力を終え、特に問題がなければ、この時点で一度アプリを実行してみてください。図11.8の画面が表示され、リストをタップすると、図11.15の画面が一瞬表示されます。その後、天気情報が取得できると、図11.9の画面が表示されます。

11.7.7 HandlerとCallableの相性は悪い

前項で追記したコードは、特に新しいことはありません。JSONデータを解析し、画面に表示する処理というのはUIスレッドでの処理なので、それ専用のRunnableクラスとしてWeatherInfoReceivePostExecutorを用意し、それを、WeatherInfoBackgroundReceiverのrun()メソッドの末尾、すなわち、JSONデータが取得できた段階でHandlerオブジェクトのpost()メソッドを利用してUIスレッドで実行させています。

ここまでくると、この天気情報表示処理としてなぜHandlerのスレッド間通信を利用したのか、という疑問が湧いてくるはずです。すなわち、ワーカースレッド内の途中経過ならばHandlerを利用する必要がありますが、最終結果であるJSON文字列はAsyncSampleプロジェクトのようにCallableのcall()メソッドの戻り値を利用すればいいのではないか、という疑問です。

もちろん、その方法でも可能です。しかし、Handlerのpost()による画面表示のタイミングと、call()の戻り値をFutureから取得して画面に表示するタイミングの制御ができなくなり、場合によっては、実際の実行順序とは違った表示になる可能性が出てきます。試しに、AsyncSampleプロジェクトにAsyncHandlerSampleプロジェクトの途中経過処理を加えたサンプルを実行すると、図11.18のような画面となります※4

※4　ダウンロードサンプルには、AsyncHandlerCallSampleプロジェクトとして、HandlerとCallableを併用したサンプルが含まれています。

図11.18　UIスレッドの実行順序が制御できずにおかしな表示となった画面

本来なら、実際の実行順序通りに

- ワーカースレッド内の途中経過→天気情報の表示

とならなければならないところを、実際の実行順序とUI処理のタイミングが制御できないために、

- 天気情報の表示→ワーカースレッド内の途中経過

となってしまっています。このような状況を避けるためには、Handlerを利用する場合は、Callableのcall()の戻り値は利用することを諦め、最終結果処理もHandlerに任せるようにします。結果、ワーカースレッド処理がRunnableとなります。

Note WebView

本章で紹介したWebアクセスの内容は、レスポンスとしてJSONデータを想定しています。もし、レスポンスデータがHTML、すなわち、通常のWebページの場合、わざわざHTML解析のコードを記述する必要はありません。Androidには、WebViewという画面部品があり、いわば、ブラウザを画面部品化したようなものといえます。このWebViewを利用すると、図11.Aのように、アプリ内にブラウザを埋め込むことも簡単にできます。

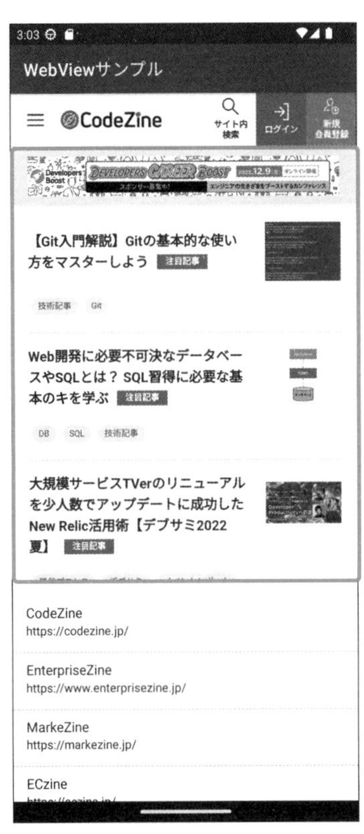

図11.A　WebViewを利用したアプリの画面

図11.Aでは、画面上部70%の領域にWebViewが埋め込まれており、下部のサイトリストをタップすると、その部分にそのサイトのページが表示されるようになっています。詳細は、次のページを参照してください。

●Androidデベロッパーサイトでの WebViewの解説ページ
https://developer.android.com/develop/ui/views/layout/webapps/webview

第 12 章

メディア再生

前章でWeb連携を学びました。そこまでを振り返ると、画面作成、基本的なイベント処理、画面遷移、データ処理、Web連携と一通りアプリの作成に必要なものは揃いました。つまり、前章までの知識でいろいろなアプリを作成することが可能です。

そこで、本章では少し目先を変えて、Androidのメディア再生を解説します。

12.1 音声ファイルの再生

Androidで音声ファイルを再生するには、MediaPlayerクラスを使います。実際にサンプルを作成しつつ、このMediaPlayerクラスの使い方を学んでいきます。今回のサンプルの画面は図12.1です。

ボタンが3つとスイッチが1つのシンプルな画面です。この再生ボタンをタップすると音声ファイルが再生されます。

図12.1　メディア再生アプリの画面

12.1.1  メディア再生アプリを作成する

では、まず、アプリの作成手順に従って、メディア再生に関するコードを記述する前段階まで作成していきましょう。

① メディア再生サンプルのプロジェクトを作成する

以下がプロジェクト情報です。この情報をもとにプロジェクトを作成してください。

Name	MediaSample
Package name	com.websarva.wings.android.mediasample

② strings.xmlに文字列情報を追加する

次に、values/strings.xmlをリスト12.1の内容に書き換えましょう。

リスト12.1 res/values/strings.xml

```
<resources>
    <string name="app_name">メディアサンプル</string>
    <string name="bt_play_play">再生</string>
    <string name="bt_play_pause">一時停止</string>
    <string name="bt_back">&lt;&lt;</string>
    <string name="bt_forward">&gt;&gt;</string>
    <string name="sw_loop">リピート再生</string>
</resources>
```

③ レイアウトファイルを編集する

次に、activity_main.xmlに対して、レイアウトエディタのデザインモードを使い、画面を作成していきます。

❶ [戻る] ボタンの配置

Palette	Button	
Attributes	id	btBack
	layout_width	wrap_content
	layout_height	wrap_content
	text	@string/bt_back
	enabled	false
	onClick	onBackButtonClick
制約ハンドル	上	parent(8dp)
	左	parent(8dp)

❷ [進む] ボタンの配置

Palette	Button	
Attributes	id	btForward
	layout_width	wrap_content
	layout_height	wrap_content
	text	@string/bt_forward
	enabled	false
	onClick	onForwardButtonClick
制約ハンドル	上	parent(8dp)
	右	parent(8dp)

❸ [再生] ボタンの配置

Palette	Button	
Attributes	id	btPlay
	layout_width	0dp
	layout_height	wrap_content
	text	@string/bt_play_play
	enabled	false
	onClick	onPlayButtonClick
制約ハンドル	上	parent(8dp)
	左	btBackの右(8dp)
	右	btForwardの左(8dp)

❹「リピート再生」スイッチの配置

Palette	Switch	
Attributes	id	swLoop
	layout_width	wrap_content
	layout_height	wrap_content
	text	@string/sw_loop
制約ハンドル	上	btBackの下(8dp)
	左	parent(8dp)

その後、コードモードに切り替えて、❹で配置したSwitchタグを、リスト12.2の太字のように、SwitchMaterialタグへと変更してください。

リスト12.2　res/layout/activity_main.xml

```
<androidx.constraintlayout.widget.ConstraintLayout
        :
    <com.google.android.material.switchmaterial.SwitchMaterial
        android:id="@+id/swLoop"
            :
</androidx.constraintlayout.widget.ConstraintLayout>
```

すべての画面部品を配置し終えると、レイアウトエディタ上では、図12.2のように表示されます。

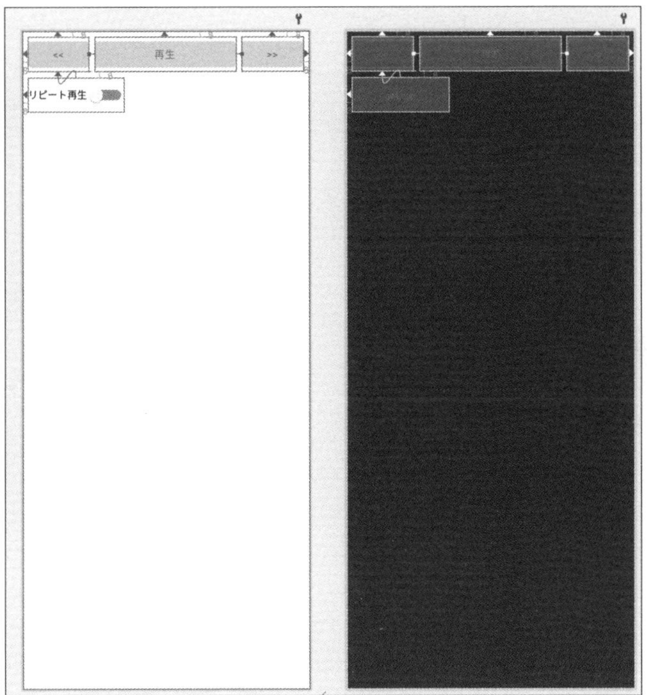

図12.2 完成したactivity_main.xml画面のレイアウトエディタ上の表示

④ 音声ファイルを追加する

今回は音声ファイルを使います。以下の効果音フリー素材サイトから好きな音声ファイルをダウンロードしてください。本サンプルでは「渓流」を使います。

●**効果音ラボ（環境音のページ）**

`https://soundeffect-lab.info/sound/environment/`

ダウンロードした音声ファイルをMediaSampleプロジェクトのリソースファイルとして格納します。その際、Androidのコーディング規約として、リソースファイル名には小文字とアンダーバーのみしか使えません。そこで、適当にリネームします。ここでは、「mountain-stream1.mp3」というダウンロードファイル名を「mountain_stream.mp3」に変更しています。

リネームが済んだファイルを、resフォルダ配下にrawフォルダを作成し、このフォルダに格納します（図12.3）。rawフォルダを作成するには、リソースフォルダの追加画面で［Resource type:］から［raw］を選択します。

参照 リソースフォルダの追加 ➡ 8.2.2項 手順 ① p.199

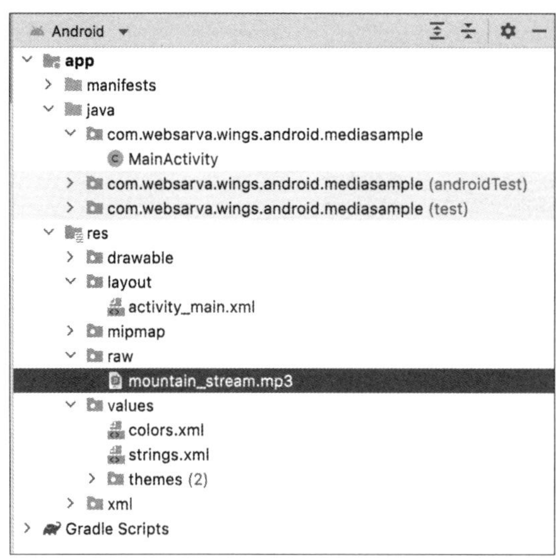

図12.3　音声ファイルを格納したプロジェクト構成

作成したフォルダにファイルを格納するには、ファイルシステム（WindowsならエクスプローラーMacならFinder）上で音声ファイルをコピーし、Android Studioのプロジェクトツールウィンドウ上のrawフォルダを選択してペーストします。すると、Android Studioがコピー確認のダイアログを表示するので、特に問題がなければそのまま［OK］をクリックします。

⑤ アプリを起動する

入力を終え、特に問題がなければ、この時点で一度アプリを実行してみてください。図12.4の画面が表示されます。

図12.4　ここまでのコードで表示される画面

現段階では、ボタンはタップできないようになっています。これは、手順③で各Buttonを配置する際、そのenabled属性として、falseを指定しているからです。ここから、再生ボタンをタップすると、rawフォルダに格納した音声ファイルが再生されるようにソースコードを記述していきます。その際、音声ファイルの再生準備が整うまで、ボタンが押されないようにしてあるのです。

12.1.2 手順 メディア再生のコードを記述する

では、いよいよ音声ファイルを再生するコードを記述しましょう。

(1) メディアプレーヤー準備のコードを記述する

MainActivityクラスに、リスト12.3のようにフィールドを追加し、onCreate()メソッド内にコードを追記しましょう※1。

リスト12.3　java/com.websarva.wings.android.mediasample/MainActivity.java

```
public class MainActivity extends AppCompatActivity {
    // メディアプレーヤーフィールド。
    private MediaPlayer _player;

    @Override
    protected void onCreate(Bundle savedInstanceState) {
        ～省略～
        // フィールドのメディアプレーヤーオブジェクトを生成。
        _player = new MediaPlayer(); ──────── ❶
        // 音声ファイルのURI文字列を作成。
        String mediaFileUriStr = "android.resource://" + getPackageName() + "/" + ↵
R.raw.mountain_stream; ──────── ❷-1
        // 音声ファイルのURI文字列をもとにURIオブジェクトを生成。
        Uri mediaFileUri = Uri.parse(mediaFileUriStr); ──────── ❷-2
        try {
            // メディアプレーヤーに音声ファイルを指定。
            _player.setDataSource(MainActivity.this, mediaFileUri); ──────── ❷-3
            // 非同期でのメディア再生準備が完了した際のリスナを設定。
            _player.setOnPreparedListener(new PlayerPreparedListener()); ──────── ❸-1
            // メディア再生が終了した際のリスナを設定。
            _player.setOnCompletionListener(new PlayerCompletionListener()); ──────── ❸-2
            // 非同期でメディア再生を準備。
            _player.prepareAsync(); ──────── ❹
        }
        catch(IOException ex) {
            Log.e("MediaSample", "メディアプレーヤー準備時の例外発生", ex);
        }
    }
}
```

(2) リスナメンバクラスを追加する

手順(1)を記述した際、PlayerPreparedListenerクラスとPlayerCompletionListenerクラスがないためコンパイルエラーとなっています。これらのクラスを、メンバクラスとしてMainActivityクラスに追記しましょう（リスト12.4）。

※1　この時点ではまだPlayerPreparedListenerクラスとPlayerCompletionListenerクラスを作成していないため、コンパイルエラーになります。これらのクラスは次の手順で記述します。

リスト12.4　java/com.websarva.wings.android.mediasample/MainActivity.java

```
// プレーヤーの再生準備が整ったときのリスナクラス。
private class PlayerPreparedListener implements MediaPlayer.OnPreparedListener {
    @Override
    public void onPrepared(MediaPlayer mp) {
        // 各ボタンをタップ可能に設定。
        Button btPlay = findViewById(R.id.btPlay);
        btPlay.setEnabled(true);
        Button btBack = findViewById(R.id.btBack);
        btBack.setEnabled(true);
        Button btForward = findViewById(R.id.btForward);
        btForward.setEnabled(true);
    }
}

// 再生が終了したときのリスナクラス。
private class PlayerCompletionListener implements MediaPlayer.OnCompletionListener {
    @Override
    public void onCompletion(MediaPlayer mp) {
        // 再生ボタンのラベルを「再生」に設定。
        Button btPlay = findViewById(R.id.btPlay);
        btPlay.setText(R.string.bt_play_play);
    }
}
```

③ 再生ボタンタップ時の処理を記述する

再生ボタンタップ時の処理を記述します。この処理はactivity_main.xmlに配置した❸の再生ボタン用ButtonタグのonClick属性に指定したメソッドonPlayButtonClick()に記述します。リスト12.5のonPlayButtonClick()を、MainActivityクラスに追記しましょう。

リスト12.5　java/com.websarva.wings.android.mediasample/MainActivity.java

```
public void onPlayButtonClick(View view) {
    // 再生ボタンを取得。
    Button btPlay = findViewById(R.id.btPlay);
    // プレーヤーが再生中ならば…
    if(_player.isPlaying()) {  ――――――――――――――――――――――――――――――――― ❶
        // プレーヤーを一時停止。
        _player.pause();  ――――――――――――――――――――――――――――――――――― ❷
        // 再生ボタンのラベルを「再生」に設定。
        btPlay.setText(R.string.bt_play_play);  ――――――――――――――――― ❸
    }
    // プレーヤーが再生中でなければ…
    else {
        // プレーヤーを再生。
        _player.start();  ――――――――――――――――――――――――――――――――――― ❹
        // 再生ボタンのラベルを「一時停止」に設定。
        btPlay.setText(R.string.bt_play_pause);  ―――――――――――――――― ❺
    }
}
```

④ アクティビティ終了時の処理を記述する

アクティビティの終了時にMediaPlayerオブジェクトを解放する処理を記述します。この処理は、onStop()メソッドに記述します。リスト12.6のonStop()を、MainActivityクラスに追記しましょう。

リスト12.6　java/com.websarva.wings.android.mediasample/MainActivity.java

```
@Override
protected void onStop() {
    // プレーヤーが再生中なら…
    if(_player.isPlaying()) { ――――――――――――――――― ❶
        // プレーヤーを停止。
        _player.stop(); ――――――――――――――――――― ❷
    }
    // プレーヤーを解放。
    _player.release(); ―――――――――――――――――――― ❸
    // 親クラスのメソッド呼び出し。
    super.onStop();
}
```

⑤ アプリを起動する

入力を終え、特に問題がなければ、この時点で一度アプリを実行してみてください。再生ボタンをタップすると音声が流れ、再生ボタンのラベルも「一時停止」に変更されます。この状態でもう一度再生ボタンをタップすると、再生が止まり、ラベルも「再生」に戻ります。再度タップすると続きから再生し、ボタンラベルも再度「一時停止」になります。再生が終了したらボタンの表記が「再生」に変更され、もう一度はじめから再生できます。

また、再生途中でバックジェスチャーやホーム画面表示のジェスチャー、あるいは、AVDのツールバーのバックボタンやホームボタンをクリックしてアクティビティを非表示状態にしたら※2、再生が終了することを確認できます。

12.1.3 音声ファイルの再生はMediaPlayerクラスを使う

Androidで音声ファイルを再生するには、MediaPlayerクラスを使います。MediaPlayerクラスの利用手順は以下の通りです。

① MediaPlayerオブジェクトを用意する。
② 音声ファイルを指定する。
③ 各種リスナを設定する。
④ 非同期で再生準備を行う。

※2　7.3.5項 p.188 で説明した通り、ホームボタンやバックボタンでは、onStop()メソッドが実行され、非表示状態となります。

順に説明していきます。

1 MediaPlayerオブジェクトを用意する

リスト12.3❶ p.319 が該当します。単にMediaPlayerクラスをnewするだけです。リスト12.3では、newしたMediaPlayerオブジェクトは他のメソッド内でも操作するので、フィールドで宣言しています。

2 音声ファイルを指定する

リスト12.3❷ p.319 が該当します。特に、❷-3の処理がその中心となります。MediaPlayerで再生する音声ファイルを指定するのが、このsetDataSource()メソッドです。setDataSource()は、引数として様々なパターンが用意されていますが、ここでは引数を2個渡します。第1引数がコンテキスト、第2引数が音声ファイルのUriオブジェクトです。

そのため、❷-1と❷-2のように、事前に第2引数で使用するUriオブジェクトを生成しておく必要があります。

❷-1ではURI文字列を生成しています。アプリ内のリソース音声ファイルを表すURI文字列は、

```
android.resource://アプリのルートパッケージ/リソースファイルのR値
```

で表します。ここでは、アプリのルートパッケージであるcom.websarva.wings.android.mediasampleを直接記述せずにgetPackageName()で取得しています。

❷-2では、こうして生成されたURI文字列からUriクラスのparse()メソッドを使ってUriオブジェクトを生成しています。

なお、setDataSource()では例外が発生するため、ここではtry-catchで囲んでいますが、catchブロックでの例外処理はログへの出力のみとしています。本番アプリではアラートの表示など、何らかの処理が必要でしょう。

3 各種リスナを設定する

リスト12.3❸ p.319 が該当します。ここでは2種のリスナを設定しています。1つは、再生準備が完了したときのリスナクラスで、setOnPreparedListener()メソッドを使って設定します（❸-1）。もう1つが再生が終了したときのリスナクラスで、setOnCompletionListener()メソッドを使って設定します（❸-2）。

両方とも、リスナクラス本体はリスト12.4 p.320 で記述しています。再生準備が完了したときのリスナクラスはOnPreparedListenerインターフェースを実装し、onPrepared()メソッドに再生準備が完了したときに行いたい処理を記述します。ここでは、各種ボタンをタップできるように変更しています。

再生が終了したときのリスナクラスはOnCompletionListenerインターフェースを実装し、onCompletion()メソッドに再生が終了したときの処理を記述します。ここでは、ボタンの表記を「一時停止」から「再生」に戻すようにします（後述しますが、再生開始と同時に表記を「一時停止」に変更します）。

④ 非同期で再生準備を行う

リスト12.3❹ p.319 が該当します。リスト12.3❷で指定した音声ファイルに対して、このファイルを読み込んで再生準備をします。その際、非同期で準備したほうが安全です。非同期で準備するには、prepareAsync()メソッドを使います。なお、非同期で準備するからこそ、準備が完了したときの処理を行うリスナクラスの設定が必要となってきます。

Note 音声ファイルはなぜURI指定か?

音声ファイルを指定する際、R値を直接指定する方法もあります。ただし、MediaPlayerクラスは音声ファイルだけでなく、インターネットのストリーミングを再生することもできます。その場合は、URI文字列としてURLを記述します。このように、様々な音声メディアに対応できるように、URI指定となっているのです。

また、「再生準備」や「準備ができたときのリスナクラス設定」などの回りくどい方法もこういったストリーミングに対応するためです。

12.1.4 メディアの再生と一時停止

前項で解説した手順はあくまで再生の準備です。実際の再生処理を記述しているのが、再生ボタンがタップされたときの処理を記述したリスト12.5 p.320 です。

ここでの処理は、現在、再生中かどうかで内容が変わってくるので、まず、その判定を行います(❶)。MediaPlayerクラスのメソッドisPlaying()で再生中かどうかを確認できます。再生中の場合の処理が❷と❸で、一時停止処理を行います。停止中の処理が❹と❺で、再生処理を行います。

コードと前後しますが再生のほうから解説します。メディアの再生はstart()メソッドを使用します(❹)。その後、ボタンの表記を「一時停止」に変更します(❺)。一方、一時停止処理はpause()メソッドです(❷)。その際、ボタンの表記を「再生」に変更します(❸)。

12.1.5 MediaPlayerの破棄

ところで、MediaPlayerをアクティビティ中で使用した場合、アクティビティが非表示状態になったと同時に、確実にMediaPlayerオブジェクトを解放しておく必要があります。その処理を記述したのがリスト12.6 p.321 で、onStop()メソッドに記述しています。7.3.1項の図7.12 p.178 を見てください。

アクティビティのライフサイクルにおいて、アクティビティが非表示状態になる際に実行されるメソッドがonStop()です。そのため、onStop()にMediaPlayerオブジェクトの解放処理を記述しています。MediaPlayerの解放はリスト12.6❸です。release()メソッドで解放します。ただし、その前に、メディアが再生中なら停止する必要があります(リスト12.6❶と❷)。❶で再生中かどうかを判定し、❷で再生を停止します。停止メソッドはstop()です。

12.1.6 MediaPlayerの状態遷移

さて、リスト12.5❷ p.320 ではpause()メソッドを使っていますが、なぜstop()メソッドではないのでしょうか。図12.5を見てください。

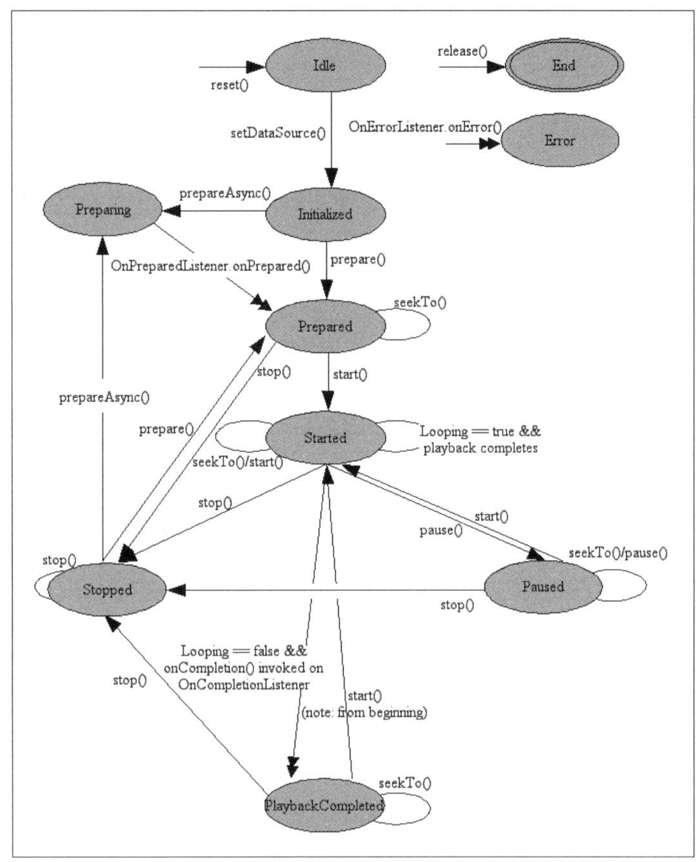

図12.5　MediaPlayerの状態遷移図　出典 MediaPlayerのAPI仕様書ページ

これはMediaPlayerクラスのAPI仕様書のページ※3に掲載されている、MediaPlayerオブジェクトの状態遷移図です。この図の長円が状態を表し、矢印がその状態へ遷移するメソッドです。矢印の先が2重になっているものがリスナを表します。

ここで注目したいのは、再生中であるStarted状態からstop()を実行すればStopped状態に移行しますが、そのStopped状態からもう一度Started状態へ遷移する矢印がないことです。Stopped状態からもう一度再生を行うには、Prepared状態を経ること、つまり、再生準備をもう一度行わなければならないということです。そのため、単純に再生を停止するにはpause()を使います。

一方、再生が完全に終了した状態は、PlaybackCompletedです。この状態から再度Started状態への遷移、つまり、再生を開始するケースには矢印が存在し、start()を実行すればよいことがわかります。

※3　https://developer.android.com/reference/android/media/MediaPlayer#StateDiagram

12.2 戻る・進むボタン

再生、一時停止が実装できたので、次は戻る、進むを実装していきましょう。戻るボタンタップ時の処理は、今再生中のメディアファイルの最初から再生し直す処理です。一方、進むボタンタップ時の処理は、次のトラックを再生するのが普通です。しかし、今回のサンプルは1トラックのみなので、メディアファイルの最後までスキップする処理を実装することにします。

12.2.1 手順 戻る・進む処理のコードを記述する

① 戻る処理を追記する

戻るボタンの処理メソッドonBackButtonClick()を追加します。リスト12.7を追記しましょう。

リスト12.7 java/com.websarva.wings.android.mediasample/MainActivity.java

```
public void onBackButtonClick(View view) {
    // 再生位置を先頭に変更。
    _player.seekTo(0);
}
```

② 進む処理を追記する

同様に、進むボタンの処理メソッドonForwardButtonClick()を追加します。リスト12.8を追記しましょう。

リスト12.8 java/com.websarva.wings.android.mediasample/MainActivity.java

```
public void onForwardButtonClick(View view) {
    // 現在再生中のメディアファイルの長さを取得。
    int duration = _player.getDuration(); ――――――――― ❶
    // 再生位置を終端に変更。
    _player.seekTo(duration); ――――――――――――――― ❷
    // 再生中でなければ…
    if(!_player.isPlaying()) { ―――――――――――――┐
        // 再生ボタンのラベルを「一時停止」に設定。              │
        Button btPlay = findViewById(R.id.btPlay);         │
        btPlay.setText(R.string.bt_play_pause);            ├ ❸
        // 再生を開始。                                    │
        _player.start(); ――――――――――――――――――┘
    }
}
```

③ アプリを起動する

入力を終え、特に問題がなければ、この時点で一度アプリを実行してみてください。戻るボタンがきちんと機能するか――再生中はもちろん、一時停止中も戻るボタンで再生位置が最初に戻ることを確認しましょう。進むボタンについても同様に確認してください。

12.2.2 再生位置を指定できるseekTo()

戻る処理

リスト12.7のonBackButtonClick()メソッド内は1行で、MediaPlayerクラスの**seekTo()**メソッドを実行しています。seekTo()は再生位置を指定できるメソッドです。引数として再生位置をミリ秒で指定します。このseekTo()は、MediaPlayerオブジェクトが再生中の場合、指定の開始位置まで移動して自動で再生してくれます。停止中の場合は、指定位置まで移動して停止したままでいてくれます。

リスト12.7の戻る処理では、開始位置を「0」、つまり、最初を指定することで、「戻る」を実現しています。

進む処理

リスト12.8の進む処理でも、同じようにseekTo()を使います。ただし、戻る場合は開始位置を「0」と固定値で指定できましたが、進む処理ではそうはいきません。進む処理とは再生位置をそのファイルの終端に指定することですが、この終端がファイルによって変わるからです。そこで、まず、現在再生中のメディアファイルの長さを取得します。それが、リスト12.8❶で、MediaPlayerクラスの**getDuration()**メソッドを使います。ただし、ストリーミングなど長さの取得が不可能なものは-1が返ってきます。この戻り値を使って、再生位置を最後にするのが❷です。

では、❸はどんな処理なのでしょうか。

先述のように、seekTo()は、MediaPlayerオブジェクトが再生中の場合、指定の開始位置まで移動して自動再生してくれます。したがって、開始位置を最後にした場合はそこから再生が始まり、次の瞬間再生が終了し、PlayerCompletionListenerが呼び出されてPlaybackCompleted状態となります。ところが、再生が停止中の場合は、開始位置が最後まで移動するだけで、再生が開始されません。そのため、再生が終了する一歩手前で止まったままであり、PlaybackCompleted状態にはならないのです。

当然、PlayerCompletionListenerも呼び出されていません。この状態で再生ボタンを押すと、一瞬だけ再生になりすぐに終了してしまうという、不自然な挙動になってしまいます。これを避けるために、再生を開始し、PlaybackCompleted状態まで持っていく処理を行っているのが❸です。

12.3 リピート再生

では、最後に、リピート再生の設定が行えるようにしましょう。

12.3.1  リピート再生のコードを記述する

① スイッチの変更検出用リスナクラスを追記する

画面にはもともとリピート再生の設定が行えるスイッチが用意されています。ただし、処理が記述されていません。それを今から記述していきます。スイッチの変更を検出するリスナクラスとして、リスト12.9のメンバクラスを追加しましょう。

リスト12.9　java/com.websarva.wings.android.mediasample/MainActivity.java

```
private class LoopSwitchChangedListener implements CompoundButton.OnCheckedChangeListener {
    @Override
    public void onCheckedChanged(CompoundButton buttonView, boolean isChecked) {
        // ループするかどうかを設定。
        _player.setLooping(isChecked);
    }
}
```

② スイッチにリスナ設定のコードを追記する

手順①で作成したリスナクラスをスイッチに設定します。onCreate()メソッドの末尾にリスト12.10の2行を追記しましょう。

リスト12.10　java/com.websarva.wings.android.mediasample/MainActivity.java

```
@Override
protected void onCreate(Bundle savedInstanceState) {
    ～省略～
    // スイッチを取得。
    SwitchMaterial loopSwitch = findViewById(R.id.swLoop);
    // スイッチにリスナを設定。
    loopSwitch.setOnCheckedChangeListener(new LoopSwitchChangedListener());
}
```

③ PlayerCompletionListenerをループ処理に合わせて改造する

PlayerCompletionListenerのonCompletion()メソッドをリスト12.11のように改造します。

リスト12.11　java/com.websarva.wings.android.mediasample/MainActivity.java

```
@Override
public void onCompletion(MediaPlayer mp) {
    // ループ設定がされていないならば…
    if(!_player.isLooping()) {
        // 再生ボタンのラベルを「再生」に設定。
        Button btPlay = findViewById(R.id.btPlay);
        btPlay.setText(R.string.bt_play_play);
    }
}
```

④ アプリを起動する

入力を終え、特に問題がなければ、この時点で一度アプリを実行してみてください。リピート再生ができることを確認しましょう。

12.3.2 スイッチ変更検出用リスナはOnCheckedChangeListenerインターフェース

手順①でスイッチの変更を検出するリスナを記述しました。スイッチのON／OFFの切り替えを検出するリスナは、CompoundButton.OnCheckedChangeListenerインターフェースを実装して作ります。実際のON／OFF切り替え処理は、onCheckedChanged()メソッドに記述します（リスト12.9）。onCheckedChanged()の第1引数が親クラスのCompoundButton型のスイッチオブジェクトで、第2引数がスイッチの状態、つまり、ON／OFFを表すboolean型変数です。第2引数にはスイッチがONならtrue、OFFならfalseが渡されます。

12.3.3 メディアのループ設定はsetLooping()メソッド

リスト12.9のように、onCheckedChanged()内には1行しか記述していません。その1行がリピート再生の設定を行っている処理です。リピート再生の設定はMediaPlayerクラスのsetLooping()メソッドを使います。引数がtrueだとリピート再生ON、falseだとOFFです。onCheckedChanged()の第2引数もboolean型なので、setLooping()の引数に、onCheckedChanged()の第2引数をそのまま渡すことで、スイッチの状態がそのままリピート再生の設定として反映されるようになります。

ところで、手順③で行った改造は何を意味しているのでしょうか。実は、この改造を行わないと、リピート再生時に再生ボタンの表記がおかしくなります。再生が終了してもう一度再生を行っているのに、ボタンの表記が「一時停止」のままではなく、「再生」となってしまいます。これは、再生が終了し、リピート機能で再生が再開される前にPlayerCompletionListenerが呼び出されるからです。

そこで、onCompletion()メソッドに対して、MediaPlayerクラスのisLooping()を使って、リピート再生かどうかのチェックを行い、リピート再生でない場合だけ表記を「再生」に戻すようにしています。

これで、メディア再生が行えるようになりました。ただし、本章で作成したアプリでは、アプリの終了とともにメディア再生も止まってしまいます。次章では、メディアが再生し続けるように実装していきます。

第13章

バックグラウンド処理と通知機能

前章でメディア再生を学びました。前章末で説明した通り、前章のサンプルでは、アプリを終了するとメディア再生も終了します。もちろん、そのようにコーディングしているからです。では、アプリを終了させてもバックグラウンドで再生を続けるにはどのようにすればよいでしょうか。

本章では、処理をバックグラウンドで継続させる方法であるサービスと、バックグラウンドの状態を知らせる通知機能について解説します。

13.1 サービス

前章で作成したMediaSampleでは、再生ボタンをタップすると直接メディアを再生するように処理を記述しました。この方法だと、アクティビティを終了させるとメディア再生も終了してしまいます。

Androidには、アクティビティから独立してバックグラウンドで処理を続ける、サービスという仕組みがあります。このサービスを使って、アクティビティが終了してもメディア再生が続くように処理を記述していきます。

MediaSampleではアクティビティに記述したメディア再生処理を、ここではサービスに記述し、アクティビティからサービスを起動するようにしましょう。今回のサンプルの画面は図13.1です。

MediaSampleと違い、再生と停止ボタンだけのシンプルな画面です。

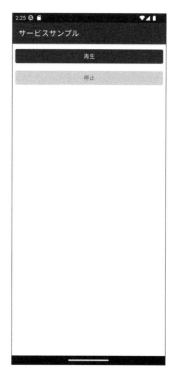

図13.1　サービスサンプルアプリの画面

13.1.1 手順 サービスサンプルアプリを作成する

では、まず、アプリの作成手順に従って、サービスに関するコードを記述する前段階まで作成していきましょう。

① サービスサンプルのプロジェクトを作成する

以下がプロジェクト情報です。この情報をもとにプロジェクトを作成してください。なお、今回のサンプルでは、APIレベル26から導入された機能を使います。そのため、プロジェクト作成ウィザード第2画面の［Minimum SDK］で「API26: Android 8.0 (Oreo)」を選択します（図13.2）。

Name	ServiceSample
Package name	com.websarva.wings.android.servicesample
Minimum SDK	API26: Android 8.0 (Oreo)

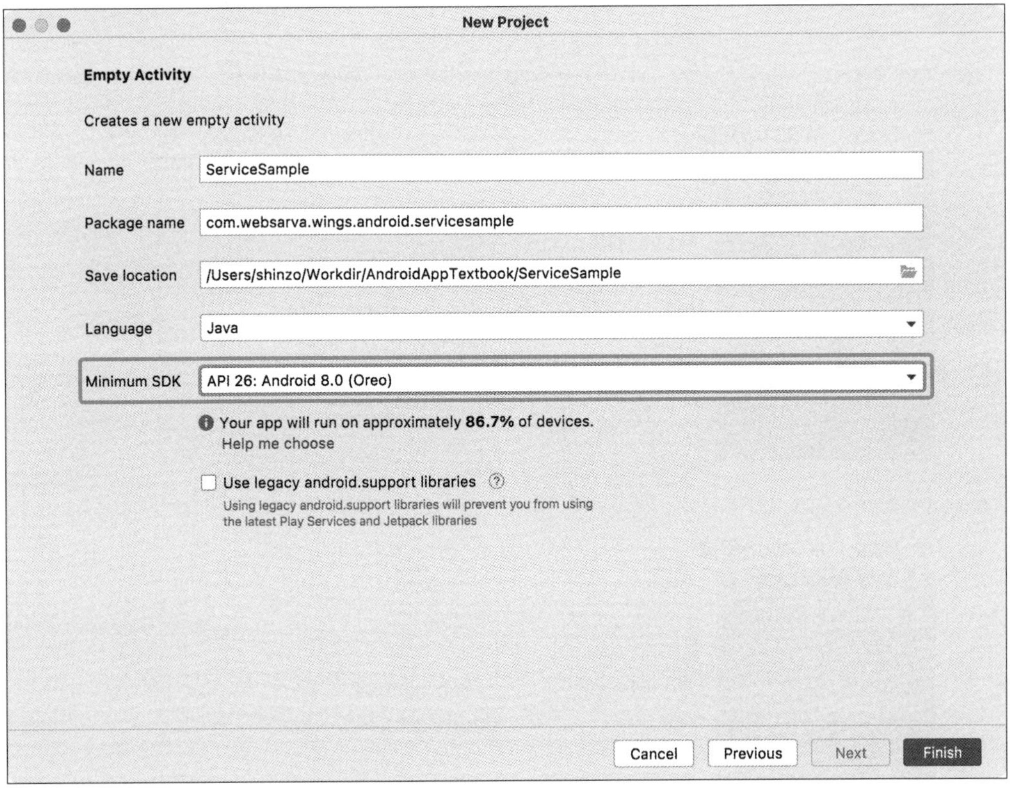

図13.2　Minimum SDKでAPI 26を選択

② strings.xmlに文字列情報を追加する

次に、strings.xmlをリスト13.1の内容に書き換えましょう。

リスト13.1　res/values/strings.xml

```
<resources>
    <string name="app_name">サービスサンプル</string>
    <string name="bt_play_play">再生</string>
    <string name="bt_play_stop">停止</string>
    <string name="msg_notification_title_start">再生開始</string>
    <string name="msg_notification_text_start">音声ファイルの再生を開始しました</string>
    <string name="msg_notification_title_finish">再生終了</string>
    <string name="msg_notification_text_finish">音声ファイルの再生が終了しました</string>
    <string name="notification_channel_name">サービスサンプル通知</string>
</resources>
```

③ レイアウトファイルを編集する

次に、activity_main.xmlに対して、レイアウトエディタのデザインモードを使い、画面を作成していきます。

❶ ［再生］ボタンの配置

Palette	Button	
Attributes	id	btPlay
	layout_width	0dp
	layout_height	wrap_content
	text	@string/bt_play_play
	onClick	onPlayButtonClick
制約ハンドル	上	parent(8dp)
	左	parent(8dp)
	右	parent(8dp)

❷ ［停止］ボタンの配置

Palette	Button	
Attributes	id	btStop
	layout_width	0dp
	layout_height	wrap_content
	text	@string/bt_play_stop
	enabled	false
	onClick	onStopButtonClick
制約ハンドル	上	btPlayの下(8dp)
	左	parent(8dp)
	右	parent(8dp)

すべての画面部品を配置し終えると、レイアウトエディタ上では、図13.3のように表示されます。

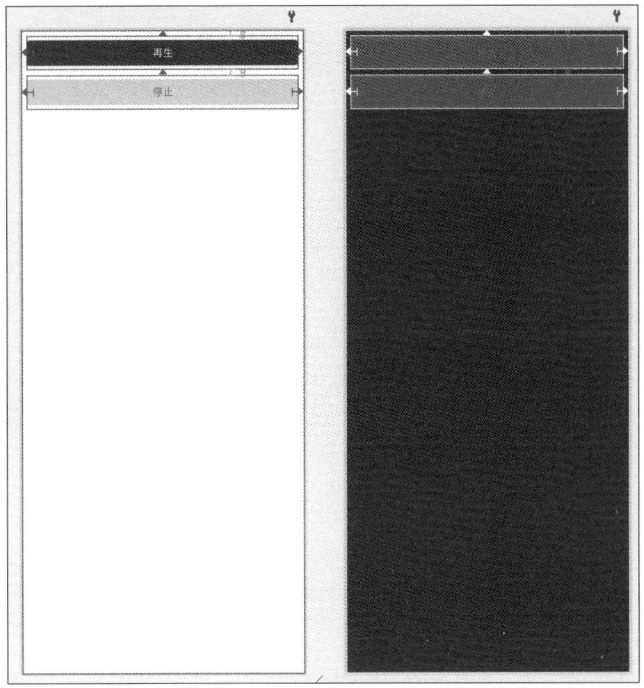

図13.3　完成したactivity_main.xml画面のレイアウトエディタ上の表示

④ 音声ファイルを追加する

MediaSampleと同様に音声ファイルを使います。リソースフォルダの追加画面で［Resource type:］から［raw］を選択し、resフォルダ配下にrawフォルダを作成しましょう。rawフォルダを作成したら、(前章で使用した音声ファイルでもよいので) 音声ファイルを格納してください。

参照 リソースフォルダの追加 ➡ 8.2.2項 手順 ① p.199

参照 音声ファイルの格納 ➡ 12.1.1項 手順 ④ p.317-318

⑤ アプリを起動する

入力を終え、特に問題がなければ、この時点で一度アプリを実行してみてください。図13.1の画面が表示されます。

この段階では、停止ボタンは押せないようになっています。また、再生ボタンをタップするとエラーでアプリが終了します。これは、タップ時の処理が記述されていないからです。この後、再生ボタンをタップしたときに、サービスが起動し、バックグラウンドで音声ファイルが再生されるように処理を記述していきます。また、停止ボタンをタップしたときに起動中のサービスを停止し、音声ファイルの再生を停止させる処理も記述します。

13.1.2 手順 サービスに関するコードを記述する

では、サービスに関するコードを記述しましょう。

① サービスクラスを作成する

サービスは、アクティビティとは別のJavaクラスです。サービスクラスもウィザードを使って作成します。javaフォルダを右クリックし、

［New］→［Service］→［Service］

を選択してください（［Service(Intent Service)］を選ばないように注意してください）。図13.4のウィザードが開きます。

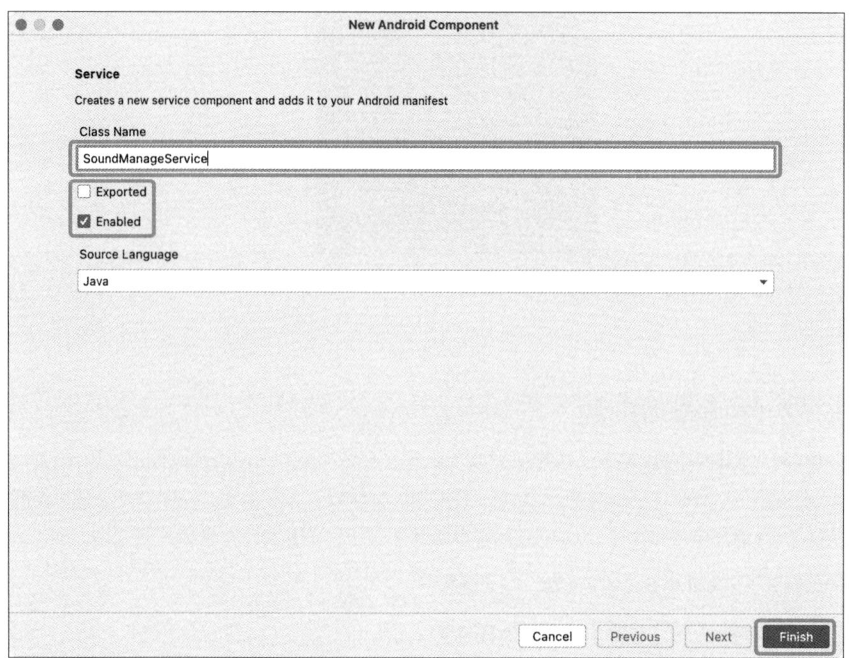

図13.4　サービス追加のウィザード画面

［Class Name］に「SoundManageService」と入力し、［Exported］のチェックボックスを外して［Finish］をクリックしましょう（［Enabled］のチェックボックスはチェックしたままにしておいてください）。SoundManageServiceクラスが追加されます。

② サービスに処理を記述する

今追加したサービスであるSoundManageServiceクラスに処理を記述します。ウィザードがクラス

を作成した時点で、コンストラクタとonBind()メソッドが自動生成されています。コンストラクタは削除してください。onBind()は削除せずにウィザードが作成したまま残します。その後、リスト13.2のコードを追記しましょう。

リスト13.2　java/com.websarva.wings.android.servicesample/SoundManageService.java

```
public class SoundManageService extends Service {
    ～省略～

    // メディアプレーヤーフィールド。
    private MediaPlayer _player; ――――――――――――――――――――――――― ⓐ

    @Override
    public void onCreate() { ――――――――――――――――――――――――――――― ⓑ
        // フィールドのメディアプレーヤーオブジェクトを生成。
        _player = new MediaPlayer();
    }

    @Override
    public int onStartCommand(Intent intent, int flags, int startId) { ――― ❸-1
        // 音声ファイルのURI文字列を作成。
        String mediaFileUriStr = "android.resource://" + getPackageName() + "/" + ↵
R.raw.mountain_stream;
        // 音声ファイルのURI文字列をもとにURIオブジェクトを生成。
        Uri mediaFileUri = Uri.parse(mediaFileUriStr);
        try {
            // メディアプレーヤーに音声ファイルを指定。
            _player.setDataSource(SoundManageService.this, mediaFileUri);
            // 非同期でのメディア再生準備が完了した際のリスナを設定。
            _player.setOnPreparedListener(new PlayerPreparedListener()); ――― ❸-2
            // メディア再生が終了した際のリスナを設定。
            _player.setOnCompletionListener(new PlayerCompletionListener());
            // 非同期でメディア再生を準備。
            _player.prepareAsync();
        }
        catch(IOException ex) {
            Log.e("ServiceSample", "メディアプレーヤー準備時の例外発生", ex);
        }

        // 定数を返す。
        return START_NOT_STICKY; ――――――――――――――――――――――――― ❸-3
    }

    @Override
    public void onDestroy() { ―――――――――――――――――――――――――――― ⓒ
        // プレーヤーが再生中なら…
        if(_player.isPlaying()) {
            // プレーヤーを停止。
            _player.stop();
        }
        // プレーヤーを解放。
        _player.release();
    }
```

```
    // メディア再生準備が完了したときのリスナクラス。
    private class PlayerPreparedListener implements MediaPlayer.OnPreparedListener {
        @Override
        public void onPrepared(MediaPlayer mp) {
            // メディアを再生。
            mp.start(); ―――――――――――――――――――――――――――――――― ⓓ
        }
    }

    // メディア再生が終了したときのリスナクラス。
    private class PlayerCompletionListener implements MediaPlayer.OnCompletionListener {

        @Override
        public void onCompletion(MediaPlayer mp) {
            // 自分自身を終了。
            stopSelf(); ―――――――――――――――――――――――――――――――― ⓔ
        }
    }
}
```

③ 再生ボタンタップ時の処理を記述する

サービスクラスが作成できたら、それを起動する処理をアクティビティに記述します。サービスの起動は再生ボタンタップ時の処理なので、再生ボタン用ButtonタグのonClick属性に指定したメソッドonPlayButtonClick()に記述します。リスト13.3のonPlayButtonClick()を、MainActivityクラスに追記しましょう。

リスト13.3　java/com.websarva.wings.android.servicesample/MainActivity.java

```
public void onPlayButtonClick(View view) {
    // インテントオブジェクトを生成。
    Intent intent = new Intent(MainActivity.this, SoundManageService.class); ――― ❹-1
    // サービスを起動。
    startService(intent); ―――――――――――――――――――――――――――――――― ❹-2
    // 再生ボタンをタップ不可に、停止ボタンをタップ可に変更。
    Button btPlay = findViewById(R.id.btPlay);
    Button btStop = findViewById(R.id.btStop);
    btPlay.setEnabled(false);
    btStop.setEnabled(true);
}
```

④ 停止ボタンタップ時の処理を記述する

同様に、停止ボタンタップ時の処理としてサービスを終了させるコードをonStopButtonClick()メソッドに記述します。リスト13.4のonStopButtonClick()を、MainActivityクラスに追記しましょう。

リスト13.4　java/com.websarva.wings.android.servicesample/MainActivity.java

```
public void onStopButtonClick(View view) {
    // インテントオブジェクトを生成。
    Intent intent = new Intent(MainActivity.this, SoundManageService.class); ―――― f-1
    // サービスを停止。
    stopService(intent); ―――――――――――――――――――――――――――――――――――― f-2
    // 再生ボタンをタップ可に、停止ボタンをタップ不可に変更。
    Button btPlay = findViewById(R.id.btPlay);
    Button btStop = findViewById(R.id.btStop);
    btPlay.setEnabled(true);
    btStop.setEnabled(false);
}
```

⑤ アプリを起動する

入力を終え、特に問題がなければ、この時点で一度アプリを実行してみてください。再生ボタンをタップすると、メディアが再生されます。また、再生中に停止ボタンをタップするとメディア再生が停止されます。

さらに、もう一度再生ボタンをタップし、メディアを再生させた状態でバックジェスチャーやホーム画面表示のジェスチャー、あるいは、AVDのツールバーのバックボタンやホームボタンをクリックするとアクティビティは非表示状態になりますが、その状態でもメディアの再生は続くことが確認できます。

13.1.3 サービスはServiceクラスを継承したクラスとして作成

サービスを利用する手順は以下の通りです。

1. Serviceクラスを継承したクラスを作成する。
2. AndroidManifest.xmlにサービスを登録する。
3. onStartCommand()メソッドにバックグラウンドで行う処理を記述する。
4. アクティビティからこのクラスを起動する。

順に説明していきます。

① Serviceクラスを継承したクラスを作成する
② AndroidManifest.xmlにサービスを登録する

この2手順は、手順① p.334 が該当します。

Android Studioのウィザードを使用すれば2手順をまとめて自動で行ってくれます。ウィザードに従って作成されたSoundManageServiceクラスには、コンストラクタとonBind()メソッドがあらかじめ記述されています。親クラスであるServiceクラスは抽象クラスであり、抽象メソッドである**onBind()**を必ず実装する必要があります。ただし、このメソッドは「サービスのバインド」という方法でサービスを実行する場合に必要なメソッドであり、今回のように直接サービスを起動する場合には不要です。したがって、手順② p.334-336 ではウィザードが作成したままにしました。

ここで、AndroidManifest.xmlを見てください。以下のserviceタグが追記されています。

```
<service
    android:name=".SoundManageService"
    android:enabled="true"
    android:exported="false">
</service>
```

これが②にあたり、ウィザードが自動で追記したコードです。属性が3つあります。これは、図13.4のウィザード画面の入力値をそのまま反映します。それぞれの記述内容を表13.1にまとめます。

表13.1 serviceタグの属性

属性名	ウィザードの入力欄	内容
android:name	Class Name	登録するサービスクラス名
android:enabled	Enabledチェックボックス	登録したサービスを利用可能とするかどうか。trueだと利用可能であり、falseだと利用できない
android:exported	Exportedチェックボックス	作成したサービスを外部のアプリから利用できるかどうか。trueだと利用でき、falseだとアプリ内からしか利用できない

この中で必須項目はandroid:nameだけです。他の属性は初期値がありますが、android:exportedは初期値が状況によって変わってきます。したがって、明示的に記述したほうがよいでしょう。

③ onStartCommand()メソッドにバックグラウンドで行う処理を記述する

手順②で追記したリスト13.2❸ p.335 が該当します。❸-2は、前章で作成したMainActivityのonCreate()に記述していたものと同じです。

なお、onStartCommand()メソッドはint型の値を返却しなければならず、この値によってサービスが強制終了した場合の振る舞いが変わります。❸-3がこの処理で、親クラスであるServiceクラスの定数（表13.2）を使っています。

表13.2 onStartCommand()メソッドの戻り値で使用する定数

定数名	内容
START_NOT_STICKY	サービスが強制終了されても自動で再起動しない。常にサービスが動作している必要がなければ、この定数を返却するのが一番安全
START_STICKY	サービスが強制終了された場合に自動で再起動するが、再起動したサービスのインテントはnullで実行される。常にサービスが動作している必要がある場合にはこの定数を返却する
START_REDELIVER_INTENT	サービスが強制終了された場合に自動で再起動するが、再起動したサービスのインテントとしては、強制終了直前に保持していたインテントが渡される。サービスの再起動後に処理を再開したい場合にこの定数を返却する

❸-3ではSTART_NOT_STICKYを返却しています。

④ アクティビティからこのクラスを起動する

手順③で追記したリスト13.3❹ p.336 が該当します。サービスクラスの起動は、アクティビティの起動に似ており、インテントを使います。

まず、Intentクラスをnewします（❹-1）。第2引数には、アクティビティの場合はActivityクラスを指定したように、サービスの場合はServiceクラスを指定します。

続いて、startService()メソッドを実行します（❹-2）。その際、引数として❹-1でnewしたIntentオブジェクトを渡します。

同様に、サービスを停止する場合もインテントを使います。これが手順④で追記したリスト13.4ⓕ p.337 です。同様の手順でIntentクラスをnewし（ⓕ-1）、stopService()メソッドを実行します（ⓕ-2）。

13.1.4 サービスのライフサイクル

リスト13.4ⓕ-2 p.337 でサービスを終了させると、なぜメディア再生も止まるのでしょうか。それは、そのようにソースコードを記述したからですが、該当部分はリスト13.2ⓒ p.335 のonDestroy()メソッドです。アクティビティに同じメソッドがあるので気づいたかもしれませんが、サービスにもアクティビティ同様にライフサイクルがあります。アクティビティに比べて非常にシンプルなライフサイクルで、図13.5がその内容です。

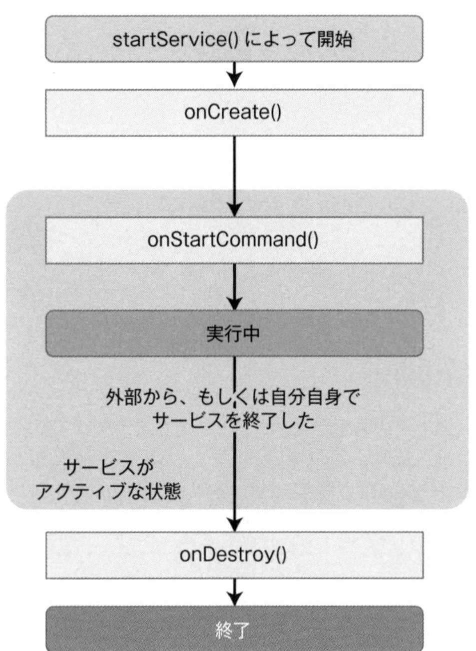

図13.5 サービスのライフサイクル

この図を見ると、実際にサービスとしてバックグラウンド処理を行うメソッドがonStartCommand()であることがわかりますが、一方で、その前後にonCreate()とonDestroy()があります。**onCreate()**はサービスが生成されたときの1回だけ呼ばれるメソッドであり、アクティビティ同様に初期処理を行います。リスト13.2 p.335 では、フィールドに保持したMediaPlayerオブジェクト（ⓐ）の生成を行っています（ⓑ）。

一方、**onDestroy()**はサービスが破棄されるときに呼ばれるメソッドであり、リスト13.2ⓒ p.335 は前章で作成したMainActivityのonStop()に記述していたものと同じコードです。この部分で、メディア再生を停止し、MediaPlayerオブジェクトの解放を行っています。

なお、サービスクラスのonCreate()、onStartCommand()、onDestroy()の3メソッドはアクティビティと違い、親クラスの同名メソッドを呼び出す必要はありません。

ところで図13.5では、このonDestroy()メソッドが呼ばれる理由として、「外部から、もしくは自分自身でサービスを終了した」と記載されています。これは何かというと、以下のメソッドを実行することです。

- 外部からサービスを終了　➡ アクティビティなどからstopService()を実行する。
- 自分自身でサービスを終了 ➡ サービス内部で**stopSelf()**を実行する。

このうち、前者が停止ボタンに該当します。

そして、後者がリスト13.2ⓔ p.336 に該当します。PlayerCompletionListenerクラスは、前章で解説した通りメディア再生が終了したときのリスナクラスであり、onCompletion()メソッドがメディア再生が終了したときの処理を記述するメソッドです。ここにstopSelf()を記述するということは、サービス自身を終了させることを意味します。つまり、

メディア再生が終了 ➡ onCompletion()メソッドが呼び出される ➡ サービスが終了 ➡ onDestroy()メソッドが呼び出される ➡ MediaPlayerオブジェクトが解放される

という流れなのです。

Note　onPrepared()とonCompletion()の引数

メディア再生の準備が完了したとき、および、メディアの再生が終了したときのリスナクラスのメソッドonPrepared()とonCompletion()の引数mpは、MediaPlayerそのものです。前章で作成したMainActivityでは、これらのメソッド内ではフィールドの_playerを使用しましたが、引数mpを利用することも可能です。リスト13.2ⓓ p.336 では、引数mpを利用してメディア再生を行っています。

13.2 通知

これで、バックグラウンドでメディア再生ができるようになりました。ただし、アクティビティを終了させた状態でバックグラウンドで再生が終了した際に、本当に再生が終了したのか、それとも何か不具合が発生したのか、判別できません。これは、サービスが画面を持たないからです。そこで、活躍するのが通知（ノーティフィケーション）です。

13.2.1 通知とは

通知（ノーティフィケーション）とは、ホーム画面の通知エリアに表示する機能です。

図13.6のように、ホーム画面の一番左上、ステータスバーの左側にアイコンが表示されています。ステータスバーのこの領域が**通知エリア**であり、通知機能を使うと、通知エリアにアイコンを表示することができます。さらに、ステータスバーをホールドしたまま下へスライドすると、図13.7のように**通知ドロワー**が表示され、そこに通知のメッセージが表示されます。

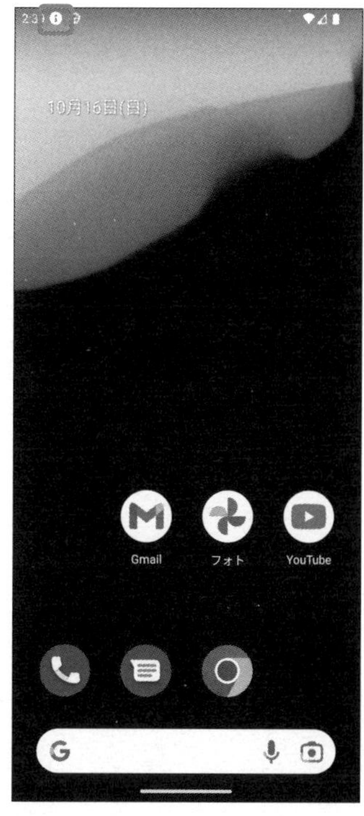

図13.6　通知エリアに表示されたアイコン

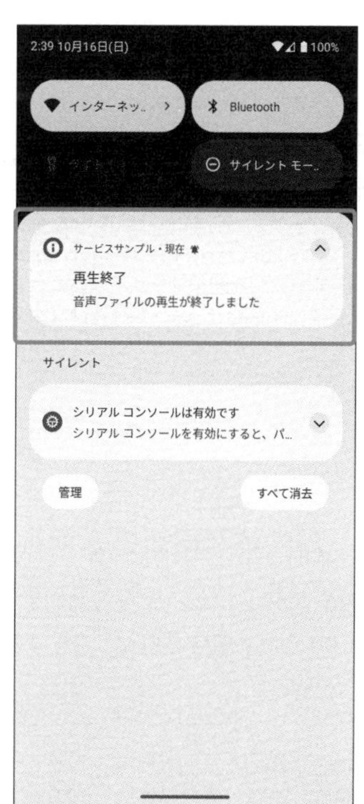

図13.7　通知ドロワーに表示されたメッセージ

13.2.2  通知を実装する

では、再生が終了した際に図13.6や図13.7のように、通知エリアにアイコンを表示し、通知ドロワーにメッセージを表示するように改造していきましょう。

① 通知チャネルを作成する

通知を実装するには、まず通知チャネルを作成する必要があります。通知チャネルはこのサービス共通で利用するので、通知チャネルID文字列を表す定数を用意し、通知チャネルそのものはonCreate()で設定します。リスト13.5の太字部分を追記しましょう。

リスト13.5　java/com.websarva.wings.android.servicesample/SoundManageService.java

```
public class SoundManageService extends Service {
    private MediaPlayer _player;
    // 通知チャネルID文字列定数。
    private static final String CHANNEL_ID = "soundmanagerservice_notification_channel"; ──❶-1

    @Override
    public void onCreate() {
        _player = new MediaPlayer();
        // 通知チャネル名をstrings.xmlから取得。
        String name = getString(R.string.notification_channel_name); ──❶-2
        // 通知チャネルの重要度を標準に設定。
        int importance = NotificationManager.IMPORTANCE_DEFAULT; ──❶-3
        // 通知チャネルを生成。
        NotificationChannel channel = new NotificationChannel(↵
CHANNEL_ID, name, importance); ──❶-4
        // NotificationManagerオブジェクトを取得。
        NotificationManager manager = getSystemService(NotificationManager.class); ──❷
        // 通知チャネルを設定。
        manager.createNotificationChannel(channel); ──❸
    }
    ～省略～
}
```

② 再生終了通知の処理を記述する

再生が終了したときの処理なので、PlayerCompletionListenerのonCompletion()メソッドにリスト13.6の太字部分を追記しましょう。

リスト13.6　java/com.websarva.wings.android.servicesample/SoundManageService.java

```
@Override
public void onCompletion(MediaPlayer mp) {
    // Notificationを作成するBuilderクラス生成。
    NotificationCompat.Builder builder = new NotificationCompat.Builder(↵
SoundManageService.this, CHANNEL_ID); ──❶
```

```
    // 通知エリアに表示されるアイコンを設定。
    builder.setSmallIcon(android.R.drawable.ic_dialog_info); ―――― ❷-1
    // 通知ドロワーでの表示タイトルを設定。
    builder.setContentTitle(getString(R.string.msg_notification_title_finish)); ―――― ❷-2
    // 通知ドロワーでの表示メッセージを設定。
    builder.setContentText(getString(R.string.msg_notification_text_finish)); ―――― ❷-3
    // BuilderからNotificationオブジェクトを生成。
    Notification notification = builder.build(); ―――― ❸
    // NotificationManagerCompatオブジェクトを取得。
    NotificationManagerCompat manager = NotificationManagerCompat.from(↵
SoundManageService.this); ―――― ❹
    // 通知。
    manager.notify(100, notification); ―――― ❺
    stopSelf();
}
```

③ 通知を有効にする許可をアプリに付与する

通知を表示させる場合、API33以降では、その許可を付与する必要があります。AndroidManifest.xmlにリスト13.7の太字の1行を追記します。

リスト13.7　manifests/AndroidManifest.xml

```
<manifest …>
    <uses-permission android:name="android.permission.POST_NOTIFICATIONS"/>
    <application
        ～省略～
```

④ アプリを起動する

入力を終え、特に問題がなければ、この時点で一度アプリを実行してみてください。すると、図13.8のような、通知の許可を求めるダイアログが表示されます。[許可]をタップしてください。この通知許可ダイアログは、Android 13（API33）から導入された機能です。

その後、もとのアプリの画面（図13.1の画面）が表示されるので、再生ボタンをタップし、その後アクティビティも非表示にさせましょう。メディア再生が終了したら、通知エリアに図13.6のようなアイコンが表示されます。また、ステータスバーを下にスライドさせると、通知ドロワーに図13.7のメッセージが表示されます。

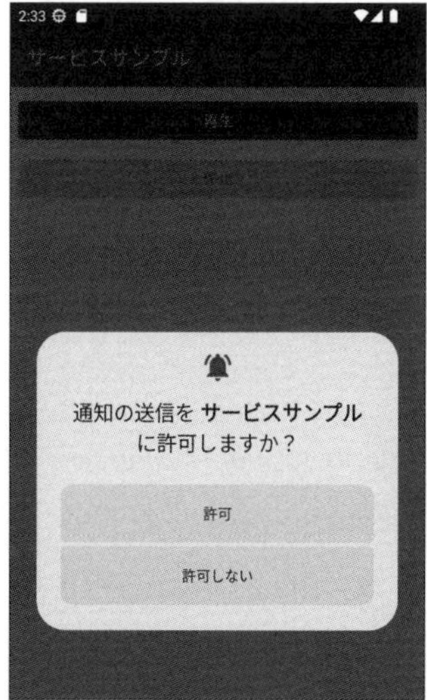

図13.8　通知の許可を求めるダイアログ

Note 通知設定

本サンプルであるServiceSampleを実行するAVDや実機によっては、図13.8のダイアログが表示されない場合があります。また、メディア再生が終了しても通知エリアに図13.6のアイコンが表示されない場合もあります。その場合は、通知に関する設定を確認してください。設定アプリを起動し、

[通知] → [アプリの設定]

を選択します。表示されたリスト画面から［サービスサンプル］の通知設定をオンにします（図13.A）。

この通知設定がデフォルトでオフとなるのは、API33からの仕様です。デフォルトでオフとなるため、あらかじめ図13.8のダイアログの表示が必要であり、そのダイアログで選択した結果がそのままこの通知設定に反映されます。

それゆえに、この通知の許可を求めるダイアログは、アプリの初回起動時に表示させるようにコーディングしておく必要があります。このコードの書き方は、14.4節で紹介する内容となっています。そのため、本章では割愛しますが、ダウンロードサンプルにはコメントアウトの形式で記述していますので、参考にしてください。

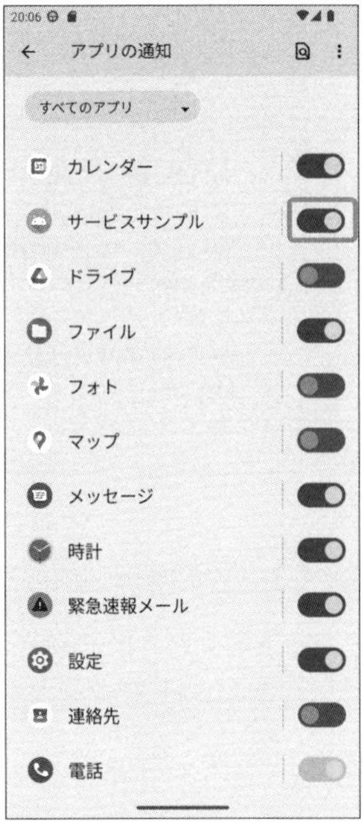

▶図13.A：サービスサンプルの通知設定をオンに変更

13.2.3 通知を扱うにはまずチャネルを生成する

通知チャネルはAndroid 8（Oreo）から導入された機能で、通知の重要度、通知音、バイブレーションなどをまとめて設定できます。通知を作成する際は、通知の性質に応じていずれかの通知チャネルに属しておく必要があります。また、通知チャネルは通知の性質ごとに複数作成できます。

Android 7.1以前は、ユーザーはアプリ単位でしか通知の設定を行うことができませんでした。しかし、Android 8以降では通知の種類ごとにチャネルとして設定値がまとまっており、チャネルに対して設定をカスタマイズすることができるようになりました。

この通知チャネルを生成する手順は以下の通りです[※1]。

1. NotificationChannelオブジェクトを生成する。
2. NotificationManagerオブジェクトを取得する。
3. NotificationManagerオブジェクトに通知チャネルを登録する。

※1 APIレベル25、つまり、Android 7.1以前では通知チャネルの機能がないため、この手順は利用できません。

順に説明していきます。なお、これらのコードは極力早い段階で実行しておく必要があります。そのため、onCreate()に記述しています。

① NotificationChannelオブジェクトを生成する

リスト13.5❶ p.342、特に❶-4が該当します。NotificationChannelオブジェクトを生成するには、**NotificationChannel**クラスをnewします。その際、表13.3に示す3個の引数が必要です。

表13.3　NotificationChannelのコンストラクタの引数

	引数名	内容
第1引数	String id	チャネルID。通知チャネルを識別するための文字列。これは、アプリのパッケージ内でユニークである必要がある
第2引数	CharSequence name	チャネル名。この名称がアプリのユーザーに表示される
第3引数	int importance	通知の重要度。5段階で設定でき、NotificationManagerクラスの定数を使って表す。定数は、重要度の低い順にIMPORTANCE_NONE、IMPORTANCE_MIN、IMPORTANCE_LOW、IMPORTANCE_DEFAULT、IMPORTANCE_HIGH

これらの引数用の変数を用意しているのが、リスト13.5❶-1から❶-3です。その際、チャネルID文字列は、他のコードでも利用するために、このクラスの定数として用意しています（❶-1）。

なお、バイブレーションをオフにしたり、ロック画面で表示するようにしたりするなど、様々な通知設定を行う場合は、このnewしたNotificationChannelオブジェクトに対してenableVibration()やsetLockscreenVisibility()などのメソッドを実行します。詳細はNotificationChannelのリファレンスページ[※2]を参照してください。

② NotificationManagerオブジェクトを取得する

リスト13.5❷ p.342 が該当します。リスト13.5❶で生成したNotificationChannelオブジェクトを有効にするには、**NotificationManager**オブジェクトに登録する必要があります。そこで、❷のように**getSystemService()**メソッドを使ってNotificationManagerを取得します。

このgetSystemService()は、ActivityやServiceの親クラスであるContextクラスのメソッドで、OSレベル（システムレベル）で提供している各種サービスのオブジェクトを取得します。引数として、取得したいサービスオブジェクトのクラスを指定します。

なお、getSystemService()の引数にクラスを指定できるものは限られています。それ以外は、Contextクラスの定数を使います。使用できるクラスや定数、および、定数を指定した場合の戻り値がどのような型なのかについては、ContextクラスのAPI仕様書[※3]で確認できます。

※2　https://developer.android.com/reference/android/app/NotificationChannel
※3　https://developer.android.com/reference/android/content/Context#getSystemService(java.lang.Class%3CT%3E)

③ NotificationManagerオブジェクトに通知チャネルを登録する

リスト13.5❸ p.342 が該当します。通知チャネルを登録するには、リスト13.5❷で取得したNotificationManagerオブジェクトのcreateNotificationChannel()メソッドを使います。その際、引数としてリスト13.5❶で生成したNotificationChannelオブジェクトを渡します。

13.2.4　通知を出すにはビルダーとマネージャーが必要

通知チャネルが生成、登録できたので、いよいよ通知です。通知を出す手順は以下の通りです。

① 通知を作成するBuilderオブジェクトを生成する。
② Builderオブジェクトに設定を行う。
③ BuilderオブジェクトからNotificationオブジェクトを生成する。
④ NotificationManagerCompatオブジェクトを取得する。
⑤ NotificationManagerCompatオブジェクトでNotificationオブジェクトを表示する。

順に説明していきます。

① 通知を作成するBuilderオブジェクトを生成する

リスト13.6❶ p.342 が該当します。Builderオブジェクトを生成するには、NotificationCompat.Builderクラス、つまり、NotificationCompatクラスのネストクラスであるBuilderクラスをnewします。その際、第1引数としてコンテキストを、第2引数としてチャネルIDを渡します。

コンテキストは、Activityクラスと同様、ServiceクラスもContextクラスの子クラスなので、「SoundManageService.this」という記述でコンテキストとして指定できます。

チャネルIDは手順① p.342 で生成、登録した通知チャネルのID文字列、つまり、リスト13.5❶-1の文字列定数を渡します※4。

② Builderオブジェクトに設定を行う

リスト13.6❷ p.343 が該当します。リスト13.6❶で生成したBuilderには、少なくとも以下の3種類の設定を行う必要があります。

通知エリアに表示されるアイコン

リスト13.6❷-1が該当し、設定にはsetSmallIcon()メソッドを使います。引数はアイコンに使用するR値です。ここでは、Android SDKにもともと用意されている ⓘ アイコンを使用しています。

※4　APIレベル25以前では、NotificationCompat.Builderクラスのコンストラクタに第2引数は指定できないため、コンテキストのみを渡します。

通知ドロワーでの表示タイトル

リスト13.6❷-2が該当し、設定にはsetContentTitle()メソッドを使います。タイトルとして表示する文字列を引数として渡します。ここでは、strings.xmlに記述した文字列を取得して引数として渡すためにgetString()メソッドを使用しています。

通知ドロワーでの表示メッセージ

リスト13.6❷-3が該当し、設定にはsetContentText()メソッドを使います。使い方は、setContentTitle()と同じです。

③ BuilderオブジェクトからNotificationオブジェクトを生成する

リスト13.6❸ p.343 が該当します。BuilderオブジェクトからNotificationオブジェクトを生成するには、単純にbuild()メソッドを実行します。戻り値は②の設定が施されたNotificationオブジェクトです。

④ NotificationManagerCompatオブジェクトを取得する

リスト13.6❹ p.343 が該当します。リスト13.6❸で生成したNotificationオブジェクトを通知エリアに表示するには、NotificationManagerCompatクラスを使います。NotificationManagerCompatオブジェクトを取得するには、NotificationManagerCompatのstaticメソッドであるfrom()を利用し、その引数としてコンテキストを渡します。

⑤ NotificationManagerCompatオブジェクトでNotificationオブジェクトを表示する

リスト13.6❺ p.343 が該当し、これが実際の通知処理になります。NotificationManagerCompatオブジェクトでNotificationオブジェクトを表示するには、NotificationManagerCompatのnotify()メソッドを使います。引数は2個で、第2引数にリスト13.6❸で生成したNotificationオブジェクトを渡します。第1引数はこのNotificationを識別するための番号で、アプリ内で一意になるように設計します。ここでは「100」を指定しています。

13.3 通知からアクティビティを起動する

最後に、通知ドロワーからアクティビティを起動するように改造しましょう。

現状、再生ボタンを押した後、つまりメディアの再生がバックグラウンドで開始された後にアクティビティを終了させてしまうと、メディア再生の停止、つまり、サービスの停止ができません。そこで、サービス開始と同時に通知を表示し、通知ドロワーをタップすると、再度アクティビティが起動するように改造します。

13.3.1  通知からアクティビティを起動する処理を実装する

① 再生開始通知の処理を記述する

再生が開始したときの処理なので、PlayerPreparedListenerのonPrepared()メソッドにリスト13.8の太字部分を追記しましょう。

リスト13.8　java/com.websarva.wings.android.servicesample/SoundManageService.java

```
@Override
public void onPrepared(MediaPlayer mp) {
    mp.start();
    // Notificationを作成するBuilderクラス生成。
    NotificationCompat.Builder builder = new NotificationCompat.Builder(⏎
SoundManageService.this, CHANNEL_ID);
    // 通知エリアに表示されるアイコンを設定。
    builder.setSmallIcon(android.R.drawable.ic_dialog_info);
    // 通知ドロワーでの表示タイトルを設定。
    builder.setContentTitle(getString(R.string.msg_notification_title_start));
    // 通知ドロワーでの表示メッセージを設定。
    builder.setContentText(getString(R.string.msg_notification_text_start));
    // 起動先Activityクラスを指定したIntentオブジェクトを生成。
    Intent intent = new Intent(SoundManageService.this, MainActivity.class); ――― ❸-1
    // 起動先アクティビティに引き継ぎデータを格納。
    intent.putExtra("fromNotification", true); ――― ❸-2
    // PendingIntentオブジェクトを取得。
    PendingIntent stopServiceIntent = PendingIntent.getActivity(⏎
SoundManageService.this, 0, intent, PendingIntent.FLAG_IMMUTABLE); ――― ❶
    // PendingIntentオブジェクトをビルダーに設定。
    builder.setContentIntent(stopServiceIntent); ――― ❷
    // タップされた通知メッセージを自動的に消去するように設定。
    builder.setAutoCancel(true);
    // BuilderからNotificationオブジェクトを生成。
    Notification notification = builder.build();
    // Notificationオブジェクトを元にサービスをフォアグラウンド化。
    startForeground(200, notification); ――― ❹
}
```

② 通知からアクティビティが起動されたときの処理を記述する

通知メッセージ経由でMainActivity画面が表示された場合、再生ボタンを使用不可にして停止ボタンが使用可能になるように、MainActivityのonCreate()メソッドにリスト13.9のコードを追記しましょう。

リスト13.9　java/com.websarva.wings.android.servicesample/MainActivity.java

```
@Override
protected void onCreate(Bundle savedInstanceState) {
    ～省略～
    // Intentオブジェクトを取得。
    Intent intent = getIntent();
    // 通知のタップからの引き継ぎデータを取得。
    boolean fromNotification = intent.getBooleanExtra("fromNotification", false);
    // 引き継ぎデータが存在、つまり通知のタップからならば…
    if(fromNotification) {
        // 再生ボタンをタップ不可に、停止ボタンをタップ可に変更。
        Button btPlay = findViewById(R.id.btPlay);
        Button btStop = findViewById(R.id.btStop);
        btPlay.setEnabled(false);
        btStop.setEnabled(true);
    }
}
```

③ フォアグラウンドサービスの許可をアプリに付与する

サービスをフォアグラウンドで実行する場合、その許可を付与する必要があります。AndroidManifest.xmlにリスト13.10の太字の1行を追記します。

リスト13.10　manifests/AndroidManifest.xml

```
<manifest …>
    <uses-permission android:name="android.permission.POST_NOTIFICATIONS"/>
    <uses-permission android:name="android.permission.FOREGROUND_SERVICE"/>
    <application
        ～省略～
```

13

④ アプリを起動する

入力を終え、特に問題がなければ、この時点で一度アプリを実行してみてください。再生ボタンをタップして再生を行うと、通知が表示されることを確認できます（図13.9）。この再生中にアクティビティを非表示にし、通知ドロワーからメッセージをタップしてみてください（図13.10）。再度、アクティビティが起動し、停止ボタンが機能することが確認できます。

図13.9　再生と同時に表示された通知アイコン

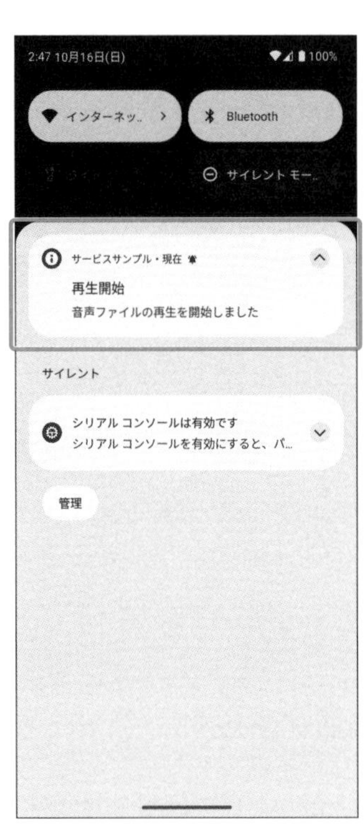

図13.10　通知ドロワーのメッセージをタップ

13.3.2　通知からアクティビティの起動はPendingIntentを使う

通知ドロワーのタップからアクティビティを起動する処理を記述する際、その中心となるのがPendingIntentの利用です。PendingIntentとは、指定されたタイミングで何かを起動するインテントです。具体的には、PendingIntentオブジェクトを取得し（リスト13.8❶）、ビルダーのsetContentIntent()メソッドを使って、取得したPendingIntentオブジェクトをビルダーに設定します（リスト13.8❷）。

PendingIntentオブジェクトを取得するには、PendingIntentクラスのstaticメソッドを使います。何を起動するかによってメソッド名が異なりますが、アクティビティの場合はgetActivity()メソッドです。getActivity()には、表13.4の4個の引数を渡す必要があります。

表13.4 PendingIntentのgetActivity()メソッドの引数

	引数名	内容
第1引数	Context context	コンテキスト
第2引数	int requestCode	複数の画面部品からこのPendingIntentを利用する際に、それらを区別するための番号
第3引数	Intent intent	起動先Activityクラスを指定した通常のIntentオブジェクト
第4引数	int flags	実際にインテントを実行する際に、インテント内に格納されたデータからでは実行方法が不明確の場合にどのような処理をするかの設定フラグ。これはPendingIntentクラスの定数で指定

少し補足しておきましょう。

第2引数 今回は複数部品からの利用はないので「0」にしています。

第3引数 事前にこのIntentオブジェクトを生成しておく必要があります(リスト13.8❸)。❸-1でIntentをnewし、その際に、第2引数の起動先ActivityクラスとしてMainActivityを指定しています。さらに、❸-2のputExtra()でデータの引き継ぎを行っています。この引き継ぎデータのおかげで、MainActivityのonCreate()メソッド(リスト13.9)では、通常のアクティビティ起動なのか、通知をタップしたことによる起動なのかの判定ができるようになっています。

第4引数 今回は「FLAG_IMMUTABLE」を指定しています。ここには、FLAG_IMMUTABLEかFLAG_MUTABLEのどちらかを必ず指定した上で、パイプ(|)でつないで他のフラグを指定します※5。FLAG_IMMUTABLEは、Intentの内容が変更できないようにするフラグであり、通常はこちらを指定します。他のフラグとして指定できる定数は表13.5の通りです。

表13.5 PendingIntentのフラグ用定数

定数	内容
FLAG_CANCEL_CURRENT	既存のPendingIntentがあれば、それを破棄して新しいPendingIntentオブジェクトを返す
FLAG_NO_CREATE	既存のPendingIntentがあればそれを使用し、なければnullを返す
FLAG_ONE_SHOT	常に最初に作成されたPendingIntentオブジェクトを返す
FLAG_UPDATE_CURRENT	既存のPendingIntentがあれば、それは破棄せずextraのデータだけを置き換えて返す

※5 FLAG_IMMUTABLEかFLAG_MUTABLEの指定が必須となったのは、APIレベル31からです。

Note　PagingIntentとバックスタック

9.3.6項で紹介したように、Androidアプリでは、画面の状態がバックスタックに登録されることで、画面の履歴として残り、バックジェスチャーなどの画面の履歴を戻る機能が正常に動作するようになります。一方、ここで紹介したような通知からアクティビティを起動する場合、この履歴が崩れます。それでも、ユーザーが正しく履歴を追えるようにアプリを作成する必要が本当はあります。そのため、リスト13.8でPagingIntentを利用する場合、そのようなバックスタックの管理も含めてコードを記述する必要がありますが、本書の範囲を超えますので、省略していることをご了承ください。

13.3.3 通知と連携させるために サービスをフォアグラウンドで実行する

本章の最初に、サービスはバックグラウンドで処理を続けるもの、と紹介しました。実は、サービスが実行されるバックグラウンドは、11.2.2項で紹介したワーカースレッドとは違います。あくまでUIスレッドと同じスレッド、つまり**メインスレッド**で実行されます。画面がなく裏で実行しているように見え、そのためにユーザーが何も操作ができない（操作する必要がない）状態を**バックグラウンド**といいます。逆に、ユーザーが何か操作を行える状態を**フォアグラウンド**といいます。

そして、サービスから通知を表示し、表示された通知をもとに、画面を表示させるなど、何かユーザーがアクションを起こせる仕組みを実現する場合、つまり、PendingIntentを利用して通知を表示する場合、その通知オブジェクトを利用してサービスそのものをフォアグラウンドとして実行させる必要があります。そのためのメソッドが、リスト13.8❹の**startForeground()**です。

このメソッドの引数は2個で、13.2.4項で紹介したNotificationManagerCompatのnotify()メソッドの引数と同じです。第1引数はこのNotificationを識別するための番号で、アプリ内で一意になるように設計します。13.2.4項のnotify()では100を指定したので、ここでは200を指定しています。第2引数が、通知として表示させるNotificationオブジェクトです。

これで、サービスがフォアグラウンドで実行し、通知と連携できるコード部分は完成しましたが、実際に動作させるためには、もう一手間必要です。というのは、サービスをフォアグラウンドで実行させる許可をアプリに付与する必要があるからです。それが、**手順③**で記述したuses-permissionタグです。この記述がないと、startForeground()メソッドを実行した際に、例外が発生するので注意してください。

これで、サービスと通知機能が使えるようになりました。このように、サービスと通知機能、さらにPendingIntentによる通知からアクティビティの起動を組み合わせると、バックグラウンドの処理とフォアグラウンドの処理を行き来できるようになります。

第14章

地図アプリとの連携と位置情報機能の利用

前章でサービスと通知機能を学びました。前章までのアプリは、アクティビティ間の連携や、アクティビティとサービスの連携、インターネットへの接続など様々な機能を実装していますが、すべて1つのアプリの中で完結しています。本章では、アプリとアプリの連携を扱います。具体的には、自作のアプリとOS付属の地図アプリとの連携を扱います。それと同時に、GPSをはじめとした位置情報機能の扱い方も解説します。なお、位置情報機能は実機に依存しますが、AVDで擬似的に再現できるので、その方法も解説します。

14.1 暗黙的インテント

本章のテーマはアプリ間の連携です。まずは、アプリ間連携のキモとなる暗黙的インテントについて解説しましょう。

14.1.1 2種のインテント

これまでのサンプルでは、アプリ内の画面遷移（やサービスの起動）でインテントを使ってきました。このようにアプリ内の画面遷移で使われるインテントのことを**明示的インテント**と呼びます。なぜ「明示的」かはコードを見れば一目瞭然です。Intentオブジェクトを生成するときに、

```
Intent intent = new Intent(MainActivity.this, MenuThanksActivity.class);
```

のように記述します。第2引数はこれから起動するアクティビティを表しますが、クラスそのものを「明示的」に指定しています。

一方、起動するアクティビティを明示しないインテントもあり、それを**暗黙的インテント**と呼びます。明示する代わりに、「どのようなアクティビティを起動してほしいか」をIntentオブジェクトに埋め込み、実際にどのアクティビティを起動するかはOSにゆだねます。図14.1を見てください。

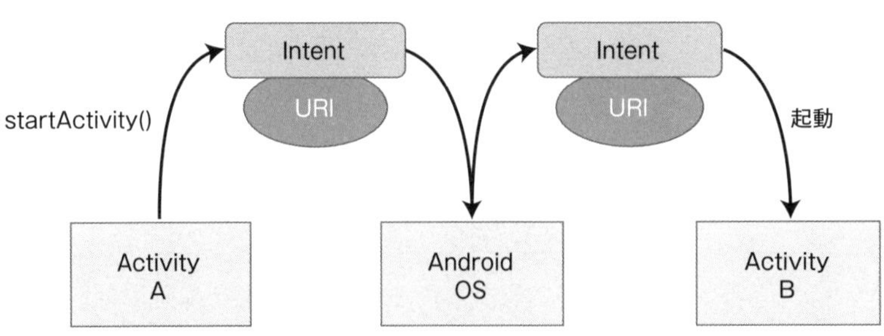

図14.1　暗黙的インテントの仕組み

この図のように、起動するアクティビティをURIの形でIntentに埋め込み、それをOSに渡します。OSはURIから起動するアクティビティを探し出して起動します。特に、アプリから別のアプリを起動させる場合、通常は起動先アプリのActivityクラスが不明なので、この暗黙的インテントを使います。

なお、たとえば地図アプリのように、起動するアクティビティとして指定したアプリに同じ種類のものが複数存在する場合は、図14.2のように**アプリチューザ**という選択メニューが表示されます。

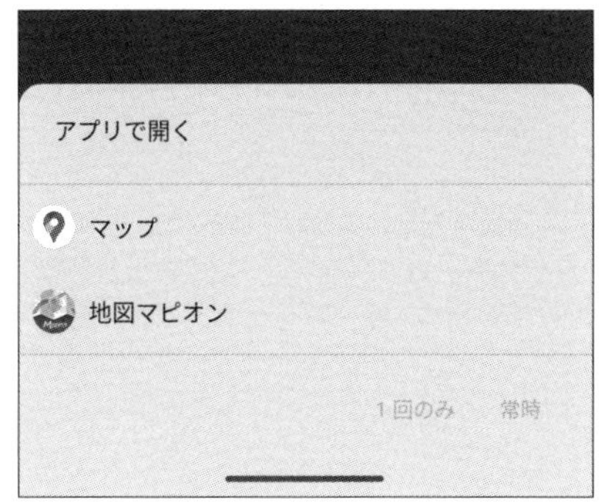

図14.2　複数の地図アプリから選択させるアプリチューザ

本章で作成する暗黙的インテントサンプルの画面は図14.3のようになっています。

［地図検索］ボタン上の入力欄にキーワードを入力し、［地図検索］ボタンをタップすると、OS付属のマップアプリが起動し※1、入力したキーワードに該当する地図が表示される仕組みです。

また、位置情報機能を使って、現在地の緯度と経度を取得し、それを表示するようにします。さらに、［地図表示］ボタンをタップすると、マップアプリが起動し、その緯度と経度に該当する地点を表示するようにしていきます。

図14.3　暗黙的インテントサンプルの画面

※1　OS付属のマップアプリ以外の地図アプリがインストールされている場合は、図14.2のアプリチューザが表示されるので、［マップ］を選択してください。

14.1.2  暗黙的インテントサンプルアプリを作成する

では、まず、アプリの作成手順に従って、暗黙的インテントに関するコードを記述する前段階まで作成していきましょう。

① 暗黙的インテントサンプルのプロジェクトを作成する

以下がプロジェクト情報です。この情報をもとにプロジェクトを作成してください。

Name	ImplicitIntentSample
Package name	com.websarva.wings.android.implicitintentsample

② strings.xmlに文字列情報を追加する

次に、strings.xmlをリスト14.1の内容に書き換えましょう。

リスト14.1　res/values/strings.xml

```
<resources>
    <string name="app_name">暗黙的インテントサンプル</string>
    <string name="bt_map_search">地図検索</string>
    <string name="tv_current_title">現在地</string>
    <string name="tv_latitude_title">緯度:</string>
    <string name="tv_longitude_title">経度:</string>
    <string name="bt_map_current">地図表示</string>
</resources>
```

③ レイアウトファイルを編集する

次に、activity_main.xmlに対して、レイアウトエディタのデザインモードを使い、画面を作成していきます。

❶キーワード入力用のEditTextの配置

Palette	Plain Text	
Attributes	id	etSearchWord
	layout_width	0dp
	layout_height	wrap_content
	inputType	text
	text	空欄
制約ハンドル	上	parent(8dp)
	左	parent(8dp)
	右	parent(8dp)

❷［地図検索］ボタンの配置

Palette	Button	
Attributes	id	btMapSearch
	layout_width	0dp
	layout_height	wrap_content
	text	@string/bt_map_search
	onClick	onMapSearchButtonClick
制約ハンドル	上	etSearchWordの下(8dp)
	左	parent(8dp)
	右	parent(8dp)

❸区切り線の配置

Palette	Horizontal Divider（Widgetsカテゴリ内）	
Attributes	id	divider
	layout_width	0dp
	layout_height	1dp
制約ハンドル	上	btMapSearchの下ハンドル(16dp)
	左	parent(8dp)
	右	parent(8dp)

❹「現在地」と表示するTextViewの配置

Palette	TextView	
Attributes	id	tvCurrentTitle
	layout_width	wrap_content
	layout_height	wrap_content
	text	@string/tv_current_title
制約ハンドル	上	dividerの下ハンドル(8dp)
	左	parent(8dp)

❺「緯度:」と表示するTextViewの配置

Palette	TextView	
Attributes	id	tvLatitudeTitle
	layout_width	wrap_content
	layout_height	wrap_content
	text	@string/tv_latitude_title
制約ハンドル	上	dividerの下ハンドル(8dp)
	左	tvCurrentTitleの右ハンドル(8dp)

❻位置情報で取得した緯度を表示するTextViewの配置

Palette	TextView	
Attributes	id	tvLatitude
	layout_width	wrap_content
	layout_height	wrap_content
	text	空欄
制約ハンドル	上	dividerの下ハンドル(8dp)
	左	tvLatitudeTitleの右ハンドル(0dp)

❼ガイドラインの配置

［Vertical Guideline］を選択し、左部から50%の位置に配置してください。idは、glLonLatとしておきます。

❽「経度:」と表示するTextViewの配置

Palette	TextView	
Attributes	id	tvLongitudeTitle
	layout_width	wrap_content
	layout_height	wrap_content
	text	@string/tv_longitude_title
制約ハンドル	上	dividerの下ハンドル(8dp)
	左	glLonLat(0dp)

❾位置情報で取得した経度を表示するTextViewの配置

Palette	TextView	
Attributes	id	tvLongitude
	layout_width	wrap_content
	layout_height	wrap_content
	text	空欄
制約ハンドル	上	dividerの下ハンドル(8dp)
	左	tvLongitudeTitleの右ハンドル(0dp)

❿［地図表示］ボタンの配置

Palette	Button	
Attributes	id	btMapShowCurrent
	layout_width	0dp
	layout_height	wrap_content
	text	@string/bt_map_current
	onClick	onMapShowCurrentButtonClick
制約ハンドル	上	tvCurrentTitleの下(8dp)
	左	parent(8dp)
	右	parent(8dp)

すべての画面部品を配置し終えると、レイアウトエディタ上では、図14.4のように表示されます。

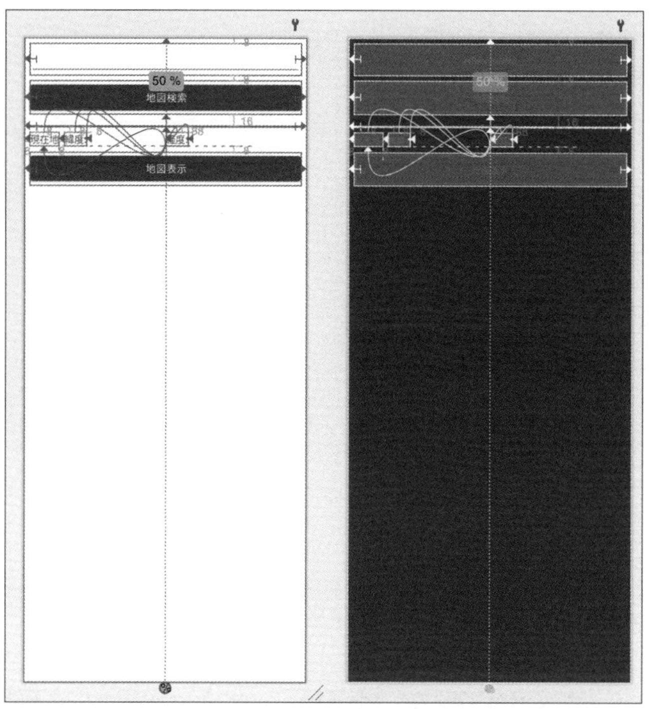

図14.4　完成したactivity_main.xml画面のレイアウトエディタ上の表示

④ アプリを起動する

入力を終え、特に問題がなければ、この時点で一度アプリを実行してみてください。図14.3の画面が表示されます。前章までと同様に、ボタン処理は記述されていないので、タップするとアプリがエラーで終了します。

まずは［地図検索］ボタンの処理、つまり、地図アプリとの連携に関する処理から記述していくことにしましょう。

14.1.3 手順 地図アプリとの連携に関するコードを記述する

① 地図検索ボタンタップ時の処理を記述する

地図アプリとの連携は、［地図検索］ボタンタップ時の処理なので、地図検索ボタン用ButtonタグのonClick属性に記述されたメソッドonMapSearchButtonClick()に記述します。リスト14.2のonMapSearchButtonClick()を、MainActivityクラスに追記しましょう。

リスト14.2　java/com.websarva.wings.android.implicitintentsample/MainActivity.java

```
public void onMapSearchButtonClick(View view) {
    // 入力欄に入力されたキーワード文字列を取得。
    EditText etSearchWord = findViewById(R.id.etSearchWord);
    String searchWord = etSearchWord.getText().toString();

    try {
        // 入力されたキーワードをURLエンコード。
        searchWord = URLEncoder.encode(searchWord, "UTF-8");  ❶
        // マップアプリと連携するURI文字列を生成。
        String uriStr = "geo:0,0?q=" + searchWord;  ❷
        // URI文字列からURIオブジェクトを生成。
        Uri uri = Uri.parse(uriStr);  ❸
        // Intentオブジェクトを生成。
        Intent intent = new Intent(Intent.ACTION_VIEW, uri);  ❹
        // アクティビティを起動。
        startActivity(intent);  ❺
    }
    catch(UnsupportedEncodingException ex) {
        Log.e("MainActivity", "検索キーワード変換失敗", ex);
    }
}
```

② アプリを起動する

入力を終え、特に問題がなければ、この時点で一度アプリを実行してみてください。図14.5のように何かキーワードを入力し、[地図検索]ボタンをタップしましょう。

地図アプリが起動し、図14.6のようにキーワードに関連する地点が表示されます。

図14.5　キーワードを入力して地図検索の開始

図14.6　地図アプリが起動してキーワードに関連する地点が表示される

14.1.4 暗黙的インテントの利用はアクションとURI

リスト14.2❹と❺を見てください。これが暗黙的インテントを使って他のアプリ（のアクティビティ）を起動している部分です。明示的インテントによるアクティビティの起動とほぼ同じコードですが、❹のIntentのnew時の引数が違います。明示的インテントの場合は、起動先アクティビティのクラスを「明示」しました。一方、暗黙的インテントの場合は、アクションとURIを使ってアクティビティを「暗黙的」に指定します。

❹の第1引数を**アクション**と呼び、アクションにはアクティビティの種類をIntentクラスの定数フィールドで指定します。主な定数とアクティビティの種類を表14.1にまとめます。

表14.1　アクション指定で使われる主な定数

定数	アクティビティの種類
ACTION_VIEW	画面を表示させる
ACTION_CALL	電話をかける
ACTION_SEND	メールを送信する

今回は地図画面を表示させるアプリなので、リスト14.2ではIntent.ACTION_VIEWとしています。

一方、**URI**をもとにOSがアプリを判断します。たとえば、「http://〜」や「https://〜」だとブラウザが起動します。地図アプリの場合は、「geo:〜」です。ただし、❹の第2引数、つまり、Intentのコンストラクタの第2引数はURI文字列ではなく、URIオブジェクトです。そこで、URI文字列からURIオブジェクトを生成しているのが、リスト14.2❷と❸です。

「geo:」の後、「0,0?q=検索文字列」とすることで、地図アプリが検索文字列で検索を行い、その地点を表示してくれる仕組みとなっています。この検索文字列はEditTextから取得していますが、その文字列をURIに埋め込むためにあらかじめURLエンコーディングをしておく必要があります（リスト14.2❶）。なお、このエンコーディングの際に、例外処理が必要なので、try-catchで記述しています。

Note　URLエンコーディング

URLは、半角英数字とハイフンなど一部の記号で構成するのを原則としています。となると、それ以外の文字をURLに使用したい場合はどうすればよいのでしょうか。そこで登場するのが**URLエンコーディング**です。これは、URLとして使用できない文字を16進数のコードで表し、「%xx」（xxは16進数）という形に変換し、URL上でも使用できるようにすることです。たとえば、「?」は「%3F」、「&」は「%26」、「=」は「%3D」に変換します。このエンコードはURIでも同じです。URLやURIで使用できない文字列を、URLやURIに埋め込むにはこのような変換が必要なのです。

このURLエンコーディングを行うクラスがJavaでは用意されています。それがURLEncoderクラスであり、そのstaticメソッドであるencode()を使うことで、エンコーディングされた文字列を取得できます。

14.2 緯度と経度の指定で地図アプリを起動するURI

地図アプリと連携するURIを「geo:緯度,経度」とすることで、その地点を表示してくれます。次に、このURIを使って、[地図表示] ボタンの処理も記述しましょう。最終的には緯度と経度を位置情報から取得しますが、ここでは位置情報機能との連携の前段階として、あらかじめフィールドに保持した緯度と経度の初期値（それぞれ0）を表示するところまでを実装しましょう。

14.2.1  緯度と経度で地図アプリと連携するコードを記述する

① 緯度と経度情報を保持するフィールドを追加する

リスト14.3のように、緯度と経度の情報を保持するフィールドを、MainActivityクラスに追記しましょう。なお、緯度と経度は小数値なので型をdoubleとし、初期値は0としています。

リスト14.3　java/com.websarva.wings.android.implicitintentsample/MainActivity.java

```
public class MainActivity extends AppCompatActivity {
    // 緯度フィールド。
    private double _latitude = 0;
    // 経度フィールド。
    private double _longitude = 0;
    ～省略～
}
```

② [地図表示] ボタンタップ時の処理を記述する

緯度と経度情報をもとに地図アプリを起動する処理は、[地図表示] ボタンタップ時の処理です。[地図表示] ボタン用ButtonタグのonClick属性に記述されたメソッドonMapShowCurrentButtonClick()に記述します。リスト14.4のonMapShowCurrentButtonClick()を、MainActivityクラスに追記しましょう。

リスト14.4　java/com.websarva.wings.android.implicitintentsample/MainActivity.java

```
public void onMapShowCurrentButtonClick(View view) {
    // フィールドの緯度と経度の値をもとにマップアプリと連携するURI文字列を生成。
    String uriStr = "geo:" + _latitude + "," + _longitude;
    // URI文字列からURIオブジェクトを生成。
    Uri uri = Uri.parse(uriStr);
    // Intentオブジェクトを生成。
    Intent intent = new Intent(Intent.ACTION_VIEW, uri);
    // アクティビティを起動。
    startActivity(intent);
}
```

③ アプリを起動する

入力を終え、特に問題がなければ、この時点で一度アプリを実行してみてください。[地図表示] ボタンをタップするとマップアプリが起動しますが、画面は真っ青です（図14.7）。フィールドの初期値「0,0」地点を表示していますが、この地点はガーナの南にあたる赤道直下の大西洋なので海の青色しか表示されません。

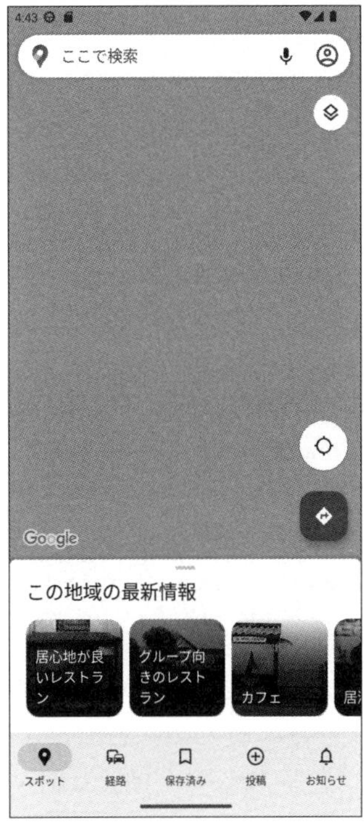

図14.7　赤道直下の大西洋を表示した地図アプリ

14.3 位置情報機能の利用

次に、この緯度経度フィールドを、位置情報から取得した現在地の緯度と経度に書き換え、さらに、その値をTextViewに表示する処理を記述していきましょう。そのためには、位置情報を取得するライブラリを利用することになります。まずは、そのライブラリの話から始めましょう。

14.3.1 位置情報取得のライブラリ

位置情報を取得する機能として真っ先に思い浮かぶのは**GPS**でしょう。しかし、位置情報を提供してくれるものはGPS以外にも、Wi-Fiや電波の基地局などのネットワークから取得する方法もあります。この位置情報の提供元を**プロバイダ**と呼びます。

これらプロバイダには、それぞれメリットとデメリットがあります。たとえば、GPSは、精度が高いのがメリットで、電力消費が大きいのがデメリットです。本来ならば、それぞれのプロバイダのメリット、デメリットを考慮しながらケースバイケースでどれを使うかをプログラミングする必要がありますが、これはなかなか骨が折れる作業です。そこで、このプロバイダを自動で選択してくれる、**FusedLocationProviderClient**というライブラリがあります。FusedLocationProviderClientは、Android標準のAPIではなく、Google Play Servicesという、Googleが別途公開しているAPIです。別APIとはいえ、Androidの公式ドキュメントでも、このFusedLocationProviderClientの利用を勧めているため、以降、このFusedLocationProviderClientを利用した位置情報の取得方法を紹介していきます。

14.3.2  FusedLocationProviderClientの利用準備

14.3.1項で解説した通り、FusedLocationProviderClientは、Android標準のSDKに含まれていないので、別途ダウンロードする必要があります。つまり、利用準備が必要なので、そこから始めましょう。

① Google Play Servicesを追加する

設定画面から［Android SDK］を選択し、SDK管理画面を表示します。これは、［Tools］メニューから［SDK Manager］を選択してもかまいません。表示された管理画面から［SDK Tools］タブを選択します。図14.8のように［Google Play Services］にチェックを入れ、［OK］をクリックしてください。必要なライブラリのダウンロードが開始されます。

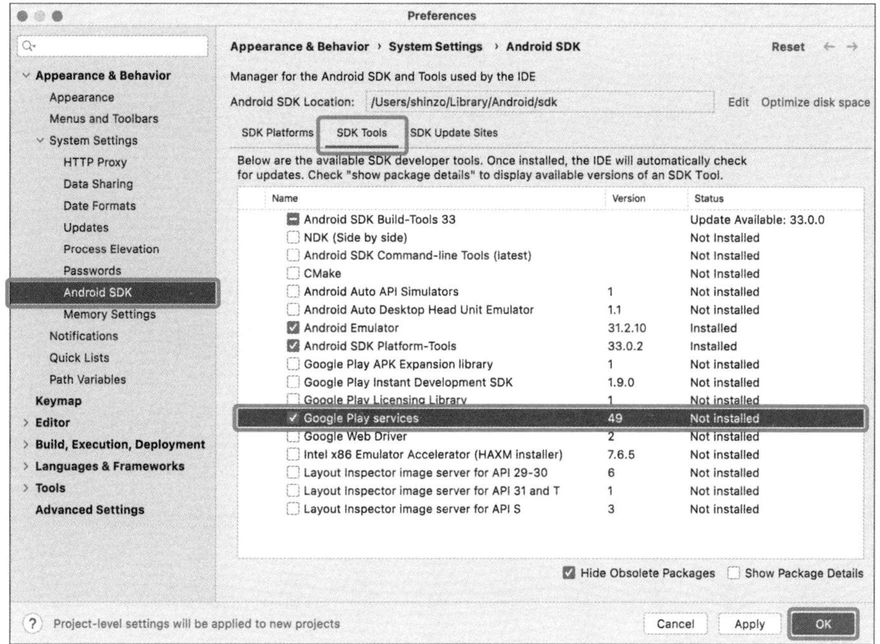

図14.8 Google Play Servicesをインストール

② Location関連ライブラリを追加する

［File］メニューから［Project Structure］を選択してください。表示された画面の左ペインから［Dependencies］を選択し、さらに、［Modules］セクションで［app］を選択してください（図14.9）。

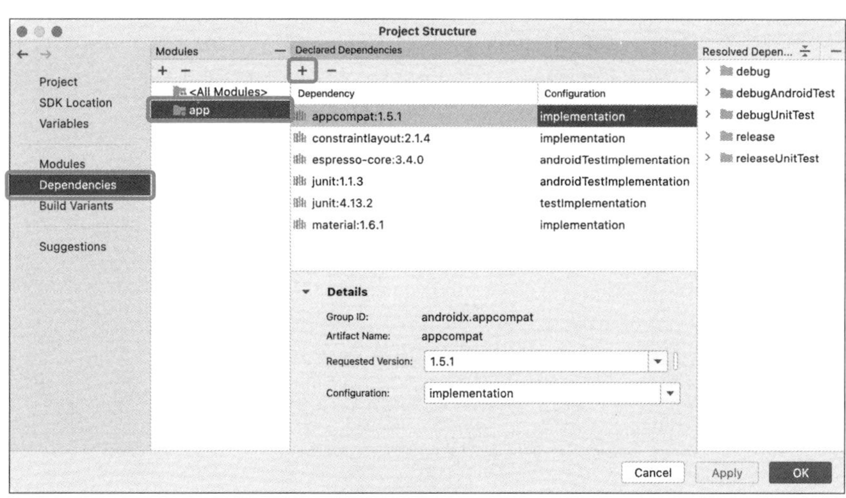

図14.9 Project Structureの依存関係の管理画面

［Declared Dependencies］セクションの［+］をクリックし、表示されたメニューから［Library Dependency］を選択してください。すると、依存関係の追加画面（Add Library Dependency）が表示されます（図14.10）。

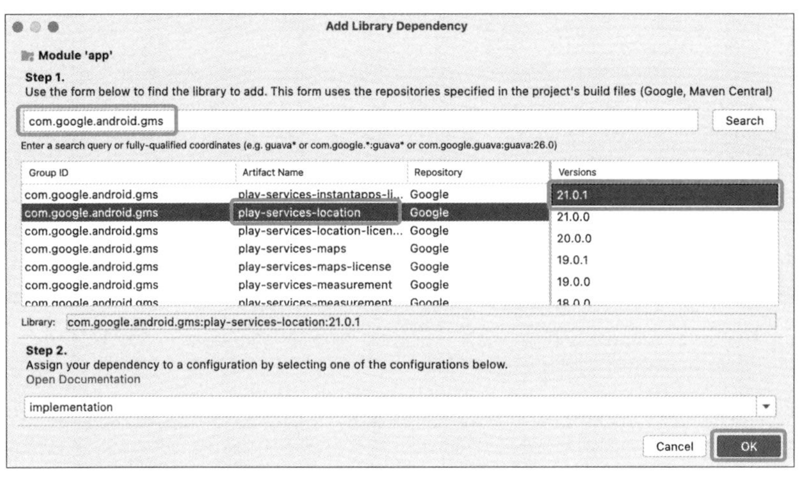

図14.10　依存関係の追加画面

図14.10のように、Step1の検索窓に次のように入力し、検索を行ってください。

```
com.google.android.gms
```

候補がいくつか表示されるので、そのうち、［Artifact Name］から「play-services-location」を、さらに、versionsとして最新（原稿執筆時点では21.0.1）のものを選択します。この状態で［OK］をクリックしてください。依存関係が追加されます。

Project Structure画面も［OK］をクリックしてください。必要なライブラリがダウンロードされます。

14.3.3  位置情報機能利用コードの追記

FusedLocationProviderClientの利用準備が整ったところで、実際に位置情報利用コードを記述していきましょう。

① 位置情報取得に必要なフィールドを追記する

位置情報取得に必要なオブジェクトは、あらかじめMainActivityのフィールドとして保持しておく必要があります。これは、リスト14.5の太字部分の3行です。

リスト14.5 java/com.websarva.wings.android.implicitintentsample/MainActivity.java

```
public class MainActivity extends AppCompatActivity {
    private double _latitude = 0;
    private double _longitude = 0;
    // FusedLocationProviderClientオブジェクトフィールド。
    private FusedLocationProviderClient _fusedLocationClient; ―――― ❶
    // LocationRequestオブジェクトフィールド。
    private LocationRequest _locationRequest; ―――― ❷
    // 位置情報が変更されたときの処理を行うコールバックオブジェクトフィールド。
    private OnUpdateLocation _onUpdateLocation; ―――― ❸
    〜省略〜
}
```

② 位置情報が変更されたときの処理を行うコールバッククラスを定義する

リスト14.5❸を記述した時点で、OnUpdateLocationクラスがないためにコンパイルエラーとなります。そのOnUpdateLocationクラスをprivateなメンバクラスとしてMainActivityに追記しましょう。

リスト14.6 java/com.websarva.wings.android.implicitintentsample/MainActivity.java

```
public class MainActivity extends AppCompatActivity {
    〜省略〜
    private class OnUpdateLocation extends LocationCallback { ―――― ❶
        @Override
        public void onLocationResult(@NonNull LocationResult locationResult) { ―――― ❷
            // 直近の位置情報を取得。
            Location location = locationResult.getLastLocation(); ―――― ❸
            if(location != null) { ―――― ❹
                // locationオブジェクトから緯度を取得。
                _latitude = location.getLatitude(); ―――― ❺
                // locationオブジェクトから経度を取得。
                _longitude = location.getLongitude(); ―――― ❻
                // 取得した緯度をTextViewに表示。
                TextView tvLatitude = findViewById(R.id.tvLatitude);
                tvLatitude.setText(Double.toString(_latitude));
                // 取得した経度をTextViewに表示。
                TextView tvLongitude = findViewById(R.id.tvLongitude);
                tvLongitude.setText(Double.toString(_longitude));
            }
        }
    }
}
```

③ フィールドとして定義した3オブジェクトの生成処理を記述する

手順①で追記した_fusedLocationClient、_locationRequest、_onUpdateLocationの3オブジェクトの生成、および、設定処理をonCreate()メソッド内に追記しましょう（リスト14.7）。

リスト14.7　java/com.websarva.wings.android.implicitintentsample/MainActivity.java

```
public class MainActivity extends AppCompatActivity {
    ～省略～
    @Override
    protected void onCreate(Bundle savedInstanceState) {
        ～省略～
        // FusedLocationProviderClientオブジェクトを取得。
        _fusedLocationClient = LocationServices.getFusedLocationProviderClient(↵
MainActivity.this); ――――――――――――――――――――――――――――――――――❶
        // LocationRequestのビルダーオブジェクトを生成。
        LocationRequest.Builder builder = new LocationRequest.Builder(↵
Priority.PRIORITY_HIGH_ACCURACY, 5000); ―――――――――――――――――――――――――❷
        // LocationRequestオブジェクトを生成。
        _locationRequest = builder.build(); ――――――――――――――――――――――――❸
        // 位置情報が変更されたときの処理を行うコールバックオブジェクトを生成。
        _onUpdateLocation = new OnUpdateLocation(); ―――――――――――――――――――❹
    }
    ～省略～
}
```

④ 位置情報追跡の開始と停止処理を記述する

ここまでの手順で、位置情報の追跡に必要なオブジェクトが揃いました。これらを使って位置情報の追跡開始処理を記述しましょう。この追跡開始処理は、onResume()メソッドに記述します。一方、位置情報追跡の停止処理も記述する必要があります。この停止処理は、onPause()メソッドに記述します。

そのため、MainActivityにリスト14.8のonResume()メソッド（❶)、および、onPause()メソッド(❷) を追記しましょう。なお、❶のコードを記述した時点で、コンパイルエラーのように赤文字で表示されます。このエラーは14.4節で解決するので、現時点ではそのままでかまいません。

リスト14.8　java/com.websarva.wings.android.implicitintentsample/MainActivity.java

```
public class MainActivity extends AppCompatActivity {
    ～省略～
    @Override
    protected void onResume() {
        super.onResume();

        // 位置情報の追跡を開始。
        _fusedLocationClient.requestLocationUpdates(_locationRequest, _onUpdateLocation, ↵
Looper.getMainLooper()); ――――――――――――――――――――――――――――――――――❶
    }

    @Override
    protected void onPause() {
        super.onPause();

        // 位置情報の追跡を停止。
        _fusedLocationClient.removeLocationUpdates(_onUpdateLocation); ――――――――――❷
    }
    ～省略～
}
```

14.3.4 位置情報利用の中心はFusedLocationProviderClient

位置情報を利用するには、FusedLocationProviderClientクラスを使います。このFused LocationProviderClientオブジェクトを、リスト14.5❶のようにフィールドとして保持しておき、リスト14.7❶のようにonCreate()メソッド内で取得しておくことで、以降、必要に応じて位置情報を取得できるようになります。

そのFusedLocationProviderClientオブジェクトの取得には、リスト14.7❶のようにLocation ServicesクラスのstaticメソッドgetFusedLocationProviderClient()を利用し、引数としてコンテキストを渡します。

このようにして取得したFusedLocationProviderClientオブジェクトを使って、位置情報の追跡を開始するにはrequestLocationUpdates()メソッドを利用します。その際、表14.2の3個の引数を渡します。

表14.2 requestLocationUpdates()の引数

	引数の型と名称	内容
第1引数	LocationRequest request	位置情報の更新に関する設定情報が格納されたオブジェクト
第2引数	LocationCallback callback	位置情報が更新されたときに実行されるコールバックオブジェクト
第3引数	Looper looper	コールバックオブジェクトを実行させるスレッドのLooperオブジェクト

それぞれの引数の詳細は、次項以降で紹介します。ここでは、このrequestLocationUpdates()メソッドを実行しているタイミングに注目します。

本章のサンプルアプリでは、位置情報の追跡はあくまでアプリの画面が表示されているときだけ、つまりアプリがフォアグラウンドで動作しているときのみとします。逆に、画面が非表示、つまりバックグラウンドに回ったときには位置情報の追跡を停止させたほうがよいといえます。

ここで、7.3節で紹介したアクティビティのライフサイクル、特に、図7.12 p.178 のライフサイクル図を思い出してください。画面が表示される直前に呼び出されるメソッドは、onResume()です。したがって、このonResume()にrequestLocationUpdates()メソッドの実行処理を記述します（リスト14.8❶）。

一方、画面が非表示になる最初のメソッドは、onPause()です。したがって、このonPause()に位置情報追跡の停止処理を記述します。それが、リスト14.8❷のremoveLocationUpdates()メソッドです。このときに、引数として、requestLocationUpdates()メソッドの第2引数で渡したコールバックオブジェクトを渡します。

このことから、コールバックオブジェクトは、あらかじめフィールドとして定義しておき、onCreate()メソッドで生成するようにします。それが、リスト14.5❸の_onUpdateLocationとリスト14.7❹のコードです。

14.3.5 第2引数のコールバッククラスの作り方

コールバックオブジェクトの話が出たので、引数の順序とは前後しますが、requestLocationUpdates()メソッドの第2引数について先に解説しておきましょう。

表14.2にもあるように、requestLocationUpdates()メソッドの第2引数は、位置情報が更新されたときに実行させるコールバックオブジェクトです。繰り返しになりますが、このコールバックオブジェクトは、本章のサンプルでは、onCreate()メソッド内でOnUpdateLocationクラスをnewしたフィールド_onUpdateLocationです（リスト14.5❸とリスト14.7❹）。

そのコールバッククラスであるOnUpdateLocationを記述しているのが、手順②のリスト14.6です。このクラスは、リスト14.6❶のように、LocationCallbackクラスを継承して作ります。さらに、onLocationResult()メソッドをオーバーライドし、このメソッド内に、位置情報が更新された場合の処理を記述します（リスト14.6❷）。このonLocationResult()の引数は、LocationResult型であり、このlocationResultに位置情報の追跡結果が格納されています。なお、この引数であるlocationResultは、@NonNullアノテーションが付与されていることからわかるように、nullにならないことが保証されています（5.3.3項Note「@NonNullと@Nullable」参照 p.123-124）。

この引数locationResultを利用して位置情報を取得します。その位置情報のうち、直近の情報の取得には、getLastLocation()メソッドを利用します（リスト14.6❸）。戻り値は、緯度情報と経度情報が格納されたLocationオブジェクトです。ただし、このLocationオブジェクトは、nullの可能性があるので、リスト14.6❹のようにnullチェックを行っておきます。最終的に、リスト14.6❺のようにgetLatitude()メソッドを利用して緯度を、リスト14.6❻のようにgetLongitude()メソッドを利用して経度を取得し、その後、TextViewに表示させています。

14.3.6 第3引数はコールバック処理を実行させるスレッドのLooperオブジェクト

ところで、取得した位置情報を最終的にTextViewに表示させるということは、このコールバックの処理は、UIスレッド上で動作する必要があります。11.7.5項 p.307-308 で解説した通り、処理を確実にUIスレッドで動作させるためには、LooperのgetMainLooper()メソッドの戻り値に活躍してもらう必要があります。requestLocationUpdates()メソッドでは、このコールバック処理を行うスレッドのLooperオブジェクトを第3引数で受け取るようにしており、リスト14.8❶のように、Looper.getMainLooper()と記述しているのは、UIスレッドで動作させるためです。

14.3.7 第1引数は位置情報更新に関する設定を表すLocationRequestオブジェクト

順番が前後しましたが、最後に、requestLocationUpdates()メソッドの第1引数を解説しておきましょう。

第1引数は、表14.2にあるように、LocationRequestオブジェクトです。このLocationRequestは、FusedLocationProviderClientが位置情報を取得するにあたっての設定情報を格納するオブジェクトです。このオブジェクトを生成するには、LocationRequest.Builderオブジェクトを生成し、そのBuilderオブジェクトのbuild()メソッドを実行するという手順を踏みます。
まず、LocationRequest.Builderオブジェクトの生成を行っているのが、リスト14.7❷です。その際、引数が2個必要です。第1引数は、位置情報の更新の優先度を表し、表14.3のPriorityの定数で指定します。この優先度の指定をもとに、FusedLocationProviderClientがどのプロバイダから位置情報を取得するかを決めていきます。リスト14.7❷では、PRIORITY_HIGH_ACCURACYを指定しています。

表14.3 setPriority()の引数

定数	内容
PRIORITY_BALANCED_POWER_ACCURACY	電力消費と精度のバランスを考慮して位置情報を取得する
PRIORITY_HIGH_ACCURACY	可能な限り高精度の位置情報を取得する
PRIORITY_LOW_POWER	精度をある程度犠牲にしながら電力消費を抑えつつ位置情報を取得する
PRIORITY_NO_POWER	最も電力消費を抑える代わりに位置情報の更新をこのアプリでは行わず、他のアプリが位置情報を取得したタイミングでその位置情報を利用する

表14.3内の記述を見てもわかるように、実は位置情報の取得は、電力消費、つまりバッテリー消費の問題がつきまといます。更新頻度が頻繁であればあるほど、位置情報精度が高精度であればあるほど、消費電力量が多く、バッテリーの消費が早くなります。本章のサンプルでは、かなりの高頻度でしかも、高精度を指定していますが、これはあくまでサンプルだからだということに留意しておいてください。

第2引数は、位置情報の更新間隔を表し、ミリ秒で指定します。リスト14.7❷では、5000ミリ秒、つまり、5秒ごとに更新するようにしています。このようにして生成したBuilderオブジェクトのbuild()メソッドを実行し、LocationRequestオブジェクトを生成しているのが、リスト14.7❸です。

14.4 位置情報利用の許可設定

これで、一通りコーディングができたように見えますが、このままでは動作しません。なにより、リスト14.8❶のコードが赤く、コンパイルエラーのようになっています。これらの問題は、アプリに位置情報機能を使用する許可（パーミッション）が付与されていないからです。許可を設定していきましょう。

14.4.1 手順 位置情報機能利用の許可とパーミッションチェックのコードを記述する

① 位置情報を有効にする許可をアプリに付与する

位置情報機能を利用する場合、その許可を付与する必要があります。AndroidManifest.xmlにリスト14.9の太字の2行を追記します。

リスト14.9　manifests/AndroidManifest.xml

```
<manifest …>
    <uses-permission android:name="android.permission.ACCESS_FINE_LOCATION"/>
    <uses-permission android:name="android.permission.ACCESS_COARSE_LOCATION"/>
    <application
        ～省略～
```

② パーミッションチェックコードを追記する

次に、リスト14.8❶のコードが赤色なのを解決しましょう。この行にキャレットを合わせると、図14.11のように赤い電球 が表示されます。

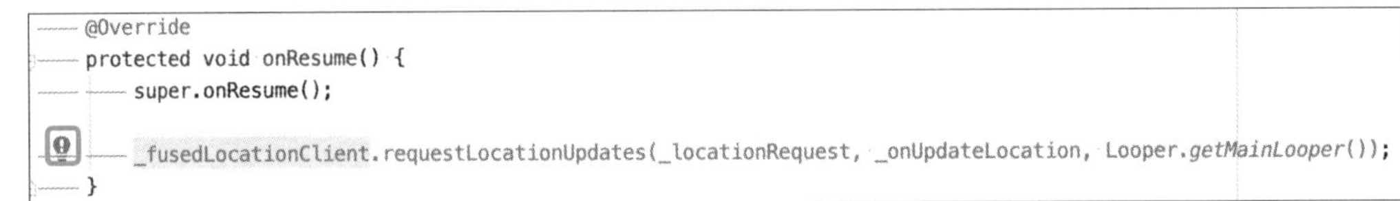
@Override
protected void onResume() {
super.onResume();
_fusedLocationClient.requestLocationUpdates(_locationRequest, _onUpdateLocation, Looper.getMainLooper());
}

図14.11　Android Studioの警告

赤い電球 をクリックすると、「Add permission check」というアドバイスが出てきます（図14.12）。

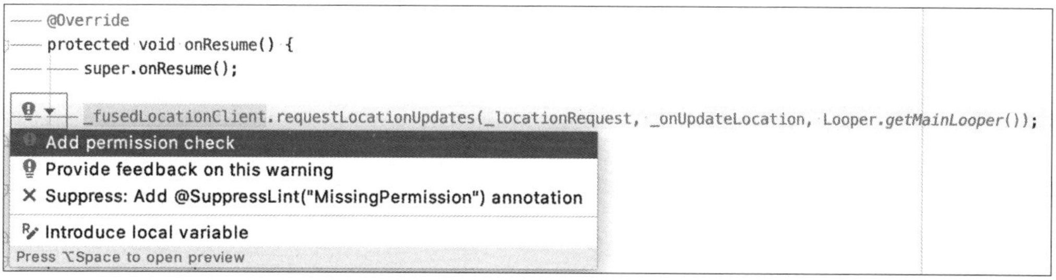

```
@Override
protected void onResume() {
    super.onResume();

    _fusedLocationClient.requestLocationUpdates(_locationRequest, _onUpdateLocation, Looper.getMainLooper());
Add permission check
Provide feedback on this warning
Suppress: Add @SuppressLint("MissingPermission") annotation
Introduce local variable
Press ⌥Space to open preview
```

図14.12　赤い電球をクリック

これをクリックすると、図14.13のようにコードが追加されます。

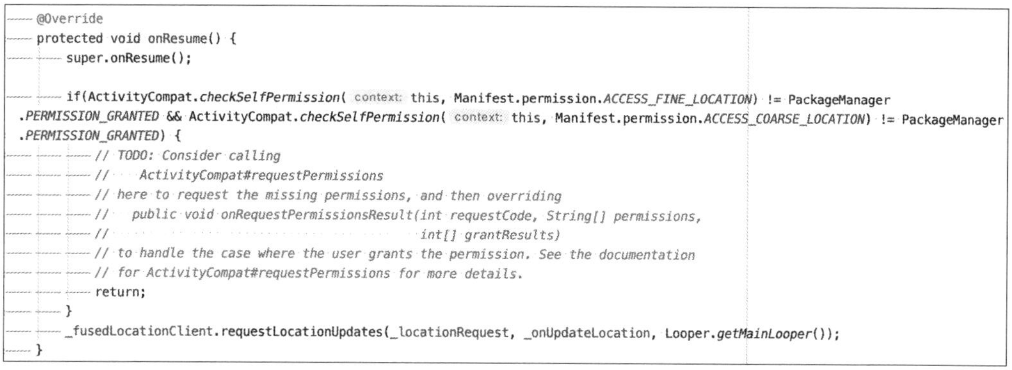

```
@Override
protected void onResume() {
    super.onResume();

    if(ActivityCompat.checkSelfPermission( context: this, Manifest.permission.ACCESS_FINE_LOCATION) != PackageManager
.PERMISSION_GRANTED && ActivityCompat.checkSelfPermission( context: this, Manifest.permission.ACCESS_COARSE_LOCATION) != PackageManager
.PERMISSION_GRANTED) {
        // TODO: Consider calling
        //    ActivityCompat#requestPermissions
        // here to request the missing permissions, and then overriding
        //   public void onRequestPermissionsResult(int requestCode, String[] permissions,
        //                                          int[] grantResults)
        // to handle the case where the user grants the permission. See the documentation
        // for ActivityCompat#requestPermissions for more details.
        return;
    }
    _fusedLocationClient.requestLocationUpdates(_locationRequest, _onUpdateLocation, Looper.getMainLooper());
}
```

図14.13　追加されたソースコード

追加されたifブロックは不完全です。リスト14.10の太字部分のように書き換えましょう。

リスト14.10　java/com.websarva.wings.android.implicitintentsample/MainActivity.java

```
@Override
protected void onResume() {
    super.onResume();

    // ACCESS_FINE_LOCATIONとACCESS_COARSE_LOCATIONの許可が下りていないなら…
    if(ActivityCompat.checkSelfPermission(MainActivity.this, Manifest.permission.ACCESS_FINE_
LOCATION) != PackageManager.PERMISSION_GRANTED && ActivityCompat.checkSelfPermission(
MainActivity.this, Manifest.permission.ACCESS_COARSE_LOCATION) !=
PackageManager.PERMISSION_GRANTED) { ―――― ❶
        // 許可をACCESS_FINE_LOCATIONとACCESS_COARSE_LOCATIONに設定。
        String[] permissions = {Manifest.permission.ACCESS_FINE_LOCATION,
Manifest.permission.ACCESS_COARSE_LOCATION}; ―――― ❷
        // 許可を求めるダイアログを表示。その際、リクエストコードを1000に設定。
        ActivityCompat.requestPermissions(MainActivity.this, permissions, 1000); ―――― ❸
        // onResume()メソッドを終了。
        return; ―――― ❹
    }
```

```
    _fusedLocationClient.requestLocationUpdates(_locationRequest, _onUpdateLocation, Looper.⏎
getMainLooper());
}
```

③ パーミッションダイアログに対する処理を記述する

手順②でパーミッションチェックを行い、パーミッション（許可）が下りていないならば許可を求めるダイアログ（パーミッションダイアログ）を表示するように記述しました。このダイアログに対して、ユーザーが「許可」あるいは「許可しない」を選択した際の処理を記述します。この処理は、onRequestPermissionsResult()メソッドに記述します。リスト14.11のonRequestPermissionsResult()を、MainActivityクラスに追記しましょう。

リスト14.11　java/com.websarva.wings.android.implicitintentsample/MainActivity.java

```
@Override
public void onRequestPermissionsResult(int requestCode, @NonNull String[] permissions, ⏎
@NonNull int[] grantResults) {
    super.onRequestPermissionsResult(requestCode, permissions, grantResults);
    // 位置情報のパーミッションダイアログでかつ許可を選択したなら…
    if(requestCode == 1000 && grantResults[0] == PackageManager.PERMISSION_GRANTED && ⏎
grantResults[1] == PackageManager.PERMISSION_GRANTED) {                          ❶
        // 再度許可が下りていないかどうかのチェックをし、下りていないなら処理を中止。
        if(ActivityCompat.checkSelfPermission(MainActivity.this, ⏎
Manifest.permission.ACCESS_FINE_LOCATION) != PackageManager.PERMISSION_GRANTED && ⏎
ActivityCompat.checkSelfPermission(MainActivity.this, Manifest.permission.⏎      ❷
ACCESS_COARSE_LOCATION) != PackageManager.PERMISSION_GRANTED) {
            return;
        }
        // 位置情報の追跡を開始。
        _fusedLocationClient.requestLocationUpdates(_locationRequest, _onUpdateLocation, ⏎
Looper.getMainLooper());
                                                                                 ❸
    }
}
```

④ アプリを起動する

入力を終え、特に問題がなければ、この時点で一度アプリを実行してみてください。起動直後、このアプリに対して位置情報利用の許可がないため、その許可を求めるダイアログが表示されます（図14.14）。

このダイアログの［アプリの使用時のみ］をタップして、位置情報利用の許可を付与してください。すると、位置情報機能が開始され、現在の緯度と経度が表示されます（図14.15）。

この状態で、［地図表示］ボタンをタップしてください。マップアプリが起動し、画面に表示されていた緯度と経度の地点が地図上に表示されます（図14.16）。

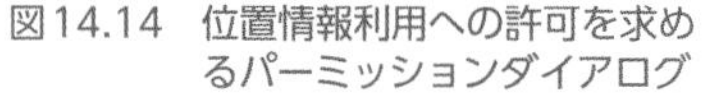
図14.14　位置情報利用への許可を求めるパーミッションダイアログ

図14.15　緯度と経度が表示された画面

図14.16　緯度と経度をもとに表示された地図アプリ

⑤ AVDで緯度と経度を設定する

実機でこのアプリを起動したならば、実機を持って移動してみてください。図14.15の緯度と経度が変化します。

一方、AVDの場合は、緯度と経度が変化しません。AVDには本物の位置情報機能が搭載されておらず、緯度と経度を取得できないからです。その代わり、あらかじめ緯度と経度を指定することで、擬似的に位置情報機能を再現できる機能があります。AVDツールバーの「その他」アイコン［…］をクリックしてください（2.2.2項 p.43 Note参照）。

すると、図14.17のExtended controls画面が開きます。図14.17にあるように、左ペインから［Location］が選択されている状態では、すでに地図が表示されています。この地図上で好きなポイントを指定します。あるいは、［Search］欄に検索文字列を入力して、ポイントを指定してください。その上で、右下の［SET LOCATION］ボタンをクリックすると、AVDに指定の緯度経度情報が送られ、実機で位置情報を取得したのと同じ現象が確認できます。

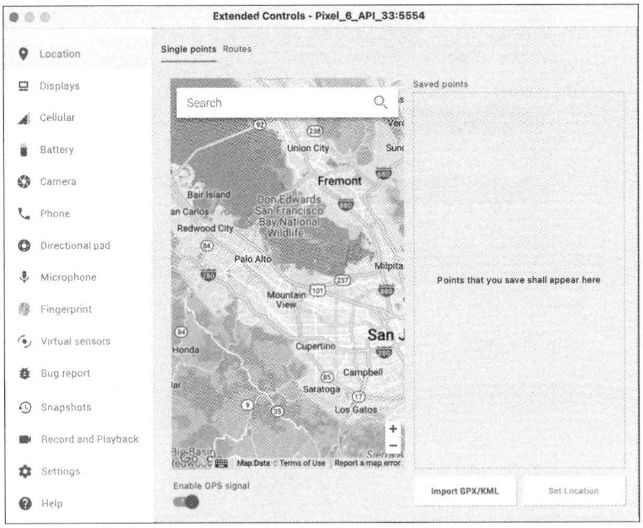

図14.17　Extended controls画面

14.4.2　アプリの許可はパーミッションチェックが必要

アプリに位置情報機能を使用する許可（パーミッション）を付与する設定が手順① p.372 です。AndroidManifest.xmlのuses-permissionタグに、位置情報を表すACCESS_FINE_LOCATIONとACCESS_COARSE_LOCATIONを記述します。

ただし、これだけではダメです。実際、リスト14.8❶を記述した時点で、図14.11 p.372 のようにAndroid Studio上でコードそのものが赤く表示され、エラーとなっています。APIレベル23以降では、Androidのパーミッションの方針が変更され、AndroidManifest.xmlへの記述に加えて、パーミッションが必要な処理の前にアプリユーザーに許可を取っているかどうかのチェックを行うことになっています。許可が取れていない場合は、ユーザーに許可してもらうようにダイアログを出す、という仕組みです。手順② p.372-374 で赤い電球をクリックして追加されるコードは、そのパーミッションチェックのためのものです。

実際に追加したリスト14.10 p.373-374 のコードを見ていきましょう。このif判定の条件部分を見てください（❶）。2個の条件が&&で判定されています。両方とも、ほぼ同じようなコードとなっています。前者を例にすると、「!=」で左辺と右辺を比較しています。左辺だけ取り出すと、以下のようになります。

```
ActivityCompat.checkSelfPermission(MainActivity.this, Manifest.permission.ACCESS_FINE_LOCATION)
```

これは、ActivityCompatクラスのcheckSelfPermission()メソッドを実行しています。checkSelfPermission()は、パーミッションの状態を数値で返してくれるメソッドです。引数は、以下の2個です。

第1引数 コンテキスト。ここでは、MainActivity.thisを渡しています。

第2引数 判定するパーミッション名の文字列を、Manifest.permissionの定数で指定します。ここでは、位置情報を表すACCESS_FINE_LOCATIONを記述しています。2個目の条件判定では、ACCESS_COARSE_LOCATIONとなっています（両方ともAndroidManifest.xmlに記述したのと同じものです）。

このメソッドの戻り値は、PackageManagerクラスの定数を使って、許可されていればPERMISSION_GRANTED、そうでなければPERMISSION_DENIEDが返ってきます。右辺にこのPERMISSION_GRANTEDを記述することで、許可が付与されているかどうかを判定しています。

この左辺と右辺が「!=」である場合、つまり、許可が付与されていないなら、ユーザーに許可を求めるダイアログを出す必要があります。この処理がリスト14.10❸で、ActivityCompatクラスのrequestPermissions()メソッドを使います。引数は、表14.4の3個です。

表14.4　requestPermissions()メソッドの引数

	引数の型と名称	内容
第1引数	Activity activity	パーミッションダイアログを表示するアクティビティオブジェクト
第2引数	String[] permissions	許可を求めるパーミッション名の文字列配列
第3引数	int requestCode	リクエストコード

少し補足しましょう。

第2引数 これを生成しているのがリスト14.10❷です。checkSelfPermission()メソッドの第2引数と同様、Manifest.permissionの定数を使用します。

第3引数 任意の数値を指定します。この数値の使い方は、後述します。

なお、位置情報利用の許可が下りていなければ、これ以上の処理は行えないので、returnを記述し、onResume()メソッドを終了します（リスト14.10❹）。

このように、許可が付与されているかのチェックを行い、付与されていない場合、requestPermissions()を実行することで、図14.14 p.375 のようなパーミッションダイアログが表示されることになります。

14.4.3 パーミッションダイアログに対する処理はonRequestPermissionsResult()メソッド

表示されたパーミッションダイアログに対して、ユーザーが「アプリの使用時のみ」「今回のみ」、あるいは「許可しない」を選択します。そのときに呼び出されるメソッドがonRequestPermissionsResult()であり、それを実装しているのが手順③ p.374 です。このメソッドの引数は、表14.5の3個です。

表14.5　onRequestPermissionsResult()メソッドの引数

	引数の型と名称	内容
第1引数	int requestCode	リクエストコード
第2引数	String[] permissions	パーミッション文字列配列
第3引数	int[] grantResults	それぞれのパーミッションリクエストに対して、ユーザーが許可したのかどうかが格納されたint配列

少し補足しましょう。

第1引数 前項で解説したrequestPermissions()メソッドの第3引数で指定した値がそのまま渡されます。アクティビティ中の複数箇所でrequestPermissions()を実行する場合、どの場合でもこのonRequestPermissionsResult()メソッドが実行されます。その際、どのrequestPermissions()からの返答なのかを分岐させるためのコードとして、このリクエストコードが利用されます。

第2引数 第1引数と同様にrequestPermissions()の第2引数で渡したパーミッション文字列配列がそのまま渡されます。

第3引数 それぞれのパーミッションリクエストに対して、checkSelfPermission()メソッドの戻り値と同様、PackageManagerクラスの定数を使って、許可されていればPERMISSION_GRANTED、そうでなければPERMISSION_DENIEDが格納されています。

これらの引数を使って、位置情報機能の許可が付与されたかどうかを判定しているのがリスト14.11❶ p.374 です。ここでは、第1引数のrequestCodeの値とともに、第3引数のgrantResultsの各要素に対する判定を行なっています。ACCESS_FINE_LOCATIONとACCESS_COARSE_LOCATIONの2個のパーミッションに対する許可ですので、grantResultsは要素2個の配列になります。そのため、それぞれに対して、&&で繋いで許可されたかどうかを判定しています。

許可された場合の処理がリスト14.11❸です。ただし、ここでもAndroid Studio上にパーミッションチェック不足のエラーが表示されます。そこで、リスト14.11❷のifブロックを記述しておきます。ただし、許可が付与されていない場合は、これ以上何もできないので、単にreturnと記述しておきます。

これで、一通り暗黙的インテントを利用してのマップアプリとの連携、および、位置情報機能が使えるようになりました。

このように、暗黙的インテントを利用すると、OSに付属するアプリとの連携が手軽に行えます。手の込んだ独自処理を実装する必要がないのであれば、このようなOS付属のアプリと暗黙的インテントを利用して連携したほうが、アプリそのものの実装が楽になります。次章でも、この機能を使ってアプリを作成していきましょう。

第 15 章

カメラアプリとの連携

前章でOS付属の地図アプリとの連携およびGPS機能の扱い方を学びました。

今回はその続きとして、カメラアプリとの連携を解説します。基本的な考え方は地図アプリとの連携と同じです。本章も、前章同様に実機に依存するカメラ機能を使いますが、AVDで擬似的に再現できます。

15.1 カメラ機能の利用

実際のアプリのコーディングに入る前に、Android端末のカメラ機能の利用方法を確認しましょう。

15.1.1 カメラ機能を利用する2種類の方法

Android端末のカメラ機能を利用する方法には、以下の2種類があります。

- 暗黙的インテントを使い、カメラアプリを利用する。
- CameraXライブラリを利用し、自分で処理を記述する。

後者の方法は、いわばカメラアプリを自作することに近く、細かい処理が可能です。その一方で、コーディングは大変です。カメラ機能に対して特殊な処理をする必要がなく、単に撮影した画像を入手するだけなら前者のほうが圧倒的に簡単に実装できます。Googleもよほどでない限り、前者の方法を採用するように推奨しています※1。そのため、ここでは前者の暗黙的インテントを利用した方法を解説していきます。

※1　https://developer.android.com/training/camera/choose-camera-library

15.1.2 手順 カメラ連携サンプルアプリを作成する

今回のカメラ連携サンプルは、起動すると図15.1の画面が表示されます。

真ん中にぽつんとカメラのアイコンが表示されていますが、画面構成としては、画面いっぱいに画像を表示するためのImageViewを配置しています。カメラアイコンが表示されるのは初期状態だけです。このカメラアイコン（正確にはImageView全体）をタップすると、カメラアプリが起動します（図15.2）。

さらに、カメラアプリでの撮影が終了後に今回のアプリの画面に戻ると、撮影した画像がこのImageViewに表示されるようにしていきます（図15.3）。

図15.1　カメラ連携サンプルアプリの画面

図15.2　起動したAVDのカメラアプリ

図15.3　AVDのカメラアプリで撮影した画像が表示された画面

Note カメラアプリの起動

AVDの場合、サンプルの作成に入る前にカメラアプリが起動するかどうかを事前に確認しておきましょう。初回起動の場合、図15.Aの確認ダイアログが表示されることがあるので、表示されたら許可してください。

また、AVDの設定によっては、カメラアプリそのものが存在しない場合があります。

この場合は、AVDの設定を確認してください。Device Managerを表示し、該当AVDの鉛筆マークをクリックして、AVDの編集画面を表示します。左下に［Show Advanced Settings］ボタンがあるので、このボタンをクリックしてください。すると、図15.Bのように詳細設定ができる画面に切り替わります。

［Camera］の項目のドロップダウンが［None］になっています。これを、図15.Bのように、［Front］を［Emulated］、［Back］を［VirtualScene］にする必要があります。ただし、変更後は、AVDを**初期化**する必要があります。初期化は、鉛筆マーク右横の▼マークをクリックし、表示されたメニューから［Wipe Data］を選択します。

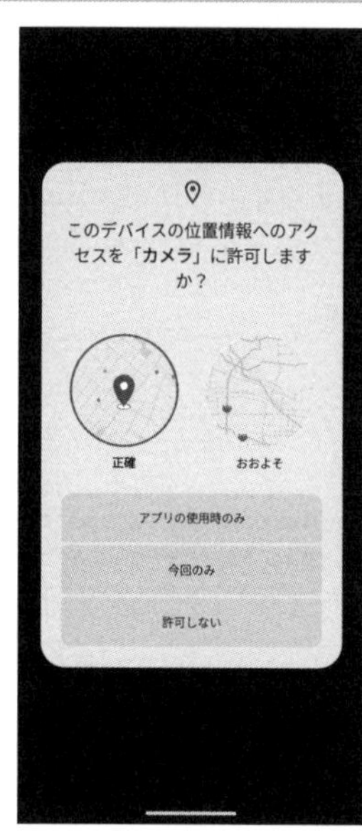

図15.A　カメラアプリの位置情報へのアクセス許可確認ダイアログ

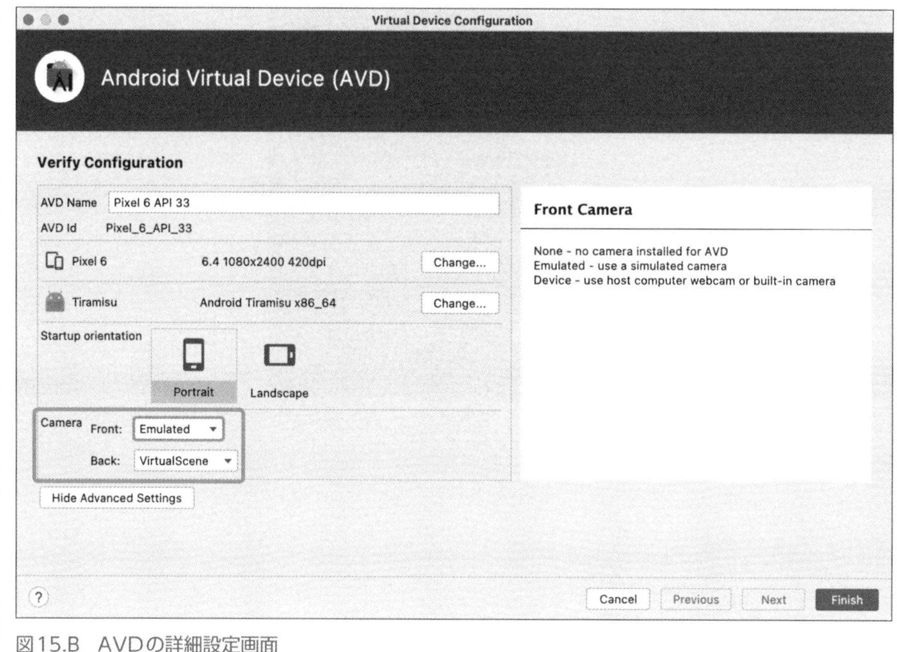

図15.B　AVDの詳細設定画面

それでは、アプリの作成手順に従ってサンプルを作成していきましょう。

① カメラ連携サンプルのプロジェクトを作成する

以下がプロジェクト情報です。この情報をもとにプロジェクトを作成してください。

Name	CameraIntentSample
Package name	com.websarva.wings.android.cameraintentsample

② strings.xmlに文字列情報を追加する

次に、strings.xmlをリスト15.1の内容に書き換えましょう。

リスト15.1 res/values/strings.xml

```
<resources>
    <string name="app_name">カメラ連携サンプル</string>
</resources>
```

③ レイアウトファイルを編集する

次に、activity_main.xmlを書き換えていきます（リスト15.2）。今回はImageView1つだけなので、デザインモードでの作成方法ではなく、ソースコードを掲載します。

リスト15.2 res/layout/activity_main.xml

```
<?xml version="1.0" encoding="utf-8"?>
<ImageView
    xmlns:android="http://schemas.android.com/apk/res/android"
    xmlns:app="http://schemas.android.com/apk/res-auto"
    android:id="@+id/ivCamera"
    android:layout_width="match_parent"
    android:layout_height="match_parent"
    android:layout_gravity="center"
    android:onClick="onCameraImageClick"
    android:scaleType="center" ――― 画像をImageViewの中央に配置
    app:srcCompat="@android:drawable/ic_menu_camera"/> ――― 表示する画像ソースを指定。ここではAndroid SDKで用意されたカメラアイコンを使用
```

④ アクティビティに処理を記述する

MainActivityに、リスト15.3のように_cameraLauncherフィールド、onCameraImageClick()メソッド、および、ActivityResultCallbackFromCameraクラスを追記してください。

リスト15.3 java/com.websarva.wings.android.cameraintentsample/MainActivity.java

```
public class MainActivity extends AppCompatActivity {
    // Cameraアクティビティを起動するためのランチャーオブジェクト。
    ActivityResultLauncher<Intent> _cameraLauncher = registerForActivityResult(new Activity↵
ResultContracts.StartActivityForResult(), new ActivityResultCallbackFromCamera()); ――― ❶

    @Override
    protected void onCreate(Bundle savedInstanceState) {
        ～省略～
    }

    // 画像部分がタップされたときの処理メソッド。
    public void onCameraImageClick(View view) {
        // Intentオブジェクトを生成。
        Intent intent = new Intent(MediaStore.ACTION_IMAGE_CAPTURE); ――― ❷-1
        // アクティビティを起動。
        _cameraLauncher.launch(intent); ――― ❷-2
    }

    // Cameraアクティビティから戻ってきたときの処理が記述されたコールバッククラス。
    private class ActivityResultCallbackFromCamera implements ActivityResultCallback↵
<ActivityResult> { ――― ❸-1
        @Override
        public void onActivityResult(ActivityResult result) {
            // カメラアプリで撮影成功の場合
            if(result.getResultCode() == RESULT_OK) { ――― ❸-2
                // 撮影された画像のビットマップデータを取得。
                Intent data = result.getData(); ――― ❸-3
                Bitmap bitmap;
                if(android.os.Build.VERSION.SDK_INT >= ↵
android.os.Build.VERSION_CODES.TIRAMISU) { ――― ❸-4
                    bitmap = data.getParcelableExtra("data", Bitmap.class); ――― ❸-5
                }
                else {
                    bitmap = data.getParcelableExtra("data"); ――― ❸-6
                }
                // 画像を表示するImageViewを取得。
                ImageView ivCamera = findViewById(R.id.ivCamera);
                // 撮影された画像をImageViewに設定。
                ivCamera.setImageBitmap(bitmap);
            }
        }
    }
}
```

Note リスト15.3でコンパイルエラー

リスト15.3の❸-4や❸-5でコンパイルエラーが生じる場合は、build.gradle（Module）ファイル内のcompileSdk、および、targetSdkが33以上かどうかを確認してください。32以下の場合は、33以上の最新APIレベルに変更してください。変更後は、画面右上の［Sync Now］をクリックの上、再ビルドを行なってください。

⑤ アプリを起動する

入力を終え、特に問題がなければ、この時点で一度アプリを実行してみてください。図15.1 p.381 の画面が表示されます。カメラアイコンをタップすると、図15.2 p.381 のカメラアプリが起動します。適当なタイミングでシャッターを切ってください。すると、図15.4の画面になります。

真ん中の［✓］をタップしてください。すると、元のカメラ連携サンプルアプリに戻り、図15.3が表示されます。

図15.4　カメラアプリで撮影された画像を確認する画面

15.1.3 カメラアプリを起動する暗黙的インテント

カメラアイコンをタップしたときの処理メソッドはonCameraImageClick()なので、ここに記述した2行が暗黙的インテントを利用したカメラアプリ起動のソースコードです。まず、Intentオブジェクトを生成する際のポイントは、リスト15.3❷-1です。カメラを起動するにはIntentをnewする際にアクションとして、

```
MediaStore.ACTION_IMAGE_CAPTURE
```

のようにMediaStoreの定数を使います。また、これだけでカメラアプリを表すので第2引数のURIオブジェクトは不要です。

続いて、リスト15.3❷-2に注目してください。今までのアクティビティ起動は、

```
startActivity(intent);
```

でしたが、今回は全く違うコードとなっています。

アクティビティを起動する際、前回の地図アプリのように起動先アクティビティをそのまま使い続ける場合もありますが、今回のカメラのように一通りの処理（たとえば撮影など）が終了した際に、起動元アクティビティに処理を戻し、何らかの処理を行う必要があります。今回でいえば、撮影された画像を表示することです。

このように、起動元アクティビティに処理を戻す場合は、Activity Result APIという仕組みを利用します。これは、ActivityResultLauncherオブジェクトのlaunch()メソッドを実行することです。それが、リスト15.3の❷-2であり、_cameraLauncherが❶のフィールドで宣言されたActivityResultLauncherオブジェクトです。

この時に、❷-1で生成したIntentオブジェクトを引数で渡します。この引数がIntentとするためには、ActivityResultLauncherの型宣言の際に、ジェネリクス型指定としてIntentとしておく必要があります。リスト15.3の❶のフィールド_cameraLauncherの型宣言がActivityResultLauncher<Intent>となっているのは、そのためです。

では、そもそも、このActivityResultLauncherオブジェクトはどのように生成するかというと、registerForActivityResult()メソッドを実行することにより生成します。ただし、このメソッドは、アクティビティオブジェクトが生成される最初期に実行する必要があります。onCreate()でも遅いため、フィールドの初期値として記述し、アクティビティがnewされるタイミングで実行させます。

そのようなregisterForActivityResult()メソッドを実行するには、2個の引数が必要です。第1引数は、ActivityResultContractオブジェクトであり、これは、アクティビティ間のデータのやり取り、すなわち、起動先アクティビティのデータの入出力がどのようなものかを定義します。自作もできますが、よく使われるパターンはあらかじめ用意されており、ActivityResultContractsのメンバクラスをnewすることで生成できます。リスト15.3の❶では、StartActivityForResultメンバクラスをnewしています。これは、起動先のアクティビティではIntentを受け取り（入力とする）、それをもとに処理を行い、結果をActivityResultとして返す（出力とする）処理を表します。特にデータ変換など行われない、一番オーソドックスなやりとりに使われるクラスです。

第2引数は、ActivityResultCallbackオブジェクトです。このオブジェクトには、起動先アクティビティから処理が戻ってきた時に、実行させたい処理を記述したものとなります。このクラスは、自作する必要があり、リスト15.3の❸-1が該当します。

15.1.4　アプリに戻ってきたときに処理をさせる

前項末で説明したように、ActivityResultLauncherオブジェクトのlaunch()メソッドでアクティビティを起動した場合、処理が元のアクティビティに戻ってきた時に実行されるのが、ActivityResultCallbackオブジェクトです。これは、リスト15.3の❸-1のように、ActivityResultCallbackインターフェースを実装したクラスとします。その際、ジェネリクスとして、起動先アクティビティから戻されるデータの型記述を行う必要があります。これは、registerForActivityResult()メソッドの第1引数として渡したActivityResultContractオブジェクトによって定義された出力オブジェクトが該当します。前項での説明の通り、StartActivityForResultは、Intentを入力、ActivityResultを出力とするため、❸-1のようにジェネリクスの型指定は、ActivityResultとします。

このように宣言したActivityResultCallbackFromCameraでは、ActivityResultCallbackインターフェースに定義されたonActivityResult()メソッドをオーバーライドする必要があります。引数は、ジェネリクスで指定したデータ型となるため、ActivityResultとなります。

そして、このActivityResultには、起動先アクティビティで、処理が成功したかキャンセルしたかを取得するメソッドとしてgetResultCode()というものがあります。このメソッドの戻り値は定数であり、成功の場合はRESULT_OK、キャンセルした場合はRESULT_CANCELEDとなります。この値を利用して、条件分岐を行っているのがリスト15.3の❸-2です。撮影が成功した場合だけ、ImageViewにカメラで撮影された画像を表示します。

このifブロック内で、カメラアプリが撮影された画像を取得し、その画像をImageViewに適用しています。まず、ActivityResultオブジェクトからIntentオブジェクトを取得します。これは、リスト15.3❸-3のように、getData()メソッドを利用します。

カメラアプリは、撮影した画像をBitmapオブジェクトの形式に加工し、Intentオブジェクトに格納してから処理を戻してくれます。格納する際の名前は「data」で、これを取得しているのがリスト15.3❸-5、および、❸-6です。Intentオブジェクトから数値や文字列以外のデータ型のオブジェクト※2を取得するメソッドは、getParcelableExtra()です。

ただし、このメソッドは、API33以降とAPI32以前とで引数の数が違います。第1引数はどちらの場合も同じで、データ名である「data」を指定しています。一方、API33の場合は、第2引数として、取得するデータ型クラスを指定することになっています。

この違いに対応するため、まず、このアプリが動作するAPIのバージョンを調べます。それが、❸-4のifの条件判定です。条件の左辺であるandroid.os.Build.VERSION.SDK_INTが現在のハードウェア上で動作しているSDKのバージョンを表します。右辺であるandroid.os.Build.VERSION_CODES.TIRAMISUは、まさに、API33（Tiramisu）を表し、結果、動作環境がAPI33以上の場合は、❸-5のように引数が2個のgetParcelableExtra()を実行します。一方、elseブロックはAPI32以前の動作環境ですので、❸-6のように引数が1個のgetParcelableExtra()を実行します。

※2　以下のAPI仕様書でこのメソッドを参照するとわかりますが、より正確には「このメソッドで取得できるデータ型はParcelableインターフェースを実装したオブジェクト」です。Bitmapはこれに該当します。
https://developer.android.com/reference/android/content/Intent#getParcelableExtra(java.lang.String)

15.2 ストレージ経由での連携

これで、カメラアプリとの連携ができました。しかし図15.3 p.381 を見てもわかるように、15.1節の方法ではサムネイル画像しか取得できません。そこで、撮影された画像をいったんストレージに保存してから取得する方法をとることにします。そうすることで、解像度の高い画像を取得できます。

15.2.1  ストレージ経由でカメラアプリと連携するように改造する

① フィールドを追加する

ストレージに保存された画像のURIを格納するフィールドを追加します（リスト15.4）。

リスト15.4　java/com.websarva.wings.android.cameraintentsample/MainActivity.java

```
public class MainActivity extends AppCompatActivity {
    // 保存された画像のURI。
    private Uri _imageUri;

    ～省略～
}
```

② ImageViewに表示する画像をURIで設定する

ActivityResultCallbackFromCameraクラスのonActivityResult()メソッド内で画像を表示する処理を、手順①で用意したUriオブジェクトを使ったものに変更します。onActivityResult()のifブロック内の処理を、リスト15.5の太字部分のように書き換えましょう。

リスト15.5　java/com.websarva.wings.android.cameraintentsample/MainActivity.java

```
public void onActivityResult(ActivityResult result) {
    if(result.getResultCode() == RESULT_OK) {
        // 画像を表示するImageViewを取得。
        ImageView ivCamera = findViewById(R.id.ivCamera);
        // フィールドの画像URIをImageViewに設定。
        ivCamera.setImageURI(_imageUri);
    }
}
```

③ カメラアプリ起動処理を変更する

カメラアプリ起動処理、つまり、onCameraImageClick()内の処理を、ストレージを使ったものに変更します。リスト15.6の太字部分を追記しましょう。なお、SimpleDateFormatクラス、および、Dateクラスは以下のパッケージのものをインポートしてください。

- java.text.SimpleDateFormat
- java.util.Date

リスト15.6　java/com.websarva.wings.android.cameraintentsample/MainActivity.java

```
public void onCameraImageClick(View view) {
    // 日時データを「yyyyMMddHHmmss」の形式に整形するフォーマッタを生成。
    SimpleDateFormat dateFormat = new SimpleDateFormat("yyyyMMddHHmmss");
    // 現在の日時を取得。
    Date now = new Date(System.currentTimeMillis());
    // 取得した日時データを「yyyyMMddHHmmss」形式に整形した文字列を生成。
    String nowStr = dateFormat.format(now);                                  ❶
    // ストレージに格納する画像のファイル名を生成。ファイル名の一意を確保するためにタイムスタンプ
    // の値を利用。
    String fileName = "CameraIntentSamplePhoto_" + nowStr +".jpg";

    // ContentValuesオブジェクトを生成。
    ContentValues values = new ContentValues();                              ❷-1
    // 画像ファイル名を設定。
    values.put(MediaStore.Images.Media.TITLE, fileName);                     ❷-2
    // 画像ファイルの種類を設定。
    values.put(MediaStore.Images.Media.MIME_TYPE, "image/jpeg");             ❷-3
    // ContentResolverオブジェクトを生成。
    ContentResolver resolver = getContentResolver();                         ❸-1
    // ContentResolverを使ってURIオブジェクトを生成。
    _imageUri = resolver.insert(MediaStore.Images.Media.EXTERNAL_CONTENT_URI, values);  ❸-2
    // Intentオブジェクトを生成。
    Intent intent = new Intent(MediaStore.ACTION_IMAGE_CAPTURE);
    // Extra情報として_imageUriを設定。
    intent.putExtra(MediaStore.EXTRA_OUTPUT, _imageUri);                     ❹
    // アクティビティを起動。
    _cameraLauncher.launch(intent);
}
```

④ アプリを起動する

入力を終え、特に問題がなければ、この時点で一度アプリを実行してみてください。起動直後は改造前と同じく図15.1 p.381 の画面が表示されます。カメラアイコンをタップすると、同様に、図15.2のカメラアプリが起動します。適当なタイミングでシャッターを切り、[✓] をタップしてください。元のカメラ連携サンプルアプリに戻り撮影した画像が表示されますが、今度は図15.3 p.381 とは違い、図15.5のように解像度の高い画像が表示された画面になります。

なお、ストレージ経由で撮影した場合、カメラ連携サンプルアプリを終了した後でも、撮影した画像は端末内部に残っています。フォトアプリを起動すると、図15.6のように確認できます。

図15.5　ストレージ経由で取得した画像を表示した画面

図15.6　撮影した画像をフォトアプリで確認

15.2.2 Androidストレージ内部のファイルはURIで指定する

ストレージを利用してカメラアプリと連携する際に中心となる考え方がURIです。Androidでは、端末のストレージに保存された画像や音楽、電話帳などが標準で他のアプリに公開されており、これらの公開データを特定する際にURIで表します。また、Androidには、このURI文字列をオブジェクトとして扱えるUriというクラスが用意されています。今回、カメラアプリで撮影された画像をいったんストレージに保存しますが、保存した画像についてはすべて画像のURIでやり取りします。そこで、まず、画像のURIを表すUriオブジェクトのフィールドを追加しています。それが手順①p.388のリスト15.4です。

さらに、URIを使ってストレージ内の画像をImageViewに設定しているのが手順②p.388のリスト15.5です。ストレージの画像をImageViewに設定するには、ImageViewのsetImageURI()メソッドを使います。

15.2.3 URI指定でカメラを起動する

さて、いよいよ、URIを使ってカメラアプリを起動します（手順③ p.389）。これは、カメラアプリを起動するためにnewしたIntentオブジェクトに、以下のようにストレージ内の画像を表すUriオブジェクトをExtraデータとして埋め込むだけです（リスト15.6❹）。

```
intent.putExtra(MediaStore.EXTRA_OUTPUT, _imageUri);
```

キーとして定数MediaStore.EXTRA_OUTPUTを指定するのがポイントです。これだけで、起動されたカメラアプリは、撮影された画像ファイルをこのURIが表すストレージに保存してくれます。

ただし、そのためには事前にこのUriオブジェクト、つまり、_imageUriを生成しておく必要があります。その生成のために必要なデータを揃えているのがリスト15.6❶〜❸です。ここでのデータ準備の流れを図にすると、図15.7のようになります。

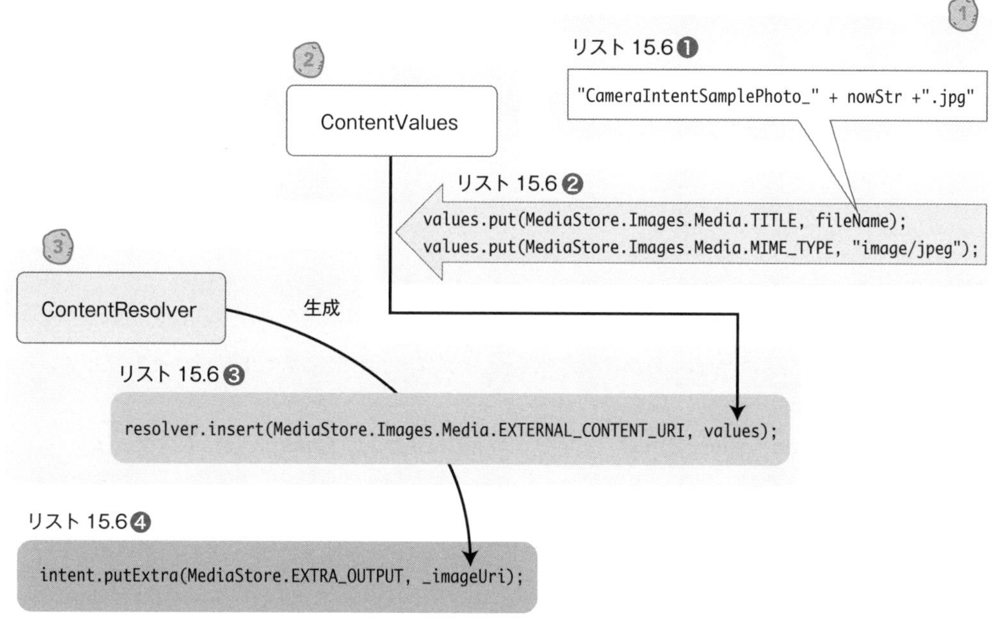

図15.7　_imageUriを生成するまでの流れ

この大まかな流れを記載すると、以下のようになります。

③ ContentResolverオブジェクトからUriオブジェクトを生成する。
② Uriオブジェクト生成に必要なContentValuesオブジェクトを生成する。
① ContentValuesオブジェクトの設定に必要な画像ファイル名を生成する。

ソースコードの流れとは逆順ですが、この順に説明します。

③ ContentResolverオブジェクトからUriオブジェクトを生成する

実際にUriオブジェクトを生成してくれるのがContentResolverオブジェクトなので、まず、ContentResolverオブジェクトを取得します（リスト15.6❸-1）。これは、Activityクラスのget ContentResolver()メソッドで取得できます（正確にはActivityの親クラスであるContext Wrapperのメソッドです）。このContentResolverオブジェクトのinsert()メソッドを使うことで、新しいデータの格納先を確保し、それを表すUriオブジェクトを生成してくれます（リスト15.6❸-2）。このメソッドには引数が2個あります（表15.1）。

表15.1　insert()メソッドの引数

	引数の型と名称	内容
第1引数	Uri url	データの格納先を表すUriオブジェクト
第2引数	ContentValues values	具体的にどういったデータなのかを表す値が格納されたContentValuesオブジェクト

第1引数について補足しておくと、画像ファイルを格納するストレージを表すUriオブジェクトは定数が用意されています。それが以下の部分です（❸-2）。

```
MediaStore.Images.Media.EXTERNAL_CONTENT_URI
```

② Uriオブジェクト生成に必要なContentValuesオブジェクトを生成する

insert()の第2引数では、ContentValuesオブジェクトが必要です。これを生成しているのが、リスト15.6❷です。

まず、ContentValuesをnewします（リスト15.6❷-1）。ContentValuesオブジェクトはMapオブジェクトのように様々なデータを、しかもデータ型をあまり気にせずに格納できる仕組みがあります。データを格納するには、put()メソッドを使います。

ここでは以下の2種類のデータを格納しています。

画像ファイル名（リスト15.6❷-2）

画像ファイル名を指定するキーは、

```
MediaStore.Images.Media.TITLE
```

です。値は画像のファイル名の文字列です。

ファイルの種類（リスト15.6❷-3）

ファイルの種類を指定するキーは、

```
MediaStore.Images.Media.MIME_TYPE
```

です。ここでは、「image/jpeg」を記述しているので、JPEG画像が生成されます。

① ContentValuesオブジェクトの設定に必要な画像ファイル名を生成する

リスト15.6❷-2で指定した画像ファイル名文字列は、任意の文字列でかまいません。ここでは、撮影のたびにファイル名が変化するように、タイムスタンプを使用してユニークになるようにしています(リスト15.6❶)。現在の日時を取得して、「yyyyMMddHHmmss」形式の文字列に変換します。たとえば、2022年6月12日18時38分27秒ならば、20220612183827という文字列にします。そして、この文字列を使ってファイル名を「CameraIntentSamplePhoto_20220612183827.jpg」にします。これで、カメラアプリで撮影した画像がこのファイル名で内部ストレージに保存されるので、ImageViewでこの名前のファイルを表示するようにします。

このように、カメラアプリも暗黙的インテントを使用することで、簡単に利用することが可能です。

Column

プロジェクトのzipファイルを作成する

Android Studioで作成したプロジェクトは、1つのフォルダになっています。このプロジェクトを誰かに渡す場合、まず考えられるのはプロジェクトフォルダをzipファイル化することです。たとえば、ここで作成したCameraIntentSampleプロジェクトはCameraIntentSampleフォルダとして作成されているので、フォルダをzip圧縮し、CameraIntentSample.zipとします。ためしに、手元の環境でこのzipファイルを作成してみると、約20MBの大きなファイルになりました。ソースコード量はたいしたことがないのに、このファイルサイズには驚きます。

この原因はビルドシステムにあります。Android Studioはテキストで書かれた設定ファイルやソースコードなどをもとに、ビルドシステムが大量のファイル類を作成します。その結果、zipファイルサイズが肥大化します。

ところが、ビルドはAndroid Studioがそのつど行うため、誰かにプロジェクトを渡す際には設定ファイルやソースコードのみで十分です。プロジェクトに必要なファイルのみを抽出し、zipファイルを作成してくれる機能がAndroid Studioにはあります。この機能は、［File］メニューから

［Export...］＞［Export to Zip File...］

を選択すると利用できます。ためしに、この機能を使ってCameraIntentSampleプロジェクトをzip化してみると、ファイルサイズは115KBでした。ファイルサイズの差がかなりありますね。

15

Column

Android公式ドキュメント

ここまでの解説中に時々クラスやインターフェースのAPIの参照先としてURLを記載してきました。これらは、すべてAndroidの公式ドキュメントの一部となっています。Androidの公式ドキュメントは以下のURLです。

https://developer.android.com/

このWebサイトには、Android開発者向けの情報が詰まっています。この上部ナビから［Docs］をクリックすると以下のURLに遷移します。

https://developer.android.com/docs

こちらが、Android開発者向けの本格的なドキュメントとなっており、最終的に一番正しい情報が掲載されています。ですので、何かあったときは、このドキュメントを頼るのが一番安心です。といっても、こちらのドキュメントを読むにはそれなりに知識が必要です。本書を終えた後にでも、［ガイド］に記載の内容を読んでいくのもよいと思います。

なお、こちらのドキュメントは英語をベースとしています。ここ数年でかなり日本語への翻訳が進んでいますが、いまだに翻訳されていないページも多々あります。

さらには、Android OSやAndroid Studioのバージョンアップに伴い、新しい機能や新しいアプリの作成方法が出てきた場合、それらは真っ先に英語としてこちらのサイトに掲載されます。ということは、最新の機能に関する情報は、翻訳が追いつかない場合は英語でのみ提供されているということになります。

もし、ある機能のガイドのページを参照する際、日本語表記では内容が古いと感じたならば、表示言語設定を英語に変えてみればよいでしょう。最新の情報が表示される可能性が高いです。

第16章

マテリアルデザイン

マテリアルデザインは、Googleが提唱した画面デザインの考え方です。Androidでも採用されています。本章では、このマテリアルデザインとは何かを解説し、その後、マテリアルデザインらしいUIのアプリを作成していきます。

16.1 マテリアルデザイン

Android関係の解説に入る前に、マテリアルデザインそのものについて解説しておきましょう。

16.1.1 マテリアルデザインとは

マテリアルデザインとは、Googleが2014年6月にGoogle I/O Conferenceで発表した画面デザインの考え方です。以下に、この考え方のポイントを簡単にまとめます。

- 画面という2次元の世界に3次元を持ち込む。画面部品に影を付けることであたかも3次元的に配置されているように表現する。
- 画面部品に動きを付ける。ただ単に動きを付けるのではなく、動きそのものに意味がないといけない。
- 1つの画面にたくさんの色を使うのではなく、主に4色を使い、それぞれの色に意味を持たせる。

詳細は、Googleが開設しているマテリアルデザイン専用のサイト※1を参照してください。特に、このサイト内のマテリアルデザインの考え方の基礎を紹介したFoundation※2は、一読しておいて損はありません。

なお、2022年5月のGoogle I/O Conferenceにて、マテリアルデザインがアップデートされ、バージョン3が発表されました。ただし、原稿執筆時点では、このバージョン3※3は、まだAndroidに完全に反映されていません。そのため、本書では、バージョン2で解説を行っていきます。

16.1.2 Androidのマテリアルデザイン

マテリアルデザインはあくまでも考え方なので、Androidに限らずWebデザインなど様々なところで適用できるようになっています。各画面部品に対して、マテリアルデザインを適用する方法については、Components※4に紹介されています。このうち、各コンポーネントの［Android］のリンクをクリックすると、それぞれの画面部品のAndroidでのマテリアルデザインの適用方法が紹介されています。

※1　https://m2.material.io/
※2　https://m2.material.io/design/foundation-overview
※3　https://m3.material.io/
※4　https://m2.material.io/components

これらの適用方法の例を見てもわかるように、Androidはマテリアルデザインの提唱元であるGoogleが開発しているOSなので、標準でマテリアルデザインをサポートしています。このマテリアルデザインの中心となるのが**マテリアルテーマ**です。

Androidアプリには、**テーマ**というものがあります。テーマとは、アプリで使われる文字スタイルや配色などを定義したものです。テーマを利用することで、統一された画面イメージを提供することができます。マテリアルデザインを採用したテーマのことを**マテリアルテーマ**と呼び、Android Studioによって作られた最近のプロジェクトでは標準で適用されています。

つまり、本書中で作成してきたアプリは、実はすでにマテリアルデザインとなっているのです。

16.1.3 Androidのマテリアルテーマの確認

これまでに作成したプロジェクトで、マテリアルテーマを確認してみましょう。たとえば、図16.1は第14章で作成したImplicitIntentSampleの画面を拡大したものです。

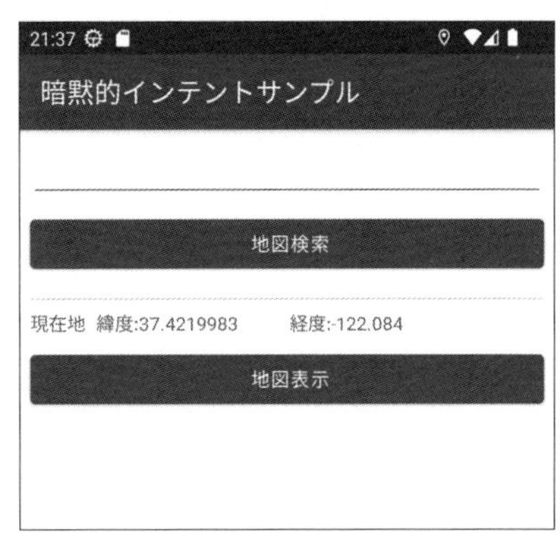

図16.1 拡大されたImplicitIntentSampleの画面

アクションバーやボタンが少し浮いたように見えると思います。これまでに作成したすべてのアプリは、ボタンが背景から少し浮いたデザインとなっています。これが「画面という2次元の世界に3次元を持ち込む」ということなのです。そして、それを成しえているのが「影」です。アクションバーもボタンも影がついています。影を付けることで浮いたように見せているのです。

何もしていないにもかかわらず、初期状態でマテリアルデザインが適用されているのは、マテリアルテーマのなせる技です。では、そのマテリアルテーマはどこに記述されているのでしょうか。Androidビューで、

[resフォルダ] → [valuesフォルダ] → [themes(2)] → [themes.xml]

を開いてください（図16.2）。以下のようなタグが確認できるでしょう。

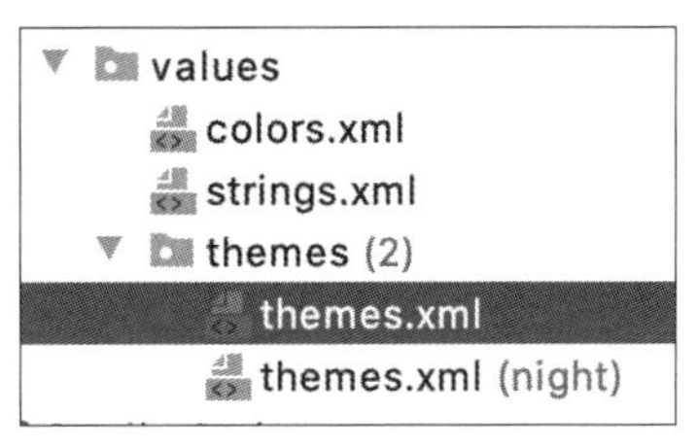

図16.2 テーマの設定ファイル

```
<style name="Theme.ImplicitIntentSample" parent="Theme.MaterialComponents.DayNight.DarkActionBar">
```

themes.xmlは、このアプリで使うテーマを設定するためのファイルです。設定は**style**タグで定義しますが、上記ではname属性が**Theme.プロジェクト名**のstyleタグが、アプリのテーマとして使用されます。このタグ内に自分で配色や文字スタイルを記述していけばそれが適用されますが、通常はあ

らかじめAndroid SDKで用意されたものを親として指定し、必要な部分だけ書き換えます。この指定が**parent**属性です。ここでparent属性で記述された、

```
Theme.MaterialComponents.DayNight.DarkActionBar
```

が、まさにマテリアルテーマなのです。Android SDKで用意されているマテリアルテーマは以下の3種類です。

- **Theme.MaterialComponents**　：暗い色のテーマ。
- **Theme.MaterialComponents.Light**　：明るい色のテーマ。
- **Theme.MaterialComponents.DayNight**：OSのダークテーマの設定がONかOFFかで暗い色のテーマと明るい色のテーマが自動で切り替わるテーマ。

これらのテーマには、それぞれに代替テーマとしてアクションバーがないテーマの**NoActionBar**があります。また、LightとDayNightには、アクションバーの色が暗い色に最適化されたテーマである**DarkActionBar**もあります。結果、表16.1の8テーマが用意されていることになります。

表16.1　Androidのマテリアルテーマ

テーマ	内容	アクションバーの有無	暗い色に最適化されたアクションバー
Theme.MaterialComponents	暗い色	○	×
Theme.MaterialComponents.NoActionBar		×	－
Theme.MaterialComponents.Light	明るい色	○	×
Theme.MaterialComponents.Light.NoActionBar		×	－
Theme.MaterialComponents.Light.DarkActionBar		○	○
Theme.MaterialComponents.DayNight	OSのダークテーマの設定に依存	○	×
Theme.MaterialComponents.DayNight.NoActionBar		×	－
Theme.MaterialComponents.DayNight.DarkActionBar		○	○

このうち、Android Studioが作成したプロジェクトにおいてデフォルトで採用されているテーマは、Theme.MaterialComponents.DayNight.DarkActionBarです。これはすなわち、OSのダークテーマの設定がONの場合には暗い色のテーマが採用される一方で、OFFの場合は明るい色のテーマが採用されるようになっており、しかもアクションバーの色が暗い色に最適化されたテーマです。

このOSのダークテーマの設定によって暗い色と明るい色が切り替わることを踏まえると、図16.2のようにthemes.xmlファイルが2個用意されている意味が理解できるでしょう。themes.xmlがダークテーマ設定がOFFの場合の設定であり、themes.xml(night)がONの場合の設定です。

Androidビュー上でこれら2ファイルがフォルダのような見え方になっているのは、2.4.3項 p.53-54 で解説した修飾子を利用しているからです。実際に、ファイルシステムでresフォルダ内を見ると、図

16.3のように、values-nightフォルダが存在し、その中にthemes.xmlが格納されているのがわかります。

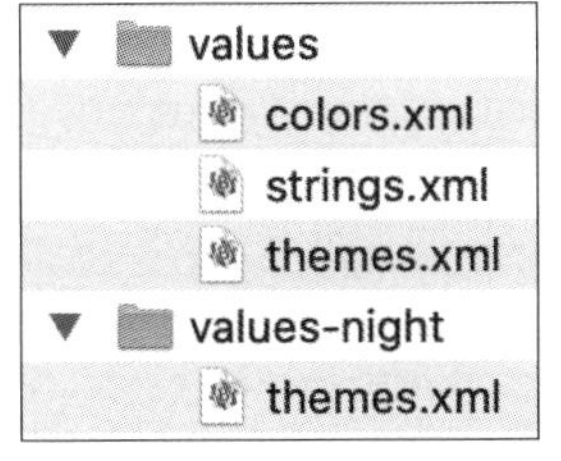

図16.3
ダークテーマ用のthemes.xmlはvalues-nightフォルダに格納されている

Note アプリのテーマ指定

実はどのstyleをアプリのテーマとするかは、AndroidManifest.xmlで設定できます。以下のように、AndroidManifest.xmlのapplicationタグの属性としてandroid:themeがあり、この属性で指定します。

```
<application
    :
    android:theme="@style/Theme.ImplicitIntentSample"
```

16.1.4 マテリアルデザインの4色

これら、マテリアルテーマのうち、配色についてもう少し見ていきましょう。16.1.1項で説明したように、マテリアルデザインは配色数を主に4色に限定し、それぞれの色に意味を持たせています。マテリアルテーマでは、それぞれの色に名前がついており、表16.2のようになっています。

表16.2 マテリアルテーマでの配色名称

配色名称	内容	使われているところ
Primary	メインとなる色	アクションバーやボタンの色
Secondary	アクセントカラー	Primaryに対して目立つ色で、図16.1ではEditTextのアンダーバーの色
Background	背景色	画面の背景で使われている色
Error	エラー色	エラー内容を表示する画面部品で利用される色

このうち、PrimaryとSecondaryには、それぞれのトーンを1段階下げた色となるPrimary VariantとSecondary Variantが定義されています。また、表16.2の4色の上にたとえば文字などを記載する場合に使われる色として、それぞれOn Primary、On Secondary、On Background、On Errorも定義されています[※5]。

ここまでの解説を踏まえて、themes.xmlファイルの内容をもう少し見てみましょう。Android Studioがデフォルトで作成したthemes.xmlのstyleタグ内には、リスト16.1のitemタグが記述されています。

※5 https://material.io/design/color/the-color-system.html

16

リスト16.1　res/values/themes.xml

```
<item name="colorPrimary">@color/purple_500</item> ――――――――― ❶
<item name="colorPrimaryVariant">@color/purple_700</item> ――――――――― ❷
<item name="colorOnPrimary">@color/white</item> ――――――――― ❸
<item name="colorSecondary">@color/teal_200</item> ――――――――― ❹
<item name="colorSecondaryVariant">@color/teal_700</item> ――――――――― ❺
<item name="colorOnSecondary">@color/black</item> ――――――――― ❻
<item name="android:statusBarColor">?attr/colorPrimaryVariant</item> ――――――――― ❼
</resources>
```

リスト16.1❶と❹がまさに表16.2に記載されているPrimaryとSecondaryの色を定義しているタグです。それぞれ、colorPrimaryとcolorSecondaryが属性名となっています。さらに、この両色のVariantを定義しているのが❷と❺です。これらがどのような色となっているのか、Android Studio上で確認できます。ファイルを開いているエディタ画面の行番号横に色が表示されています（図16.4）。

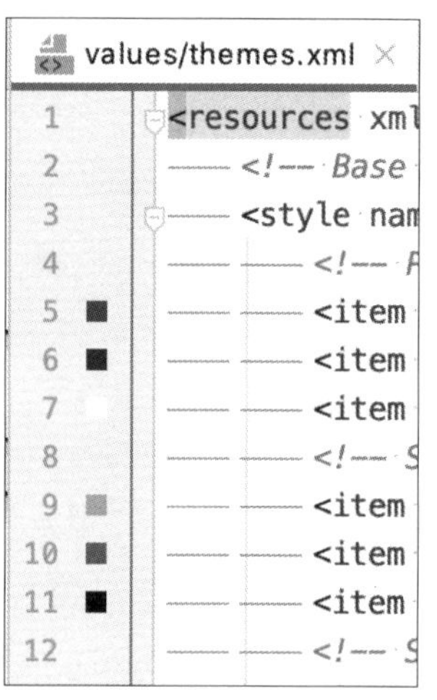

図16.4　Android Studioのエディタ画面で色が確認できる

本書の図ではわかりにくいですが、実際の画面では❶の横には紫色が、❷の横には❶を一段と濃くした紫色が表示されています。先のVariantの説明の通りです。

❹に関しては、薄い緑色となっており、確かに紫に対してアクセントとなる色が採用されています。また、❹のVariantとなる❺は、確かに少し濃い緑色となっています。

さらに、❸と❻はOn色を表し、紫色であるPrimaryやPrimary Variantの画面部品上に表示する文字に対しては、❸の定義の通り、白色という読みやすい色が定義されています。同様に、緑色であるSecondaryやSecondary Variantに対しては、❻の定義の通り、文字色として黒色が定義されています。

なお、リスト16.1❼は、ステータスバーの色を定義しているタグです。その値としては、colorPrimaryVariant、つまり、❷の色が採用されています。

このように、マテリアルテーマでは、色1つをとっても、それぞれに意味があり、適切に考えられて採用されています。このことから、よほどのことがない限り、デフォルトのマテリアルテーマを採用しているほうが、使いやすいUIが実現できるようになっています。もし、独自の色合いを採用したい場合は、マテリアルデザインサイトのテーミングガイド※6に、マテリアルテーマの作成方法が記載されています。記載の方法に沿って作成したほうがよいでしょう。

ここで、themes.xml(night)について補足しておきましょう。16.1.3項で説明した通り、themes.xml(night)は、ダークテーマがONの場合の色が定義されたファイルです。内容を確認すると、リスト16.1と同様にタグが記述されています。ただし、それぞれの色が少しずつ違っています。ダークテーマに合わせて見やすいようになっています。実際にファイルを開いて色を確認してみてください。

※6　https://material.io/develop/android/theming/theming-overview

16.2 ScrollView

いよいよAndroidのサンプルを作成していきましょう。これまで解説した通り、Androidではマテリアルテーマによって、マテリアルデザインの「3次元化と配色」についてはすでに設定が済んでいる状態です。

ここからは、マテリアルデザインの「画面部品に動きを付ける」を扱っていきます。そのためには、Androidのツールバーを理解しておく必要があります。ツールバーは、画面の横幅いっぱいに広がったバー状の画面部品です。これをアクションバーの代わりに使うことで、アクションバーよりも柔軟にカスタマイズできるようになります。ここで作成するサンプルは、図16.5のような画面になります。

アクションバーと違い、アイコンやアプリのサブタイトルが表示されています。

なお、画面には大量の文章が表示されており、画面に収まりきりません。画面をスクロールすることで続きが表示されますが、まず、画面をスクロールできる状態まで作成し、その後、ツールバーを追加します。

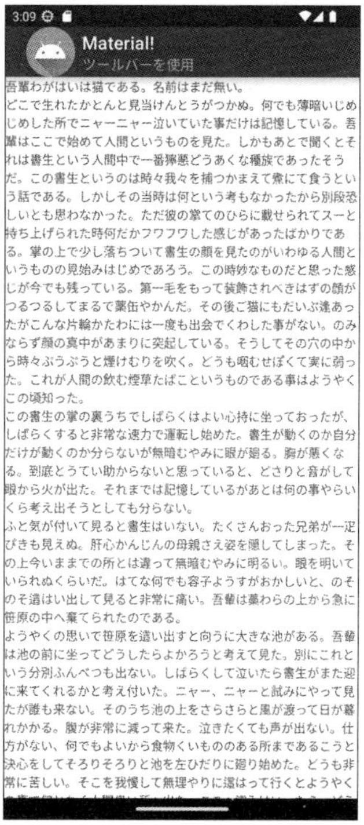

図16.5　これから作成する
ツールバーサンプルの画面

16.2.1 手順 ツールバーサンプルアプリを作成する

まず、アプリの作成手順に従ってサンプルを作成していきましょう。

① ツールバーサンプルのプロジェクトを作成する

以下がプロジェクト情報です。この情報をもとにプロジェクトを作成してください。

Name	ToolbarSample
Package name	com.websarva.wings.android.toolbarsample

② strings.xmlに文字列情報を追加する

次に、strings.xmlをリスト16.2の内容に書き換えましょう。

今回はスクロールを扱うため、長文の文字列が必要です。それが、name属性tv_articleのタグです。この内容には、長文であればどのような文字列を入れてもかまいません。そのため、リスト16.2では冒頭だけを記述し、以降を「…」と省略しています。ただし、改行には注意しましょう。改行する部分には「\n」(半角のバックスラッシュとn) を記述し、コード上で実際に改行しないようにしてください。また、文字列中に「"」(ダブルクォーテーション) や「'」(シングルクォーテーション) を用いる場合は、「\"」や「\'」のようにエスケープします。なお、Windowsでは「\」(バックスラッシュ) の代わりに「¥」(半角円マーク) を使います。

リスト16.2　res/values/strings.xml

```
<resources>
    <string name="app_name">ツールバーサンプル</string>
    <string name="tv_article">吾輩は猫である。名前はまだ無い。\nどこで…</string>
    <string name="toolbar_title">Material!</string>
    <string name="toolbar_subtitle">ツールバーを使用</string>
</resources>
```

③ レイアウトファイルを編集する

次に、activity_main.xmlを書き換えていきます (リスト16.3)。本章では、画面部品の解説が中心となるため、サンプルの画面作成においては、あえてXML記述で行っていくことにします。さらに、16.4節で作成するサンプルとの関連を考慮して、ConstraintLayoutではなく、LinearLayoutを利用することにします。

リスト16.3　res/layout/activity_main.xml

```
<?xml version="1.0" encoding="utf-8"?>
<LinearLayout
    xmlns:android="http://schemas.android.com/apk/res/android"
    android:layout_width="match_parent"
    android:layout_height="match_parent"
    android:orientation="vertical">

    <ScrollView ―――― 画面からはみ出す部分をスクロールさせるようにする
        android:layout_width="match_parent"
        android:layout_height="match_parent">

        <TextView ―――― 長文を表示するTextView
            android:layout_width="match_parent"
            android:layout_height="wrap_content"
            android:text="@string/tv_article"/>
    </ScrollView>
</LinearLayout>
```

④ アプリを起動する

入力を終え、特に問題がなければ、この時点で一度アプリを実行してみてください。図16.6の画面が表示されます。

さらに、画面をスクロールさせると画面に収まりきらない部分が表示されます。

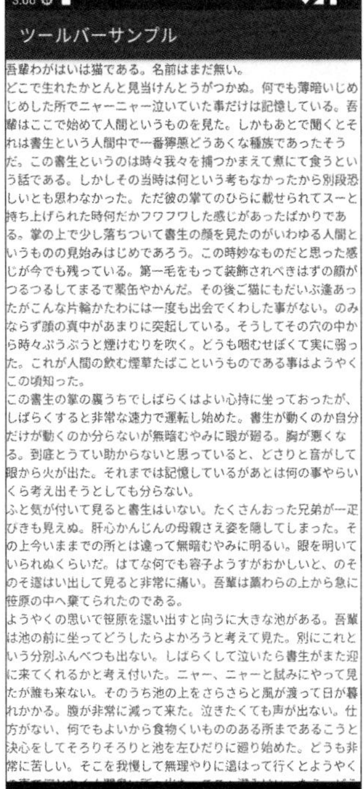

図16.6　起動したアプリの画面

16.2.2 画面をスクロールさせたい場合にはScrollViewを使う

今回、長文の文字列を表示しているのがTextView部分です。このTextViewは画面に収まらない大きさのため、スクロールさせる必要があります。しかし、TextViewそのものにスクロール機能はないので、画面からはみ出したままでスクロールされません。このスクロールを可能にしているのが、ScrollViewタグです。今回は、ScrollViewタグ内にTextViewタグしかありませんが、内部にLinearLayoutなどのレイアウト部品を入れて、複数のタグを組み合わせてもかまいません。

なお、この画面ではルートタグとしてLinearLayoutを記述していますが、図16.6の画面構成のみならLinearLayoutは不要で、ルートタグとして、

```
<ScrollView
    xmlns:android="http://schemas.android.com/apk/res/android"
```

と記述しても同じように表示されます。

本サンプルでは、次節でこのLinearLayoutタグ内に画面部品を追加します。そのため、ルートタグとしてLinearLayoutを記述していると思ってください。

16.3 アクションバーより柔軟なツールバー

では、ツールバーを導入しましょう。

16.3.1  ツールバーを導入する

① アクションバーを使用しないように設定する

themes.xml、および、themes.xml(night)の<style>タグのparent属性を、リスト16.4の太字部分に書き換えましょう。

リスト16.4　res/values/themes/themes.xml、および、themes.xml(night)

```
<style name="Theme.ToolbarSample" parent="Theme.MaterialComponents.DayNight.NoActionBar">
```

② ツールバータグを追記する

activity_main.xmlのLinearLayoutとScrollViewの間に、リスト16.5の太字部分を追記しましょう。

リスト16.5　res/layout/activity_main.xml

```
<?xml version="1.0" encoding="utf-8"?>
<LinearLayout
    ～省略～

    <androidx.appcompat.widget.Toolbar
        android:id="@+id/toolbar"
        android:layout_width="match_parent"
        android:layout_height="?attr/actionBarSize"
        android:background="?attr/colorPrimary"
        android:elevation="10dp"/>

    <ScrollView
    ～省略～
```

③ ツールバーの設定コードを記述する

ツールバーにタイトルなどの文字列を設定します。この設定は、アクティビティにJavaコードで記述します。MainActivityのonCreate()に、リスト16.6の太字部分のコードを追記しましょう。なお、Toolbarクラスをインポートする場合は、androidx.appcompat.widget.Toolbarをインポートしてください。

リスト16.6 java/com.websarva.wings.android.toolbarsample/MainActivity.java

```
@Override
protected void onCreate(Bundle savedInstanceState) {
    super.onCreate(savedInstanceState);
    setContentView(R.layout.activity_main);

    // Toolbarを取得。
    Toolbar toolbar = findViewById(R.id.toolbar);
    // ツールバーにロゴを設定。
    toolbar.setLogo(R.mipmap.ic_launcher); ――――――――――――――― ❶
    // ツールバーにタイトル文字列を設定。
    toolbar.setTitle(R.string.toolbar_title); ―――――――――――― ❷
    // ツールバーのタイトル文字色を設定。
    toolbar.setTitleTextColor(Color.WHITE); ――――――――――――― ❸
    // ツールバーのサブタイトル文字列を設定。
    toolbar.setSubtitle(R.string.toolbar_subtitle); ―――――――― ❹
    // ツールバーのサブタイトル文字色を設定。
    toolbar.setSubtitleTextColor(Color.LTGRAY); ――――――――――― ❺
    // アクションバーにツールバーを設定。
    setSupportActionBar(toolbar); ――――――――――――――――――― ❻
}
```

④ アプリを起動する

入力を終え、特に問題がなければ、この時点で一度アプリを実行してみてください。図16.5 p.401 の画面が表示されます。

16.3.2 ツールバーを使うにはアクションバーを非表示に

16.2節の冒頭 p.401 で説明したように、ツールバーはバー状の画面部品です。このツールバーを利用する場合は、レイアウトXMLに**Toolbar**タグを記述します。それが手順②です（リスト16.5）。ただし、Android標準のSDKに含まれるToolbarではなく、AndroidXライブラリに含まれるToolbarを使用します。そのため、Toolbarのタグは単に<Toolbar>ではなく、以下のようにパッケージ名から記述しています。

```
<androidx.appcompat.widget.Toolbar>
```

このツールバーをそのまま表示させると、図16.7のようになります。

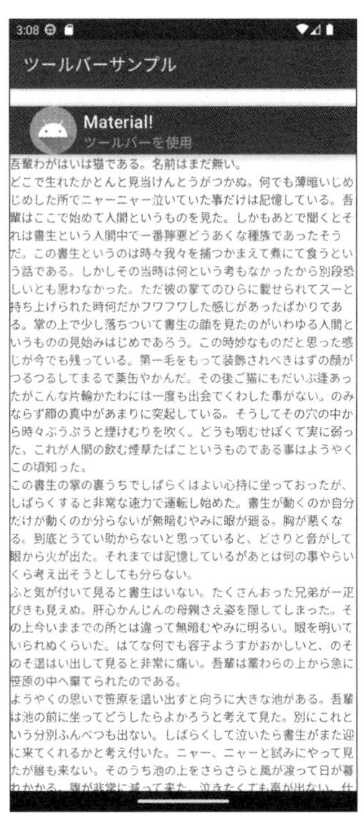

図16.7　ツールバーをそのまま表示させた画面

図16.7では、わかりやすくするために、Toolbarタグに上部マージンとして20dpを指定しています。画面の横幅いっぱいに広がったバー状の画面部品が確認できます。

ツールバーはこの状態のまま、画面下部など任意の位置に表示させて使うこともできますが、今回は、アクションバーの代わりとして利用します。そのためには以下の2つの処理を行う必要があります。

① アクションバーを非表示にする。
② ツールバーをアクションバーとして設定する。

① アクションバーを非表示にする

手順①が該当します。16.1.3項 p.398 で説明したように、マテリアルテーマにはアクションバーを非表示にする代替テーマとしてNoActionBarがあります。それを指定することで、アクションバーが非表示となります。

その上で、ツールバーを画面の一番上部に配置、すなわち、レイアウトXMLファイル内で最初にToolbarタグを記述することで、アクションバーの位置にツールバーが配置されることになります。

② ツールバーをアクションバーとして設定する

手順①の処理で、一見ツールバーがアクションバーの代わりになったように見えます。ただし、これはあくまで見た目の問題で、たとえばオプションメニューを配置したりなど、アクションバーの機能までツールバーに代用させるには、表示されているツールバーをアクションバーとして機能するように設定する必要があります。それが、リスト16.6❻の処理です。ActivityクラスのsetSupportActionBar()メソッド（より正確には、AppCompatActivityクラスのメソッド）を使用し、引数としてToolbarオブジェクトを渡します。

16.3.3 テーマの設定値の適用は?attr/で

リスト16.5で追記したToolbarタグに記述した属性について、いくつか補足しておきましょう。

まずは、layout_heightから説明します。

```
android:layout_height="?attr/actionBarSize"
```

この?attr/は、テーマで設定されている各種値を属性値として指定する場合に利用する記述です。したがって、?attr/actionBarSizeとは、今回適用しているテーマの「アクションバーの高さ」を表しています。

次に、android:backgroundについてです。

```
android:background="?attr/colorPrimary"
```

ここでも、?attr/を利用して、テーマの設定値を指定しています。?attr/colorPrimaryは、リスト16.1❶で設定されているcolorPrimaryそのものです。表16.2にも記載があるように、アクションバーの色は、colorPrimaryとなっています。したがって、アクションバーの代わりとなるツールバーも、この色（colorPrimary）を指定しているのです。

最後は、android:elevationについてです。

```
android:elevation="10dp"
```

これもマテリアルデザインで影を付けることによって、画面部品の3次元表現をしています。この影の付け具合を指定しているのがandroid:elevation属性です。

Note **elevationの値**

ここで作成しているToolbarSampleプロジェクトでは、android:elevationに10dpを指定しています。この値を任意の値に変更してアプリを起動し直してみると、影の付き具合も変わります（図16.A、図16.B）。

なお、ToolbarSampleプロジェクトでは、影の付き具合をわかりやすくするために、10dpという大きめの値を指定しています。elevationの標準的な設定値については、マテリアルデザインサイトのElevationの解説ページ※7に詳細が書かれています。これによると、アプリバー（App Bar）は4dpとなっています。

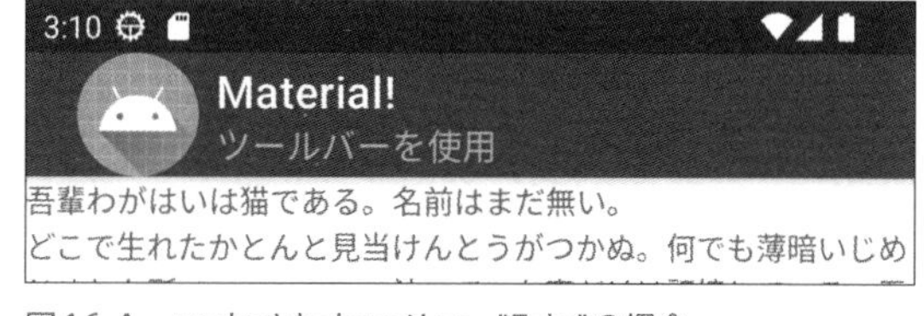

図16.A　android:elevation="5dp"の場合

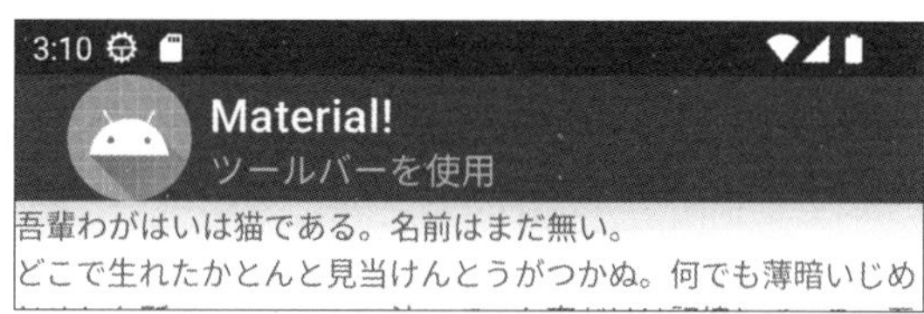

図16.B　android:elevation="20dp"の場合

16.3.4 ツールバーの各種設定はアクティビティに記述する

ツールバーはアクションバーと違い、柔軟な表現が可能な代わりに、表示内容をアクティビティにJavaコードで記述する必要があります。それを行っているのが手順③です。ここでは以下のメソッドを使って設定を行っています。

ロゴの設定

メソッドはsetLogo()で、リスト16.6❶が該当します。

引数はロゴ用リソースのR値です。ここでは、もともと用意されているアプリのロゴを使用しています。任意の画像をdrawableなどの画像フォルダに格納し、それを指定してもかまいません。

タイトルの設定

メソッドはsetTitle()で、リスト16.6❷が該当します。

タイトルの文字色の設定

メソッドはsetTitleTextColor()で、リスト16.6❸が該当します。

引数は「#ffffff」のようにRGBのカラーコードを指定することもできますが、色指定がしやすいようにColorクラスの定数が用意されています。ここではこの定数を利用し、白色（WHITE）を指定しています。

※7　https://material.io/design/environment/elevation.html#default-elevations

サブタイトルの設定

メソッドはsetSubtitle()で、リスト16.6❹が該当します。

サブタイトルの文字色の設定

メソッドはsetSubtitleTextColor()で、リスト16.6❺が該当します。

使い方はタイトルの文字色と同じです。ここではColorクラスの定数を利用して明るい灰色（LTGRAY）を指定しています。

> **Note　アクションバーサイズのアプリバーのサブタイトルは非推奨**
>
> アクションバーや、そのアクションバーの代わりとして配置されたツールバーなど、画面上部に表示されるバーを、アプリバーといいます。ここで作成したToolbarSampleでは、アプリバーに対してサブタイトルを設定しています。これは、あくまでサブタイトルの設定方法を紹介したいからであって、マテリアルデザインの観点からは、アクションバーサイズのアプリバーにサブタイトルを設定するなど、2行表示は非推奨となっています。このような、各画面に対してのべき・べからずは、16.1.2項で紹介したマテリアルデザインのサイトのComponentsに紹介されており、アプリバーについても記載があります※8。

※8 https://material.io/components/app-bars-top

16.4 ツールバーのスクロール連動

ツールバーを使うと、アクションバーよりも柔軟な表現が可能になります。しかし、このままでは、当初の目的であるマテリアルデザインの「画面部品に動きを付ける」というポイントが実装されていません。今度は、この部分を実装していきます。

ここで作成するアプリは、起動直後は図16.8のようにアプリバーがかなり大きな面積を占めています。

この画面を上にスクロールしていくと、スクロールと連動してアプリバーが縮小していき、最終的に図16.9のようになります。

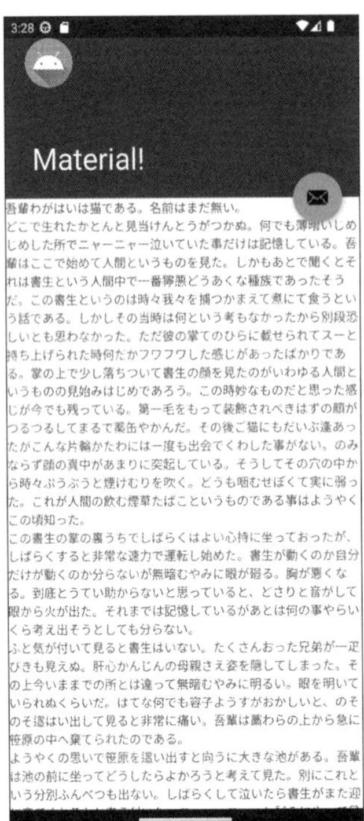

図16.8　アプリバーが大きな画面

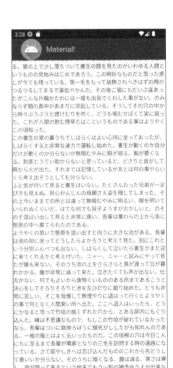

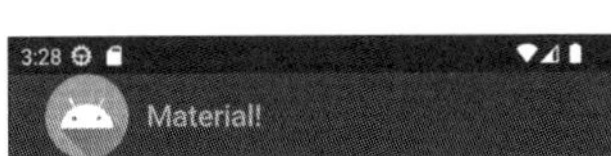

図16.9　スクロールによってアプリバーが縮小した画面

16.4.1  スクロール連動サンプルアプリを作成する

では、まず、アプリの作成手順に従ってサンプルを作成していきましょう。

① スクロール連動サンプルのプロジェクトを作成する

以下がプロジェクト情報です。この情報をもとにプロジェクトを作成してください。

Name	CoordinatorLayoutSample
Package name	com.websarva.wings.android.coordinatorlayoutsample

② ToolbarSampleプロジェクトから各種ファイルをコピーする

以下のファイルについて、ToolbarSampleプロジェクトからCoordinatorLayoutSampleプロジェクトの同名ファイルに内容をコピーします。

- res/values/strings.xml
- java/com.websarva.wings.android.toolbarsample/MainActivity.java

なお、MainActivity.javaはそのままコピー＆ペーストすると、package宣言が変わってしまいコンパイルエラーとなります。そのため、クラス内部のonCreate()メソッドをコピー＆ペーストしてください。また、コピーした直後はレイアウトXMLにid属性がtoolbarの画面部品がまだ存在しないので、MainActivityがコンパイルエラーとなりますが、そのままにしておいてください。

③ アクションバーを非表示にする

16.3.1項の手順① p.404 と同様に、themes.xml、および、themes.xml(night)のparent属性を「NoActionBar」に変更します。

④ レイアウトファイルを編集する

次に、activity_main.xmlを書き換えていきます（リスト16.7）。少し長いコードですが、部分的にToolbarSampleプロジェクトと同じ箇所もあるため、適宜コピーしながら入力してください。

リスト16.7　res/layout/activity_main.xml

```
<?xml version="1.0" encoding="utf-8"?>
<androidx.coordinatorlayout.widget.CoordinatorLayout ―――― ❶
    xmlns:android="http://schemas.android.com/apk/res/android"
    xmlns:app="http://schemas.android.com/apk/res-auto" ―――― ❷
    android:layout_width="match_parent"
    android:layout_height="match_parent">

    <com.google.android.material.appbar.AppBarLayout ―――― ❸
        android:id="@+id/appbar"
        android:layout_width="match_parent"
        android:layout_height="wrap_content"
        android:elevation="10dp"> ―――― ❹
```

```
        <androidx.appcompat.widget.Toolbar
            android:id="@+id/toolbar"
            android:layout_width="match_parent"
            android:layout_height="?attr/actionBarSize"
            app:layout_scrollFlags="scroll|enterAlways" ──────── ❺
            android:background="?attr/colorPrimary"/>
    </com.google.android.material.appbar.AppBarLayout>

    <androidx.core.widget.NestedScrollView ──────── ❻
        android:layout_width="match_parent"
        android:layout_height="match_parent"
        app:layout_behavior="@string/appbar_scrolling_view_behavior"> ──────── ❼

        <TextView
            android:layout_width="match_parent"
            android:layout_height="wrap_content"
            android:text="@string/tv_article"/>
    </androidx.core.widget.NestedScrollView>
</androidx.coordinatorlayout.widget.CoordinatorLayout>
```

⑤ アプリを起動する

入力を終え、特に問題がなければ、この時点で一度アプリを実行してみてください。起動した直後はToolbarSampleと同様、図16.10の画面が表示されます。

ところが、テキスト部分をスクロールすると、それに連動するようにアプリバーが図16.11のように隠れます。

図16.10　起動した直後のスクロール連動サンプル画面

図16.11　アプリバーが隠れたアプリの画面

16.4.2 スクロール連動のキモはCoordinatorLayout

それでは、手順④のリスト16.7 p.411-412 で記述したタグと属性を解説していきます。

まず、CoordinatorLayoutです(❶)。coordinatorという英単語は、調整役という意味です。CoordinatorLayoutはその名の通り、画面部品同士の動きを調整するレイアウトです。今回はテキスト部分のスクロールに連動してアプリバーが隠れたり出てきたりする処理ですが、このように親子関係のない画面部品同士に連動した動きをさせる場合は、まず全体をCoordinatorLayoutで囲む必要があります。

なお、CoordinatorLayoutはFrameLayoutと同じような機能を持っています(FrameLayoutを継承しているわけではありません)。したがって、使い方によっては図16.12のように画面部品同士が重なってしまうので注意が必要です。

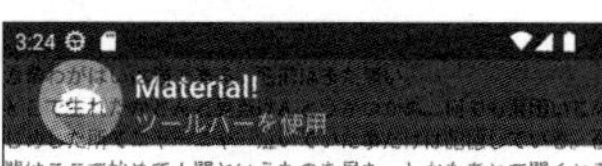

図16.12 アプリバーの下にテキスト部分が重なってしまった画面

16.4.3 アクションバー部分を連動させるAppBarLayout

では、どうすると図16.12のようになってしまうのでしょうか。実はこれは、リスト16.7からAppBarLayoutタグを削除した状態です。図16.12の状態では、テキスト部分をスクロールしてもアプリバー部分が連動しません。アプリバー部分を連動させるための画面部品がこのAppBarLayoutです。

AppBarLayoutは、縦並びのLinearLayoutです(AppBarLayoutは実際にLinearLayoutを継承しています)。そのため、AppBarLayout内の画面部品は縦に並べられ、それらがアプリバーの位置に配置されます。そして、このAppBarLayout内の画面部品にapp:layout_scrollFlags属性を記述することで、スクロールが連動する仕組みです(リスト16.7❺)。

記述方法としては、まずscrollと記述し、その後「|」で区切りをつけて表16.3のスクロールモードのどれかを指定します※9。

※9 layout_scrollFlagsの属性値としては、他に、snapというオプションがあります。これは、スクロール対象画面部品が画面全体の半分以下のサイズの場合に利用するためのものです。

16

表16.3 layout_scrollFlags属性のスクロールモード

モード	内容
enterAlways	上にスクロールすると、AppBarLayout部分がすぐに消えて、下にスクロールするとすぐにAppBarLayout部分が出てくる
enterAlwaysCollapsed	上にスクロールすると、AppBarLayout部分がすぐに消えるが、下にスクロールした場合はスクロールの上端まで行ったときにようやくAppBarLayout部分が出てくる
exitUntilCollapsed	スクロールによるAppBarLayoutの見え隠れはenterAlwaysCollapsedと同じだが、AppBarLayoutの一部が画面内に残る

リスト16.7❺ではscroll|enterAlwaysを指定していますが、ここではこのenterAlways以外の値を指定しても正常に動作しません。これに関しては次節で扱います。

なお、このapp:属性を指定するためには、あらかじめapp:名前空間を読み込んでおく必要があります（リスト16.7❷）。

また、AppBarLayoutを使用すると、AppBarLayoutがアプリバーの位置を陣取ります。そのため、前節のサンプルのように影を付けるandroid:elevation属性をToolbarに設定しても機能しません。そこでここでは、AppBarLayoutに移動してあります（リスト16.7❹）。

16.4.4 CoordinatorLayout配下でスクロールするにはNestedScrollViewを使う

ToolbarSampleプロジェクトでは、TextViewをスクロールさせるためにScrollViewを使用しました。一方、今回のサンプルで、ToolbarSampleプロジェクトと同様にリスト16.7❻の位置にScrollViewを使用しても、スクロール連動にはなりません。それは、ScrollViewがCoordinatorLayoutと連携する機能を持っていないからです。CoordinatorLayoutと連携するためには、NestedScrollingChildインターフェースを実装したものでなければならず、それがNestedScrollViewなのです。

さらに、NestedScrollViewを使っただけでは連動しません。このタグに、

```
app:layout_behavior="@string/appbar_scrolling_view_behavior"
```

属性を記述しておく必要があります（リスト16.7❼）。

なお、ここでは、@stringとstrings.xmlの記述を指定していますが、strings.xmlにname属性がappbar_scrolling_view_behaviorのタグを記述する必要はありません。このタグは、リスト16.7❷で読み込んだ名前空間に含まれています。

16.4.5 enterAlwaysモードでのスクロール連動のまとめ

少しややこしくなってきたため、ここでまとめておきましょう。enterAlwaysモードでスクロール連動させたい場合は、

```
<CoordinatorLayout>
    <AppBarLayout>
        <Toolbar />
    </AppBarLayout>
    <NestedScrollView>
        …
    </NestedScrollView>
</CoordinatorLayout>
```

の形式で使用し、以下の属性を記述します。

- <Toolbar>に「app:layout_scrollFlags="scroll|enterAlways"」を記述する。
- <NestedScrollView>に「app:layout_behavior="@string/appbar_scrolling_view_behavior"」を記述する。

Column

タイムゾーンの設定

2.2項の手順② p.44-46 で行った言語設定を日本語にすると、自動的にAVDの時刻が日本時間になります。これは、言語設定をもとに該当するタイムゾーンを自動取得するからです。ところが、一部のWindows環境では、このタイムゾーンの自動取得が機能せず、AVDの表示時刻が正しくないことがあります。

その場合は、タイムゾーンを手動で設定します。これは、図2.23のシステム設定画面から［日付と時刻］（英語表記の場合は［Date & Time］）をタップし、表示された画面の［タイムゾーンを自動的に設定］のボタンをオフにします（図16.C）。その後、［タイムゾーン］をタップします。表示された図16.Dのタイムゾーンの選択画面から［タイムゾーン］をタップして、その後、［東京］を選択します。

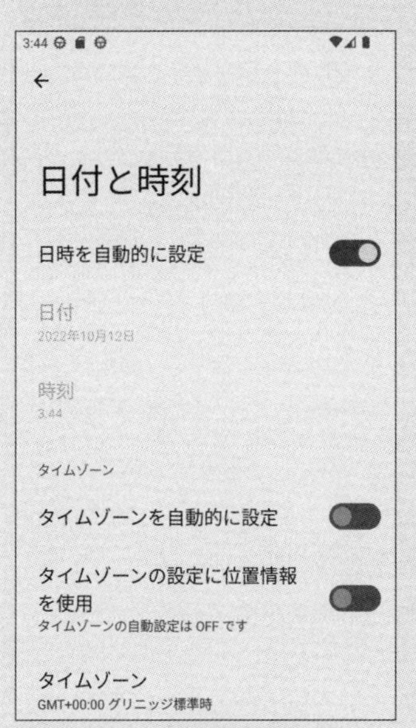

図16.C　日付と時刻の設定画面

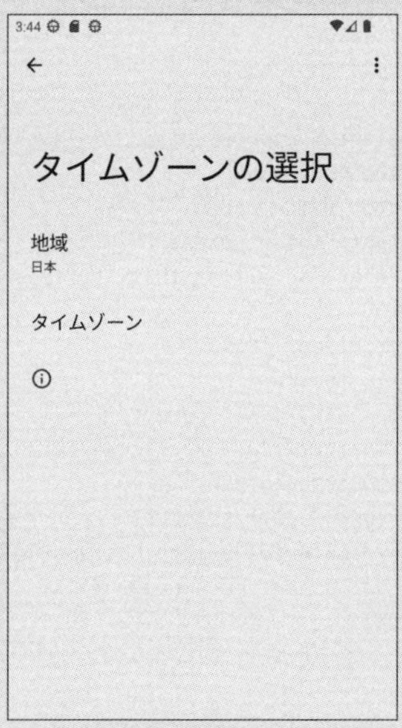

図16.D　タイムゾーンの選択画面

16.5 CollapsingToolbarLayoutの導入

では、enterAlwaysCollapsedモードやexitUntilCollapsedモードで連動させたい場合はどのようにすればよいのでしょうか。それはもう1つ、CollapsingToolbarLayoutというレイアウト部品を導入する必要があります。

16.5.1  CollapsingToolbarLayoutを導入する

① activity_main.xmlを改造する

activity_main.xmlのAppBarLayoutタグ内の記述を、リスト16.8のように改造しましょう。変更点は太字部分で、具体的には以下の3つです。

❶AppBarLayoutのlayout_heightの値
❷CollapsingToolbarLayoutタグの追加
❸Toolbarタグ内のlayout_scrollFlagsを削除し、代わりにlayout_collapseModeの追加

リスト16.8 res/layout/activity_main.xml

```
<com.google.android.material.appbar.AppBarLayout
    android:id="@+id/appbar"
    android:layout_width="match_parent"
    android:layout_height="180dp"  ❶
    android:elevation="10dp">

    <com.google.android.material.appbar.CollapsingToolbarLayout  ❷
        android:id="@+id/toolbarLayout"
        android:layout_width="match_parent"
        android:layout_height="match_parent"
        app:layout_scrollFlags="scroll|exitUntilCollapsed">

        <androidx.appcompat.widget.Toolbar
            android:id="@+id/toolbar"
            android:layout_width="match_parent"
            android:layout_height="?attr/actionBarSize"
            app:layout_collapseMode="pin"  ❸
            android:background="?attr/colorPrimary"/>
    </com.google.android.material.appbar.CollapsingToolbarLayout>
</com.google.android.material.appbar.AppBarLayout>
```

② アプリを起動する

入力を終え、特に問題がなければ、この時点で一度アプリを実行してみてください。図16.13の画面が表示されます。

スクロールすると、スクロールに連動してアプリバーが小さくなり、図16.14のような画面になります。

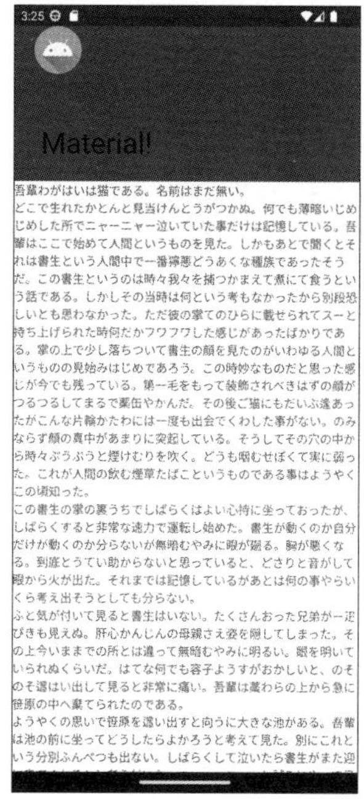

図16.13　CollapsingToolbarLayoutを導入した画面

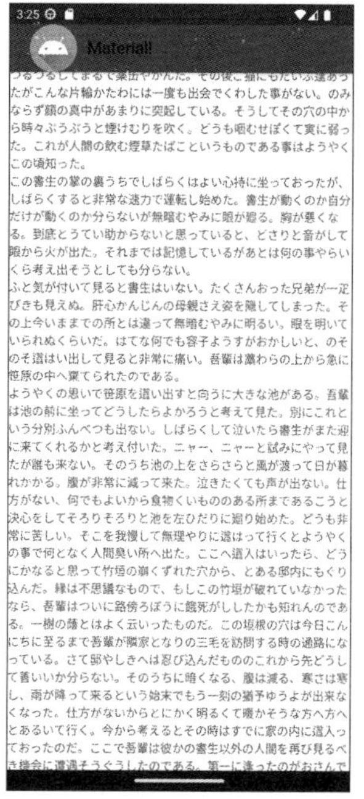

図16.14　アプリバーが縮小した画面

16.5.2 AppBarLayoutのサイズを変更するにはCollapsingToolbarLayoutを使う

ここで導入したCollapsingToolbarLayoutは、スクロール時に連動させてAppBarLayoutのサイズを変更するレイアウト部品です。サイズを変更するために、まずAppBarLayoutの高さに固定値を記述します。ここでは、180dpとします（リスト16.8❶）。この高さが初期状態となります。

その後、スクロールに応じてサイズが縮小しながら最小状態まで変化するように設定します。これはCollapsingToolbarLayoutの役割なので、今までToolbarに設定していたlayout_scrollFlagsをCollapsingToolbarLayoutに移動し、スクロールモードをexitUntilCollapsedとしています。

では、どこまで縮小するのかというと、アクションバーの本来の高さまでです。そのためには、Toolbarはアクションバーの位置にとどまってもらう必要があります。それを指定する属性がリスト16.8❸のlayout_collapseModeです。この属性値をpinとすることで、Toolbarは常にアクションバーの位置にとどまります。

16.6 CollapsingToolbarLayoutにタイトルを設定する

実行した画面をよく見ると、図16.10 p.412 では白色だったタイトル「Material!」の文字色が黒色に戻り、サブタイトルも消えています。これらは、Toolbarに設定したものです。ところが、CollapsingToolbarLayoutを利用すると、Toolbarよりもこちらが優先されてしまうので、Toolbarへの設定が反映されません。そこで、MainActivityを改造しましょう。

16.6.1  CollapsingToolbarLayoutにタイトルを設定する

① MainActivityを改造する

MainActivityのonCreate()メソッド内のsuper.onCreate()とsetContentView()以外を、リスト16.9の太字部分のように記述してください。なお、❶の3行は、もともと記述されていた7行から必要な行のみに削った状態です。

リスト16.9　java/com.websarva.wings.android.coordinatorlayoutsample/MainActivity.java

```
@Override
protected void onCreate(Bundle savedInstanceState) {
    super.onCreate(savedInstanceState);
    setContentView(R.layout.activity_main);

    // Toolbarを取得。
    Toolbar toolbar = findViewById(R.id.toolbar);                ─┐
    //ツールバーにロゴを設定。                                       │
    toolbar.setLogo(R.mipmap.ic_launcher);                         ├❶
    // アクションバーにツールバーを設定。                             │
    setSupportActionBar(toolbar);                                 ─┘
    // CollapsingToolbarLayoutを取得。
    CollapsingToolbarLayout toolbarLayout = findViewById(R.id.toolbarLayout);
    // タイトルを設定。
    toolbarLayout.setTitle(getString(R.string.toolbar_title));    ❷
    // 通常サイズ時の文字色を設定。
    toolbarLayout.setExpandedTitleColor(Color.WHITE);             ❸
    // 縮小サイズ時の文字色を設定。
    toolbarLayout.setCollapsedTitleTextColor(Color.LTGRAY);       ❹
}
```

② アプリを起動する

入力を終え、特に問題がなければ、この時点で一度アプリを実行してみてください。図16.15の画面が表示されます。

スクロールすると、図16.16のように文字色が薄いグレーになります。さらに、フォントサイズも自動で小さくなっています。

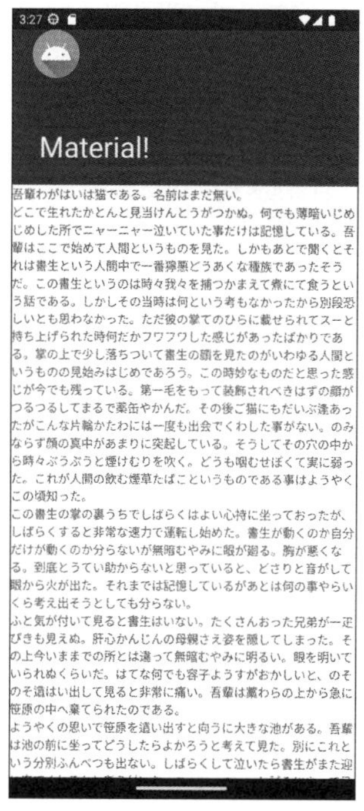

図16.15　タイトル文字色が白色になった画面

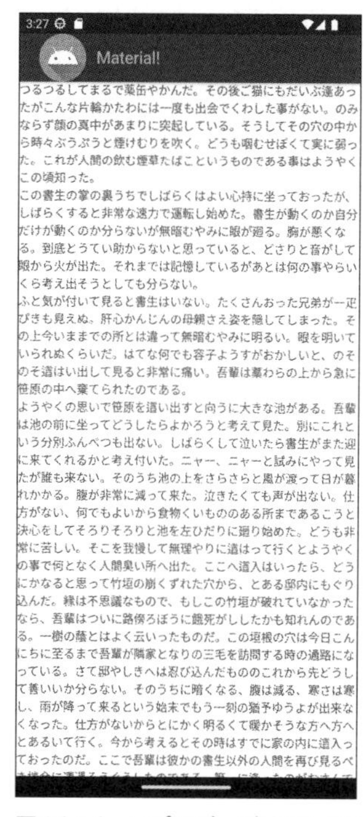

図16.16　アプリバーが縮小し文字色が薄いグレーになった画面

16.6.2 CollapsingToolbarLayoutは通常サイズと縮小サイズで文字色を変えられる

リスト16.9の変更では、Toolbarへの設定をロゴのみとして（❶）、代わりにタイトルの設定をCollapsingToolbarLayoutに対して行っています（❷）。ただし、CollapsingToolbarLayoutのsetTitle()メソッドは、strings.xmlの記述をR値で指定できません。そのため、getString()メソッドを使って、strings.xmlの文字列を取得しています。

また、CollapsingToolbarLayoutにはサブタイトルを設定するメソッドがないので、サブタイトルは使用していません。代わりに、通常サイズ時と縮小サイズ時のタイトル文字色を別々に設定できます（❸❹）。❸が通常サイズで、setExpandedTitleColor()メソッドを使います。一方、❹が縮小サイズで、setCollapsedTitleTextColor()メソッドを使います。色指定の方法はToolbarと同じです。

16

16.7 FloatingActionButton（FAB）

さあ、かなり目標に近づいてきました。完成版の図16.8 p.410 と図16.15 p.419 を見比べて足りないものは、メールアイコンが表示された緑色の丸ボタンです。この丸ボタンがFloatingActionButton (FAB) です。最後の仕上げとしてこのFABを実装しましょう。

16.7.1  手順 FABを追加する

① strings.xmlに文字列情報を追加する

FABの動作説明にあたる文字列をstrings.xmlファイルに追加します。リスト16.10の太字の部分を追記してください。

リスト16.10　res/values/strings.xml

```
<resources>
        ～省略～
    <string name="toolbar_subtitle">ツールバーを使用</string>
    <string name="fab_desc">メール送信</string>
</resources>
```

② activity_main.xmlを改造する

activity_main.xmlのCoordinatorLayoutの閉じタグ直前に、リスト16.11の太字部分のコードを追記しましょう。

リスト16.11　res/layout/activity_main.xml

```
<androidx.coordinatorlayout.widget.CoordinatorLayout
    ～省略～
    <com.google.android.material.floatingactionbutton.FloatingActionButton
        android:id="@+id/fabEmail"
        android:layout_width="wrap_content"
        android:layout_height="wrap_content"
        android:layout_margin="20dp"
        app:layout_anchor="@id/appbar"                                    ❶
        app:layout_anchorGravity="bottom|end"                             ❷
        app:srcCompat="@android:drawable/ic_dialog_email"                 ❸
        android:contentDescription="@string/fab_desc"/>                   ❹
</androidx.coordinatorlayout.widget.CoordinatorLayout>
```

③ アプリを起動する

入力を終え、特に問題がなければ、この時点で一度アプリを実行してみてください。目標の図16.8 p.410 の画面が表示されます。さらに、スクロールすると図16.9 p.410 の画面に変わりますが、この画面ではFABが消えています。

16.7.2 FABは浮いたボタン

FloatingActionButtonはCoordinatorLayout配下で使用することによって、同じくCoordinatorLayout配下の任意の画面部品上に浮かした状態で表示できるボタンです。このボタンの実装方法は、CoordinatorLayout配下の一番最後に、

```
com.google.android.material.floatingactionbutton.FloatingActionButton
```

タグを記述するだけですが、記述時のポイントが2つあります。

まず、CoordinatorLayout配下のどの画面部品の上に浮かすかを指定します。これがリスト16.11❶で、app:layout_anchor属性を使います。指定方法は、@id/の後に画面部品のid値を記述します(@とidの間に+がないのに注意してください)。ここでは、idがappbar、つまり、AppBarLayout上に浮かせて表示させます。

次に、その画面部品内のどの位置に表示させるかを指定します。これがリスト16.11❷で、app:layout_anchorGravity属性を使います。ここでは「bottom|end」と指定しているので「右下」です。

なお、リスト16.11❸のapp:srcCompatは、表示するアイコンを指定する属性です。ここでは、Android標準で用意されているメールのアイコンを指定しています。

FABは特殊なボタンではあるものの、通常のボタンと同様、android:onClick属性やリスナ登録でタップされたときの処理を記述できます。

また、FABはアイコンのみを表示するタグなので、どのような機能を表すボタンなのかのテキスト情報がありません。そのテキスト情報を設定する属性が、android:contentDescriptionであり、リスト16.11の❹が該当します。そして、リスト16.10でstrings.xmlに追記した文字列が、まさに、このFABのテキスト情報です。

16.8 Scrolling Activity

最後に、Scrolling Activityを紹介します。

今までのサンプルプロジェクトでは、プロジェクトを作成するウィザードの第1画面（New Project画面）ですべて「Empty Activity」を選択してきました。スクロールを実装したい場合は、実はこのウィザード画面で「Scrolling Activity」を選択するという方法もあります（図16.17）。

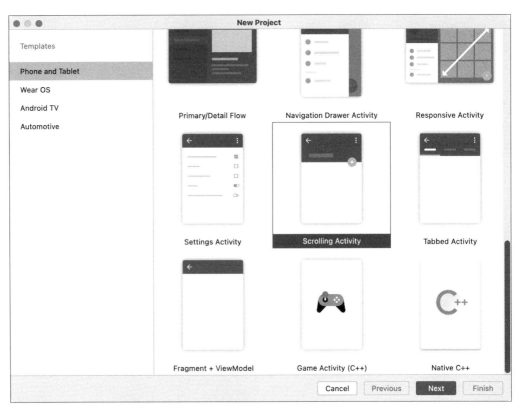

図16.17　New Project画面でScrolling Activityを選択

ここで「Scrolling Activity」を選択すると、今までレイアウトXMLファイルにコーディングしてきた内容をあらかじめ記述した状態でプロジェクトを生成してくれます。そのため、プロジェクトを作成しただけで、FAB付きでスクロール連動します。ただし、この状態からプロジェクトを改造していくには、ここまで説明してきた内容を理解しておく必要があります。そのため、この章のように、まずは自分で一からスクロール連動を作成しておくことに意味があります。

第17章

リサイクラービュー

いよいよ最終章です。本章では、前章の続きとして、同じくマテリアルデザインとしてAndroidに導入されたリサイクラービューを扱います。リサイクラービューは、リストビューの限界を超えるために導入されたものです。そのため、リストビューの代替のように扱われることもありますが、そうとも言い切れないところがあります。リストビューと補い合って適材適所で使うのが理想的です。このあたりも含めて見ていくことにしましょう。

17.1 リストビューの限界

リサイクラービューの解説に入る前に、前章で作成したスクロール連動の続きを見ていきましょう。前章で作成したCoordinatorLayoutSampleの場合、スクロールする本体部分は文字列、つまりTextViewでした。では、これを図17.1のようにリストにするとどうなるでしょうか。

図17.1　CoordinatorLayoutSampleのスクロール本体をリストにしたもの

リストを表示するにはListViewを使います。図17.1は、CoordinatorLayoutSampleのactivity_main.xmlのNestedScrollViewタグを、以下のタグに置き換えたものです。

```
<ListView
    android:id="@+id/lvMenu"
    android:layout_width="match_parent"
    android:layout_height="match_parent"
    android:entries="@array/lv_menu"
    app:layout_behavior="@string/appbar_scrolling_view_behavior"/>
```

リストデータとしてandroid:entriesで指定しているlv_menuは、本書中でよく使用した定食のデータです。

図17.1を見るとうまく動作しているように思えますが、実際にスクロールさせてみるとアプリバーが小さくならず、CoordinatorLayoutSampleのようにスクロールが連動しません。この原因はListViewにあり、CoordinatorLayoutSampleでScrollViewの代わりにNestedScrollViewを使用した理由とまったく同じです。16.4.4項で解説した通り、CoordinatorLayoutと連携するためにはNestedScrollingChildインターフェースを実装していなければなりません。しかし、ListViewは、このインターフェースを実装していません。そこで登場するのがRecyclerViewです。

RecyclerViewは、多量のリストデータセットを表示するために考え出されたもので、限られた画面部品を維持および再利用し、効率的にスクロールできるように作られています。今回のサンプルでは、ListViewの代わりにRecyclerViewを使い、スクロール連動したリスト表示を作成していきます。その過程で、RecyclerViewの欠点と可能性を学びましょう。

17

17.2 リサイクラービューの使い方

では、リサイクラービューを使ったサンプルを作成していきます。このサンプルでは最終的に図17.2の画面を、リサイクラービューを使って実現します。

ここではまず、区切り線がない状態の画面（図17.3）を作成します。

なぜ区切り線がないかは順に解説していきます。

図17.2　定食メニューと金額がRecyclerViewでリスト表示された画面

図17.3　区切り線がないリスト表示

17.2.1  リサイクラービューサンプルアプリを作成する

まずは、アプリの作成手順に従って、RecyclerViewに関するソースコードを記述する手前までサンプルを作成していきましょう。なお、基本部分はCoordinatorLayoutSampleと同じなので、適宜ソースコードのコピーを行っていきます。

① リサイクラービューサンプルのプロジェクトを作成する

以下がプロジェクト情報です。この情報をもとにプロジェクトを作成してください。

Name	RecyclerViewSample
Package name	com.websarva.wings.android.recyclerviewsample

② アクションバーを非表示にする

前章と同様の手順で、themes.xml、および、themes.xml(night)のparent属性を「NoActionBar」に変更します。

参照 アクションバーの非表示 ➡ 16.3.1項 手順① p.404

③ strings.xmlに文字列情報を追加する

次に、strings.xmlをリスト17.1の内容に書き換えましょう。

リスト17.1 res/values/strings.xml

```
<resources>
    <string name="app_name">リサイクラービューサンプル</string>
    <string name="toolbar_title">Recycle!</string>
    <string name="tv_menu_unit">円</string>
    <string name="msg_header">ご注文の定食: </string>
    <string name="fab_desc">メール送信</string>
</resources>
```

④ レイアウトファイルを編集する

次に、activity_main.xmlを書き換えます。前章のCoordinatorLayoutSampleのactivity_main.xmlの内容をコピーし、NestedScrollViewタグをリスト17.2の太字部分に置き換えましょう。

リスト17.2 res/layout/activity_main.xml

```
<?xml version="1.0" encoding="utf-8"?>
<androidx.coordinatorlayout.widget.CoordinatorLayout
    ～省略～
    </com.google.android.material.appbar.AppBarLayout>

    <androidx.recyclerview.widget.RecyclerView ——— これがリサイクラービュータグ
        android:id="@+id/rvMenu"
        android:scrollbars="vertical" ——— リサイクラービューは縦横どちらにもスクロールできるので
                                          スクロール方向を縦に指定
        android:layout_width="match_parent"
        android:layout_height="match_parent"
        app:layout_behavior="@string/appbar_scrolling_view_behavior"/>

    <com.google.android.material.floatingactionbutton.FloatingActionButton
        ～省略～
</androidx.coordinatorlayout.widget.CoordinatorLayout>
```

⑤ MainActivityのonCreate()メソッドにコードをコピーする

MainActivityのonCreate()メソッドに、リスト17.3の太字部分の7行を追記します。CoordinatorLayoutSampleプロジェクトのMainActivityから、super.onCreate()とsetContentView()以外の7行をそのままコピーしてください。

リスト17.3　java/com.websarva.wings.android.recyclerviewsample/MainActivity.java

```
@Override
protected void onCreate(Bundle savedInstanceState) {
    super.onCreate(savedInstanceState);
    setContentView(R.layout.activity_main);

    Toolbar toolbar = findViewById(R.id.toolbar);
    toolbar.setLogo(R.mipmap.ic_launcher);
    setSupportActionBar(toolbar);
    CollapsingToolbarLayout toolbarLayout = findViewById(R.id.toolbarLayout);
    toolbarLayout.setTitle(getString(R.string.toolbar_title));
    toolbarLayout.setExpandedTitleColor(Color.WHITE);
    toolbarLayout.setCollapsedTitleTextColor(Color.LTGRAY);
}
```

⑥ アプリを起動する

入力を終え、特に問題がなければ、この時点で一度アプリを実行してみてください。図17.4の画面が表示されます。RecyclerViewで表示させるデータを設定していないため、リスト部分は真っ白になっています。

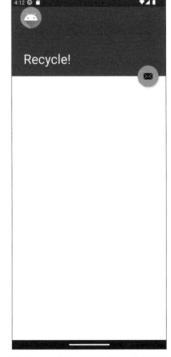

図17.4　リスト部分が真っ白な画面

17.2.2 手順 リサイクラービューに関するソースコードを記述する

では、ここから、リサイクラービューに関するソースコードを記述していきます。

1 row.xmlをコピーする

第8章MenuSampleで作成したres/layout/row.xmlファイルをそのままres/layoutにコピーしてください。

2 メニューデータ生成メソッドをコピーする

同様に、第8章MenuSampleプロジェクトのMainActivity中のcreateTeishokuList()メソッドを本プロジェクトのMainActivityにコピーしてください。

3 ビューホルダクラスを作成する

MainActivityに、privateメンバクラスとしてリスト17.4のRecyclerListViewHolderクラスを作成しましょう。

リスト17.4　java/com.websarva.wings.android.recyclerviewsample/MainActivity.java

```
private class RecyclerListViewHolder extends RecyclerView.ViewHolder {
    // リスト1行分中でメニュー名を表示する画面部品。
    public TextView _tvMenuNameRow; ―――― ❶-1
    // リスト1行分中でメニュー金額を表示する画面部品。
    public TextView _tvMenuPriceRow; ―――― ❶-2

    // コンストラクタ。
    public RecyclerListViewHolder(View itemView) { ―――― ❷-1
        // 親クラスのコンストラクタの呼び出し。
        super(itemView); ―――― ❷-2
        // 引数で渡されたリスト1行分の画面部品中から表示に使われるTextViewを取得。
        _tvMenuNameRow = itemView.findViewById(R.id.tvMenuNameRow); ―――― ❸-1
        _tvMenuPriceRow = itemView.findViewById(R.id.tvMenuPriceRow); ―――― ❸-2
    }
}
```

4 アダプタクラスを作成する

同様に、MainActivityに、privateメンバクラスとしてリスト17.5のRecyclerListAdapterクラスを作成しましょう。

リスト17.5　java/com.websarva.wings.android.recyclerviewsample/MainActivity.java

```
private class RecyclerListAdapter extends RecyclerView.Adapter<RecyclerListViewHolder> { ―― ❶
    // リストデータを保持するフィールド。
    private List<Map<String, Object>> _listData; ―――― ❷-1
```

```
    // コンストラクタ。
    public RecyclerListAdapter(List<Map<String, Object>> listData) {  ──── ❷-2
        // 引数のリストデータをフィールドに格納。
        _listData = listData;  ──── ❷-3
    }

    @Override
    public RecyclerListViewHolder onCreateViewHolder(ViewGroup parent, int viewType) {
        // レイアウトインフレーターを取得。
        LayoutInflater inflater = LayoutInflater.from(MainActivity.this);  ──── ❸-1
        // row.xmlをインフレートし、1行分の画面部品とする。
        View view = inflater.inflate(R.layout.row, parent, false);  ──── ❸-2
        // ビューホルダオブジェクトを生成。
        RecyclerListViewHolder holder = new RecyclerListViewHolder(view);  ──── ❸-3
        // 生成したビューホルダをリターン。
        return holder;  ──── ❸-4
    }

    @Override
    public void onBindViewHolder(RecyclerListViewHolder holder, int position) {
        // リストデータから該当1行分のデータを取得。
        Map<String, Object> item = _listData.get(position);  ──── ❹
        // メニュー名文字列を取得。
        String menuName = (String) item.get("name");
        // メニュー金額を取得。
        int menuPrice = (Integer) item.get("price");
        //表示用に金額を文字列に変換。
        String menuPriceStr = String.valueOf(menuPrice);
        // メニュー名と金額をビューホルダ中のTextViewに設定。
        holder._tvMenuNameRow.setText(menuName);
        holder._tvMenuPriceRow.setText(menuPriceStr);
    }

    @Override
    public int getItemCount() {
        // リストデータ中の件数をリターン。
        return _listData.size();
    }
}
```

⑤ リサイクラービューのデータ表示処理を記述する

MainActivityのonCreate()メソッドに、リスト17.6の太字部分を追記しましょう。

リスト17.6　java/com.websarva.wings.android.recyclerviewsample/MainActivity.java

```
@Override
protected void onCreate(Bundle savedInstanceState) {
    ～省略～
    toolbarLayout.setCollapsedTitleTextColor(Color.LTGRAY);
    // RecyclerViewを取得。
    RecyclerView rvMenu = findViewById(R.id.rvMenu);
```

```
    // LinearLayoutManagerオブジェクトを生成。
    LinearLayoutManager layout = new LinearLayoutManager(MainActivity.this); ―― ❶-1
    // RecyclerViewにレイアウトマネージャーとしてLinearLayoutManagerを設定。
    rvMenu.setLayoutManager(layout); ―― ❶-2
    // 定食メニューリストデータを生成。
    List<Map<String, Object>> menuList = createTeishokuList();
    // アダプタオブジェクトを生成。
    RecyclerListAdapter adapter = new RecyclerListAdapter(menuList); ―― ❷-1
    // RecyclerViewにアダプタオブジェクトを設定。
    rvMenu.setAdapter(adapter); ―― ❷-2
}
```

⑥ アプリを起動する

入力を終え、特に問題がなければ、この時点で一度アプリを実行してみてください。図17.3 p.426 の画面が表示されます。さらに、リストをスクロールすると、図17.5のようにスクロール連動します。

図17.5　リストをスクロールして
　　　　アクションバーが縮小した画面

17.2.3 リサイクラービューには レイアウトマネージャーとアダプタが必要

リサイクラービューでデータを表示するには、少なくとも以下の2手順を行う必要があります。

- レイアウトマネージャーの設定：リスト17.6❶
- アダプタの設定：リスト17.6❷

詳細は後述しますが、レイアウトマネージャーとアダプタのどちらも、設定にはRecyclerViewのメソッドを使用します。そのため、まずは画面上のRecyclerViewを取得しておきます。

また、アダプタの設定では表示データを使用します。ここでは第8章で作成したcreateTeishokuList()メソッドをそのままコピーして利用しています。

では、レイアウトマネージャーとは何か、アダプタはListViewのアダプタとは違うのかなどについて解説していきましょう。まずは、レイアウトマネージャーからです。

17.2.4 リストデータの見え方を決めるレイアウトマネージャー

リサイクラービューはListViewと違い、柔軟な表示方法が可能です。それを担うのがレイアウトマネージャーであり、各アイテム※1の配置とスクロール時のアイテムの移動を担当しています。標準では、以下の3つのレイアウトマネージャーが用意されています。また、RecyclerView.LayoutManagerを継承して独自のレイアウトマネージャーを作成することも可能です。

LinearLayoutManager

ListView同様に、各アイテムを縦のリストに並べます。今回はこれを使用します。図17.6が表示結果のサンプルです（ここでは、各アイテムの境界がはっきりわかるように背景色を付けています）。

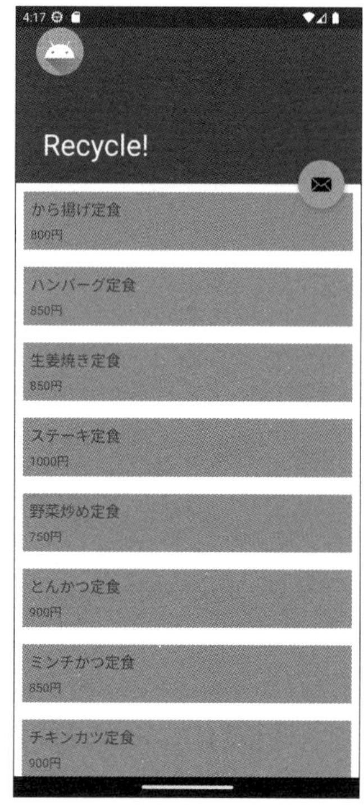

図17.6　LinearLayoutManagerを適用した画面

※1　リスト用データ1個分を表示する画面部品。通常の縦並びリスト表示なら1行分の画面部品にあたります。

GridLayoutManager

各アイテムを格子状に表示します。GridLayoutManagerを適用すると、定食リストは図17.7のようになります。ここでは縦5列で表示しています。

StaggeredGridLayoutManager

各アイテムをスタッガード格子状に表示します。StaggeredGridLayoutManagerを適用すると、リストは図17.8のように表示されます。GridLayoutManagerとの違いがおわかりいただけるでしょう。

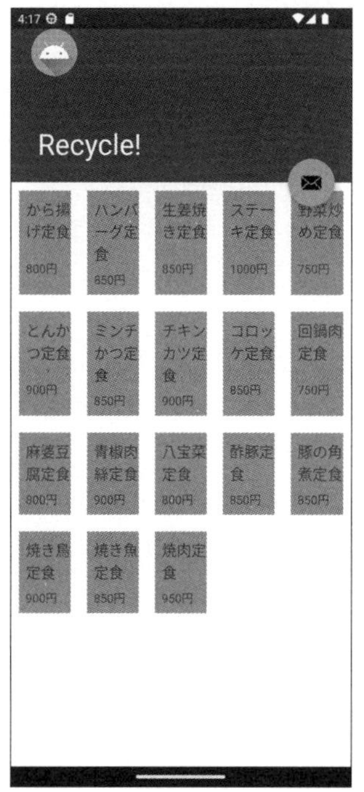

図17.7　GridLayoutManagerを適用した画面

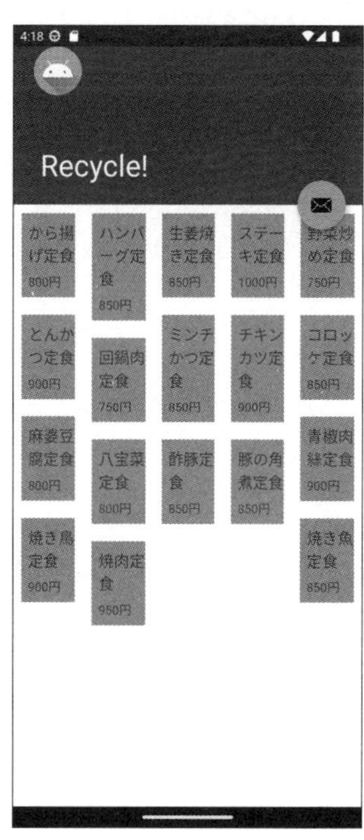

図17.8　StaggeredGridLayoutManagerを適用した画面

これらのレイアウトマネージャーの使い方は簡単です。

まず、newします（リスト17.6❶-1）。そして、そのオブジェクトを、RecyclerViewの**setLayoutManager()**メソッドの引数として渡すだけです（リスト17.6❶-2）。

new時の引数は、レイアウトマネージャーによって異なります。LinearLayoutManagerの場合は、コンテキストを渡します。その他のレイアウトマネージャーについては、それぞれのAPI仕様書※2を参

※2 **GridLayoutManager**
https://developer.android.com/reference/androidx/recyclerview/widget/GridLayoutManager
StaggeredGridLayoutManager
https://developer.android.com/reference/androidx/recyclerview/widget/StaggeredGridLayoutManager

照してください。なお、ダウンロードサンプルでは、それぞれのレイアウトマネージャーをnewしたコードをコメントアウトして記載しています。

17.2.5 リサイクラービューのアダプタは自作する

次に、アダプタの設定について解説します。

アダプタはListViewでも登場しましたが、そのときは各リストのデータをListViewの各アイテム（リストの各行）内の画面部品に割り当てていくというものでした。ListViewでは、アダプタクラスとして、たとえばArrayAdapterやSimpleAdapterなどの既存のクラスを使用できます。ところがRecyclerViewには、そのようなクラスがないため、独自にアダプタクラスを作る必要があります。

手順④ p.429-430 で作成したRecyclerListAdapterクラスが、自作のアダプタクラスです。作成さえしてしまえば、そのアダプタクラスをnewし（リスト17.6❷-1 p.431）、RecyclerViewのsetAdapter()メソッドの引数として渡すだけで設定できます（リスト17.6❷-2）。

アダプタクラスそのものは、RecyclerView.Adapterを継承して作成します。このクラスは抽象クラスであるため、onCreateViewHolder()、onBindViewHolder()、getItemCount()の3メソッドを必ず実装する必要があります。

また、各アイテムの画面部品を保持するオブジェクトをビューホルダと呼びます。こちらはRecyclerView.ViewHolderクラスを継承して作ります。ここでは手順③ p.429 で作成したRecyclerListViewHolderが該当します。

アダプタクラスのコード解説に入る前に、RecyclerView内での各アイテムがどのように生成され、どのようにデータが割り当てられるのか見ておきましょう。その処理の流れを図にしたのが図17.9です。以下、図中の番号に沿って説明します。

1. RecyclerView本体は、まずonCreateViewHolder()を呼び出します。
2. onCreateViewHolder()メソッド内で、各アイテムのレイアウトXMLファイルをもとに生成したビューホルダオブジェクトをリターンします。RecyclerViewは、リターンされたビューホルダを受け取り、3に進みます。
3. RecyclerViewはonBindViewHolder()を呼び出します。その際、2で受け取ったビューホルダオブジェクトとそのビューホルダオブジェクトが表示される位置を引数として渡します。
4. onBindViewHolder()メソッド内では、受け取った引数とあらかじめアダプタクラス内に保持しているデータセットから、ビューホルダを通じて各アイテムの各画面部品にデータを割り当てる処理を行います。

簡単にまとめると、1と2（onCreateViewHolder()メソッド）が各アイテムの画面部品とJavaオブジェクトを結びつける処理であり、3と4（onBindViewHolder()メソッド）がJavaオブジェクトとデータセットを結びつける処理となります。結果、画面部品とデータセットが各アイテムごとに結びつき、表示データが異なるリストが表示されることになるのです。

ここまで解説してきた、アダプタクラスに必要な3メソッドの処理をまとめると、以下のようになります。

- **onCreateViewHolder()**：ビューホルダオブジェクトを生成するメソッド。
- **onBindViewHolder()**：ビューホルダ内の各画面部品に表示データを割り当てるメソッド。
- **getItemCount()**：データ件数を返すメソッド。

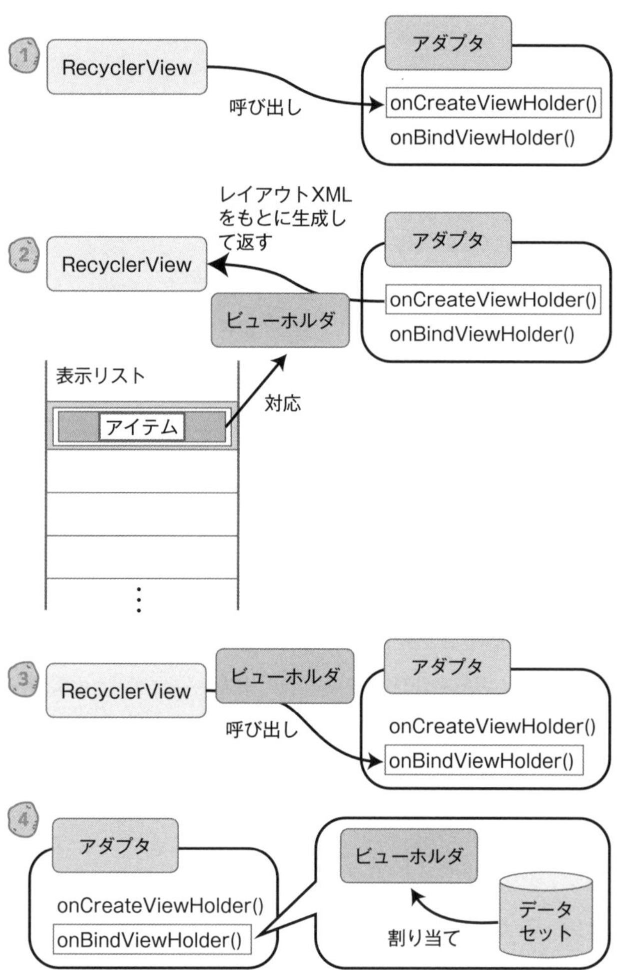

図17.9　各アイテムが生成される処理の流れ

17.2.6 ビューホルダはアイテムのレイアウトに合わせて作成する

ここから具体的なコード解説をしていきます。まずはビューホルダである、手順③で作成したRecyclerListViewHolder p.429 からです。

ビューホルダは、各アイテムのレイアウトに合わせて作成する必要があります。今回のサンプルでは、各アイテムのレイアウトとして第8章で作成したrow.xmlを使用しています。row.xml内にあるデータ表示用の画面部品は、メニュー名とメニュー金額を表示する2つのTextViewです（図17.10)。RecyclerListViewHolderでは、これらをpublicフィールドとして保持するようにしています。それがリスト17.4❶-1と❶-2です。

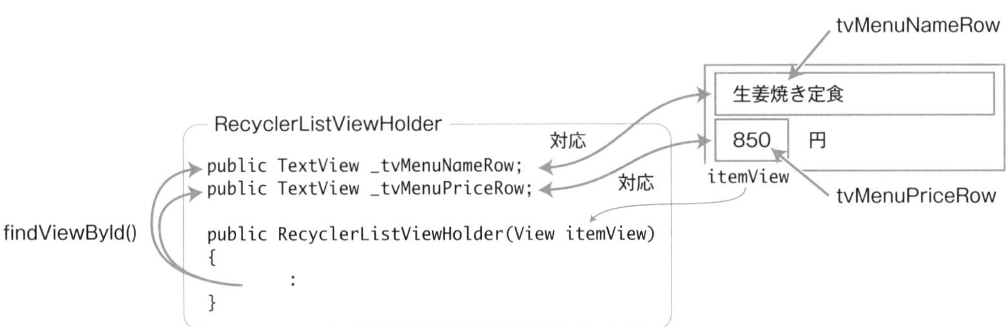

図17.10　各アイテムのレイアウトとビューホルダの関係

なお、親クラスであるRecyclerView.ViewHolderにはView型の引数を必要とするコンストラクタが記述されているので、継承先クラスでも必ずコンストラクタを作成して親クラスのコンストラクタを呼び出す必要があります（リスト17.4❷)。引数itemViewは、各アイテムの画面部品を表すViewオブジェクトです。今回、各アイテムがrow.xmlなので、row.xmlに記述したConstraintLayoutをルートタグとした画面部品群がitemViewとして渡ってきます。このitemViewから、実際にデータを表示するtvMenuNameRowとtvMenuPriceRowを取得し、フィールドに格納する処理も記述しています（リスト17.4❸)。

17.2.7 アダプタにはアイテムの生成とデータ割り当て処理を記述する

次に、アダプタである、手順④で作成したRecyclerListAdapterクラス p.429-430 について見ていきます。

17.2.5項で説明した通り、アダプタクラスを作成する場合は、RecyclerView.Adapterクラスを継承します。その際、ジェネリクス型パラメータとしてビューホルダクラスを指定します。ここでは、先に作成したRecyclerListViewHolderクラスを指定しています（リスト17.5❶)。

また、アダプタクラスは各アイテムにデータを割り当てるためのものなので、そのリストデータをあらかじめコンストラクタで受け取り、フィールドに保持しておく必要があります（リスト17.5❷）。このため、RecyclerListAdapterクラスをnewする際はリストデータを渡す必要があります（リスト17.6❷-1 p.431）。

さて、ここから、必ず実装しなければならないonCreateViewHolder()、onBindViewHolder()、getItemCount()という3つのメソッドについて処理を見ていきましょう。

onCreateViewHolder()

このメソッドの処理はビューホルダオブジェクトを生成することですが、その前に各アイテムのレイアウトXML（ここではrow.xml）からViewオブジェクトを作成する必要があります。それはインフレート処理であり、リスト17.5❸-2がそれにあたります（インフレートについては8.2.3項 p.203 を参照してください）。

ただし、その前にLayoutInflaterを取得しておく必要があります。この取得にはLayoutInflaterのstaticメソッドfrom()を使います（リスト17.5❸-1）。引数はコンテキストです。

そして、XMLファイルからinflateされたViewオブジェクトを引数としてRecyclerListViewHolderをnewし（リスト17.5❸-3）、それを戻り値とします（リスト17.5❸-4）。

onBindViewHolder()

このメソッドには、引数としてonCreateViewHolder()で生成したビューホルダオブジェクトとそのビューホルダオブジェクトが表示されるアイテムのポジション番号が渡ってきます。これらの引数のうち、まずはポジション番号から表示データを取得しています（リスト17.5❹）。本サンプルでは、このデータはMap型です。この後、このMapから必要なデータを取得し、ビューホルダ内の各フィールドの表示文字列として格納しています。

getItemCount()

先述の通り、データの件数、つまり必要なアイテムの件数を返すメソッドです。

17.3 区切り線とリスナ設定

さて、ここまででリスト表示ができましたが、リストビューでは当たり前のようにある区切り線がありません。リストビューでは自動で表示してくれた区切り線も、リサイクラービューでは手動で設定する必要があります。

また、リストタップ用のリスナ設定も、リストビューでは専用のインターフェースが用意されていましたが、リサイクラービューにはありません。他のリスナインターフェースを使ってリスナ設定を行う必要があります。

そこで最後に、区切り線とリスナ設定を行います。

17.3.1 手順 区切り線とリスナ設定のコードを記述する

① 区切り線設定のコードを追記する

MainActivityのonCreate()メソッドに、リスト17.7の太字部分を追記しましょう。

リスト17.7　java/com.websarva.wings.android.recyclerviewsample/MainActivity.java

```
@Override
protected void onCreate(Bundle savedInstanceState) {
    ～省略～
    lvMenu.setAdapter(adapter);
    // 区切り線専用のオブジェクトを生成。
    DividerItemDecoration decorator = new DividerItemDecoration(MainActivity.this, ↵
layout.getOrientation()); ――――――――――――――――――――――――――― ❶
    // RecyclerViewに区切り線オブジェクトを設定。
    rvMenu.addItemDecoration(decorator); ――――――――――――――――――― ❷
}
```

② リスナクラスを追記する

MainActivityのprivateメンバクラスとして、リスト17.8のリスナクラスを追記しましょう（リスト17.8)。

リスト17.8　java/com.websarva.wings.android.recyclerviewsample/MainActivity.java

```
private class ItemClickListener implements View.OnClickListener {
    @Override
    public void onClick(View view) {
        // タップされたLinearLayout内にあるメニュー名表示TextViewを取得。
        TextView tvMenuName =  view.findViewById(R.id.tvMenuNameRow);
        // メニュー名表示TextViewから表示されているメニュー名文字列を取得。
        String menuName = tvMenuName.getText().toString();
```

▼

```
            // トーストに表示する文字列を生成。
            String msg = getString(R.string.msg_header) + menuName;
            // トースト表示。
            Toast.makeText(MainActivity.this, msg, Toast.LENGTH_SHORT).show();
        }
    }
```

③ リスナ設定のコードを記述する

MainActivityのprivateメンバクラスRecyclerListAdapterのonCreateViewHolder()メソッド内にリスナ設定コードを記述します。リスト17.9の太字部分の1行を追記しましょう。

リスト17.9　java/com.websarva.wings.android.recyclerviewsample/MainActivity.java

```
@Override
public RecyclerListViewHolder onCreateViewHolder(ViewGroup parent, int viewType) {
    ～省略～
    View view = inflater.inflate(R.layout.row, parent, false);
    // インフレートされた1行分の画面部品にリスナを設定。
    view.setOnClickListener(new ItemClickListener());
    RecyclerListViewHolder holder = new RecyclerListViewHolder(view);
    return holder;
}
```

④ アプリを起動する

入力を終え、特に問題がなければ、この時点で一度アプリを実行してみてください。図17.11の画面が表示されます。

区切り線が表示されています。さらにリストをタップすると、図17.12のようにトーストが表示されます。

図17.11　区切り線が表示されたリサイクラービューの画面

図17.12　リストタップでトーストが表示された画面

17.3.2 区切り線は手動で設定する

17.2.4項で解説した通り、リサイクラービューはレイアウトマネージャーによってリストデータの表示方法が変わります。このうち、リストビューと同じような見え方をするのは、LinearLayoutManagerです。その際、リストビューに当たり前のようにあった区切り線を、リサイクラービューでは手動で設定する必要があります。

この設定は、以前はRecyclerView.ItemDecorationクラスを継承して自作する必要がありました。その場合、自作したクラスをnewし、リスト17.7❷ p.438 のようにRecyclerViewのaddItemDecoration()メソッドを使って設定します。

一方、最近では、DividerItemDecorationという区切り線専用のクラスが用意されるようになりました。このDividerItemDecorationクラスの使い方は簡単で、newする際に引数として表17.1の2個を渡すだけです（リスト17.7❶ p.438、表17.1）。

少し補足しましょう。

表17.1　DividerItemDecorationのコンストラクタの引数

	引数の型と名称	内容
第1引数	Context context	コンテキスト
第2引数	int orientation	区切り線の方向。縦か横をDividerItemDecorationの定数（VERTICALかHORIZONTAL）を使って指定する

第1引数 ここでは、MainActivity.thisを指定しています。

第2引数 区切り線の方向は通常、LinearLayoutManagerに設定した表示方向と一致します。そこで、LinearLayoutManagerのgetOrientation()メソッドを使って取得した方向を指定します。

17.3.3 リスナはインフレートした画面部品に対して設定する

リストの各行をタップしたときのリスナは、リストビューの場合、OnItemClickListenerインターフェースとsetOnItemClickListener()メソッドのように専用のものが用意されています。一方、リサイクラービューには、専用のリスナは用意されていません。そこで、アダプタクラスで各行の画面部品をインフレートしたオブジェクトに対し、通常のOnClickListenerの設定を行います。

ここでは、OnClickListenerインターフェースを実装したクラスを作成します。それが手順(2)です。onClick()メソッド内では、メニュー名を取得してトーストで表示する処理を行います。

このリスナクラスを設定しているのが手順(3)です。アダプタクラスであるRecyclerListAdapterで各行の画面部品、つまりrow.xmlをインフレートしているのはonCreateViewHolder()内です。そこでonCreateViewHolder()内で、インフレートされた1行分の画面部品viewに対してsetOnClickListener()メソッドを使ってリスナ設定を行っています。

このように、リストビューでは簡単に実装できたものが、リサイクラービューでは手動で行わなければならないことが多々あります。その代わり、柔軟な表示を実現できます。そのため、RecyclerViewはListViewの代替機能ではありません。RecyclerViewとListViewは適材適所で使い分けることで、よりユーザビリティの高いアプリを作成することが可能になるのです。

索引

記号

A

B

C

S

T

U

V

本書内容に関するお問い合わせについて

このたびは翔泳社の書籍をお買い上げいただき、誠にありがとうございます。弊社では、読者の皆様からのお問い合わせに適切に対応させていただくため、以下のガイドラインへのご協力をお願い致しております。下記項目をお読みいただき、手順に従ってお問い合わせください。

●ご質問される前に

弊社Webサイトの「正誤表」をご参照ください。これまでに判明した正誤や追加情報を掲載しています。

正誤表　https://www.shoeisha.co.jp/book/errata/

●ご質問方法

弊社Webサイトの「刊行物Q&A」をご利用ください。

刊行物Q&A　https://www.shoeisha.co.jp/book/qa/

インターネットをご利用でない場合は、FAXまたは郵便にて、下記"翔泳社 愛読者サービスセンター"までお問い合わせください。
電話でのご質問は、お受けしておりません。

●回答について

回答は、ご質問いただいた手段によってご返事申し上げます。ご質問の内容によっては、回答に数日ないしはそれ以上の期間を要する場合があります。

●ご質問に際してのご注意

本書の対象を越えるもの、記述個所を特定されないもの、また読者固有の環境に起因するご質問等にはお答えできませんので、あらかじめご了承ください。

●郵便物送付先およびFAX番号

送付先住所　〒160-0006　東京都新宿区舟町 5
FAX番号　03-5362-3818
宛先　（株）翔泳社 愛読者サービスセンター

著者紹介

WINGSプロジェクト（https://wings.msn.to/）

有限会社WINGSプロジェクトが運営する、テクニカル執筆コミュニティ（代表：山田祥寛）。主にWeb開発分野の書籍／記事執筆、翻訳、講演などを幅広く手がける。2022年9月時点での登録メンバーは約55名で、現在も執筆メンバーを募集中。興味のある方は、どしどし応募頂きたい。著書、記事多数。

RSS：https://wings.msn.to/contents/rss.php　Facebook：facebook.com/WINGSProject　Twitter：@yyamada（公式）

齊藤 新三（さいとう しんぞう）

WINGSプロジェクト所属のテクニカルライター。Web系製作会社のシステム部門、SI会社を経てフリーランスとして独立。屋号はSarva（サルヴァ）。Webシステムの設計からプログラミング、さらには、Android開発までこなす。HAL大阪の非常勤講師を兼務。

主な著書『Vue3 フロントエンド開発の教科書』（技術評論社）、『ゼロからわかる TypeScript入門』（技術評論社）、『PHPマイクロフレームワーク Slim Webアプリケーション開発』（ソシム）、『これから学ぶ JavaScript』（インプレス）、『これから学ぶ HTML/CSS』（インプレス）、『たった1日で基本が身に付く！ Java超入門』（技術評論社）。

監修紹介

山田 祥寛（やまだ よしひろ）

千葉県鎌ヶ谷市在住のフリーライター。Microsoft MVP for Visual Studio and Development Technologies。執筆コミュニティ「WINGS プロジェクト」の代表でもある。

主な著書『独習シリーズ（Java・C#・Python・PHP・Ruby・ASP.NET）』（翔泳社）、『改訂新版 JavaScript 本格入門』『Angular アプリケーションプログラミング』（技術評論社）、『これからはじめる Vue.js 3 実践入門』（SB クリエイティブ）、『はじめての Android アプリ開発 Kotlin 編』（秀和システム）、『速習シリーズ（Vue.js 3・TypeScript・ECMAScript など）』（Amazon Kindle）など。

■本書について

本書は、開発者のためのWebマガジン「CodeZine」（https://codezine.jp/）の連載をまとめ、加筆、再構成して書籍化したものです。

「Android Studio 2で始めるアプリ開発入門」
https://codezine.jp/article/corner/627

「2020年版Androidの非同期処理」
https://codezine.jp/article/corner/844

●装丁・本文デザイン　轟木亜紀子

●DTP　株式会社シンクス

基礎＆応用力をしっかり育成！
Android（アンドロイド）アプリ開発の教科書 第3版 Java（ジャバ）対応
なんちゃって開発者にならないための実践ハンズオン

2023年1月24日　初版第1刷発行
2023年4月20日　初版第2刷発行

著　者　WINGS（ウイングス）プロジェクト 齊藤 新三
監　修　山田 祥寛
発行人　佐々木 幹夫
発行所　株式会社 翔泳社（https://www.shoeisha.co.jp）
印刷・製本　中央精版印刷株式会社

ISBN 978-4-7981-7631-4　Printed in Japan